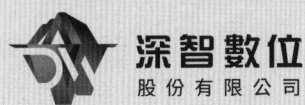

前言

我們需要什麼樣的大型模型

面對未來的浪潮，我們不禁思考：何種大型模型將引領時代？這是一個值得我們深入探討的課題。隨著 AI（Artificial Intelligence，人工智慧）技術的迅猛發展，AI 是否會成為未來的主導力量？隨著 AI 技術的高速進步，一個常見的問題是：這股力量是否將取代人類的位置？

答案並非如此簡單。AI 的確在以驚人的速度學習和進步，它在各個企業中的應用也獲得了顯著的成功。大型模型的應用已成為推動各領域突破性進展的關鍵動力。特別是在醫療、法律、金融等特定垂直領域，大型模型的微調面臨著獨特的挑戰和需求。

本書旨在深入探討大型模型的微調與應用的核心技術，為讀者揭示企業前端，特別注意兩個熱門的應用方向：大型模型的知識專業性和時效性。我們將剖析垂直領域模型訓練的背景及意義，探討模型在垂直領域的遷移學習、應用部署與效果評估等核心內容。透過實際案例的深入淺出解析，我們將揭示每個環節的關鍵問題和解決方案，引領讀者了解企業內最新的研究趨勢，並便捷地將這些知識應用到各個企業中。

比爾・蓋茲是微軟的聯合創始人，他預見性地指出，像 ChatGPT 這樣的 AI 聊天機器人將與個人電腦和網際網路一樣，成為不可或缺的技術里程碑。

英偉達總裁黃仁勳則將 ChatGPT 比作 AI 領域的 iPhone，它預示著更多偉大事物的開始。ChatGPT 的誕生在社會上引起了巨大的轟動，因為它代表了大型模型技術和預訓練模型在自然語言處理領域的重要突破。它不僅提升了人機互動的能力，還為智慧幫手、虛擬智慧人物和其他創新應用開啟了新的可能性。

本書專為對 AI 感興趣的讀者而設計。即讓讀者沒有深厚的電腦知識背景，但只要具備相關的基礎知識，便能跟隨本書中的步驟，在個人電腦上輕鬆實踐案例操作。我們精心準備了完整的程式範例，旨在幫助讀者將抽象的理論知識轉化為手頭的實際技能。

本書獨樹一幟的講解風格，將深奧的技術術語轉化為簡潔明了的語言，案例敘述既嚴謹又充滿趣味，確保讀者在輕鬆愉快的閱讀體驗中自然而然地吸收和理解 AI 知識。

AI 時代已經到來，取代我們的不會是 AI，而是那些更擅長利用 AI 力量的人。讓我們攜手邁進這個新時代，共同揭開 AI 的無限潛能。

在本書的撰寫過程中，我們深感榮幸地獲得了許多科學研究同行的鼎力相助與無私奉獻。特別感謝中國科學院大學的劉宜松，他負責了本書程式的撰寫，並為程式的精確性與實用性付出了巨大努力。王凱、孫翔宇和張明哲對程式進行了細緻入微的審閱，確保了程式的品質與可靠性。

中國礦業大學的劉威為本書的圖文並茂貢獻良多，他負責的圖片製作工作極大地提升了讀者的閱讀體驗。

我們還要感謝以下企事業單位的慷慨支援：東莞市紅十字會分享了他們珍貴的企業資料，為本書的研究提供了實證支援；英特爾（中國）有限公司的張晶為我們提供了技術測試，確保了書中技術的先進性與實用性；廣東創新科技職業學院的創始人方植麟提供了大型模型態資料，為本書的研究深度與廣度提供了堅實基礎。

在出版流程中，電子工業出版社的秦淑靈編輯給予了我們極大的幫助與支援，她的專業意見和辛勤工作使得本書得以順利面世。

在此，我們對所有貢獻者表示最誠摯的感謝！我們相信，這本書將成為一盞明燈，指引我們深入探索 AI 的奧妙，共同開啟 AI 世界的無限可能。

我們誠摯地邀請讀者和專家們不吝賜教，您的寶貴意見將幫助我們不斷完善。歡迎您將建議發送至電子郵件：aidg0769@sina.com。

作者

目錄

■ 第 1 章 從零開始大型模型之旅

1.1 對話機器人歷史 1-2
    1.1.1 人機同頻交流 1-2
    1.1.2 人機對話發展歷史 1-3
1.2 人工智慧 1-5
    1.2.1 從感知到創造 1-5
    1.2.2 通用人工智慧 1-10
    1.2.3 發展方向 1-12
    1.2.4 本書焦點 1-14
1.3 本章小結 1-16

■ 第 2 章 大型模型私有化部署

2.1 CUDA 環境準備 2-2
    2.1.1 基礎環境 2-2

		2.1.2	大型模型執行環境 2-3
		2.1.3	安裝顯示卡驅動 2-4
		2.1.4	安裝 CUDA 2-10
		2.1.5	安裝 cuDNN 2-18
2.2	深度學習環境準備 2-20
		2.2.1	安裝 Anaconda 環境 2-20
		2.2.2	伺服器環境下的環境啟動 2-26
		2.2.3	安裝 PyTorch 2-28
2.3	GLM-3 和 GLM-4 2-31
		2.3.1	GLM-3 介紹 2-31
		2.3.2	GLM-4 介紹 2-33
2.4	GLM-4 私有化部署 2-34
		2.4.1	建立虛擬環境 2-34
		2.4.2	下載 GLM-4 專案檔案 2-35
		2.4.3	安裝專案相依套件 2-37
		2.4.4	下載模型權重 2-38
2.5	執行 GLM-4 的方式 2-40
		2.5.1	基於命令列的互動式對話 2-40
		2.5.2	基於 Gradio 函數庫的 Web 端對話應用 2-42
		2.5.3	OpenAI 風格的 API 呼叫方法 2-43
		2.5.4	模型量化部署 2-45
2.6	本章小結 2-49

第 3 章 大型模型理論基礎

3.1	自然語言領域中的資料 3-2
		3.1.1	時間序列資料 3-2
		3.1.2	分詞 3-3
		3.1.3	Token 3-6

	3.1.4	Embedding	3-8
	3.1.5	語義向量空間	3-9
3.2	語言模型歷史演進		3-10
	3.2.1	語言模型歷史演進	3-10
	3.2.2	統計語言模型	3-13
	3.2.3	神經網路語言模型	3-13
3.3	注意力機制		3-14
	3.3.1	RNN 模型	3-14
	3.3.2	Seq2Seq 模型	3-17
	3.3.3	Attention 注意力機制	3-19
3.4	Transformer 架構		3-23
	3.4.1	整體架構	3-23
	3.4.2	Self-Attention	3-24
	3.4.3	Multi-Head Attention	3-27
	3.4.4	Encoder	3-28
	3.4.5	Decoder	3-30
	3.4.6	實驗效果	3-32
3.5	本章小結		3-33

第 4 章 大型模型開發工具

4.1	Huggingface		4-2
	4.1.1	Huggingface 介紹	4-2
	4.1.2	安裝 Transformers 函數庫	4-6
4.2	大型模型開發工具		4-10
	4.2.1	開發範式	4-10
	4.2.2	Transformers 函數庫核心設計	4-11
4.3	Transformers 函數庫詳解		4-16
	4.3.1	NLP 任務處理全流程	4-16

	4.3.2	資料轉換形式	4-18
	4.3.3	Tokenizer	4-21
	4.3.4	模型載入和解讀	4-25
	4.3.5	模型的輸出	4-29
	4.3.6	模型的儲存	4-32
4.4	全量微調訓練方法	4-33
	4.4.1	Datasets 函數庫和 Accelerate 函數庫	4-33
	4.4.2	資料格式	4-38
	4.4.3	資料前置處理	4-40
	4.4.4	模型訓練的參數	4-43
	4.4.5	模型訓練	4-46
	4.4.6	模型評估	4-49
4.5	本章小結	4-56

第 5 章　高效微調方法

5.1	主流的高效微調方法介紹	5-2
	5.1.1	微調方法介紹	5-2
	5.1.2	Prompt 的提出背景	5-5
5.2	PEFT 函數庫快速入門	5-7
	5.2.1	介紹	5-7
	5.2.2	設計理念	5-9
	5.2.3	使用	5-13
5.3	Prefix Tuning	5-17
	5.3.1	背景	5-17
	5.3.2	核心技術解讀	5-18
	5.3.3	實現步驟	5-20
	5.3.4	實驗結果	5-24
5.4	Prompt Tuning	5-25

		5.4.1	背景	5-25
		5.4.2	核心技術解讀	5-26
		5.4.3	實現步驟	5-28
		5.4.4	實驗結果	5-30
	5.5	P-Tuning		5-32
		5.5.1	背景	5-32
		5.5.2	核心技術解讀	5-33
		5.5.3	實現步驟	5-34
		5.5.4	實驗結果	5-37
	5.6	P-Tuning V2		5-38
		5.6.1	背景	5-38
		5.6.2	核心技術解讀	5-40
		5.6.3	實現步驟	5-41
		5.6.4	實驗結果	5-43
	5.7	本章小結		5-44

第 6 章　LoRA 微調 GLM-4 實戰

	6.1	LoRA		6-2
		6.1.1	背景	6-2
		6.1.2	核心技術解讀	6-3
		6.1.3	LoRA 的特點	6-5
		6.1.4	實現步驟	6-6
		6.1.5	實驗結果	6-9
	6.2	AdaLoRA		6-10
		6.2.1	LoRA 的缺陷	6-10
		6.2.2	核心技術解讀	6-11
		6.2.3	實現步驟	6-13
		6.2.4	實驗結果	6-15

6.3	QLoRA	6-16
	6.3.1　背景	6-16
	6.3.2　技術原理解析	6-17
6.4	量化技術	6-20
	6.4.1　背景	6-20
	6.4.2　量化技術分類	6-20
	6.4.3　BitsAndBytes 函數庫	6-21
	6.4.4　實現步驟	6-21
	6.4.5　實驗結果	6-25
6.5	本章小結	6-25

第 7 章　提示工程入門與實踐

7.1	探索大型模型潛力邊界	7-2
	7.1.1　潛力的來源	7-2
	7.1.2　Prompt 的六個建議	7-3
7.2	Prompt 實踐	7-6
	7.2.1　四個經典推理問題	7-6
	7.2.2　大型模型原始表現	7-8
7.3	提示工程	7-11
	7.3.1　提示工程的概念	7-11
	7.3.2　Few-shot	7-12
	7.3.3　透過思維鏈提示法提升模型推理能力	7-15
	7.3.4　Zero-shot-CoT 提示方法	7-16
	7.3.5　Few-shot-CoT 提示方法	7-21
7.4	Least-to-Most Prompting（LtM 提示方法）	7-25
	7.4.1　Least-to-Most Prompting 基本概念	7-25
	7.4.2　Zero-shot-LtM 提示過程	7-26
	7.4.3　效果驗證	7-28

ix

7.5　提示使用技巧 7-30
　　7.5.1　B.R.O.K.E 提示框架 7-31
　　7.5.2　C.O.A.S.T 提示框架 7-33
　　7.5.3　R.O.S.E.S 提示框架 7-35
7.6　本章小結 7-37

第 8 章　大型模型與中介軟體

8.1　AI Agent 8-2
　　8.1.1　從 AGI 到 Agent 8-2
　　8.1.2　Agent 概念 8-3
　　8.1.3　AI Agent 應用領域 8-4
8.2　大型模型對話模式 8-6
　　8.2.1　模型分類 8-6
　　8.2.2　多角色對話模式 8-8
8.3　多角色對話模式實戰 8-10
　　8.3.1　messages 參數結構及功能解釋 8-10
　　8.3.2　messages 參數中的角色劃分 8-11
8.4　Function Calling 功能 8-14
　　8.4.1　發展歷史 8-14
　　8.4.2　簡單案例 8-16
8.5　實現多函數 8-23
　　8.5.1　定義多個工具函數 8-23
　　8.5.2　測試結果 8-26
8.6　Bing 搜索嵌入 LLM 8-27
　　8.6.1　曇花一現的 Browsing with Bing 8-27
　　8.6.2　需求分析 8-28
　　8.6.3　Google 搜索 API 的獲取和使用 8-30

		8.6.4 建構自動搜索問答機器人	8-34
8.7		本章小結	8-37

第 9 章 LangChain 理論與實戰

9.1	整體介紹		9-2
	9.1.1	什麼是 LangChain	9-2
	9.1.2	意義	9-3
	9.1.3	整體架構	9-5
9.2	Model I/O		9-6
	9.2.1	架構	9-6
	9.2.2	LLM	9-8
	9.2.3	ChatModel	9-11
	9.2.4	Prompt Template	9-13
	9.2.5	實戰：LangChain 連線本地 GLM	9-16
	9.2.6	Parser	9-19
9.3	Chain		9-20
	9.3.1	基礎概念	9-20
	9.3.2	常用的 Chain	9-22
9.4	Memory		9-32
	9.4.1	基礎概念	9-32
	9.4.2	流程解讀	9-33
	9.4.3	常用 Memory	9-34
9.5	Agents		9-41
	9.5.1	理論	9-41
	9.5.2	快速入門	9-44
	9.5.3	架構	9-48
9.6	LangChain 實現 Function Calling		9-53

	9.6.1	工具定義 9-53
	9.6.2	OutputParser 9-54
	9.6.3	使用 9-55
9.7	本章小結 9-57

第 10 章　實戰：垂直領域大型模型

10.1	QLoRA 微調 GLM-4 10-2
	10.1.1　定義全域變數和參數 10-2
	10.1.2　紅十字會資料準備 10-3
	10.1.3　訓練模型 10-16
10.2	大型模型連線資料庫 10-27
	10.2.1　大型模型挑戰 10-27
	10.2.2　資料集準備 10-28
	10.2.3　SQLite3 10-30
	10.2.4　獲取資料庫資訊 10-30
	10.2.5　建構 tools 資訊 10-34
	10.2.6　模型選擇 10-36
	10.2.7　效果測試 10-36
10.3	LangChain 重寫查詢 10-37
	10.3.1　環境配置 10-38
	10.3.2　工具使用 10-39
10.4	RAG 檢索增強 10-40
	10.4.1　自動化資料生成 10-41
	10.4.2　RAG 架設 10-42
10.5	本章小結 10-46

參考文獻 A-1

1

從零開始大型模型之旅

　　本章系統性地探究了對話機器人技術的起源及其發展軌跡，並前瞻性地展望了通用人工智慧的廣闊圖景，以及該技術對社會諸多領域可能產生的深遠影響。本章開篇追溯至對話機器人技術的歷史源頭，引領讀者穿越時光，揭示人與機器互動模式如何從簡單的指令交流逐漸演進至蘊含深層情感共鳴與理解的複雜對話。此演變過程不僅彰顯了技術層面的顯著進步，也折射出人類對於提升機器智慧溝通能力的持續渴望與期望。

　　隨後，論述焦點轉向通用人工智慧的核心議題，剖析其如何從基本的感知功能拓展至創造性的思維境界，這一進展標識人工智慧正大步邁向更為綜合與自治的新紀元。透過細緻檢查當前通用人工智慧技術的現狀，本章預測了其在教育、醫療、製造業等多領域的應用潛力，預示著一場企業革命的曙光；同時，也不遺餘力地探討了實現這一宏偉願景所面臨的挑戰及未來發展的策略路徑。

綜上所述，本章不僅組成了一次對對話機器人與通用人工智慧發展歷程的深刻反思，更是一次全方位的前瞻，展望了智慧科技的未來圖景，為讀者描繪了一幅由創新技術引領、蘊藏無盡可能的智慧時代巨集圖。

1.1 對話機器人歷史

1.1.1 人機同頻交流

圖靈測試是由電腦科學家艾倫·圖靈於 1950 年在論文《電腦器與智慧》中提出的一種評估機器智慧程度的方法。如果一台機器能夠與人類展開對話（透過電傳裝置）而不被辨別出其機器身份，那麼稱這台機器具有智慧。這一簡化使得圖靈能夠令人信服地說明「思考的機器」是可能的。他在該論文中還回答了對這一假設的各種常見質疑。圖靈測試是人工智慧哲學方面首個嚴肅的提案。

無論是深度演算法工程師還是剛接觸人工智慧概念的演算法新手，都可能聽說過這個著名的圖靈測試（如圖 1-1 所示）。這個測試旨在考查機器是否能夠展現出與人類相當的智慧水準，使我們無法輕易區分其與真人的交流。

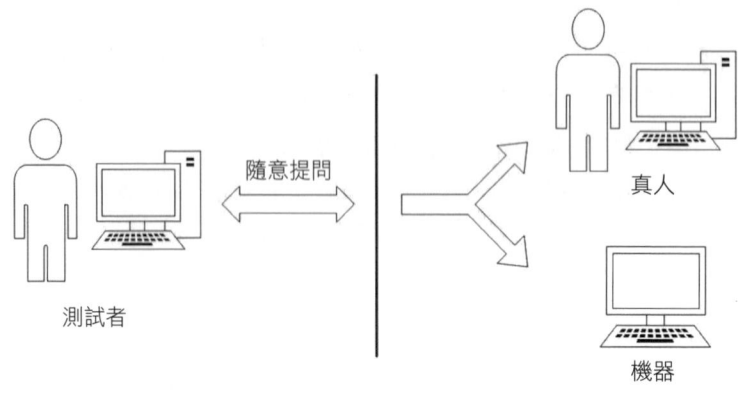

▲ 圖 1-1

圖靈測試自提出以來一直備受深度學習研究者的關注，並成為研究的熱門話題。在這個測試中，各種模型都被進行類似於「圖靈測試」的不嚴格驗證。人們透過判斷模型是否足夠與真人相似、生成的文字是否具有逼真程度來評估模型的性能。

對人工智慧在非語言領域取得的卓越成就（甚至超越人類平均水準），人們往往習以為常。舉例來說，廣泛應用的人臉辨識技術在實際應用中並未引起太多關注，大多數人對人工智慧的認知可能僅限於此。但是，當人工智慧在語言交流方面接近或超越人類水準，如 ChatGPT 引起轟動時，引發了人們的很大擔憂，導致某些國家緊急制定人工智慧管理與治理方案，有的學者和企業家呼籲「暫停研發」等。這一系列反應讓人類陷入了一場空前的焦慮和熱烈的討論。

ChatGPT 之所以能引發全世界的廣泛關注，其核心原因在於它觸及了人工智慧發展的本質追求—實現與人類智慧的深度共鳴。在這一領域內，長久以來，科學研究人員與科幻構想均將「人機無縫交流」視作衡量人工智慧成熟度的黃金標準。這不僅要求技術上的高度模擬，即機器能夠模擬人類的思維模式、情感反應及複雜交流技巧，而且它更能深層地映射出人類對「理解」與「被理解」的深切渴望，以及對技術能否最終跨越「人性」這一鴻溝的哲學探討。

1.1.2 人機對話發展歷史

人機對話系統在人工智慧的演進史上佔據著舉足輕重的地位，而 ChatGPT 正是這一悠久發展歷程的鮮明例證。如圖 1-2 所示，自 1946 年首台通用電腦 ENIAC 問世起，人機對話便一直是人工智慧探究的中心議題。1950 年，艾倫‧圖靈在《電腦器與智慧》論文中提出的圖靈測試，創新地利用人機對話場景評估機器的智慧水準，奠定了該領域研究的基石。1956 年，隨著「人工智慧」術語的正式確立，標誌著人類向建構智慧系統的目標邁出了決定性的一步，開啟了探索的新篇章。

進入 20 世紀 60 年代，尤其是在圖靈測試提出的 10 年後即在 1966 年問世的機器人 Elliza，使人機對話技術的邊界被進一步拓寬，旨在緩解心理醫療領域的壓力，透過設計能夠模擬心理治療對話的機器，初步嘗試將機器定位為輔助心理治療的工具。1971 年，一個歷史性的時刻到來，名為 Parry 的聊天機器人成為首個成功透過圖靈測試的實例，儘管其在限定情境下的對話能力尚不足以全面欺騙人類，但這無疑標誌著在建構能夠與人類進行自然、難以辨識的對話的智慧系統方面取得了重要進展，為人機互動領域樹立了一座里程碑。

1 從零開始大型模型之旅

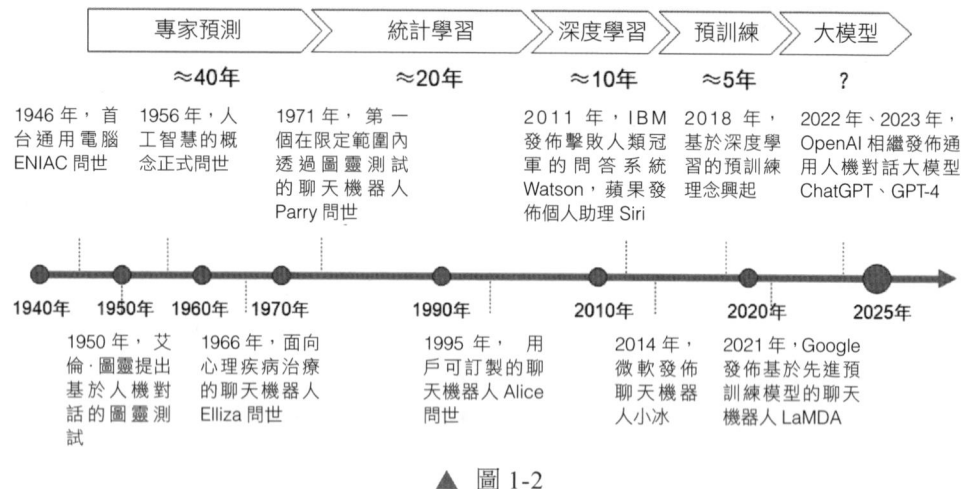

▲ 圖 1-2

1995 年，見證了技術躍進的又一里程碑，即使用者可訂製的聊天機器人 Alice 問世。透過設定簡潔的互動規則，Alice 能夠依據使用者的個性化需求執行人機對話任務。同年，Alice 在國際範圍內三度榮獲「最接近人類」殊榮的羅伯納獎，該獎項是人工智慧領域的權威競賽的獎項，該競賽採用標準化的圖靈測試機制甄選最能模擬人類的參賽程式，彰顯了彼時聊天機器人智慧化的卓越成就。

進入 21 世紀，人機對話技術步入了一個全新的發展階段。2011 年，IBM 發佈的問答系統 Watson 在競賽中擊敗人類冠軍，標誌著該領域獲得了突破性進展。2014 年，微軟發佈的聊天機器人小冰創新地實現了與人類進行持續、深入的對話交流。2018 年，深度學習的預訓練理念的興起為聊天機器人及問答系統的發展注入了強勁動力，幾乎重塑了所有相關系統的研究和發展路徑。

2021 年，Google 發佈了基於先進預訓練模型的聊天機器人 LaMDA，其發佈再次激起了業界對聊天機器人智慧水準的深入探討，部分人士甚至斷言 LaMDA 已展現出類似人類的心智特徵。然而，此類評價也引發了廣泛的爭議，從積極面看，這些爭議促使研發團隊在創新與探索的道路上保持警醒，不斷在理論與實踐的碰撞中尋求技術的精進和倫理的平衡。

ChatGPT 在 2022 年 11 月和 2023 年 3 月引起了廣泛且高度的關注，成為全球矚目的焦點，吸引了人們的廣泛且深切的興趣。OpenAI 相繼發佈的 ChatGPT 及後續的 GPT-4，不僅樹立了通用型人機對話技術的新標桿，也宣告了一個嶄新時代的開啟。學術界對此反響熱烈，普遍認為這一進展預示著「未來已來」，表現了人工智慧夢想的實質飛躍。

概括而言，人機對話技術的發展軌跡從最初基於規則的簡單設計，歷經統計學習方法的革新，再到深度學習的廣泛應用，直至現今預訓練模型的崛起，展現了技術迭代的高速處理程序。每一次技術的迭代與革新都顯著增強了人機對話系統模擬人類智慧的能力，推動了該領域向著更高層次的智慧化邁進。未來，我們滿懷憧憬，期待在大型模型領域導向的更多技術突破與應用拓展，持續書寫人工智慧新篇章。

1.2 人工智慧

1.2.1 從感知到創造

人工智慧（Artificial Intelligence，AI）在智慧水準的劃分上，可主要歸納為兩大類別：弱人工智慧（Narrow AI）與強人工智慧（General AI）。弱人工智慧聚焦於特定任務或狹窄領域，展示出高度專業化的智慧形態。這類系統專為應對明確界定的問題設計，例如語音辨識軟體及影像解析系統，它們在各自的專業領域中能力出眾，但在處理非指定範圍的任務時，則顯得功能有限。反之，強人工智慧則代表了一種普適性智慧，旨在達到與人類相仿的認知能力。它不僅能夠跨領域作業，還擁有學習新知、理解複雜情境及靈活適應變化的能力，涵蓋了語言理解、邏輯推理、問題求解等諸多維度，力求複製人類心智的全貌。強人工智慧的發展藍圖遼闊，寄託了對智慧技術未來願景的無限遐想，但同時也伴隨著更為艱鉅的挑戰與深層次的複雜性，因為它需破除單一功能的侷限，邁向真正意義上的通用智慧境界。

從零開始大型模型之旅

研究者在此基礎上追求人工智慧實現的路徑。三種不同的智慧層次如圖 1-3 所示。

▲ 圖 1-3

（1）計算智慧：是人工智慧的基礎支柱之一，是指電腦系統利用高級演算法、精密的數學模型及巨量資料處理技術，執行複雜的運算任務和資料分析的能力。它不僅涵蓋快速準確的數值計算，還包括模式辨識、資料探勘、最佳化決策等高級應用，是支撐現代科技發展和許多智慧服務背後的強大引擎。透過不斷最佳化的演算法設計，計算智慧正不斷突破處理速度與效率的極限，為解決大規模、高複雜度問題提供可能。

（2）感知智慧：進一步擴充了機器與現實世界的介面，使電腦能夠透過感測器、攝影機、麥克風等裝置捕捉並解釋外部環境的各類資訊。這一領域主要包括電腦視覺—讓機器「看見」並理解影像和視訊內容，以及語音辨識技術—使機器能夠準確辨識、轉錄並理解人類語言。此外，還有觸覺、嗅覺等其他感知方式的模擬研究，共同建構起機器全面感知外界的綜合系統，為實現更加自然和高效的互動體驗奠定基礎。

（3）認知智慧：這一領域致力於模仿和實現人類的高級思維過程，使電腦不僅能處理資料，還能「理解」資訊、學習新知識、進行邏輯推理、解決問題，乃至創新和決策。它涵蓋了機器學習、自然語言處理、知識圖譜建構等多個子領域，力圖透過深度學習等技術，讓電腦掌握語境理解、情感辨識、抽象思維等能力，逐步縮小與人類智慧的差距。認知智慧的突破，將極大推動自動化決策支援系統、智慧顧問、個性化教育等領域的進步，開啟人工智慧服務社會生活各個層面的新篇章。

1·計算智慧

計算智慧，這一概念涵蓋了電腦系統高效的資料處理與龐大的儲存能力，是現代科技發展的關鍵要素。它不僅是關於速度和容量的追求，更是對資訊時代基礎設施智慧化水準的衡量。

（1）GPU（Graphics Processing Unit，圖形處理單元）：GPU 作為高性能計算的傑出代表，專為密集型圖形與圖像資料處理而設計，其強大的並行處理能力、豐富的硬體加速特性和靈活的著色器程式設計功能，使其成為當代圖形處理領域不可或缺的核心組件。同理，TPU（Tensor Processing Unit，張量處理單元）和 ASIC（Application Specific Integrated Circuit，應用特定積體電路）也是為了特定領域內的極致性能而訂製開發的高效能計算解決方案，它們在機器學習、加密貨幣挖掘等領域展現出非凡效能。

（2）分散式運算：分散式運算技術是另一項革命性進展，它透過將複雜的計算任務拆分為若干較小的子任務，並將這些子任務分發至多台電腦上並存執行，有效提升了運算資源的使用效率和處理速度，是滿足大規模資料處理和複雜計算需求的強有力手段。

（3）SSD（Solid State Disk 或 Solid State Drive，固態硬碟）：SSD 作為儲存技術的重大革新，基於高速快閃記憶體媒體，與傳統的機械硬碟（Hard Disk Drive，HDD）相比，顯著提高了資料讀/寫速度，縮短了存取延遲，並增強了耐用性和可靠性，為現代計算系統提供了更為流暢的資料存取體驗。

計算智慧是當今世界研究的重點之一。儘管計算智慧，如 NVIDIA（英偉達）公司不斷強化的 GPU 算力和 Intel 持續最佳化的 CPU 性能，確實是科技進步的顯著標識，但我們應意識到，單純的計算速度與儲存能力的提升並不直接等於人工智慧的實現。事實上，人類長期以來追求的不僅是電腦運算速度的極限突破。

從零開始大型模型之旅

自古至今，電腦在計算速度上早已超越人類，而今我們所探索的是如何在保證高效、低成本的同時，賦予電腦理解、學習、決策等更接近人類智慧的特性，進而推動人工智慧邁向更高階的發展階段。

2．感知智慧

感知智慧，這一概念核心在於賦予電腦系統對外界環境的敏銳辨識與理解能力，是人工智慧技術中至關重要的一環。

（1）電腦視覺：它作為感知智慧的前端陣地，旨在模仿並實現人類視覺認知機制，使得機器能夠處理、解析數位影像與視訊資料，進而深入理解並詮釋視覺資訊。透過複雜的演算法與深度學習模型，電腦視覺技術不僅能夠辨識物體、場景，還能分析動作、表情，乃至推斷情境意義，有效地模擬了生物視覺系統的複雜功能。

（2）語音辨識技術：語音辨識則是感知智慧的另一大支柱，它賦予了電腦理解與回應人類語音指令的能力，為實現自然語言處理與語音互動系統奠定了堅實基礎。透過捕捉、轉換及解析音訊訊號，該技術打破了傳統人機互動的門檻，使無接觸式通訊成為可能，極大地豐富了人機互動的形式與深度。

（3）感知技術：感知技術的範圍更廣，涵蓋了力回饋、觸控感應、形變監測、溫度感知及紋理辨識等多種傳感方式，這些技術協作工作，使得機器能夠模擬觸覺、感知物理形態變化、監測環境溫濕度變化及辨別材質特性，極大地增強了其對物理世界的理解與適應能力。

（4）其他感測器技術：此外，光達（LiDAR）、紅外感測器、攝影機、麥克風、氣味探測器等其他高精度感測器技術的整合應用，進一步拓寬了機器感知的邊界，使其能夠精確測量距離、探測障礙物、辨識生物體征、捕捉聲音訊號乃至分析空氣品質，為實現全方位、多維度的環境感知與智慧回應提供了強有力的硬體支援。

總之，感知智慧在人工智慧領域的核心地位不容小覷，它不僅是連接虛擬世界與現實世界的橋樑，更是實現智慧體自主感知、理解並適應外部環境，進而有效互動與決策的關鍵。近年來，隨著這些技術的快速發展與普及應用，我們的社會生活發生了翻天覆地的變化，技術的每次飛躍都在為人類帶來前所未有的便捷與生活品質的顯著提升，預示著一個更加智慧、互聯的未來正逐步成為現實。

3．認知智慧

認知智慧，這一高級別的智慧形式旨在賦予電腦系統類似人類的思維與理解能力，使之能深度解析資訊並提出富有洞察力的見解，模擬人類在認識與闡釋世界時所展現的認知過程。如圖 1-4 所示，這一過程中的若干關鍵技術節點構築了認知智慧的基石，其中包括但不限於控制論原理的應用、基於規則的決策引擎設計、自然語言處理技術的革新、電腦視覺領域的突破、深度學習架構的興起、強化學習策略的實施，以及生成對抗網路的創新，這些技術的融合和迭代共同推進了智慧系統向更高層次的發展與躍進。

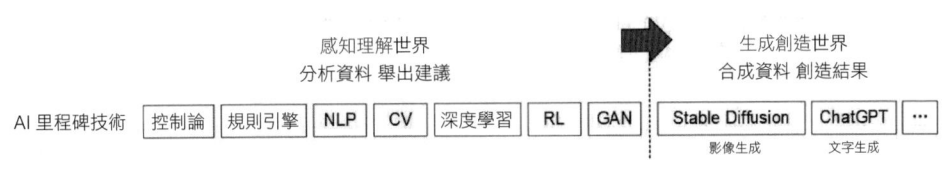

▲ 圖 1-4

（1）ChatGPT：一種基於深度學習技術的對話生成模型，其影響力日益顯著，廣泛滲透至對話系統、聊天機器人及智慧客服等企業應用中，有效支撐了自動問答、日常對話交流、個性化建議提供乃至問題解決方案的即時生成，極大地擴充了人機互動的深度與廣度。

（2）Stable Diffusion：一種用於生成高品質影像的技術，標誌著影像生成領域的一大飛躍，專注於創造高品質視覺內容，應用於影像生成、編輯與重建等多個維度，提供給使用者了前所未有的影像創作解決方案，展現了人工智慧在創造性內容生產方面的巨大潛力。

從零開始大型模型之旅

自 2022 年下半年以來，以 Stable Diffusion 和 ChatGPT 為代表的新興技術，不僅引領了人工智慧領域的全新風潮，更標誌著認知智慧邁向了一個新紀元──創造世界的合成資料與創造性結果生成。這一轉變，如同為機器安裝上了類似於人類大腦的引擎，極大地增強了其創造性和創新能力。

計算智慧作為人工智慧領域的基礎，支撐著這一系列技術革命；而感知智慧，作為連接物理世界與數位理解的橋樑，透過分析資料並提供決策依據，扮演著「感官」角色，其背後的驅動力正是控制論、規則基礎的決策系統、自然語言處理、電腦視覺等關鍵技術，它們共同組成了人工智慧的「視覺」與「聽覺」，使機器得以觀察、理解並回應周遭環境。

1.2.2 通用人工智慧

1．觸類旁通

以往的人工智慧系統在設計上並未展現出普遍適用的智慧特質，即未能達到通用人工智慧（Artificial General Intelligence，AGI）的標準，這是由於這些系統建構的模型和演算法通常被最佳化來執行高度專門化的單一任務。舉例來說，專為人臉辨識設計的系統，儘管在精準辨認個體方面表現出色，但其功能卻嚴格限定於人臉的辨識範圍，無法超越此特定領域。同樣，針對缺陷檢測訂製的 AI 模型，雖然能高效辨識某一預設類型的瑕疵，但在需檢測不同種類缺陷的新場景，除非經歷模型的替換或重新訓練，否則將難以適應並有效工作。

AlphaGo 的案例尤為顯著，這款 AI 系統憑藉其在圍棋對弈上的卓越表現贏得了全球矚目，但它的智慧邊界清晰劃定於圍棋規則之內。這表示，儘管 AlphaGo 在圍棋領域內達到了超凡的競技水準，但在面對五子棋等結構迥異的棋類挑戰時，卻無法直接遷移其戰略思維或遊戲技能，暴露出傳統 AI 系統在處理非專項任務時的局限性。這系列實例共同凸顯了早期 AI 技術與理想中 AGI 願景之間的差距，後者追求的是跨領域、自我調整和泛化能力強的智慧形態。

如圖 1-5 所示，隨著技術的不斷發展，像 ChatGPT 這樣的模型已經具備了觸類旁通的能力，即可以將在一個任務領域學到的知識應用於其他領域。這種能力被學術界描述為「湧現（Emergent）」，表示模型可以在不同領域表現出類似的智慧水準。當前,一個備受關注的研究熱點是多模態大型模型,旨在開發一個可以處理多種媒體類型問題的統一模型。如果這一努力取得成功,則幾乎所有類型的資料都可以透過這個模型進行訓練,實現從一個資料型態到另一個資料型態的生成。舉例來說,可以從劇本直接生成電影,從需求文件直接生成可執行的應用程式,或從口頭描述直接生成三維人物。基於這樣的邏輯,我們可以大膽地假設,凡是資料,都可以交給這個模型訓練,讓它學會如何從一個資料型態生成另一個資料型態。

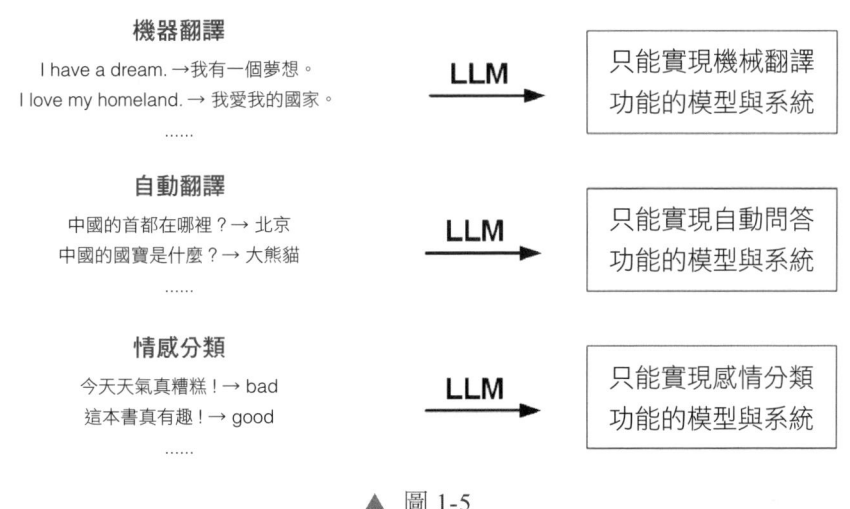

▲ 圖 1-5

儘管如此,要實現真正的 AGI 仍然面臨著許多未知因素和挑戰。當前的技術進展只是開啟了探索之門,我們尚不清楚門後有什麼,也不知道我們是否已經走上了正確的道路。然而,儘管存在諸多不確定性,我們依然可以思考 AGI 的出現將如何改變產業和個人生活。某些變化已在悄然發生,因此,我們需要深入思考 AGI 可能帶來的潛在影響,並做好準備,迎接未來的挑戰和機遇。

2·意義

假設 AGI 已經實現,將會引發一場資訊技術界的革命,其影響不僅表現在提高生產效率、降低生產成本等方面,更在於對軟體系統本身的深遠影響。從這個角度來看,我們可以透過朝著實現 AGI 的方向推導出當前所需的技術發展方向。

從零開始大型模型之旅

一項技術是否具有革命性，通常可以透過以下標識來衡量：是否要求幾乎每個軟體系統都進行改造甚至重構。在過去，已經有一些技術滿足了這一標準，比如圖形介面、Web 2.0 和行動網際網路。AGI 也符合這個標準，因為它將重新定義軟體系統的「介面」。無論是使用者介面還是軟體系統之間的介面，AGI 都將對其進行重新定義。

當前，人們需要透過理解電腦的能力、掌握各種軟體的操作方法，並將自己的意圖拆解為一系列操作軟體的步驟才能獲得所需結果。然而，AGI 的出現改變了這一情況。人類將能夠透過「說話」的方式與電腦進行互動，當交流語言不方便時，可以轉而使用打字。如果打字過於煩瑣，只需「說」出所需結果，電腦即可呈現。使用者可以立即「說」出修改意見，系統會立即做出回應。在這種情況下，使用者介面的體驗將得到極大的提升，滑鼠點擊和螢幕觸控的頻率將大幅降低。這一進步，提升了人類的工作效率，使人類的生活更加便利。

人類的定義通常包括兩個方面：會使用語言和會使用工具。AGI 在解決了語言問題之後，下一步就是解決工具的選擇和使用問題。AGI 的出現讓人類能夠更加便捷地使用電腦和軟體系統，進一步推動了資訊技術的發展。

1.2.3 發展方向

如表 1-1 所示，當前大型模型的探索和發展正聚焦於四大熱門方向，引領著 AI 領域的新一輪創新浪潮。

▼ 表 1-1 當前大型模型的四大熱門方向

技術路線	預訓練	模型微調	AI Agent	提示工程
技術原理	Transformer 架構	LoRA 微調	基於 Function Calling（函數呼叫）	角色扮演
應用場景	通用人工智慧	垂直推理場景	工作流場景	非嚴謹的場景
資料要求	通用巨量資料集	獨有的垂直資料	工作流 sop	無

（續表）

成本	千萬級（不可控）	百萬級（不可控）	十萬級（可控）	數千級（可控）
實現難度	實現難度極高，結果的不確定性最高	實現難度較高，結果的不確定性較高	實現難度較高，結果相對可控	實現難度一般，結果可控
人員要求	演算法類人才	演算法類人才	懂業務和 LLM 的工程性人才	懂業務的人才
算力投入	極高	較高	一般	一般/無
門檻	極高	較高	較高	簡單

（1）預訓練：這一技術透過在巨量文字資料上預先訓練模型，使得模型能夠學習到廣泛的語言結構和語境知識，為後續的特定任務應用打下堅實的基礎。預訓練模型如 BERT（Bidirectional Encoder Representations from Transformers，來自 Transformers 函數庫的雙向編碼器表示）模型和 GPT（Generative Pre-Trained，生成式預訓練）模型，已成為 NLP（Natural Language Processing，自然語言處理）領域的基石，極大地拓寬了語言理解與生成能力的邊界。

（2）模型微調：作為預訓練模型實用化的重要步驟，它針對特定任務對預訓練模型進行調整最佳化。透過在少量任務相關資料上進行額外訓練，模型能夠「學會」執行情感分析、問答系統或文字生成等具體功能，展現了高度的靈活性與效能，使得大型模型能夠更進一步地適應實際應用場景的需求。

（3）AI Agent：其概念是進一步拓展語言模型的功能，使之不僅能處理文字，還能在多模態環境中互動、決策和學習。這些智慧體透過整合語言理解、環境感知及決策制定能力，能夠在複雜場景下輔助人類工作，參與社交對話，乃至在虛擬世界中執行任務，代表了向更全面人工智慧形態邁進的關鍵一步。

（4）提示工程：近年來成為研究和應用的熱點，它強調透過精心設計的提示（Prompt，也稱提示詞）來引導模型輸出，以激發模型潛在的能力，甚至不需要額外的微調就能完成新任務。這包括但不限於建立具有啟發性的指令、建構 Prompt 範本及使用 Prompt 進行知識注入等策略。提示工程（Prompt Engineering，也稱 Prompt 工程）不僅降低了訂製化 AI 解決方案的門檻，而且也為探索模型內在邏輯和泛化能力提供了新的角度。

預訓練、模型微調、AI Agent 和提示工程共同組成了當前大型模型發展的四大熱門方向，它們相互交織，不斷推進人工智慧技術的前端，塑造著更加智慧、高效且人性化的數位未來。

1.2.4 本書焦點

在 AI 的新紀元時代，大型模型將被塑造為不可或缺的基礎設施，正如一日三餐、水和電在我們日常生活中的地位，成為支撐各種應用和創新的根基。然而，預訓練大型模型的任務是艱鉅且複雜的，其建設和維護通常由技術力量雄厚、資金充沛的少數企業來承擔。因此，本書並不聚焦於如何研發、訓練自己的大型模型，而是專注於以下幾點。

1．焦點一：微調、當地語系化與提示工程

對大多數人而言，我們並非這些資源的創造者，而是使用者。因此，真正的挑戰在於如何最大限度地發揮大型模型的作用，學會有效地使用這些大型模型才是關鍵。

對於本書而言，第一步：充分利用大型模型，即掌握模型的微調（Fine Tuning）；第二步：深入駕馭大型模型，即掌握提示工程。因此，本書優先對這兩個方面進行闡述。

大型模型的高昂訓練成本無疑是微調的推動因素。由於大型模型的參數許多，全新的訓練不僅會消耗大量的運算資源，而且還需要承擔相應的經濟成本。考慮到 C/P 值，讓每家公司都從頭開始訓練一個大型模型顯然不是一個經濟實

用的選擇。那麼，選擇已經預訓練好的模型，進行目標任務的微調則是更為理智、高效且節約成本的策略。

提示工程為大型模型的使用提供了一種效果明顯且簡單上手的方式，一個好的 Prompt 可以幫助我們挖掘到大型模型的潛力邊界，充分發揮大型模型的能力，但很多人並不清楚 Prompt 的撰寫技巧。若細心閱讀本書，則能體驗到 Prompt 的撰寫技巧。

當地語系化：我們不能忽視資料的隱私和安全性問題。特別是對於敏感性資料，很多企業不希望或不能將其傳輸給第三方大型模型服務。在這種情況下，擁有自己的模型並進行微調不僅能確保資料的安全性，還能針對特定需求最佳化模型性能。

2·焦點二：垂直領域與 Agent 應用程式開發

垂直領域與 Agent 應用程式開發也是目前的熱門方向，但提示工程和微調並不能解決所有的問題。

縱使提示工程為大型模型的使用提供了一種簡單上手的方式，但它的缺點也顯而易見。具體來說：大型模型在設計上對輸入序列長度有明確的限制，而提示工程往往會產生較長的 Prompt。這樣的設計直接引發了兩個問題：

（1）推理成本會隨著 Prompt 長度的增加而急劇上升，尤其是當這種推理成本與 Prompt 長度的平方成正相關時。

（2）過長的 Prompt 容易被模型截斷，從而嚴重影響輸出的品質和準確性。

垂直領域中的企業往往有大量的自有資料，提示工程由於其局限性，效果達不到預期的效果。而基於自有資料的微調，也有其缺點—企業的自有資料往往是不斷更新的，而微調的成本雖然比預訓練模型要低，但微調的時間成本和算力成本不容忽視，微調的速度不可能與企業資料的更新頻率保持一致，因而存在資訊的落後性。這是本書能解決的重要技術問題。

1.3 本章小結

本章透過回顧對話機器人歷史、探討通用人工智慧的概念與發展方向,開啟了大型模型之旅。首先,介紹了人機同頻交流和人機對話的發展歷程,展示了對話機器人從簡單的問答系統到複雜互動系統的演變。然後,探討了通用人工智慧的內涵,從感知能力到創造力的發展,描述了人工智慧在各個領域中的應用與進步。最後,提出了通用人工智慧的未來發展方向,並明確了本書的焦點,旨在幫助讀者了解、掌握大型模型技術的最新進展和應用。

2

大型模型私有化部署

本章以開放原始碼架構 GLM-4（也稱 GLM4）和 GLM-3（也稱 GLM3）為例，為讀者揭開大型模型私有化部署的神秘面紗，以深入了解其背後的具體技術和實施步驟。

大型模型私有化部署通常並不是一項煩瑣的任務，但由於大型模型私有化部署本身會涉及非常多的相依函數庫的安裝和更新，同時也有一定的硬體要求，因此對初學者來說，仍然存在一定的部署和使用門檻。為了讓初學者能夠輕鬆駕馭這一不可多得的中文開放原始碼大型模型，我們精心準備了兩份詳盡的部署指南，聚焦於 GLM-4-9B-chat 和 ChatGLM3-6B，每份指南針對不同的硬體環境量身訂製。我們的目標是為初學者鋪設一條清晰、易懂的學習路徑，助力他們迅速掌握並有效利用這一強大的工具。

2 大型模型私有化部署

透過本教學，讀者可以逐步了解大型模型私有化部署的各個步驟，並掌握必要的技能和知識，從而能夠更加輕鬆地應對部署過程中可能遇到的挑戰和困難。同時，我們還提供了實用的建議和技巧，幫助讀者最佳化部署方案，提升模型的性能和穩定性。這份部署流程教學將成為初學者的良師益友，為他們在 AI 的學習和探索之路打下堅實的基礎。此外，若讀者面臨硬體資源的限制，則可選擇魔塔社區等雲端服務平臺所提供的免費算力資源，以滿足需求。

2.1 CUDA 環境準備

2.1.1 基礎環境

1．作業系統

首先，我們需要考慮作業系統要求。目前，開放原始碼的大型模型都支援在 Windows、Linux、Mac 系統上進行部署和執行，並且 Python 及許多與深度學習相關的框架也都能夠跨平臺執行。

針對大型模型服務而言，Linux 系統通常在資源利用和性能方面更加高效。特別是在伺服器環境中，Linux 系統更適合於多卡並行執行和服務最佳化等企業級部署場景。因此，在實踐大型模型時，建議使用 Ubuntu 系統。然而，許多使用者可能更偏向於在 Windows 系統上進行實踐和學習。儘管 Windows 系統在處理大規模計算任務時性能和資源管理方面相對於 Ubuntu 略顯不足，但其更符合大多數使用者的使用習慣。

因此，在隨後的章節內容中，我們將逐一闡述 GLM 大型模型在 Ubuntu 及 Windows 平臺上的部署方法。從部署流程的廣義角度觀察，採用 Ubuntu 系統或 Windows 系統，部署 GLM 大型模型的核心步驟基本一致。不過，值得注意的是，在本書深入探討大型模型微調的部分，我們發現 Windows 系統對於 QLoRA 這一量化微調技術的支援相對有限，因此，出於最佳化微調體驗的考慮，我們強烈建議讀者使用 Linux（如 Ubuntu）系統操作。

2．硬體規格要求

本書提供兩種模型（GLM-4-9B-chat 和 ChatGLM3-6B）的當地語系化部署方案，請讀者根據自身的硬體規格情況，選擇性部署相應的模型。其中，GLM-4-9B-chat 在推理執行時期，大約消耗 21～22GB 的顯示記憶體資源；若採用即將闡述的 INT4 量化技術，則能有效將顯示記憶體需求降至約為 15GB。值得注意的是，即使採用量化手段，對此模型進行微調仍需約為 32GB 的顯示記憶體，請作者根據自身硬體條件謹慎考慮。若當前硬體規格無法滿足上述要求，則推薦選用 ChatGLM3-6B，其標準配置下需至少 13GB 顯示記憶體與 16GB 記憶體支援，而採用 INT4 版本時，顯示記憶體需求驟減至 5GB 以上，記憶體需求為 8GB 以上，極大地降低了硬體門檻。至於 ChatGLM3-6B 的微調作業，最低顯示記憶體要求為 16GB，這符合多數消費級顯示卡的標準配置。

在本章中，我們將重點講解如何配置 GPU 環境來部署執行兩類不同參數規模的模型。本章在一個純淨的 Ubuntu 22.04 和 Windows 系統基礎上，安裝必要的大型模型執行相依環境，並實際部署、執行及使用這兩類模型。

2.1.2 大型模型執行環境

關於大型模型執行環境，安裝顯示卡驅動程式（簡稱驅動）顯然是首先要做的事情。我們需要確保可以正常地將大型模型部署在 GPU 上，這也是比較容易出現問題的環節，如安裝過程中因各種環境問題導致安裝不成功、缺相依套件等，總會遇到莫名其妙的顯示出錯，從而在安裝的第一步就受挫。

下面簡要說明需要安裝的三大部分。

（1）NVIDIA（英偉達）顯示卡驅動：Linux 系統預設不會安裝相關顯示卡驅動，需要自己安裝。除 CUDA（Compute Unified Device Architecture，計算統一裝置架構）外，最重要的是驅動，因為硬體需要驅動才能與軟體一樣被其他軟體使用。一般來說 NVIDIA 的 CUDA 版本和它的 GPU 驅動版本具有一定的匹配關係。

（2）CUDA：是 NVIDIA 公司開發的一組程式語言擴充、函數庫和工具，讓開發者能夠撰寫核心函數，可以在 GPU 上平行計算。假設已安裝了 11.8 版本的 CUDA，在未來的某一天，PyTorch 升級後對 CUDA 有了新的要求，則需要同時更新 CUDA 和 GPU Driver。因此，最好安裝最新版本的顯示卡驅動和對應的最新版本 CUDA。

（3）cuDNN（CUDA Deep Neural Network Library，CUDA 深度神經網路函數庫）：是 NVIDIA 公司針對深度神經網路的應用而開發的加速函數庫，以幫助開發者更快地實現深度神經網路訓練推理過程。

2.1.3 安裝顯示卡驅動

顯示卡驅動的核心功能在於啟動與管理顯示卡硬體，確保其高效執行，它是連接作業系統與顯示卡硬體之間的橋樑，使二者能夠順暢溝通並協作工作。透過最佳化顯示卡的執行效率，顯示卡驅動不僅加速了圖形處理任務，還促進了與顯示卡相關的軟體應用的高效執行，確保了這些程式能夠充分利用顯示卡的硬體資源。

具體而言，顯示卡驅動扮演的角色是，它不僅有效地驅動硬體裝置以最佳狀態執行，還包含了必要的硬體規格資訊，確保系統及其他軟體能夠準確無誤地與顯示卡硬體互動，實現預期功能。

1．安裝套件準備

在許多高性能計算伺服器場景中，NVIDIA 公司製造的 GPU 尤其受到青睞。這些 GPU 不僅擅長加速圖形著色，還在機器學習、深度學習等領域展現了卓越性能。其中，廣泛採用的型號包括 RTX 4080、RTX 4070 Ti 及 RTX 4060 Ti，這些產品以其強大的運算能力和高度的能效比著稱。

如圖 2-1 所示，NVIDIA 官網提供了相關產品的下載入口。欲了解更多詳細資訊，包括 NVIDIA 的全系列產品陣容，可存取 NVIDIA 官網，查看最新的產品系列介紹和詳盡規格，以便使用者根據具體需求做出合適的選擇。

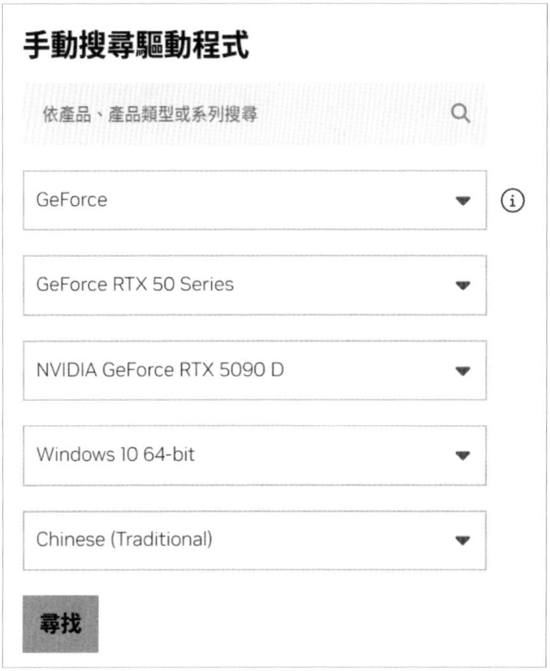

2.1 CUDA 環境準備

▲ 圖 2-1

2‧Windows 系統

　　一般來說為了進行大型模型的實踐和部署，對於桌上型電腦而言，如果選擇 ChatGLM3-6B 並進行量化，則至少需要 2060（6GB 顯示記憶體顯示卡）或更高規格的顯示卡；對於筆記型電腦，則至少需要 3060（8GB 顯示記憶體顯示卡）或更高規格的顯示卡。需要特別注意的是，儘管兩者可能使用相同型號的顯示卡，但由於行動端顯示卡（筆記型電腦顯示卡）受限於功耗和散熱等因素，其性能和顯示記憶體容量通常會略遜於主機顯示卡（桌上型電腦顯示卡）。因此，在選擇裝置時，應充分考慮到實際的使用需求和性能要求，以確保系統能夠高效執行和處理計算任務。

　　如圖 2-2 所示，在 Windows 的搜索欄中搜索並開啟「電腦管理」，如果電腦上沒有安裝 NVIDIA 顯示卡驅動，則需要下載安裝。如果已安裝，則跳過此章節。

2 大型模型私有化部署

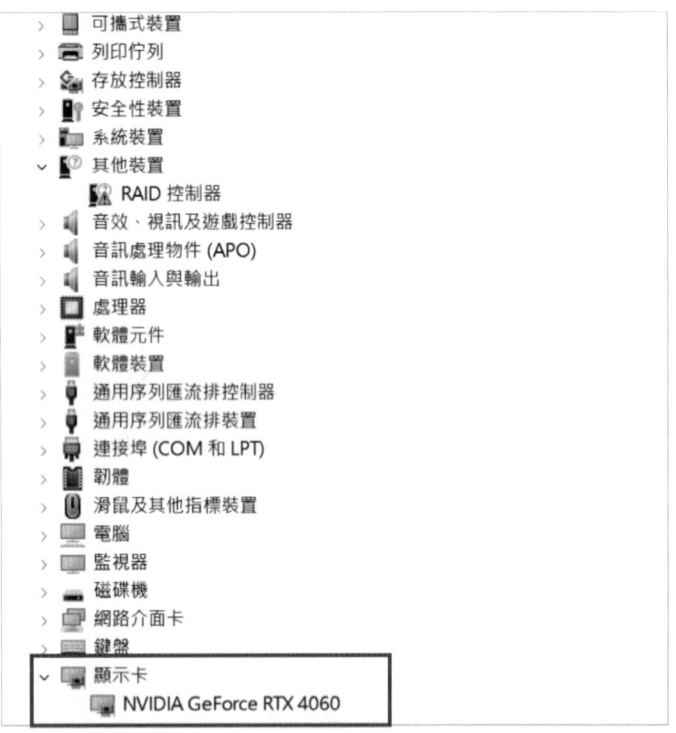

▲ 圖 2-2

（1）找到之前下載的 Windows 顯示卡驅動安裝套件的 .exe 檔案，按兩下後執行，如圖 2-3 所示，建議選擇預設路徑。

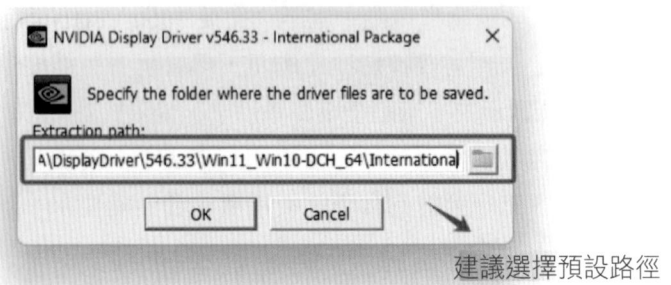

▲ 圖 2-3

2.1 CUDA 環境準備

（2）進入 NVIDIA 顯示卡驅動安裝程式：找到 NVIDIA 顯示卡驅動安裝的 .exe 檔案，如圖 2-4 所示，按流程進行安裝。

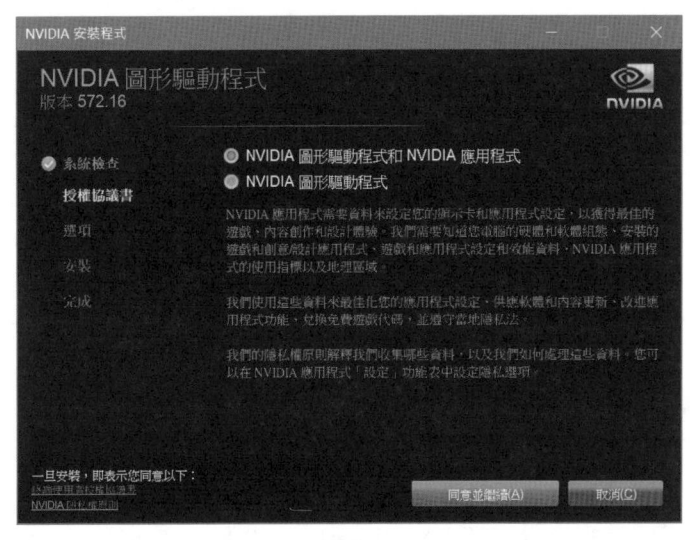

▲ 圖 2-4

（3）驗證 NVIDIA 安裝程式是否已完成，執行到最後一步的結果如圖 2-5 所示。

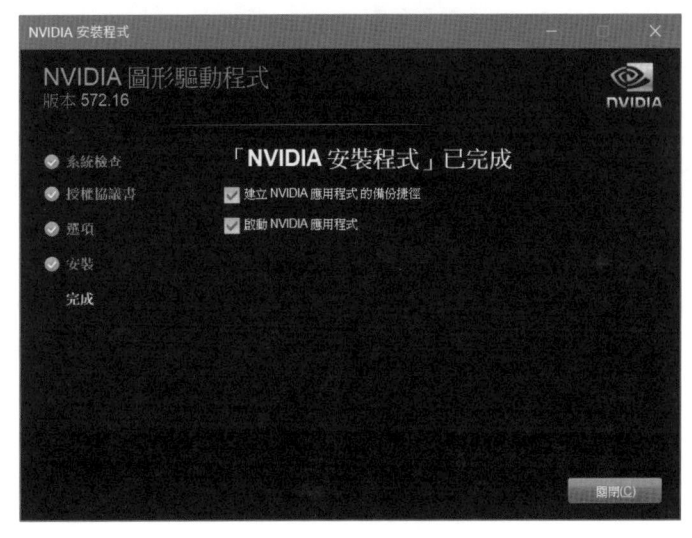

▲ 圖 2-5

（4）安裝完成後，需要重新啟動電腦才會生效。驗證方法是：重新啟動電腦後，在桌面上按一下滑鼠右鍵，出現如圖 2-6 所示的圖示則表明安裝成功。

▲ 圖 2-6

3・Ubuntu 系統

在 Ubuntu 系統下，安裝顯示卡驅動通常有以下兩種主要方式。

（1）手動安裝官方提供的 NVIDIA 顯示卡驅動，這種方式相對穩定可靠，但可能需要解決一些問題。

（2）透過系統附帶的「軟體和更新」程式進行附加驅動的更新，這種方法比較簡單，但需要確保系統能夠連接到網際網路。

由於我們通常會在當地語系化部署的伺服器上操作，考慮到網路安全因素，有時伺服器可能無法連接到網際網路，因此我們選擇了手動安裝的方式。無論選擇哪種方法，都需要進行一些前置操作，包括安裝必要的相依套件和禁用預設的顯示卡驅動。具體的操作步驟如下。

① 安裝相依套件。

在終端依次執行完以下命令，如程式 2-1 所示。

➜ 程式 2-1

```
sudo apt-get update
sudo apt install gcc
sudo apt install g++
sudo apt install make
```

2.1 CUDA 環境準備

```
sudo apt-get install libprotobuf-dev libleveldb-dev libsnappy-dev libopencv-
dev libhdf5-serial-dev protobuf-compiler
sudo apt-get install--no-install-recommends libboost-all-dev
sudo apt-get install libopenblas-dev liblapack-dev libatlas-base-dev
sudo apt-get install libgflags-dev libgoogle-glog-dev liblmdb-dev
```

② 禁用預設驅動。

在安裝 NVIDIA 顯示卡驅動前需要禁止系統附帶顯示卡驅動 nouveau。如程式 2-2 所示，在終端輸入命令開啟 blacklist.conf 檔案或新建一個單獨的 blacklist-nouveau.conf 檔案。

➔ 程式 2-2

```
sudo gedit/etc/modprobe.d/blacklist.conf
```

如程式 2-3 所示，在開啟的檔案末尾輸入程式並儲存。

➔ 程式 2-3

```
blacklist nouveau
options nouveau modeset=0
```

如程式 2-4 所示，透過 update-initramfs 命令更新系統的 initramfs 鏡像檔案，完成以上步驟後，重新啟動電腦。然後，在終端中輸入 lsmod 命令進行驗證。

➔ 程式 2-4

```
sudo update-initramfs-u
lsmod | grep nouveau
```

如果沒有輸出，則說明禁用了 nouveau。

③ 如圖 2-7 所示，找到之前下載的 Ubuntu 顯示卡驅動。

使用 cd 命令進入存放驅動檔案的目錄中，使用 ls 命令查看目錄中的檔案。選擇好顯示卡驅動和適用平臺後按一下下載，下載完成後，對該驅動增加執行許可權，否則無法進入安裝頁面。

```
(base) egcs@gpuserver:~$ cd Downloads/
(base) egcs@gpuserver:~/Downloads$ ls
NVIDIA-Linux-x86_64-525.53.run
(base) egcs@gpuserver:~/Downloads$ sudo chmod 777 NVIDIA-Linux-x86_64-525.53.run
[sudo] password for egcs:
(base) egcs@gpuserver:~/Downloads$ ls
NVIDIA-Linux-x86_64-525.53.run
(base) egcs@gpuserver:~/Downloads$ sudo ./NVIDIA-Linux-x86_64-525.53.run –no-opengl-files –no-x-check
```

▲ 圖 2-7

執行如程式 2-5 所示的程式，舉出執行許可權。

→ 程式 2-5

```
sudo chmod 777 NVIDIA-Linux-x86_64-525.53.run# 給下載的驅動賦予可執行許可權
sudo./NVIDIA-Linux-x86_64-525.53.run-no-opengl-files-no-x-check
# 安裝
```

隨後進入安裝介面，依次選擇 Continue →不安裝 32 位元相容函數庫（選擇 no）→不執行 x 配置（選擇 no）。最後輸入 reboot 命令重新啟動主機。重新進入圖形化介面，在終端輸入 nvidia-smi 命令。

2.1.4 安裝 CUDA

安裝完驅動後，很多讀者可能會存在一個誤解，即透過 nvidia-smi 命令可以查看到顯示卡驅動相容的 CUDA 版本，而本機顯示的版本為「CUDA Version：12.2」。這讓很多人誤以為已經成功安裝了 CUDA 12.2 版本，實際上，這個版本指的是顯示卡驅動相容的最高 CUDA 版本。換言之，當前系統驅動所支援的最高 CUDA 版本是 12.2。因此，安裝更高版本的 CUDA 可能會導致不相容的問題，需要謹慎考慮。

需要明確的是，顯示卡驅動與 CUDA 的安裝是兩個不同的過程。顯示卡驅動的安裝使電腦系統能夠正確辨識和使用顯示卡，而 CUDA 則是 NVIDIA 開發的平臺，允許開發者利用特定的 NVIDIA GPU 進行通用計算。CUDA 主要用於完成大量並行處理的計算密集型任務，例如深度學習、科學計算和圖形處理等。如果應用程式或開發工作需要利用 GPU 的平行計算能力，那麼 CUDA 就顯得至關重要。但是，如果只進行常規使用，例如網頁瀏覽、辦公軟體使用或輕度的圖形處理，那麼安裝標準的顯示卡驅動就足夠了，不需要單獨安裝 CUDA。然而，考慮到進行大型模型實踐的需求，安裝 CUDA 是必不可少的。

CUDA 提供兩種主要的程式設計介面：CUDA Runtime API（Application Programming Interface，應用程式設計發展介面）和 CUDA Driver API。這兩種介面為開發者提供了靈活且高效的方式來利用 GPU 進行平行計算，從而加速各種類型的計算任務的執行。

（1）CUDA Runtime API 是一種更高級別的抽象，旨在簡化程式設計過程，它自動處理許多底層細節，使得程式設計更加簡便。大多數程式設計師選擇使用 CUDA Runtime API，因為它更易於學習和使用，並能夠提高程式設計效率。

（2）相比之下，CUDA Driver API 提供了更細粒度的控制，允許開發者直接與 CUDA 驅動進行互動。它通常用於需要對運算資源進行更精細控制的高級應用場景，如特定硬體架構下的性能最佳化、平行計算任務的排程等。

安裝 CUDA，其實就是在安裝 CUDA Toolkit，其版本決定了我們可以使用的 CUDA Runtime API 和 CUDA Driver API 的版本。安裝 CUDA Toolkit 時會安裝一系列工具和函數庫，用於開發和執行 CUDA 加速的應用程式。這包括 CUDA 編譯器（nvcc）、CUDA 函數庫和 API，以及其他用於支援 CUDA 程式設計的工具。如果安裝好了 CUDA Toolkit，則可以開發和執行使用 CUDA 的程式。

1．安裝套件準備

需要進入 NVIDIA 官網，如圖 2-8 所示，找到需要下載的 CUDA 版本。

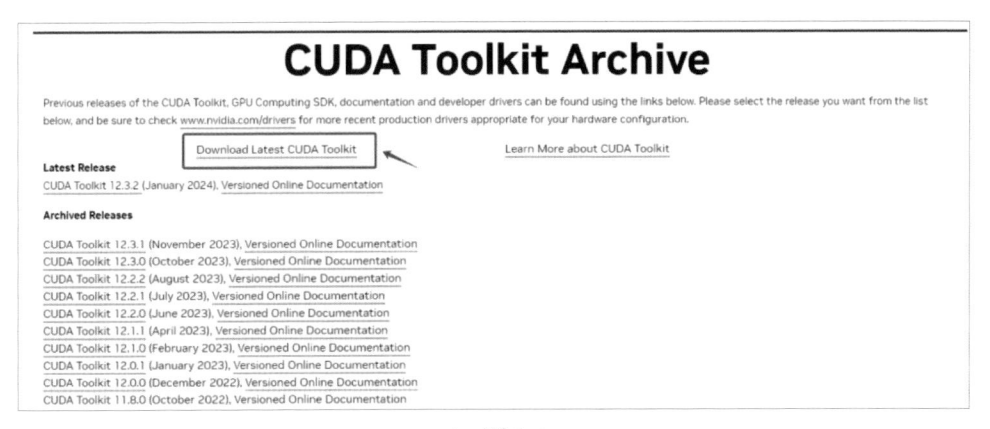

▲ 圖 2-8

在 Linux 系統下，使用者需根據自身系統組態與需求，依次選定合適的作業系統版本等參數。如圖 2-9 所示，Linux 提供三種安裝套件選項以適應不同的部署情景。

（1）runfile（local）：本地安裝，這是一種便捷的安裝方式，將所有安裝檔案整合為一個單獨的 runfile。使用者下載完畢後，直接執行該檔案即可啟動安裝處理程序，不需要額外的線上下載步驟，簡化了安裝流程。

（2）deb（network）：網路安裝，適用於偏好透過網路安裝的使用者，需借助作業系統附帶的套件管理工具（如 APT）來增加 CUDA 的官方軟體來源。完成來源的增加後，即可利用套件管理工具直接搜索並安裝 CUDA，此法便於後續的更新與維護。

（3）deb（local）：除網路安裝外，使用者同樣可以選擇事先下載 deb 套件至本地，然後透過套件管理器手動匯入並安裝，這種方式適用於網路條件受限或希望離線部署的場景。

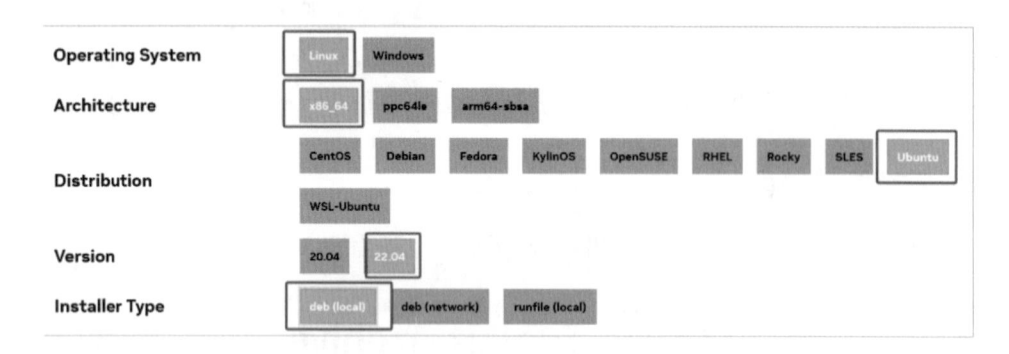

▲ 圖 2-9

Windows 情況如圖 2-10 所示，概述了兩種可選的安裝套件。

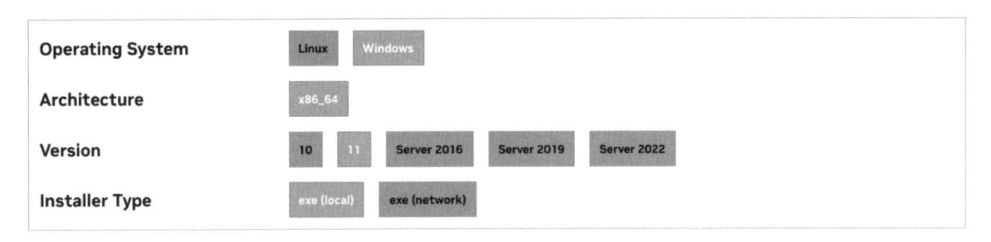

▲ 圖 2-10

這兩種可選的安裝套件如下。

（1）exe（local）：本地安裝套件，這是一個完整的 CUDA 安裝套件，包含所有必需的元件，以可執行檔形式提供，體積較大，大約佔用 2GB 的儲存空間。

（2）exe（network）：網路安裝套件，管理器作為另一種選擇，該安裝套件的體積較小，約為 300MB，實質上是一個下載器，它會在安裝過程中連接至網路下載所需的 CUDA 元件，適合那些希望節省初始下載頻寬或僅需特定組件的使用者。

2．Windows 系統

在 Windows 系統下，使用者可透過在命令提示符號下執行命令 nvcc-V 來檢查 CUDA 的安裝版本，以此驗證 CUDA 是否已成功安裝在系統中，如圖 2-11 所示。

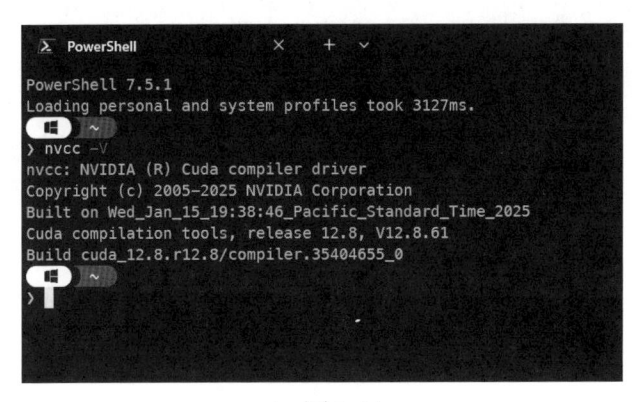

▲ 圖 2-11

如圖 2-12 所示，開啟 CUDA 的安裝目錄：C:\Program Files\NVIDIA GPU Computing Toolkit\CUDA\。

v11.0	2023-03-22 16:22	文件夾
v11.1	2023-04-22 11:12	文件夾
v11.7	2023-05-28 17:41	文件夾

▲ 圖 2-12

若出現如圖 2-12 所示的檔案，說明已經安裝，那麼可以跳過該步驟。如果未安裝，則執行以下步驟。

（1）按兩下下載的本地安裝套件，如圖 2-13 所示。

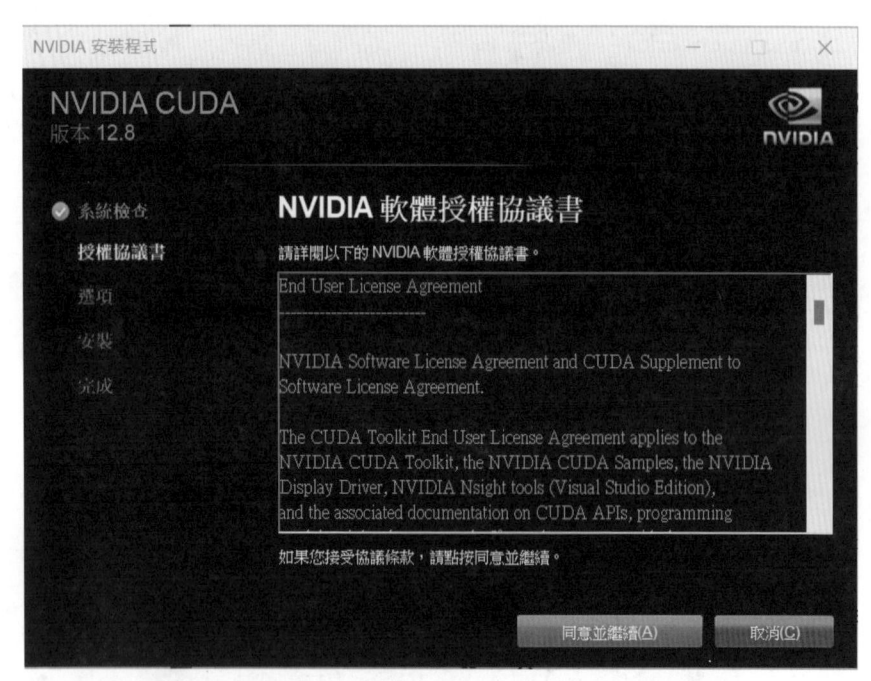

▲ 圖 2-13

（2）選擇需要安裝的元件，如圖 2-14 所示。

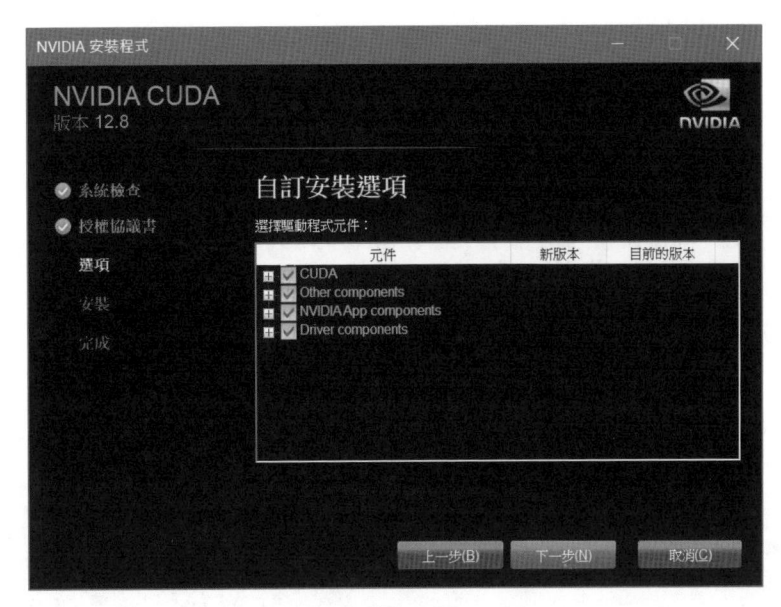

▲ 圖 2-14

（3）選擇安裝位置，建議採用預設設置，如圖 2-15 所示。

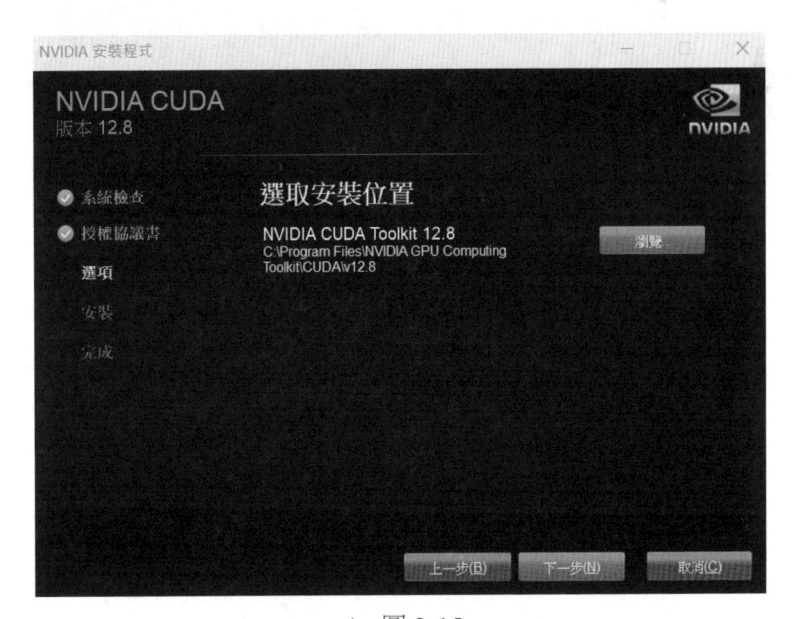

▲ 圖 2-15

（4）增加環境變數，如圖 2-16 所示，該環境變數有助未來實現多版本 CUDA 的切換。

CUDA_BIN_PATH	%CUDA_PATH%\bin
CUDA_LIB_PATH	%CUDA_PATH%\lib\x64
CUDA_PATH	C:\Program Files\NVIDIA GPU Computing Toolkit\CUDA\v11.1
CUDA_PATH_V11_1	C:\Program Files\NVIDIA GPU Computing Toolkit\CUDA\v11.1
CUDA_SDK_BIN_PATH	%CUDA_SDK_PATH%\bin\win64
CUDA_SDK_LIB_PATH	%CUDA_SDK_PATH%\common\lib\x64
CUDA_SDK_PATH	C:\ProgramData\NVIDIA Corporation\CUDA Samples\v11.1

▲ 圖 2-16

（5）重新執行 nvcc-V 命令進行驗證，如圖 2-17 所示。

```
cmd                             ×    +   ∨

Microsoft Windows [版本 10.0.22631.4830]
(c) Microsoft Corporation. 著作權所有，並保留一切權利。

C:\Users\joshhu>nvcc -V
nvcc: NVIDIA (R) Cuda compiler driver
Copyright (c) 2005-2025 NVIDIA Corporation
Built on Wed_Jan_15_19:38:46_Pacific_Standard_Time_2025
Cuda compilation tools, release 12.8, V12.8.61
Build cuda_12.8.r12.8/compiler.35404655_0

C:\Users\joshhu>
```

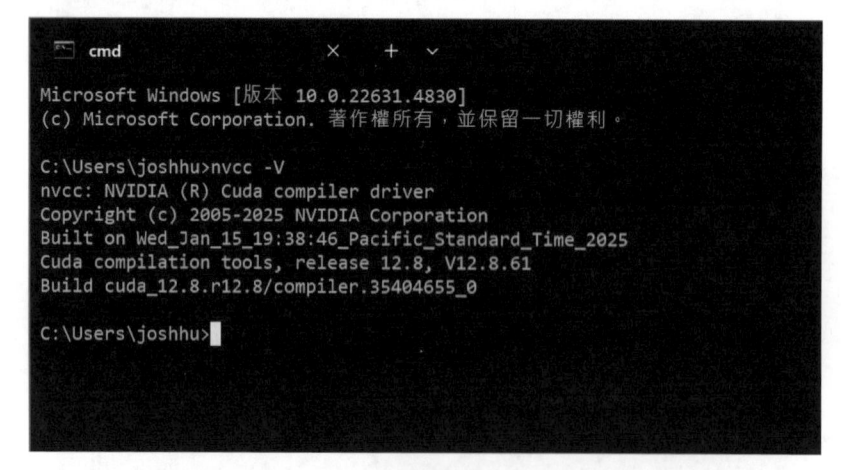

▲ 圖 2-17

3．Ubuntu 系統

如圖 2-18 所示，當執行 CUDA 應用程式時，通常是在使用與安裝的 CUDA Toolkit 版本相對應的 Runtime API。這可以透過 nvcc-V 命令查詢。

```
(base) egcs@gpuserver:/usr/local/cuda/bin$ nvcc -V
nvcc: NVIDIA (R) Cuda compiler driver
Copyright (c) 2005-2021 NVIDIA Corporation
Built on Thu_Jan_28_19:32:09_PST_2021
Cuda compilation tools, release 11.2, V11.2.142
Build cuda_11.2.r11.2/compiler.29558016_0
```

▲ 圖 2-18

2.1 CUDA 環境準備

或進入 /usr/local 以查看是否有 cuda，如圖 2-19 所示。

```
(base) egcs@gpuserver:/usr/local$ cd /usr/local/
(base) egcs@gpuserver:/usr/local$ ls
bin  cuda  cuda-11.2  cuda-11.4  etc  games  include  lib  man  sbin  share  src
```

▲ 圖 2-19

如果已經安裝，則可以跳過該步驟。如果發現未安裝，則執行以下步驟。

(1) 透過 apt install nvidia-cuda-toolkit 安裝的是 Ubuntu 倉庫中可用的 CUDA Toolkit 版本，它可能不是最新的版本，也可能不是特定需要的版本。該安裝套件主要用於本地 CUDA 開發（如果想直接撰寫 CUDA 程式或編譯 CUDA 程式）。

如圖 2-20 所示，根據當前官方舉出的程式，在終端執行即可安裝。

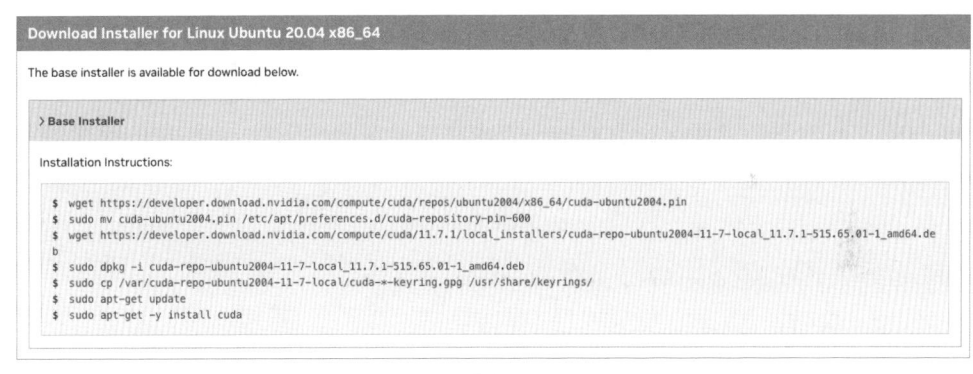

```
Download Installer for Linux Ubuntu 20.04 x86_64
The base installer is available for download below.

> Base Installer

Installation Instructions:

$ wget https://developer.download.nvidia.com/compute/cuda/repos/ubuntu2004/x86_64/cuda-ubuntu2004.pin
$ sudo mv cuda-ubuntu2004.pin /etc/apt/preferences.d/cuda-repository-pin-600
$ wget https://developer.download.nvidia.com/compute/cuda/11.7.1/local_installers/cuda-repo-ubuntu2004-11-7-local_11.7.1-515.65.01-1_amd64.deb
$ sudo dpkg -i cuda-repo-ubuntu2004-11-7-local_11.7.1-515.65.01-1_amd64.deb
$ sudo cp /var/cuda-repo-ubuntu2004-11-7-local/cuda-*-keyring.gpg /usr/share/keyrings/
$ sudo apt-get update
$ sudo apt-get -y install cuda
```

▲ 圖 2-20

(2) 修改設定檔：執行命令 sudo vim ~/.bashrc，在文字的最後一行增加程式 2-6。

→ 程式 2-6

```
$ export PATH=/usr/local/cuda-10.1/bin${PATH:+:${PATH}}
$ export LD_LIBRARY_PATH=/usr/local/cuda-10.1/lib64\
                    ${LD_LIBRARY_PATH:+:${LD_LIBRARY_PATH}}
```

（3）透過程式 2-7，檢查 CUDA 是否安裝正確。

→ 程式 2-7

```
cat /usr/local/cuda/version.txt
```

2.1.5 安裝 cuDNN

cuDNN 的安裝過程相比 CUDA 而言更為簡便，僅需以下幾個步驟：首先，下載與你的系統及 CUDA 版本相匹配的 cuDNN 壓縮檔；然後，將解壓後的檔案複製到指定的系統目錄中；最後，確保對這些檔案設置正確的存取權限，以便系統能夠順利呼叫。透過以上操作，cuDNN 即可完成安裝並準備就緒。

1．安裝套件準備

造訪 NVIDIA 官方網站，導航至 cuDNN 的專屬下載頁面。請注意，為獲取下載許可權，需要先登入帳戶並完成一份簡短小問卷。根據圖 2-21 的指示，根據 CUDA 版本進行選擇，可直接按一下相關連結，開始下載 cuDNN 的壓縮檔。

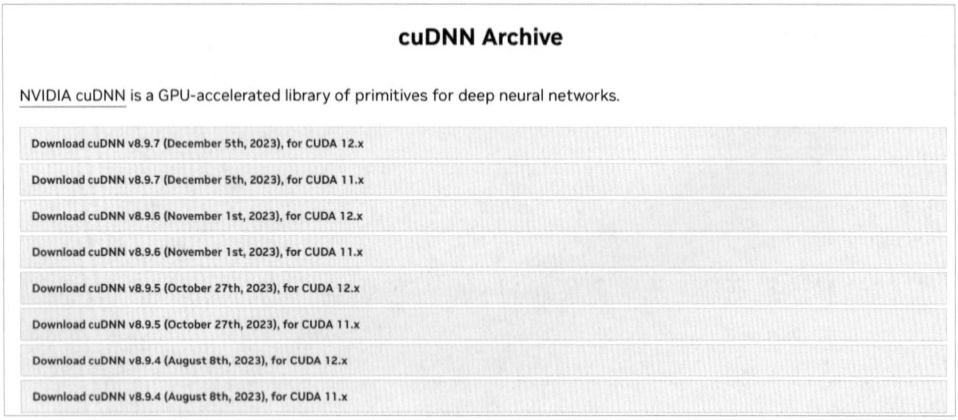

cuDNN Archive

NVIDIA cuDNN is a GPU-accelerated library of primitives for deep neural networks.

Download cuDNN v8.9.7 (December 5th, 2023), for CUDA 12.x
Download cuDNN v8.9.7 (December 5th, 2023), for CUDA 11.x
Download cuDNN v8.9.6 (November 1st, 2023), for CUDA 12.x
Download cuDNN v8.9.6 (November 1st, 2023), for CUDA 11.x
Download cuDNN v8.9.5 (October 27th, 2023), for CUDA 12.x
Download cuDNN v8.9.5 (October 27th, 2023), for CUDA 11.x
Download cuDNN v8.9.4 (August 8th, 2023), for CUDA 12.x
Download cuDNN v8.9.4 (August 8th, 2023), for CUDA 11.x

▲ 圖 2-21

和 CUDA 的安裝一樣，如圖 2-22 所示，官網提供了兩種系統的不同安裝方式，可根據你的系統進行選擇。

2.1 CUDA 環境準備

NVIDIA cuDNN is a GPU-accelerated library of primitives for deep neural networks.

Download cuDNN v8.9.7 (December 5th, 2023), for CUDA 12.x

Local Installers for Windows and Linux, Ubuntu(x86_64, armsbsa)

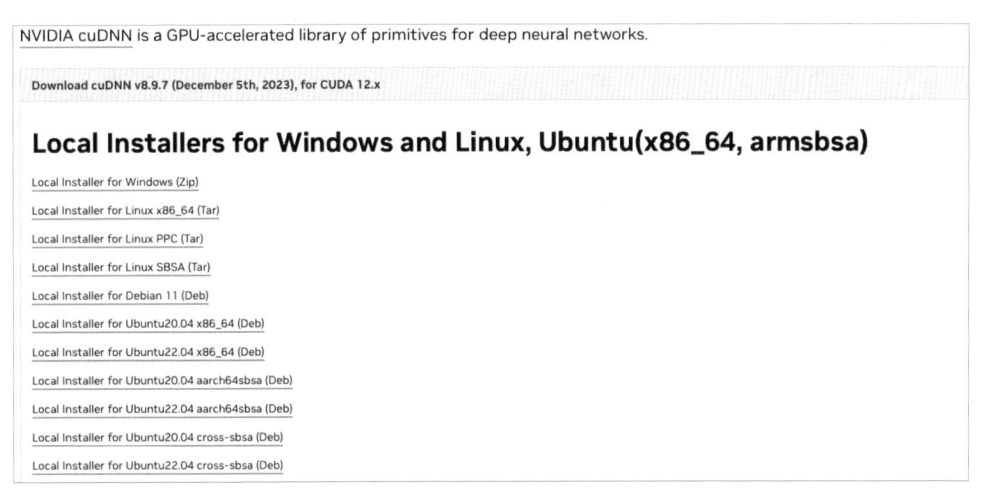

Local Installer for Windows (Zip)
Local Installer for Linux x86_64 (Tar)
Local Installer for Linux PPC (Tar)
Local Installer for Linux SBSA (Tar)
Local Installer for Debian 11 (Deb)
Local Installer for Ubuntu20.04 x86_64 (Deb)
Local Installer for Ubuntu22.04 x86_64 (Deb)
Local Installer for Ubuntu20.04 aarch64sbsa (Deb)
Local Installer for Ubuntu22.04 aarch64sbsa (Deb)
Local Installer for Ubuntu20.04 cross-sbsa (Deb)
Local Installer for Ubuntu22.04 cross-sbsa (Deb)

▲ 圖 2-22

2．Windows 系統

在 Windows 系統下，完成 cuDNN 壓縮檔的下載後，按照如圖 2-23 所示的步驟操作：首先，將下載的壓縮檔解壓縮；然後，將解壓出的 bin、include 和 lib 這三個資料夾分別複製至 CUDA 工具套件的 v11.1 版本目錄下，目的是替換該目錄中原有的 bin、include 和 lib 資料夾，以此完成 cuDNN 的安裝過程。

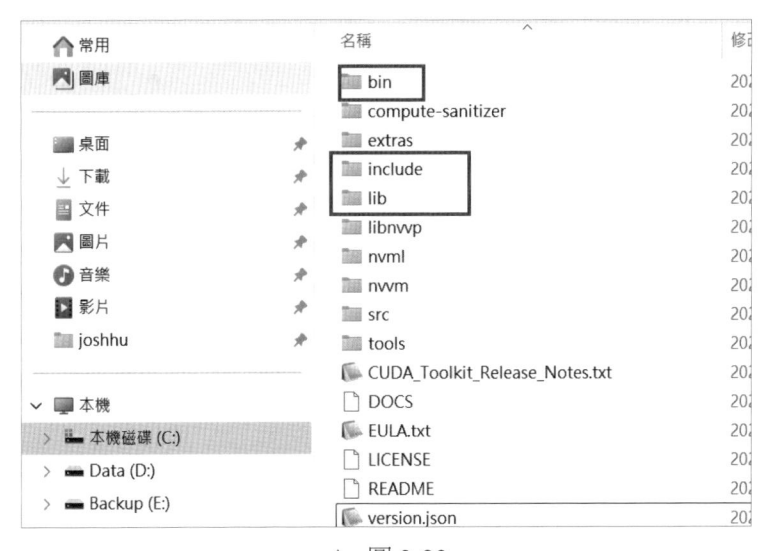

▲ 圖 2-23

3．Ubuntu 系統

在 Ubuntu 系統下，完成檔案下載後，需執行程式 2-8 中的操作：首先，將相關檔案複製至系統指定目錄；然後，透過執行適當的命令為這些檔案賦予必要的許可權，以確保後續操作能夠順利進行。

→ 程式 2-8

```
sudo cp cuda/include/cudnn.h/usr/local/cuda-10.1/include
sudo cp cuda/lib64/libcudnn*/usr/local/cuda-10.1/lib64
sudo chmod a+r/usr/local/cuda-10.1/include/cudnn.h
sudo chmod a+r/usr/local/cuda-10.1/lib64/libcudnn*
```

2.2 深度學習環境準備

2.2.1 安裝 Anaconda 環境

Anaconda 是一款專為科學計算設計的發行版本，主要用於資料科學、機器學習、科學計算及工程等領域。它內建了大量常用的科學計算和資料科學相關的函數庫，同時提供了強大的套件管理器 Conda，用於方便地安裝、管理和升級軟體套件。透過 Conda，使用者可以輕鬆建立獨立的 Python 環境，以解決版本和相依關係的衝突問題。相較於單獨安裝 Python，Anaconda 更為方便和友善，尤其適合初學者和對 Python 與套件管理器不太熟悉的使用者。因此，為了滿足執行大型模型的需求，我們選擇使用 Anaconda 來建構和管理 Python 環境。

在準備下載相關模型檔案之前，必須確保你已經配置好了本地的 Python 環境。如果你在之前沒有安裝 Python，那麼推薦使用 Anaconda 進行 Python 的安裝。Anaconda 是一個廣泛使用的科學計算平臺，它整合了許多常用的科學計算元件，並且提供了 Jupyter 等流行的程式編輯器，讓科學計算變得更加便捷。

2.2 深度學習環境準備

總的來說，Anaconda 是一個流行的開放原始碼 Python 發行版本，用於科學計算。它包含了資料科學和機器學習領域中常用的一系列工具與函數庫。其安裝的方式也非常簡單，使得使用者可以快速架設起一個完備的科學計算環境。重要的整合模組如圖 2-24 所示。

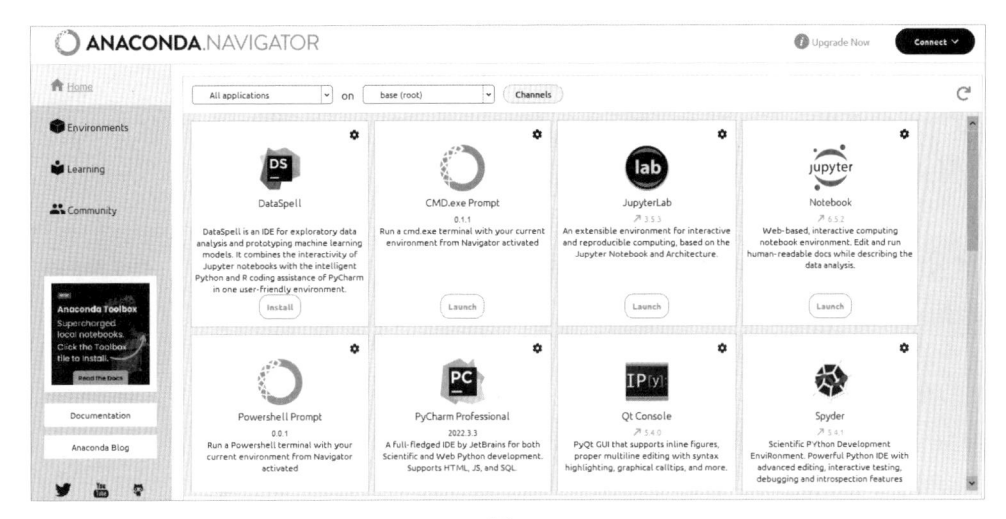

▲ 圖 2-24

Navigator 是 Anaconda 發行版本的 GUI，旨在提供直觀的操作體驗。使用者可以透過 Navigator 管理環境、安裝和更新套件，以及啟動資料科學和機器學習工具，如 Jupyter Notebook、Spyder 和 RStudio。Navigator 還提供了存取 Anaconda Cloud 和其他資源的途徑，方便使用者分享和發現工作成果。對於不熟悉命令列介面的使用者，Navigator 尤其實用。它標注了關鍵的應用程式，可幫助使用者快速找到所需的工具。這種直觀、便捷的介面提高了 Anaconda 的好用性，使科學計算和資料分析更加高效。

1・安裝套件準備

為準備 Anaconda 環境的安裝套件，可造訪 Anaconda 官方網站。按一下圖 2-25 右上角的「Free Download」按鈕，以啟動獲取 Anaconda 安裝程式的過程。

2 大型模型私有化部署

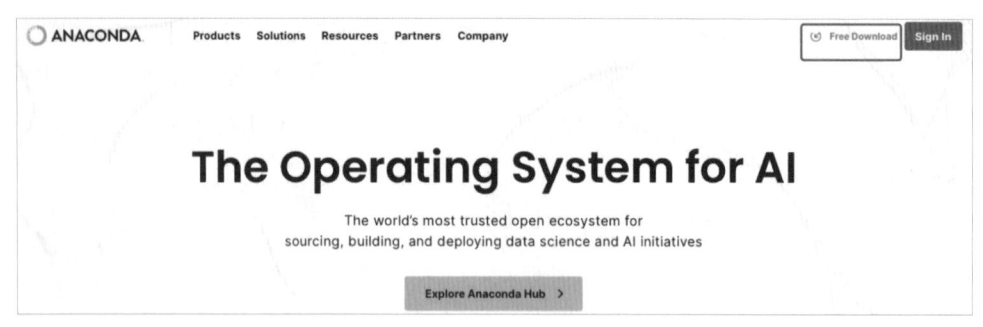

▲ 圖 2-25

如圖 2-26 所示，在 Anaconda 官網上進行安裝程式的下載時，網站會智慧辨識使用者的系統版本，並據此自動提供相匹配的安裝程式，確保下載過程的便捷與相容性。

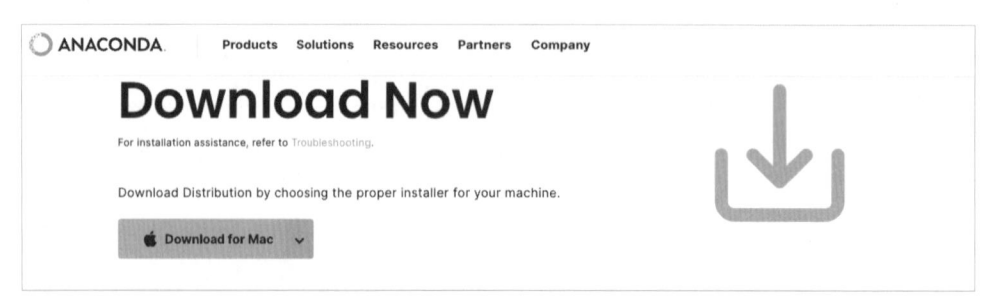

▲ 圖 2-26

2．Windows 系統

在 Windows 系統下，如圖 2-27 所示，透過在命令提示符號下執行命令 conda--version 來檢驗 Anaconda 是否已成功安裝。如果顯示已成功安裝 Anaconda，則不需要進行後續的安裝步驟，直接跳過。

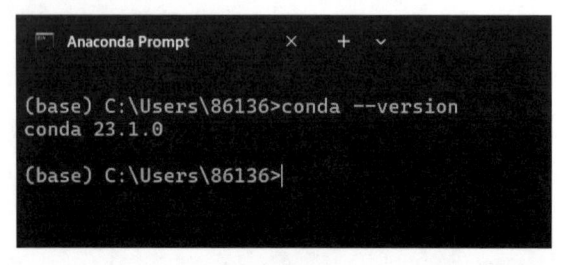

▲ 圖 2-27

2.2 深度學習環境準備

（1）找到下載好的安裝套件，按兩下執行安裝，如圖 2-28 所示。

名稱	修改日期	類型	大小
360Zip ← 按兩下執行安裝	2023/12/28 12:19	文件夾	
Anaconda3-2023.09-0-Windows-x86_64	2024/1/13 1:22	應用程序	1,069,895...
PicGo-Setup-2.4.0-beta.6-x64	2024/1/12 21:30	應用程序	62,427 KB
SunloginClient_15.2.1.61216_x64	2024/1/9 13:19	應用程序	44,562 KB
WeChatSetup	2023/12/13 23:15	應用程序	206,780 KB
Xshell-7.0.0144	2024/1/10 13:31	應用程序	48,072 KB
XZDesktop_4003_3.1.6.60	2024/1/12 21:22	應用程序	133,098 KB
XZHuyanbao_11004_2.0.32.58	2024/1/12 21:19	應用程序	27,766 KB

▲ 圖 2-28

（2）逐步執行，建議保持預設的安裝路徑，如圖 2-29 所示。

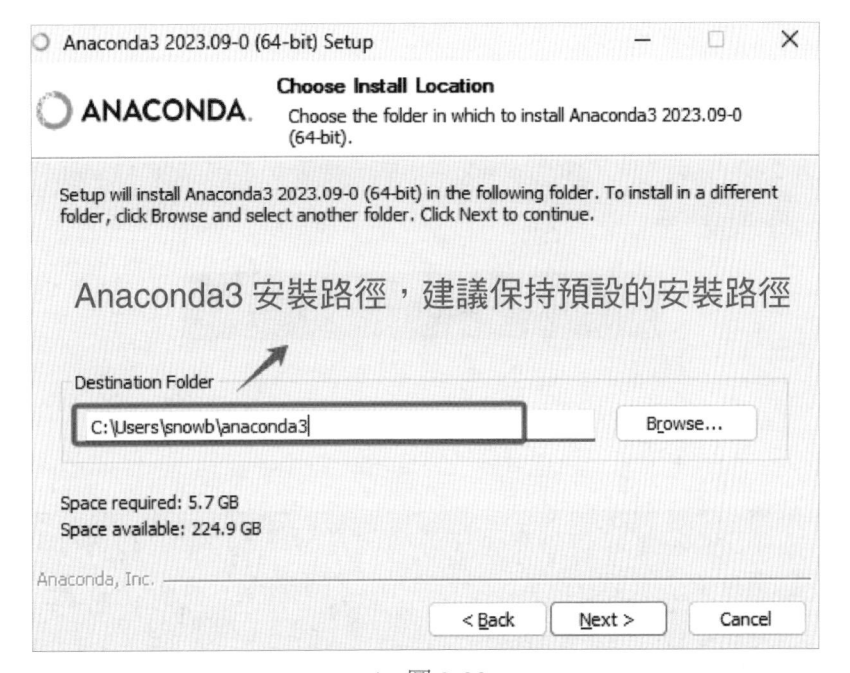

▲ 圖 2-29

2 大型模型私有化部署

（3）選擇將 Anaconda 增加到環境變數，如圖 2-30 所示。

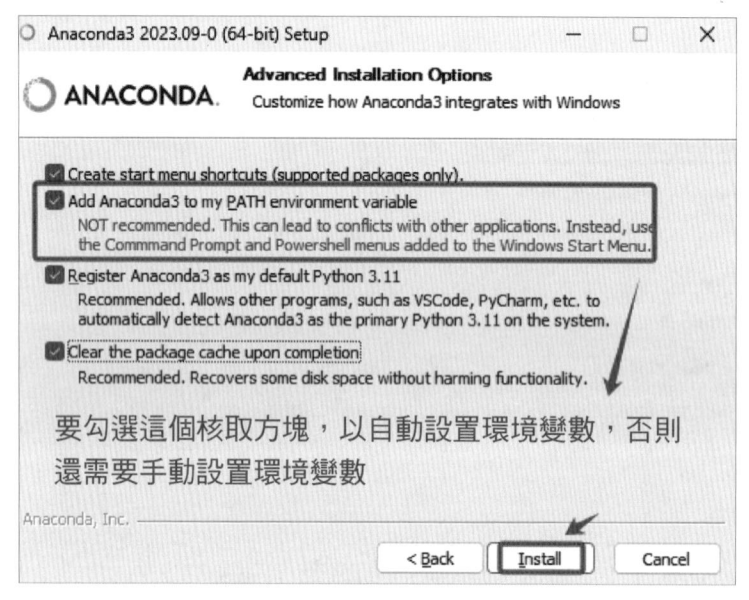

▲ 圖 2-30

3．Ubuntu 系統

如圖 2-31 所示，使用命令 conda--version 檢查是否已安裝 Anaconda。如果已安裝，則直接跳過。

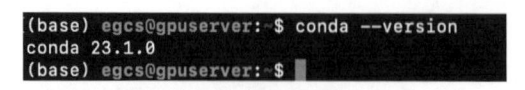

▲ 圖 2-31

（1）如圖 2-32 所示，進入終端，執行安裝。

▲ 圖 2-32

2-24

如圖 2-33 所示，等待安裝完成後，會在對應的安裝目錄中出現 anaconda3 資料夾。

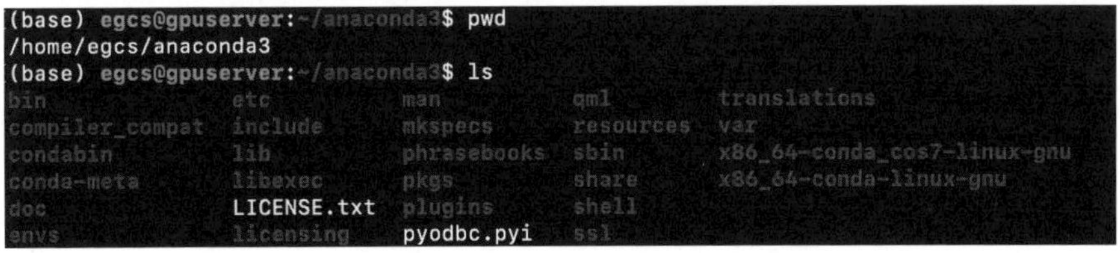

```
(base) egcs@gpuserver:~/anaconda3$ pwd
/home/egcs/anaconda3
(base) egcs@gpuserver:~/anaconda3$ ls
bin              etc          man          qml        translations
compiler_compat  include      mkspecs      resources  var
condabin         lib          phrasebooks  sbin       x86_64-conda_cos7-linux-gnu
conda-meta       libexec      pkgs         share      x86_64-conda-linux-gnu
doc              LICENSE.txt  plugins      shell
envs             licensing    pyodbc.pyi   ssl
```

▲ 圖 2-33

（2）設置環境變數，執行程式 2-9 中的命令。

➔ 程式 2-9

```
vim ~/.bashrc
```

如圖 2-34 所示，在開啟的設置檔案末尾增加程式 2-10，其中變數 PATH 等於 {Anaconda3 的實際安裝路徑 }，設置完成後，輸入 :!wq 後按確認鍵進行儲存並退出。

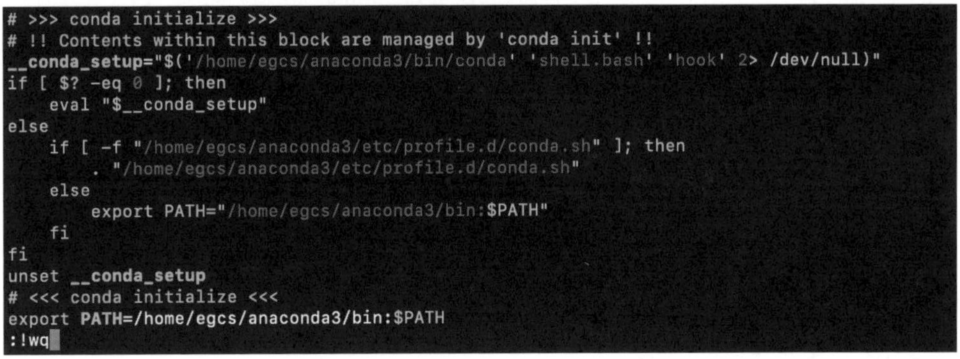

```
# >>> conda initialize >>>
# !! Contents within this block are managed by 'conda init' !!
__conda_setup="$('/home/egcs/anaconda3/bin/conda' 'shell.bash' 'hook' 2> /dev/null)"
if [ $? -eq 0 ]; then
    eval "$__conda_setup"
else
    if [ -f "/home/egcs/anaconda3/etc/profile.d/conda.sh" ]; then
        . "/home/egcs/anaconda3/etc/profile.d/conda.sh"
    else
        export PATH="/home/egcs/anaconda3/bin:$PATH"
    fi
fi
unset __conda_setup
# <<< conda initialize <<<
export PATH=/home/egcs/anaconda3/bin:$PATH
:!wq
```

▲ 圖 2-34

➔ 程式 2-10

```
# 我的 anaconda3 的安裝路徑是 /home/egcs/anaconda3
export PATH=/home/egcs/anaconda3/bin:$PATH
```

使用 source ~/.bashrc 使環境變數的修改立即生效。

2.2.2 伺服器環境下的環境啟動

在圖 2-35 中有一個重要元件即 Jupter Nodebook。Jupyter Notebook 具有互動式筆記型電腦介面，不僅能夠方便地撰寫、執行程式，還能直接查看資料、文件和視覺化結果，極大地提升了開發效率與團隊協作的便利性。特別是在生產環境中，它允許資料科學家和工程師直接在伺服器上進行模型的測試與調優，不需要頻繁地在本地和伺服器之間遷移資料或程式，既確保了資料的安全性，也加速了從原型到部署的整個流程，確保了專案的高效推進與模型性能的持續最佳化。

在 Windows 環境（有圖形化介面）下啟動 Jupyter Notebook 十分容易，只需要執行命令 jupyter-notebook 即可，而在許多實際應用場景中，我們頻繁面臨在生產環境部署複雜且規模龐大的機器學習模型的任務，而大多數生產環境的伺服器採用的是 Linux 系統。因此，在伺服器啟動 Jupyter Notebook 變得尤為重要。

（1）啟動 Anaconda。

① 在有圖形化介面的情況下本地啟動 Anaconda。設置好環境變數後，在終端輸入 anaconda-navigator 即可開啟 Anaconda，和在 Windows 系統下的操作基本一致。如圖 2-35 所示，按一下右端的 Jupyter Notebook 的「Launch」按鈕即可啟動 Jupyter Notebook。

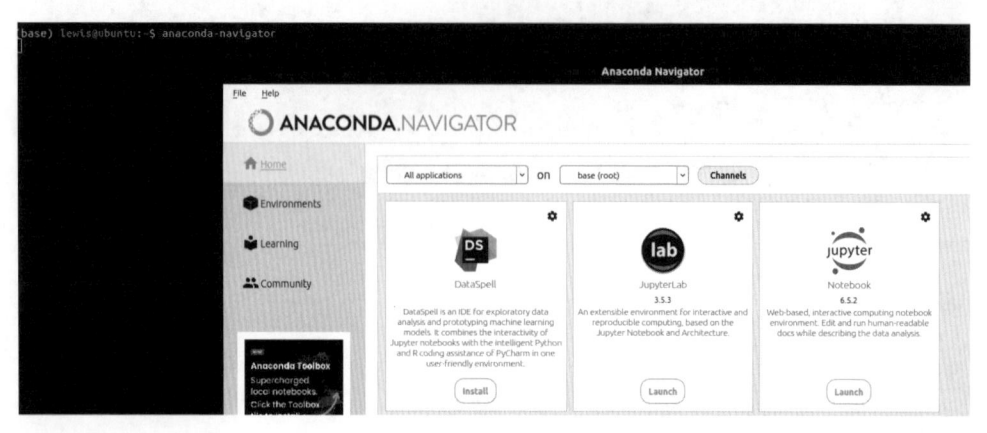

▲ 圖 2-35

② 遠端 ssh 連接伺服器，而伺服器可能並沒有圖形化介面，在這種情況下啟動 Anaconda，需要遠端連接伺服器，在伺服器中輸入程式 2-11 中的命令啟動 Jupyter Notebook。

→ 程式 2-11

```
jupyter notebook --no-browser --port=8890
```

如圖 2-36 所示，記錄此時主控台列印的 Token（詞元）。

▲ 圖 2-36

（2）在本地新建一個終端，輸入程式 2-12 中的命令，之後會要求輸入遠端伺服器的密碼。

→ 程式 2-12

```
ssh egcs@"伺服器 IP 位址 "-L127.0.0.1:8893:127.0.0.1:8890
```

（3）此時就可以透過本地瀏覽器啟動遠端伺服器的 Jupyter Notebook 了，如圖 2-37 所示，在本地瀏覽器的網址列中輸入 http://127.0.0.1:8893。

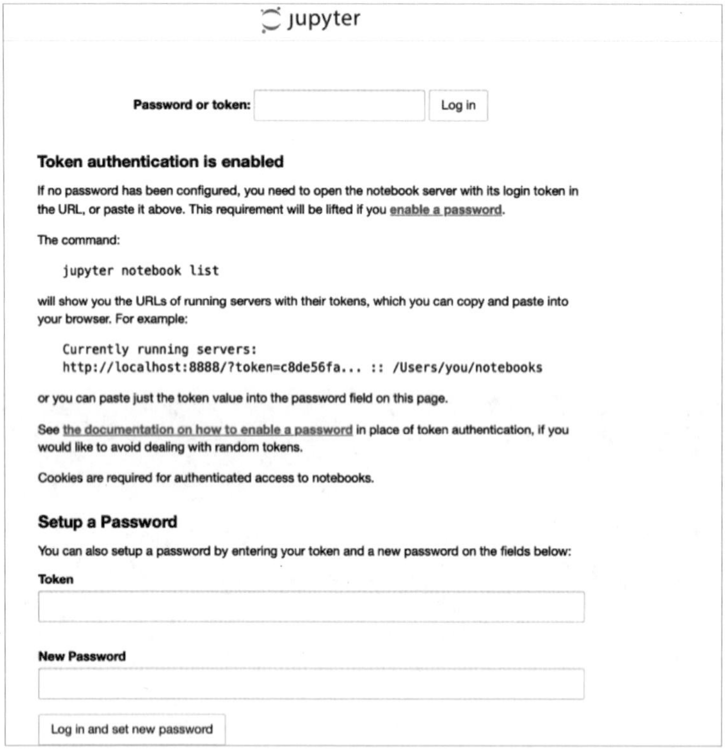

▲ 圖 2-37

最後,輸入圖 2-36 中的 Token 即可遠端啟動 Jupyter Notebook。

2.2.3 安裝 PyTorch

在大型模型和複雜深度學習應用的開發領域,PyTorch 已成為廣受青睞的首選框架。其動態圖機制賦予研究者在建構和偵錯模型時無與倫比的靈活性,使得探索創新架構和快速迭代成為可能。加之 PyTorch 對 GPU 的高度最佳化和豐富的社區支援,使訓練大型語言模型、影像辨識系統,以及其他高級的人工智慧任務,都能夠高效、便捷地實現,推動了大型模型時代的研究與應用邊界不斷向前拓展。

(1)如圖 2-38 所示,查看當前驅動最高支援的 CUDA 版本,我們需要根據 CUDA 版本選擇 PyTorch 框架,先看一下當前的 CUDA 版本。

2.2 深度學習環境準備

```
(base) egcs@gpuserver:~$ nvidia-smi
Wed Feb 21 07:08:42 2024
+-----------------------------------------------------------------------------+
| NVIDIA-SMI 460.106.00   Driver Version: 460.106.00   CUDA Version: 11.2     |
|-------------------------------+----------------------+----------------------+
| GPU  Name        Persistence-M| Bus-Id        Disp.A | Volatile Uncorr. ECC |
| Fan  Temp  Perf  Pwr:Usage/Cap|         Memory-Usage | GPU-Util  Compute M. |
|                               |                      |               MIG M. |
|===============================+======================+======================|
|   0  A40                  Off | 00000000:18:00.0 Off |                    0 |
|  0%   48C    P0    81W / 300W |   6621MiB / 45634MiB |      0%      Default |
|                               |                      |                  N/A |
+-------------------------------+----------------------+----------------------+
|   1  A40                  Off | 00000000:AF:00.0 Off |                    0 |
|  0%   47C    P0    81W / 300W |   7399MiB / 45634MiB |      0%      Default |
|                               |                      |                  N/A |
+-------------------------------+----------------------+----------------------+

+-----------------------------------------------------------------------------+
| Processes:                                                                  |
|  GPU   GI   CI        PID   Type   Process name            GPU Memory       |
|        ID   ID                                             Usage            |
|=============================================================================|
|    0   N/A  N/A    419386      C   python                     6619MiB       |
|    1   N/A  N/A    419386      C   python                     7397MiB       |
+-----------------------------------------------------------------------------+
```

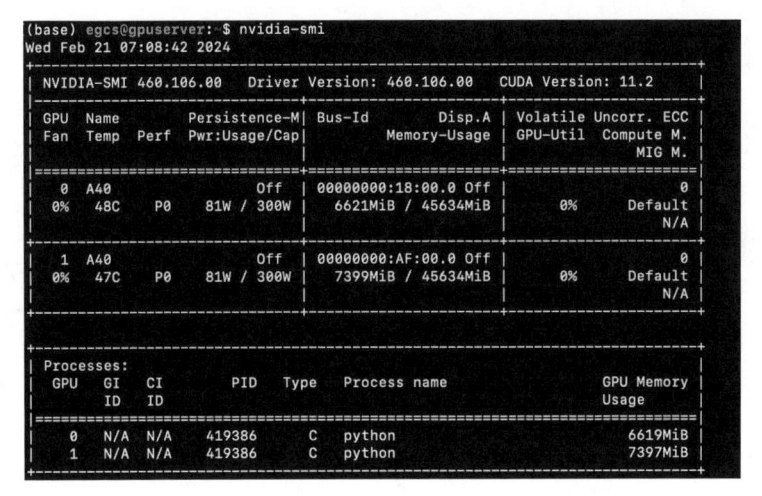

▲ 圖 2-38

（2）如圖 2-39 所示，在虛擬環境中安裝 PyTorch，進入 PyTorch 官網。

○ PyTorch   Learn ˅   Ecosystem ˅   Edge ˅   Docs ˅   Blog & News ˅   About ˅   Become a Member

Start Locally   PyTorch 2.0   Start via Cloud Partners   Previous PyTorch Versions   ExecuTorch

INSTALLING PREVIOUS VERSIONS OF PYTORCH

We'd prefer you install the latest version, but old binaries and installation instructions are provided below for your convenience.

COMMANDS FOR VERSIONS >= 1.0.0

v2.2.2

Conda

OSX

```
# conda
conda install pytorch==2.2.2 torchvision==0.17.2 torchaudio==2.2.2 -c pytorch
```

▲ 圖 2-39

如圖 2-40 所示，因為當前電腦的 CUDA 最高版本要求是 11.2，所以需要找到不低於 11.2 版本的 PyTorch。

2 大型模型私有化部署

```
(base) egcs@gpuserver:~$ nvidia-smi
Wed Feb 21 07:08:42 2024
+-----------------------------------------------------------------------------+
| NVIDIA-SMI 460.106.00   Driver Version: 460.106.00   CUDA Version: 11.2     |
|-------------------------------+----------------------+----------------------+
| GPU  Name        Persistence-M| Bus-Id        Disp.A | Volatile Uncorr. ECC |
| Fan  Temp  Perf  Pwr:Usage/Cap|         Memory-Usage | GPU-Util  Compute M. |
|                               |                      |               MIG M. |
|===============================+======================+======================|
|   0  A40            Off       | 00000000:18:00.0 Off |                    0 |
|  0%  48C    P0   81W / 300W   |   6621MiB / 45634MiB |      0%      Default |
|                               |                      |                  N/A |
+-------------------------------+----------------------+----------------------+
|   1  A40            Off       | 00000000:AF:00.0 Off |                    0 |
|  0%  47C    P0   81W / 300W   |   7399MiB / 45634MiB |      0%      Default |
|                               |                      |                  N/A |
+-------------------------------+----------------------+----------------------+

+-----------------------------------------------------------------------------+
| Processes:                                                                  |
|  GPU   GI   CI        PID   Type   Process name            GPU Memory       |
|        ID   ID                                             Usage            |
|=============================================================================|
|    0   N/A  N/A    419386     C    python                         6619MiB   |
|    1   N/A  N/A    419386     C    python                         7397MiB   |
+-----------------------------------------------------------------------------+
(base) egcs@gpuserver:~$ conda install pytorch==2.1.2 torchvision==0.16.2 torchaudio==2.1.2 pytorch-cuda=11.8 -c pytorch -c nvidia
```

▲ 圖 2-40

如圖 2-41 所示，直接複製對應的命令，進入終端執行即可。這實際上安裝的是為 CUDA 11.2 最佳化的 PyTorch 版本。這個 PyTorch 版本預先編譯並打包了與 CUDA 12.1 版本相對應的二進位檔案和函數庫。

v2.1.2

Conda

OSX

```
# conda
conda install pytorch==2.1.2 torchvision==0.16.2 torchaudio==2.1.2 -c pytorch
```

Linux and Windows

```
# CUDA 11.8
conda install pytorch==2.1.2 torchvision==0.16.2 torchaudio==2.1.2 pytorch-cuda=11.8 -c pytorch -c nvidia
# CUDA 12.1
conda install pytorch==2.1.2 torchvision==0.16.2 torchaudio==2.1.2 pytorch-cuda=12.1 -c pytorch -c nvidia
# CPU Only
conda install pytorch==2.1.2 torchvision==0.16.2 torchaudio==2.1.2 cpuonly -c pytorch
```

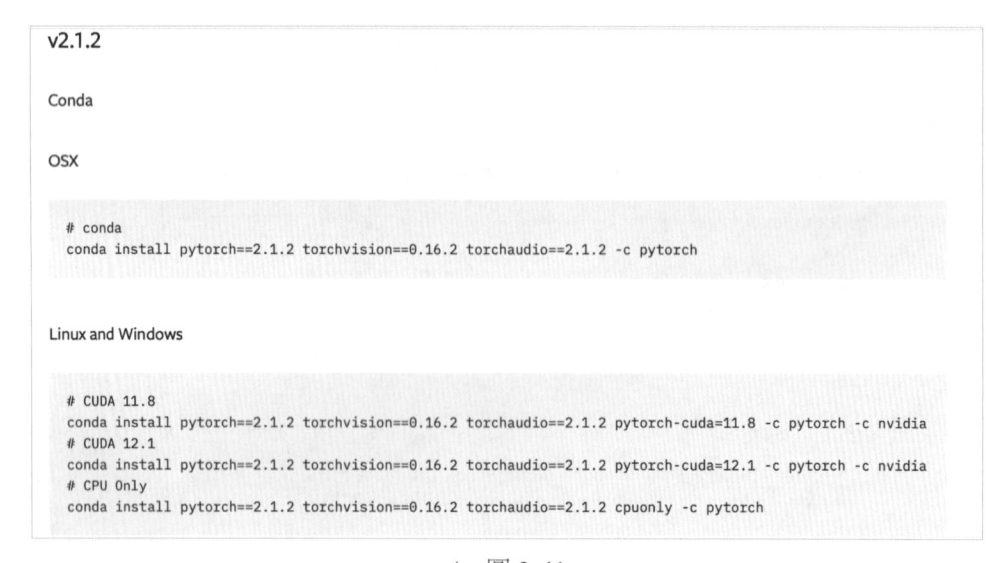

▲ 圖 2-41

（3）驗證 PyTorch 安裝。

安裝完成後，如果想檢查是否成功安裝了 GPU 版本的 PyTorch，則可以透過幾個簡單的步驟在 Python 環境中進行驗證，輸入程式 2-13。

➜ 程式 2-13

```
import torch
print(torch.cuda.is_available())
```

如圖 2-42 所示，如果輸出是 True，則表示 GPU 版本的 PyTorch 已經安裝成功並且可以使用 CUDA；如果輸出是 False，則表示沒有安裝 GPU 版本的 PyTorch，或 CUDA 環境沒有正確配置。此時，應根據教學重新檢查自己的執行過程。

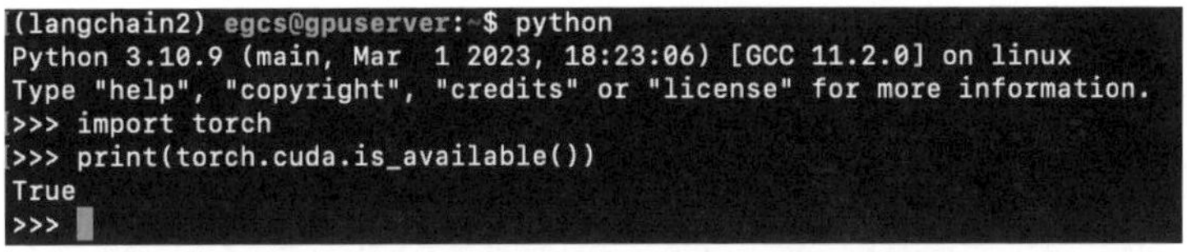

▲ 圖 2-42

2.3 GLM-3 和 GLM-4

2.3.1 GLM-3 介紹

GLM-3 是通用語言模型（General Language Model，GLM）架構的第三代。ChatGLM3 是在 GLM-3 的基礎上專門為對話而設計的，是由智譜 AI 與北京清華大學 KEG 實驗室於 2023 年 10 月聯合推出的新一代對話預訓練系列模型。其中，開放原始碼的 ChatGLM3-6B 繼承了前代的流暢對話與部署難度低的特點，並新增以下強大功能。

（1）基礎模型升級，採用更多資料、深度訓練，成為 2023 年 10B 以下最強模型，在多領域測試中位居榜首。

（2）引入新 Prompt 設計，支援多輪對話、工具呼叫、程式執行等高級應用場景。

（3）開放原始碼範圍廣泛，包含基礎與長文字模型，供學術界免費研究，商業使用需註冊。

2-31

（4）性能卓越，ChatGLM3-6B 在 10B 量級中表現頂尖，推理力接近 GPT-3.5；功能全面革新，涵蓋多模態處理、程式解析、線上互聯及 Agent 最佳化等，緊追 GPT-4 標準。

圖 2-43 展示的 AI Agent 是能自主完成任務的智慧系統，擅長複雜問題分解、多階段規劃及動態調整，包括自編碼偵錯和根據回饋學習。ChatGLM3-6B 開放的 Function Calling 能力，是大型模型推理能力和複雜問題處理能力的核心表現，是本次 ChatGLM3 最為核心的功能迭代，也是 ChatGLM3 性能提升的有力證明。ChatGLM3 成了首個支援 Function Calling 的中文大型模型。

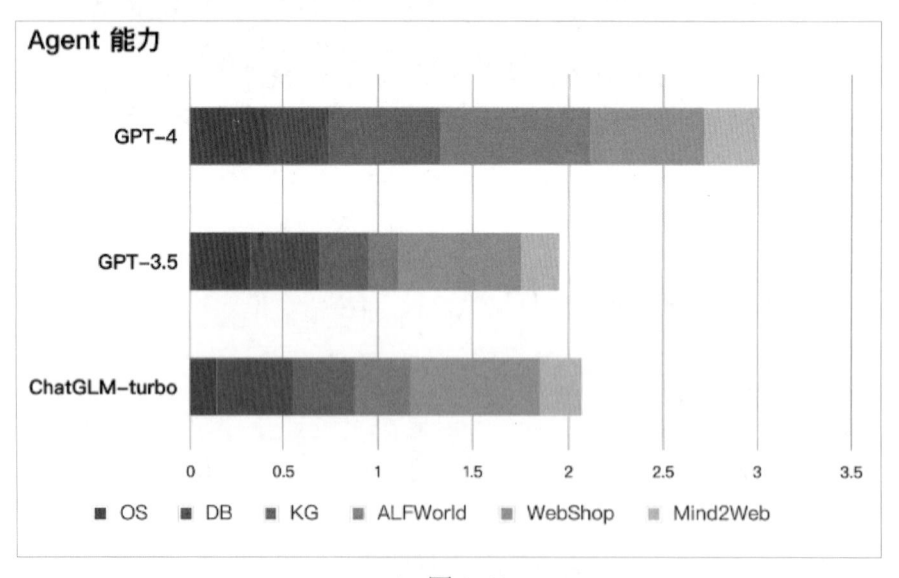

▲ 圖 2-43

ChatGLM3 系列模型的開放原始碼引起了 AI 社區的廣泛關注，標誌著大型模型領域又迎來了重要里程碑。開放原始碼的模型陣容包括三個版本：ChatGLM3-6B、ChatGLM3-6B-base 及 ChatGLM3-6B-32k。每個版本都具有特色，可滿足不同應用場景的需求。

（1）ChatGLM3-6B 作為該系列的旗艦模型，憑藉其龐大的 60 億個參數的量，展現了卓越的語境理解和生成能力，能夠進行深度、連貫且富有創造性的對話交流，適用於建構高端對話系統和複雜的語言生成任務。

2.3 GLM-3 和 GLM-4

（2）ChatGLM3-6B-base 在保證高性能的同時，對模型進行了適度精簡，旨在為開發者提供一個更為輕便、易於部署的選擇。它保留了核心的演算法優勢，適用於那些對資源消耗和回應速度有嚴格要求的應用場景。

（3）ChatGLM3-6B-32k 的特點在於採用了 32k（指可以處理 32000 個 Token）的詞表，相較於標準詞表配置，這一變化使其在處理特定領域或具有大量專有名詞的任務時更為高效和精準，特別適用於滿足企業訂製化需求，能夠更進一步地理解和生成專業領域內的文字內容。

總而言之，ChatGLM3 系列模型的此次開放原始碼不僅為研究人員提供了強大的研究工具，也為企業和開發者帶來了高靈活性與多樣化的選項，將進一步推動自然語言處理技術在各個領域的廣泛應用與創新。

2.3.2 GLM-4 介紹

智譜 AI 於 2024 年 6 月初發佈了 GLM-4 的開放原始碼，GLM-4 超越了 Llama-3，在綜合性能上樹立了新標桿。對中文開放原始碼大型模型社群而言，這無疑是一個很好的資源。

一般而言，小於 100 億個參數的模型多用於科學研究探索，而智譜 AI 推出的 GLM-4-9B 憑藉其出色性能，在業內引起轟動，被視作中文開放原始碼大型模型的最新技術巔峰。此次發佈涵蓋了該系列的 4 個版本：基礎版（base）、對話最佳化版（chat）、多模態版（vision），以及特長文字處理版（支援 1M 上下文，遠超常規的 32k 上下文或 128k 上下文限制）。

基礎版保持未經指令最佳化的原始形態；對話最佳化版經過指令調整，擅長對話互動；多模態版融合多種模態資訊；特長文字處理版的獨特設計，相比較上一代 ChatGLM3 的 8k 上下文而言，這一代的模型極大拓展了處理範圍。

自 2023 年初起，ChatGLM 系列成為中文開放原始碼大型模型領域的熱門話題，智譜 AI 依託北京清華大學團隊的深厚累積，在 ChatGPT 引領的大型模型浪潮中迅速反應，連續三代迭代至第四代 GLM。

2 大型模型私有化部署

GLM-4 經長期驗證，表現出眾，日均處理請求高達 4000 億個 Token，吸引超過 50 萬名開發者。在大型模型技術生態中，GLM 系列佔據核心位置。如今，GLM-4 的開放原始碼舉措為開發者社群帶來了福音，其不僅性能強大，且 9B 規模調配較小型算力環境，整合了最新一代模型的所有先進特性，是科學研究探索與企業專案預研階段的理想選擇。

2.4 GLM-4 私有化部署

在部署 GLM-4 時，根據官方說明，確保所需函數庫的版本是至關重要的。具體而言，Transformers 函數庫版本應為 4.40.0 及以上，Torch 函數庫版本應為 2.3 及以上，Gradio 函數庫版本應為 4.33 以上。這些規定旨在確保系統能夠達到最佳的推理性能。因此，為了保證 Torch 函數庫版本的正確性，建議嚴格遵循官方文件中的說明，安裝相應版本的相依套件。這樣做可以確保系統在執行時期正常執行，並獲得最佳的性能表現。

2.4.1 建立虛擬環境

Conda 的虛擬環境提供了一個獨立、隔離的環境，用於管理 Python 專案及其相依套件。每個虛擬環境都包含了自己的 Python 執行時期環境和一組特定的函數庫，這表示我們可以在不同的環境中安裝不同版本的函數庫而不會相互干擾。舉例來說，可以在一個環境中使用 Python 3.8，而在另一個環境中使用 Python 3.9。對於部署大型模型而言，推薦使用 Python 3.10 以上的版本，以確保系統能夠充分利用最新的功能和最佳化性能。透過利用 Conda 建立虛擬環境，我們能夠更加靈活地管理專案的相依關係，並確保專案的穩定性和可靠性。建立的方式也比較簡單，使用程式 2-14 中的命令建立一個新的虛擬環境。

→ 程式 2-14

```
#myenv 是你想要給環境的名稱，python=3.10 指定了要安裝的 Python 版本。你可以根
據需要選擇不同的名稱和 / 或 Python 版本
conda create-n book python==3.10
```

建立虛擬環境後，需要啟動它。使用程式 2-15 中的命令來啟動剛剛建立的環境。

→ 程式 2-15

```
conda activate book
```

如果成功啟動，如圖 2-44 所示，可以看到在命令列的最前方的括號中就標識了當前的虛擬環境「book」。

```
(base) egcs@gpuserver:~$ conda activate book
(book) egcs@gpuserver:~$
```

▲ 圖 2-44

當然，也可以不建立虛擬環境，而使用最基礎的 base。

2.4.2 下載 GLM-4 專案檔案

GLM-4 的程式庫和相關文件儲存在 GitHub 平臺上。GitHub 是一個廣泛使用的線上程式託管平臺，它提供版本控制和協作功能。

下載 GLM-4 專案檔案需要進入 GLM-4 的 Github 位址，如圖 2-45 所示。

▲ 圖 2-45(編按：本圖例為簡體中文介面)

2 大型模型私有化部署

在 GitHub 平臺上將專案下載到本地通常有兩種主要方式：複製（Clone）和下載 ZIP 壓縮檔。

複製（Clone）是使用 Git 命令列的方式。我們可以複製倉庫到本地電腦，從而建立倉庫的完整副本。這樣做的好處是，我們可以追蹤遠端倉庫的所有更改，並且可以提交自己的更改。如果要複製某個倉庫，可以使用命令 git clone <repository-url>，其中的 <repository-url> 是指 GitHub 倉庫的 URL。

如圖 2-46 所示，推薦使用複製（Clone）的方式。對 GLM-4 這個專案來說，我們首先在 GitHub 平臺上找到其倉庫的 URL。

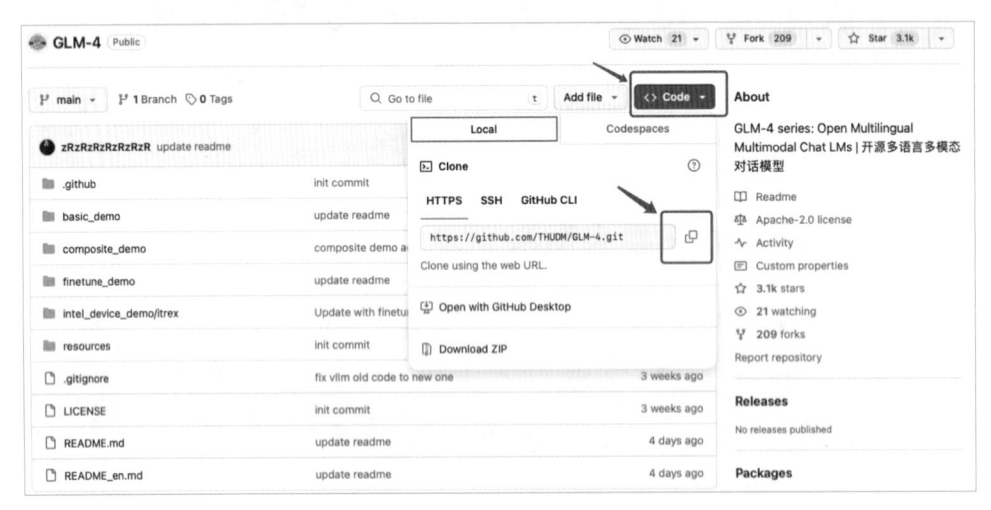

▲ 圖 2-46(編按：本圖例為簡體中文介面)

如圖 2-47 所示，在執行命令之前，先安裝 git 軟體套件。

▲ 圖 2-47

如圖 2-48 所示，建立一個存放 GLM-4 專案檔案的資料夾。

2-36

2.4 GLM-4 私有化部署

```
(book) egcs@gpuserver:~$ sudo mkdir ~/project
mkdir: cannot create directory '/home/egcs/project': File exists
(book) egcs@gpuserver:~$ cd project/
(book) egcs@gpuserver:~/project$
```

▲ 圖 2-48

如圖 2-49 所示，執行複製命令，將 GitHub 平臺上的專案檔案下載至本地。

```
(book) egcs@gpuserver:~$ sudo mkdir ~/project
mkdir: cannot create directory '/home/egcs/project': File exists
(book) egcs@gpuserver:~$ cd project/
(book) egcs@gpuserver:~/project$ git clone https://github.com/THUDM/GLM-4.git
```

▲ 圖 2-49

如果複製成功，本地應該出現如圖 2-50 所示的檔案內容。

```
(book) egcs@gpuserver:~/project/GLM-4-main$ cd ..
(book) egcs@gpuserver:~/project$ cd GLM-4-main/
(book) egcs@gpuserver:~/project/GLM-4-main$ ll
total 92
drwxrwxr-x  9 egcs egcs  4096 Jun 20 11:24 ./
drwxrwxr-x 20 egcs egcs  4096 Jun 24 10:48 ../
drwxrwxr-x  3 egcs egcs  4096 Jun 24 12:01 basic_demo/
drwxrwxr-x  5 egcs egcs  4096 Jun 20 11:24 composite_demo/
drwxrwxr-x  3 egcs egcs  4096 Jun 20 11:24 finetune_demo/
drwxrwxr-x  4 egcs egcs  4096 Jun 20 11:24 .github/
-rw-rw-r--  1 egcs egcs    25 Jun 20 11:24 .gitignore
drwxrwxr-x  8 egcs egcs  4096 Jun 20 11:24 GLM-4-main/
drwxrwxr-x  3 egcs egcs  4096 Jun 20 11:24 intel_device_demo/
-rw-rw-r--  1 egcs egcs 11360 Jun 20 11:24 LICENSE
-rw-rw-r--  1 egcs egcs 19021 Jun 20 11:24 README_en.md
-rw-rw-r--  1 egcs egcs 18472 Jun 20 11:24 README.md
drwxrwxr-x  2 egcs egcs  4096 Jun 20 11:24 resources/
(book) egcs@gpuserver:~/project/GLM-4-main$
```

▲ 圖 2-50

2.4.3 安裝專案相依套件

一般專案中都會提供 requirements.txt 這樣一個檔案，如圖 2-51 所示，該檔案包含了專案執行所必需的所有 Python 套件及其精確版本編號。使用這個檔案，可以確保在不同環境中安裝相同版本的相依套件，從而避免因版本不一致出現的問題。我們可以借助這個檔案，使用 pip 一次性安裝所有必需的相依套件，而不必一個一個手動安裝，大大提高了效率。命令如下：pip install -r requirements.txt。

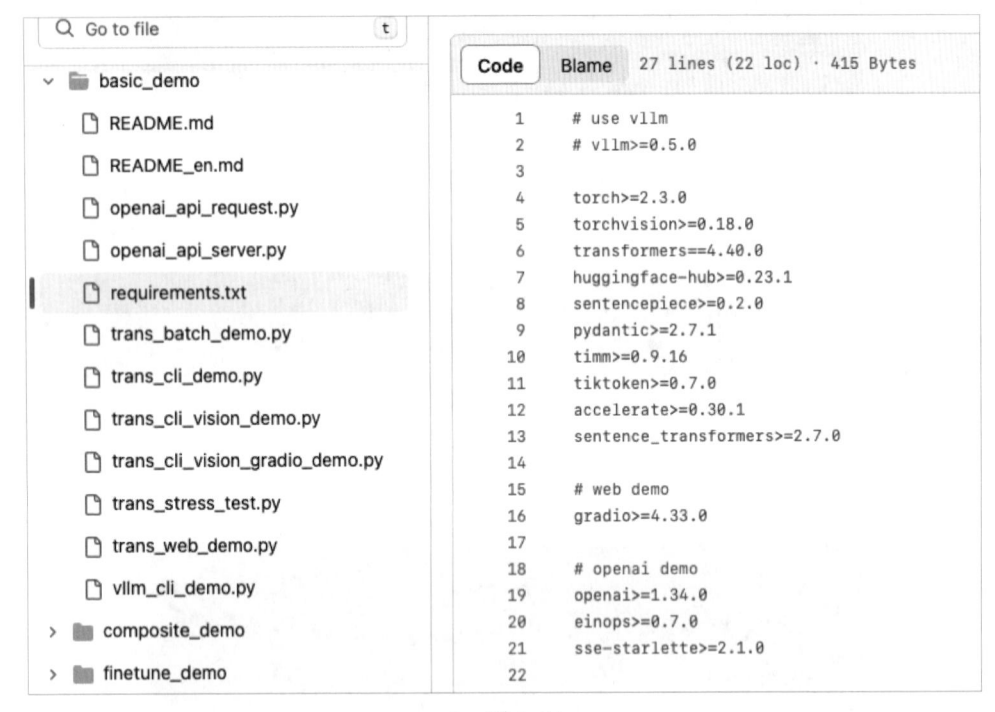

```
# use vllm
# vllm>=0.5.0

torch>=2.3.0
torchvision>=0.18.0
transformers==4.40.0
huggingface-hub>=0.23.1
sentencepiece>=0.2.0
pydantic>=2.7.1
timm>=0.9.16
tiktoken>=0.7.0
accelerate>=0.30.1
sentence_transformers>=2.7.0

# web demo
gradio>=4.33.0

# openai demo
openai>=1.34.0
einops>=0.7.0
sse-starlette>=2.1.0
```

▲ 圖 2-51

除了模型推理的基本相依套件，我們在第 5 章中模型微調使用的 PEFT 函數庫和量化使用的 BitsAndBytes 函數庫，需要額外安裝。

2.4.4 下載模型權重

經過上述的操作過程，我們只是下載了 GLM-4 的一些執行檔案和專案程式，並不包含 GLM-4-9B-chat 這個模型。這裡我們需要進入 Huggingface 下載。Huggingface 是一個豐富的模型函數庫，開發者可以上傳和共用他們訓練好的機器學習模型。這些模型通常是經過大量資料訓練的，並且很大，因此需要特殊的儲存和託管服務。

GitHub 僅是一個程式託管和版本控制平臺，託管的是專案的原始程式碼、文件和其他相關檔案；同時，對於託管檔案的大小有限制，不適合儲存大型檔案，如訓練好的機器學習模型。相反，Huggingface 是專門為大型檔案而設計的，它提供了更適合大型模型的儲存和傳輸解決方案。下載路徑如圖 2-52 所示。

2.4 GLM-4 私有化部署

▲ 圖 2-52 (編按：本圖例為簡體中文介面)

進入 Huggingface 頁面，如圖 2-53 所示，選擇全部需要下載的模型檔案進行下載。

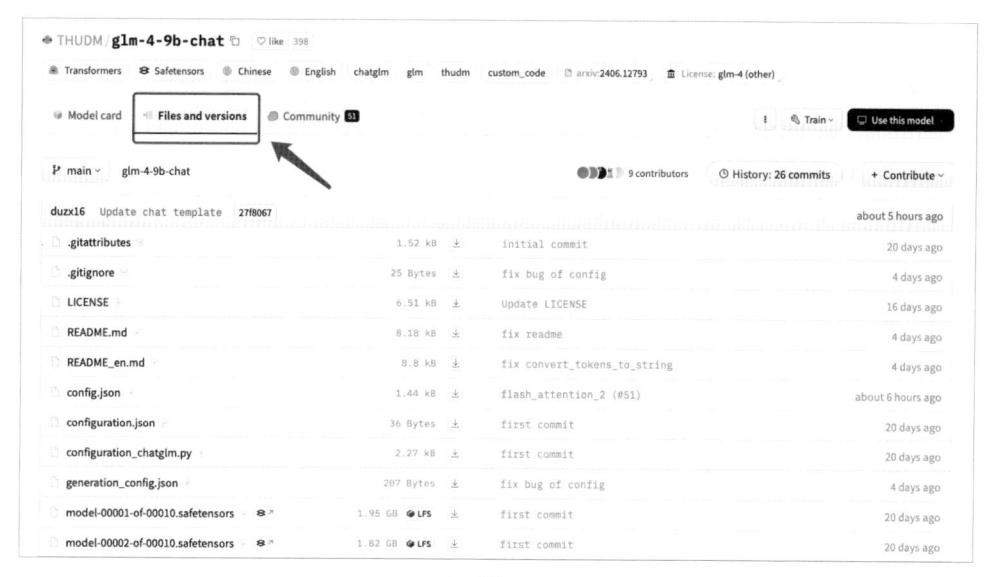

▲ 圖 2-53

2-39

2 大型模型私有化部署

下載完後，請確保不缺少如圖 2-54 所示的檔案。

```
(book) egcs@gpuserver:~/project/GLM-4-main$ cd ~/models/glm4-9b-chat/
(book) egcs@gpuserver:~/models/glm4-9b-chat$ ll
total 18362112
drwxrwxr-x 2 egcs egcs       4096 Jun 23 12:05 ./
drwxrwxr-x 4 egcs egcs       4096 Jun 20 10:16 ../
-rw-rw-r-- 1 egcs egcs       1404 Jun 23 11:23 config.json
-rw-rw-r-- 1 egcs egcs       2267 Jun 23 11:23 configuration_chatglm.py
-rw-rw-r-- 1 egcs egcs         36 Jun 23 11:23 configuration.json
-rw-rw-r-- 1 egcs egcs        207 Jun 23 11:23 generation_config.json
-rw-rw-r-- 1 egcs egcs       1519 Jun 20 10:16 gitattributes
-rw-rw-r-- 1 egcs egcs       6511 Jun 20 10:16 LICENSE
-rw-rw-r-- 1 egcs egcs 1945161760 Jun 20 10:36 model-00001-of-00010.safetensors
-rw-rw-r-- 1 egcs egcs 1815217640 Jun 20 10:35 model-00002-of-00010.safetensors
-rw-rw-r-- 1 egcs egcs 1968291912 Jun 20 13:23 model-00003-of-00010.safetensors
-rw-rw-r-- 1 egcs egcs 1927406992 Jun 20 13:24 model-00004-of-00010.safetensors
-rw-rw-r-- 1 egcs egcs 1815217672 Jun 20 13:36 model-00005-of-00010.safetensors
-rw-rw-r-- 1 egcs egcs 1968291952 Jun 20 13:38 model-00006-of-00010.safetensors
-rw-rw-r-- 1 egcs egcs 1927406992 Jun 20 13:51 model-00007-of-00010.safetensors
-rw-rw-r-- 1 egcs egcs 1815217672 Jun 20 13:52 model-00008-of-00010.safetensors
-rw-rw-r-- 1 egcs egcs 1968291952 Jun 20 14:04 model-00009-of-00010.safetensors
-rw-rw-r-- 1 egcs egcs 1649436712 Jun 20 14:03 model-00010-of-00010.safetensors
-rw-rw-r-- 1 egcs egcs      53206 Jun 23 11:23 modeling_chatglm.py
```

▲ 圖 2-54

至此，我們就已經把 GLM-4 模型部署執行前所需要的全部準備完畢。

2.5 執行 GLM-4 的方式

GLM-4 專案附帶了一系列簡易應用演示，旨在供開發者體驗與實踐。下面按由淺入深的順序逐一介紹這些範例。

2.5.1 基於命令列的互動式對話

基於命令列的互動式對話方塊式可以為非技術使用者提供一個脫離程式環境的對話方塊式。如圖 2-55 所示，對於這種啟動方式，官方提供的指令稿名稱是：trans_cli_demo.py。

2.5 執行 GLM-4 的方式

```
(book) egcs@gpuserver:~/project$ cd GLM-4-main/basic_demo/
(book) egcs@gpuserver:~/project/GLM-4-main/basic_demo$ ll
total 92
drwxrwxr-x 3 egcs egcs  4096 Jun 24 12:01 ./
drwxrwxr-x 9 egcs egcs  4096 Jun 20 11:24 ../
-rw-rw-r-- 1 egcs egcs  3704 Jun 20 11:24 openai_api_request.py
-rw-rw-r-- 1 egcs egcs 22368 Jun 20 11:24 openai_api_server.py
drwxrwxr-x 3 egcs egcs  4096 Jun 21 12:57 project/
-rw-rw-r-- 1 egcs egcs  4475 Jun 20 11:24 README_en.md
-rw-rw-r-- 1 egcs egcs  3995 Jun 20 11:24 README.md
-rw-rw-r-- 1 egcs egcs   415 Jun 20 11:24 requirements.txt
-rw-rw-r-- 1 egcs egcs  3099 Jun 20 11:24 trans_batch_demo.py
-rw-rw-r-- 1 egcs egcs  3899 Jun 24 12:01 trans_cli_demo.py
-rw-rw-r-- 1 egcs egcs  3870 Jun 20 11:24 trans_cli_vision_demo.py
-rw-rw-r-- 1 egcs egcs  3713 Jun 20 11:24 trans_cli_vision_gradio_demo.py
-rw-rw-r-- 1 egcs egcs  4989 Jun 20 11:24 trans_stress_test.py
-rw-rw-r-- 1 egcs egcs  6707 Jun 20 11:24 trans_web_demo.py
-rw-rw-r-- 1 egcs egcs  3517 Jun 20 11:24 vllm_cli_demo.py
```

▲ 圖 2-55

在啟動前，我們僅需要進行一處簡單的修改，如圖 2-56 所示，因為我們已經把 GLM-4-9B-chat 這個模型下載到了本地，所以需要修改模型的載入路徑。

```python
import os
import torch
from threading import Thread
from transformers import AutoTokenizer, StoppingCriteria, StoppingCriteriaList, TextIteratorStreamer, AutoModel

#MODEL_PATH = os.environ.get('MODEL_PATH', 'THUDM/glm-4-9b-chat')
MODEL_PATH = "/home/egcs/models/glm4-9b-chat"
```

▲ 圖 2-56

修改完成後，直接使用 python cli_demp.py 即可啟動。如圖 2-57 所示，如果啟動成功，則會開啟互動式對話。

```
(book) egcs@gpuserver:~/project/GLM-4-main$ cd basic_demo/
(book) egcs@gpuserver:~/project/GLM-4-main/basic_demo$ vim trans_cli_demo.py
(book) egcs@gpuserver:~/project/GLM-4-main/basic_demo$ python trans_cli_demo.py
Special tokens have been added in the vocabulary, make sure the associated word embedding
s are fine-tuned or trained.
Loading checkpoint shards: 100%|████████████| 10/10 [00:05<00:00,  1.94it/s]
Welcome to the GLM-4-9B CLI chat. Type your messages below.

You: 你好
GLM-4:
您好 👋！我是人工智慧助手，很高興為您服務。有什麼可以幫助您的嗎？
You:
```

▲ 圖 2-57 (編按：本圖例為簡體中文介面)

2-41

2.5.2 基於 Gradio 函數庫的 Web 端對話應用

基於網頁端的對話是目前非常通用的大型模型對話模式，GLM-4 官方專案小組提供了兩種 Web 端對話 demo，兩個範例應用功能一致，只是採用了不同的 Web 框架進行開發。首先是基於 Gradio 函數庫的 Web 端對話應用 demo。Gradio 函數庫是一個 Python 函數庫，用於快速建立用於演示機器學習模型的 Web 介面。開發者可以用幾行程式為模型建立輸入和輸出介面，使用者可以透過這些介面與模型進行互動。使用者可以輕鬆地測試和使用機器學習模型，例如透過上傳圖片來測試影像辨識模型，或輸入文字來測試自然語言處理模型。Gradio 函數庫非常適合於快速原型設計和模型展示。

對於這種啟動方式，如圖 2-58 所示，官方提供的指令稿名稱是：web_demo_gradio.py。同樣，我們只需要使用 vim 編輯器修改模型的載入路徑，直接使用 Python 啟動即可。

```
(chatglm3) egcs@gpuserver:~/project/ChatGLM3-main/basic_demo$ ll
total 40
drwxrwxr-x  2 egcs egcs 4096 May 22 11:59 ./
drwxrwxr-x 10 egcs egcs 4096 Nov 22 10:47 ../
-rw-rw-r--  1 egcs egcs    4 May 15 12:16 cli_batch_request_demo.py
-rw-rw-r--  1 egcs egcs 3323 Nov 22 10:47 cli_demo_bad_word_ids.py
-rw-rw-r--  1 egcs egcs 2881 May 15 12:06 cli_demo.py
-rw-rw-r--  1 egcs egcs 2264 Nov 22 10:47 utils.py
-rw-rw-r--  1 egcs egcs 4828 May 15 12:18 web_demo_gradio.py
-rw-rw-r--  1 egcs egcs 4828 May 15 12:19 web_demo_streamlit.py
(chatglm3) egcs@gpuserver:~/project/ChatGLM3-main/basic_demo$ vim web_demo_gradio.py
(chatglm3) egcs@gpuserver:~/project/ChatGLM3-main/basic_demo$ python web_demo_gradio.py
```

▲ 圖 2-58

如果啟動正常，則自動彈出 Web 頁面，如圖 2-59 所示，可以直接在 Web 頁面上進行互動。

2.5 執行 GLM-4 的方式

▲ 圖 2-59(編按：本圖例為簡體中文介面)

2.5.3 OpenAI 風格的 API 呼叫方法

　　GLM-4 提供了 OpenAI 風格的 API 呼叫方法。如今，在 OpenAI 幾乎定義了整個前端 AI 應用程式開發標準的當下，提供一個 OpenAI 風格的 API 呼叫方法，毫無疑問可以讓 GLM-4 無縫地連線 OpenAI 開發生態。因為很多基於大型模型的開放原始碼專案都是基於 OpenAI 的 ChatGPT 來進行開發的，所以如果 GLM-4 能夠提供同樣風格的呼叫，那麼只修改小部分的程式就能實現開放原始碼專案的模型切換，從之前的 ChatGPT 切換為 GLM-4-9B-chat。

　　所謂的 OpenAI 風格的 API 呼叫，如圖 2-60 所示，指的是借助 OpenAI 函數庫中的 completions.create 函數進行 GLM-4-9B-chat 呼叫。現在，我們只需要在 model 參數上輸入 GLM-4-9B-chat，即可呼叫 GLM-4-9B-chat。呼叫 API 風格的統一，無疑也將大幅提高開發效率。

2 大型模型私有化部署

```python
from openai import OpenAI
import os

api_key = os.getenv("OPENAI_API_KEY")
client = OpenAI(api_key=api_key)

response = client.chat.completions.create(
        model="gpt-3.5-turbo",
        messages = [
            {"role":"user","content":"hello,my name is lewis"}
        ]
)
response.choices[0].message.content
```
你好

▲ 圖 2-60

若想執行 OpenAI 風格的 API 呼叫，則首先需要安裝專案中的 requirements.txt 的相依套件，其中最主要的相依套件是 openai 和 vllm。之後，執行 openai_api_server.py 指令稿。具體執行流程如下。

如果想使用 API 持續呼叫 GLM-4-9B-chat，則需要啟動一個指令稿，如圖 2-61 所示，該指令稿位於 open_api_demo 中。

```
(book) egcs@gpuserver:~$ cd project/GLM-4-main/basic_demo/
(book) egcs@gpuserver:~/project/GLM-4-main/basic_demo$ ll
total 92
drwxrwxr-x 3 egcs egcs  4096 Jun 26 02:21 ./
drwxrwxr-x 9 egcs egcs  4096 Jun 20 11:24 ../
-rw-rw-r-- 1 egcs egcs  3704 Jun 24 13:04 openai_api_request.py
-rw-rw-r-- 1 egcs egcs 22415 Jun 24 13:03 openai_api_server.py
drwxrwxr-x 3 egcs egcs  4096 Jun 21 12:57 project/
-rw-rw-r-- 1 egcs egcs  4475 Jun 20 11:24 README_en.md
-rw-rw-r-- 1 egcs egcs  3995 Jun 20 11:24 README.md
-rw-rw-r-- 1 egcs egcs   415 Jun 20 11:24 requirements.txt
-rw-rw-r-- 1 egcs egcs  3099 Jun 20 11:24 trans_batch_demo.py
-rw-rw-r-- 1 egcs egcs  3899 Jun 24 12:01 trans_cli_demo.py
-rw-rw-r-- 1 egcs egcs  3870 Jun 20 11:24 trans_cli_vision_demo.py
-rw-rw-r-- 1 egcs egcs  3713 Jun 20 11:24 trans_cli_vision_gradio_demo.py
-rw-rw-r-- 1 egcs egcs  4989 Jun 20 11:24 trans_stress_test.py
-rw-rw-r-- 1 egcs egcs  6754 Jun 24 12:51 trans_web_demo.py
-rw-rw-r-- 1 egcs egcs  3517 Jun 20 11:24 vllm_cli_demo.py
```

▲ 圖 2-61

2.5 執行 GLM-4 的方式

安裝完成後，如圖 2-62 所示，使用命令 python openai_api_server.py 啟動，第一次啟動有點慢，需要耐心等待。如果想讓程式在背景提供服務，則執行命令 nohup python openai_api_server.py&。

啟動成功後，如圖 2-62 所示，在 Jupyter lab 上執行以下程式，進行 API 呼叫測試。如果服務正常，則可以得到模型的回覆。同時，在終端應用執行處也可以看到 API 的即時呼叫情況。

```python
from openai import OpenAI

base_url = "http://127.0.0.1:8000/v1"
client = OpenAI(api_key="EMPTY", base_url=base_url)

response = client.chat.completions.create(
        model="glm-4-9b-chat",
        messages = [
            {"role":"user","content":"hello,my name is lewis"}
        ]
    )
response.choices[0].message.content
```

'Hello Lewis! Nice to meet you. Is there anything I can help you with today?'

▲ 圖 2-62

除此之外，之後的章節會測試 GLM-4-9B-chat 的 Function Calling 等更高級的用法時的性能情況。

同時，我們推薦使用 OpenAI 風格的 API 呼叫方法是為了進行學習和嘗試建構高級的 AI Agent，同時積極參與國產大型模型的開放原始碼社區，共同增強在這一領域的實力和影響力。本書之後的模型呼叫大部分是基於 2.5.3 節中的 OpenAI 風格的 API 呼叫方法，小部分是基於 2.5.1 節中的呼叫方法。

2.5.4 模型量化部署

在針對 GLM-4-9B-chat 的部署實踐中，系統預設配置下，該模型載入時採用了 FP16（半精度浮點數）的運算格式，這一選擇旨在平衡計算效率與模型精度。值得注意的是，遵循這一預設設置執行相關程式操作，將佔用大約 20GB 的圖形處理單元（GPU）顯示記憶體資源。此數值對於資源需求而言並非微不足道，特別是考慮到不同應用場景下硬體規格的多樣性。

2 大型模型私有化部署

本書的核心議題圍繞在消費級顯示卡環境（包括 8GB 和 16GB 兩種配置）下，實現大型模型的經濟高效與當地語系化部署策略。鑑於此，擁有 8GB 顯示卡的讀者可以使用 ChatGLM3-6B 進行本書的閱讀和實驗，其部署步驟與上述模型相差無幾，但該模型的微調需要 13GB 顯示記憶體，仍然達不到消費級顯示卡即 8GB 的要求。我們關注並致力於解決那些面臨 GPU 顯示記憶體限制使用者的挑戰。意識到並非所有使用者皆配備高端專業級硬體，探索記憶體最佳化方案顯得尤為重要。為此，我們引入了一種創新策略—模型量化技術，作為緩解顯示記憶體壓力的有效途徑。

如表 2-1 所示，FP16、INT8、INT4 是量化中常用的幾種數值格式。

▼ 表 2-1 ChatGLM3-6B 不同量化等級下顯示記憶體最低要求

量化等級	最低 GPU 顯示記憶體（推理）	最低 GPU 顯示記憶體（高效參數微調）
FP16（無量化）	13GB	14GB
INT8	8GB	9GB
INT4	5GB	7GB

（1）FP16（半精度浮點數）。

FP16 表示 16 位元的浮點數，相比於 32 位元的單精度浮點數（FP32），它佔用的儲存空間減半，可以顯著減小模型尺寸和顯示記憶體佔用量。FP16 提供了比 INT8 更高的精度，通常用於那些對精度要求較高，但又希望減少運算資源消耗的場景。FP16 支援正負數、指數表示和尾數，儘管其精度低於 FP32，但通常足以維持許多模型的性能，接近原始 FP32 模型。

2.5 執行 GLM-4 的方式

（2）INT8（8 位元整數）。

INT8 表示 8 位元的整數，通常用於定點標記法，這表示沒有小數部分，僅能表示整數值。量化到 INT8 可以進一步減小模型尺寸和提高推理速度，因為它佔用的空間僅為 FP32 的四分之一。INT8 量化可能導致精度損失，但透過精心設計的量化策略（如量化的訓練、對稱/非對稱量化等），可以在許多應用中達到可接受的精度水準。

（3）INT4（4 位元整數）。

INT4 是最激進的量化策略之一，使用 4 位元來表示權重和啟動值。相較於 INT8，INT4 進一步減小了模型尺寸和顯示記憶體佔用量，但也帶來了更多的精度挑戰。INT4 量化特別適用於極低功耗、資源極度受限的裝置，但在大多數情況下，可能會有明顯的精度下降，除非模型本身對量化非常健壯或採用了特殊的量化技術來補償精度損失。

總的來說，FP16、INT8、INT4 的選擇取決於對模型尺寸、計算效率和預測精度的不同需求。FP16 提供了較好的平衡，在多數情況下，INT8 能在可接受的精度損失下大幅提高效率，而 INT4 則適合極端最佳化需求的場景。如果配置滿足需求，則下面就逐步執行當地語系化部署大型模型。

對於擁有 8GB 顯示卡的讀者，透過實施 4 位元量化（權重和啟動函數由原本的 FP16 降低至 INT4 表示），我們成功地將 ChatGLM3 的顯示記憶體佔用量大幅度縮減至僅為 5GB。這一顯著縮減不僅標誌著對資源利用效率的大幅提升，更關鍵的是，它完美適應了市面上絕大多數消費級顯示卡的標準配置，這些顯示卡普遍配備 8GB 或以上的顯示記憶體容量。使用方法如程式 2-16 所示。

→ 程式 2-16

```
model_name_or_path = "/home/egcs/models/chatglm3-6b"
model = AutoModel.from_pretrained(model_name_or_path,trust_remote_
code=True).quantize(4).cuda()
```

2 大型模型私有化部署

此時，如圖 2-63 所示，顯示記憶體佔用情況如下。

```
(book) egcs@gpuserver:~/project/GLM-4-main/basic_demo$ nvidia-smi
Wed Jun 26 05:52:09 2024
+-----------------------------------------------------------------------------+
| NVIDIA-SMI 460.106.00   Driver Version: 460.106.00   CUDA Version: 11.2     |
|-------------------------------+----------------------+----------------------+
| GPU  Name        Persistence-M| Bus-Id        Disp.A | Volatile Uncorr. ECC |
| Fan  Temp  Perf  Pwr:Usage/Cap|         Memory-Usage | GPU-Util  Compute M. |
|                               |                      |               MIG M. |
|===============================+======================+======================|
|   0  A40             Off      | 00000000:18:00.0 Off |                    0 |
|  0%  49C    P0    82W / 300W  |   4715MiB / 45634MiB |      0%      Default |
|                               |                      |                  N/A |
+-------------------------------+----------------------+----------------------+
|   1  A40             Off      | 00000000:AF:00.0 Off |                    0 |
|  0%  39C    P8    13W / 300W  |      2MiB / 45634MiB |      0%      Default |
|                               |                      |                  N/A |
+-------------------------------+----------------------+----------------------+

+-----------------------------------------------------------------------------+
| Processes:                                                                  |
|  GPU   GI   CI        PID   Type   Process name            GPU Memory       |
|        ID   ID                                             Usage            |
|=============================================================================|
|    0   N/A  N/A    262003     C   ...nda3/envs/book/bin/python    4713MiB   |
+-----------------------------------------------------------------------------+
```

▲ 圖 2-63

同時，對於擁有 16GB 顯示卡的讀者，如程式 2-17 所示，GLM-4-9B-chat 同樣可以使用量化模型來緩解顯示記憶體壓力，將顯示記憶體要求降低到 16GB 的消費級顯示卡。

➔ 程式 2-17

```
model_name_or_path = "/home/egcs/models/glm4-9b-chat"
model = AutoModelForCausalLM.from_pretrained(
    model_name_or_path,
    low_cpu_mem_usage=True,
    trust_remote_code=True,
    load_in_4bit=True
).eval()
```

此時，顯示記憶體佔用情況如圖 2-64 所示。

```
(book) egcs@gpuserver:~/project/GLM-4-main/basic_demo$ nvidia-smi
Mon Jun 24 13:16:39 2024
+-----------------------------------------------------------------------------+
| NVIDIA-SMI 460.106.00   Driver Version: 460.106.00   CUDA Version: 11.2     |
|-------------------------------+----------------------+----------------------+
| GPU  Name        Persistence-M| Bus-Id        Disp.A | Volatile Uncorr. ECC |
| Fan  Temp  Perf  Pwr:Usage/Cap|         Memory-Usage | GPU-Util  Compute M. |
|                               |                      |               MIG M. |
|===============================+======================+======================|
|   0  A40              Off    | 00000000:18:00.0 Off |                    0 |
|  0%   50C    P0    81W / 300W|  15233MiB / 45634MiB |      0%      Default |
|                               |                      |                  N/A |
+-------------------------------+----------------------+----------------------+
|   1  A40              Off    | 00000000:AF:00.0 Off |                    0 |
|  0%   31C    P8    13W / 300W|     2MiB / 45634MiB  |      0%      Default |
|                               |                      |                  N/A |
+-------------------------------+----------------------+----------------------+
```

▲ 圖 2-64

2.6 本章小結

　　本章詳細介紹了私有化部署大型模型的全過程。首先，討論了 CUDA 環境的準備工作，包括基礎環境配置、大型模型執行環境的設置、顯示卡驅動、CUDA 和 cuDNN 的安裝步驟。接著，講解了深度學習環境的準備，如安裝 Anaconda 環境、在伺服器環境下啟動及安裝 PyTorch 函數庫的步驟。隨後，介紹了 GLM-3 和 GLM-4 的基本情況，特別是對 GLM-4 的私有化部署進行了詳細說明，包括建立虛擬環境、下載專案檔案、安裝相依套件和模型權重的下載。最後，介紹了執行 GLM-4 模型的多種方式，包括基於命令列的互動式對話、基於 Gradio 函數庫的 Web 端對話應用、OpenAI 風格的 API 呼叫方法和模型量化部署。本章提供了全面的指導，以幫助讀者成功部署和執行大型模型。

MEMO

3

大型模型理論基礎

　　在探索領域特定的演算法架構之前，充分了解目標領域的資料特點和結構是至關重要的。資料特點和結構直接影響選擇合適的演算法與建構適用的模型。透過深入了解資料的屬性、分佈、連結性及可能存在的潛在模式，可以更進一步地把握問題的本質，有針對性地設計和調整演算法架構，從而提高模型的性能和效果。因此，在進行演算法研究和開發之前，對資料進行全面的分析和理解是必不可少的步驟，這有助我們更進一步地把握問題的本質，並為解決方案的設計提供有效的指導。

　　本章將從資料開始，介紹自然語言處理（Natural Language Processing，NLP）中的時間序列格式資料及資料的前置處理技術，包括分詞、Token 和 Embedding 等大型模型中常見的基礎概念。Transformer 架構不是一蹴而就的，本章將從歷史發展的角度說明其來龍去脈，包括從最初的統計語言模型、神經網路模型到如今的大型模型。

3 大型模型理論基礎

3.1 自然語言領域中的資料

3.1.1 時間序列資料

在深度學習領域，特定領域的演算法和架構的設計是基於該領域內資料的獨特特徵。舉例來說，在處理圖像資料時，研究人員廣泛採用卷積神經網路，以便有效地捕捉影像的空間特徵。相比之下，處理受到雜訊干擾的資料，如文字資料，則常使用自動編碼器結構，這種結構能夠有效地處理雜訊並生成清晰的輸出資料。因此，深入理解特定領域的資料特點和結構對於設計該領域的演算法架構至關重要。這一觀點同樣適用於自然語言處理領域。在探索領域特定的演算法架構之前，充分了解目標領域的資料特點和結構尤為關鍵。

在自然語言處理領域，序列資料是至關重要的。與非序列資料不同，序列資料中的樣本之間存在特定的順序關係，這一順序關係在很大程度上決定了資料的含義和解釋。在處理序列資料時，樣本的順序不僅是一種表現形式，更是資料的本質特徵之一。舉例來說，在文字資料中，一句話中的詞語順序往往決定了句子的含義和語義邏輯。因此，無論是在序列標注、機器翻譯、文字生成還是其他自然語言處理任務中，都必須考慮樣本的順序資訊。相比之下，在非序列資料中，如在圖像資料或結構化資料中，樣本之間的順序關係並不具備重要性，因為這些資料中的樣本通常是相互獨立的，其順序變化或部分樣本缺失不會對資料的含義產生顯著影響。然而，在序列資料中，即使是微小的順序變化或樣本的缺失，都可能導致資料的含義發生巨大變化。因此，在處理序列資料時，必須特別注意樣本順序的保持和資料的完整性。

最典型的序列資料有以下幾種類型。

（1）文字資料：包括句子、段落、文章等，其中詞語的排列順序對語義有重要影響。正如學生考試時，曾出現的試題（連詞成句），若答題連詞不當，一整句話都將被評為不得分。

（2）時間序列資料：包括股票價格隨時間變化的資料，氣象中的溫度、濕度、風速等隨時間變化的資料，心電圖中的心率隨時間變化的資料等。

（3）音訊資料：音訊訊號中的波形資料，如語音訊號、音樂等，其中音訊的採樣點是按時間順序排列的。

（4）視訊資料：視訊是由一系列幀組成的，每幀都是圖像資料，它們按照時間順序排列以形成連續的視訊流。

（5）DNA 序列資料：生物學領域中常見的 DNA 序列資料，包含基因序列、蛋白質序列等，它們的排列順序對生物功能具有重要意義。

（6）符號序列資料：包括樂譜、密碼等，其中符號的排列順序決定了其含義和功能。

類似的資料還有很多。舉例來說，在金融領域，股票交易資料是一種重要的時間序列資料。股票價格和交易量等變數的時間順序對於預測股票價格趨勢不可或缺。此外，社交媒體資料也是一種序列資料，每個使用者發佈的發文、評論或互動都形成了一個個時間序列，理解這些序列資料有助分析使用者的行為模式和趨勢。另外，感測器資料也是常見的序列資料型態，例如用於監控環境的溫度、濕度和氣壓資料。在工業領域，機器執行狀態的監測資料也是重要的序列資料，對機器的預測性維護至關重要。顯而易見，處理序列資料時，我們需要確保演算法不僅能夠理解單一樣本，還能夠學習樣本之間的連結。現今，這些能夠學習樣本之間關係的演算法已經成為自然語言處理架構中重中之重的一部分。

3.1.2 分詞

在自然語言處理中，文字資料的樣本之間的聯繫，即詞與詞之間、字與字之間的聯繫是透過語義連接實現的。因此，在文字序列中，每個樣本通常表示一個單字或一個字。對於英文資料而言，大多數情況下一個樣本是一個單字，偶爾也可能是更小的語言單位，如字母或半詞。在中文資料中，一個二維度資料表通常對應一個句子或一段話，而單一樣本則表示一個單字或字。

儘管原始文字資料大多是段落形式的，但在深度學習中，將文字資料的樣本分割為詞或字作為輸入。因此，對文字資料通常需要進行分詞處理，即將連

3 大型模型理論基礎

續的文字劃分為具有獨立意義的詞或片語。良好的分詞可以降低演算法理解文字的難度，並提升模型的性能。舉例來說，將句子「輕舟已過萬重山」分為「輕舟」「已過」「萬重山」三個詞，可能比將其分為「輕」「舟」「已」「過」「萬」「重」「山」七個字更易於理解；且要求每個字都附帶完整語義，實際上會帶來一些困難。

由於不同語言具有不同的特點，因此每種語言所採用的分詞方式也不同。舉例來說，英文等拉丁語系的語言通常透過空格來分割單字，只需按照空格進行分詞即可自然得到良好的結果。而中文、日文和韓文等語言沒有空格用於分割，因此分詞可能會面臨挑戰。特別是對於中文，甚至需要考慮斷句對語義理解的影響，因為不同的分詞結果可能導致不同的語義解讀。

現在，對於不同語言的分詞，我們都有豐富的操作手段。

1·中文分詞

中文分詞是將連續的中文文字切分成有意義的詞或片語的過程，是自然語言處理中的基礎任務。以下是一些常見的中文分詞方法。

（1）基於詞典的分詞方法：基於詞典的分詞方法使用預先建構的詞典進行分詞。文字中的詞如果出現在詞典中，則被認為是一個詞，不然將文字進一步細分為字或其他子單位。常見的詞典包括哈爾濱工業大學、北大等機構提供的大型詞典，以及一些開放原始碼的詞典資源。

（2）基於統計的分詞方法：基於統計的分詞方法通常利用語料庫中的統計資訊來確定詞語邊界。其中，最常見的方法是最大匹配法，即從左到右或從右到左地在文字中尋找最長的匹配詞。另一種方法是隱馬可夫模型（Hidden Markov Model，HMM），它透過學習詞語出現的機率和轉移機率來確定最可能的詞語切分。

（3）基於規則的分詞方法：基於規則的分詞方法透過定義一系列規則來切分文字。這些規則既可以是基於語言學和語法規則的，也可以是基於模式匹配的。舉例來說，利用中文的語法規則和詞性資訊來確定詞語邊界。

（4）基於深度學習的分詞方法：近年來，隨著深度學習的發展，基於深度學習的中文分詞方法也逐漸流行起來。這些方法通常利用神經網路模型，如循環神經網路（Recurrent Neural Network，RNN）、長短期記憶（Long Short-Term Memory，LSTM）網路、卷積神經網路（Convolutional Neural Networks，CNN）或自注意力（Self-attention）機制（Transformer），透過大規模資料學習中文文字的詞語邊界。

2・常用工具

以下是一些常用的中文分詞工具，它們具有不同的特點和適用場景，可以根據具體需求選擇合適的工具進行中文分詞。對於大部分應用，例如簡單的文字前置處理，一般使用 Jieba（結巴分詞）就足夠了。但是，如果需要更深入的語言學特性或高準確性的處理，可能需要考慮 THULAC 或 LTP 等更全面的工具。

（1）Jieba：Jieba 是一個常用的開放原始碼中文分詞工具，具有簡單好用、高效穩定的特點。它基於首碼詞典實現，支援精確模式、全模式、搜尋引擎模式等多種分詞方式，並提供自訂字典和關鍵字提取等功能。

（2）THULAC：THULAC 是由北京清華大學自然語言處理與社會人文計算實驗室開發的中文詞法分析工具套件，具有較高的分詞準確率和效率。它採用基於詞語和字元的聯合標注模型，支援詞性標注和命名實體辨識等功能。

（3）哈爾濱工業大學 LTP：哈爾濱工業大學 LTP（Language Technology Platform，語言技術平臺）是一個整合了多種自然語言處理工具的平臺，其中包括中文分詞器。哈爾濱工業大學 LTP 的分詞器基於隱馬可夫模型和條件隨機場（Conditional Random Field，CRF）模型，具有較高的分詞準確率和速度。

（4）NLPIR：NLPIR（其前身稱為 ICTCLAS）是由中國科學院計算技術研究所開發的中文分詞系統，具有較好的分詞效果和穩定性。它基於詞頻統計和規則匹配的方法實現，支援多種分詞模式和自訂字典。

（5）史丹佛分詞器（Stanford Segmenter）：史丹佛分詞器是由美國史丹佛大學開發的中文分詞工具，它基於條件隨機場模型，具有較高的分詞準確率。它還支援英文分詞和多語言分詞等功能。

3．英文分詞

英文分詞相對中文分詞來說，相對簡單，因為英文單字通常以空格或標點符號分隔，但仍然存在一些特殊情況需要處理。以下是一些常用的英文分詞方法。

（1）基於空格分詞：最簡單的英文分詞方法是根據單字之間的空格進行分詞。這種方法適用於大多數情況，但在一些特殊的文字中，例如在網頁文字或非標準文字中可能存在連續的字元序列沒有空格分隔。

（2）基於標點符號分詞：在英文文字中，標點符號（如句點、逗點、分號等）通常表示句子的結束或分隔不同的短語。因此，可以先根據標點符號將文字分割成句子或短語，然後再對每個句子或短語進行單字等級的分詞。

（3）詞幹提取（Stemming）和詞形還原（Lemmatization）：詞幹提取和詞形還原是一種將單字精簡為其詞幹或原型的方法。詞幹提取透過去除單字的尾碼來獲取其詞幹，而詞形還原則是將單字轉化為其在詞典中的原型形式。這兩種方法通常用於處理單字的不同形態，以便統一表示同一概念的不同變形。

以上是常用的英文分詞方法，可根據具體需求和應用場景選擇合適的方法進行分詞處理。

3.1.3 Token

Token（詞元）是自然語言處理世界中的重要概念，這個概念沒有官方中文譯名，但我們可以根據該詞語在許多論文中的語境對其進行以下定義：Token 是當前分詞方式下的最小語義單元，根據分詞方式的不同，對英文，它可能是一

3.1 自然語言領域中的資料

個單字（如「upstair」）、一個半詞（如「up、stair」）或一個字母（如「u、p、s、t、a、i、r」），也可能是一個短語（如「攀登高峰」）、一個詞語（如「攀登、高峰」）或一個字（如「攀、登、高、峰」）。如前所述，分詞是將連續的文字切分成一個個具有獨立意義的詞或片語的過程，本質上來說，分詞就是分割 Token 的過程，因此文字資料表單中的一行行樣本也就是一個個 Token。

Token 在自然語言處理中扮演著重要的角色。首先，它是語義的最小組成部分，也是深度學習演算法處理輸入資料的基本單元。Token 的數量反映了文字的長度和演算法需要處理的資料量，直接影響演算法的資源消耗和模型的性能。在 NLP 領域，OpenAI 等模型開發廠商常根據 Token 的使用情況來制定計價和使用限制。因此，Token 的使用量也成為衡量大型模型性能的重要指標。隨著大型模型的不斷發展，Token 已成為評估 NLP 模型輸送量和資料量的標準單位。表 3-1 為 OpenAI API 收費標準（其官方可能會變更收費標準，以實際為準）。

▼ 表 3-1 OpenAI API 收費標準

API 版本	功能	收費方式
GPT-3.5	完成基礎的 NLP 任務	每 10 萬個 Token 收取 4 美分
GPT-4	提供更先進、精準的 NLP 功能	提供兩個檔位供開發者選擇
ChatGPT	完成高品質的自然語言階段任務	基於使用情況的收費模式

在 OpenAI 的官方網站上，可以輕鬆地找到一個名為 Tokenizer 的工具，它用於計算文字中的 Token 數量。OpenAI 還提供了一篇詳細的 GitHub 文件，專門介紹如何計算文字的 Token 數量，以及如何選擇最經濟的 Token 計算方式以節省成本。對此感興趣的人可以查閱該文件以獲取更多資訊。

值得一提的是，在中文中，一個 Token 大致相當於三到五個字元的長度。實際上，Token 就是文字經過分詞處理後的樣本數量，只是在不同的分詞方式下字元的長度會略有不同。

3.1.4 Embedding

長期以來，在自然語言處理領域，我們必須將文字序列編碼成數字形式，以便演算法能夠理解和處理。這表示文字資料需要經過特定的編碼方式轉為數字形式。雖然存在多種編碼方法，但它們的本質都是將單字或字元用數字或數字序列表示。在相同的編碼規則下，相同的單字將始終被編碼為相同的數字序列，是使用單一數字還是數字序列則取決於演算法工程師的選擇。

儘管編碼的目的是將文字轉為數字形式，但其中涉及的複雜性遠非表面看起來那麼簡單。首先，對相同的詞或字，它們必須在同一套規則下被編碼為相同的數字序列或數字，這表示必須存在一個完全一一對應的詞典表來進行編碼。然而，除這種直接的一一對應關係外，還有更高層次的境界，即語義編碼。這表示如果兩個單字、兩個字或兩個片語在語義上相似，那麼它們被編碼成數字後，這些數字在數學上也應該相似。換言之，數字不僅是編碼的唯一表示，而且必須代表詞的語義資訊。舉例來說，在語義編碼中，「女人」和「女孩兒」應該更接近。但需要注意的是，世界上並不存在唯一正確的語義空間，不同的編碼方式會建構不同的語義空間。

為了實現這一目標，需要建立一個高維語義空間，在這個空間中，數學上相鄰的點代表著語義上更接近的兩個詞。大部分與編碼相關的研究都是圍繞如何建構這樣的語義空間展開的，因此編碼的實現是具有一定難度的。

目前，深度學習中常見的編碼方式包括以下兩種。

（1）One-hot（獨熱）編碼：將每個詞或字元表示為一個稀疏向量，向量的長度等於詞彙表的大小，其中對應於該詞或字元的索引位置為 1，其餘位置為 0。

（2）Word Embedding（詞嵌入）編碼：透過訓練模型學習得到的詞向量表示，將每個詞映射到一個低維的實數向量空間中，保留了詞之間的語義資訊。

如圖 3-1 所示，對句子分別進行 Word Embedding 編碼和 One-hot 編碼後產生的二維度資料表單。

3.1 自然語言領域中的資料

詞	x1	x2	x3	x4	x5
小狗	0.5036	0.4943	0.4155	0.7221	0.9132
依偎	0.4716	0.9035	0.1671	0.4957	0.9929
在	0.8539	0.3560	0.7110	0.9761	0.2447
火爐	0.6010	0.7540	0.6639	0.4274	0.8514
旁	0.2665	0.4797	0.8628	0.2134	0.9215
因為	0.0872	0.8268	0.7835	0.3272	0.8871
小狗	0.8556	0.1318	0.2701	0.3320	0.7241
很	0.8781	0.5493	0.2159	0.5839	0.2512
冷	0.9900	0.7401	0.1414	0.4207	0.9985

Word Embedding 編碼

詞	x1	x2	x3	x4	x5	x6	x7	x8	x9
小狗	1	0	0	0	0	0	0	0	0
依偎	0	1	0	0	0	0	0	0	0
在	0	0	1	0	0	0	0	0	0
火爐	0	0	0	1	0	0	0	0	0
旁	0	0	0	0	1	0	0	0	0
因為	0	0	0	0	0	1	0	0	0
小狗	0	0	0	0	0	0	1	0	0
很	0	0	0	0	0	0	0	1	0
冷	0	0	0	0	0	0	0	0	1

One-hot 編碼

▲ 圖 3-1

3.1.5 語義向量空間

一個透過詞嵌入訓練得到的語義向量空間如圖 3-2 所示。我們可能發現「國王」和「男人」、「女王」和「女人」在向量空間中是相似的。詞嵌入通常透過大量的文字資料訓練得到，目的是捕捉單字之間的語義關係。

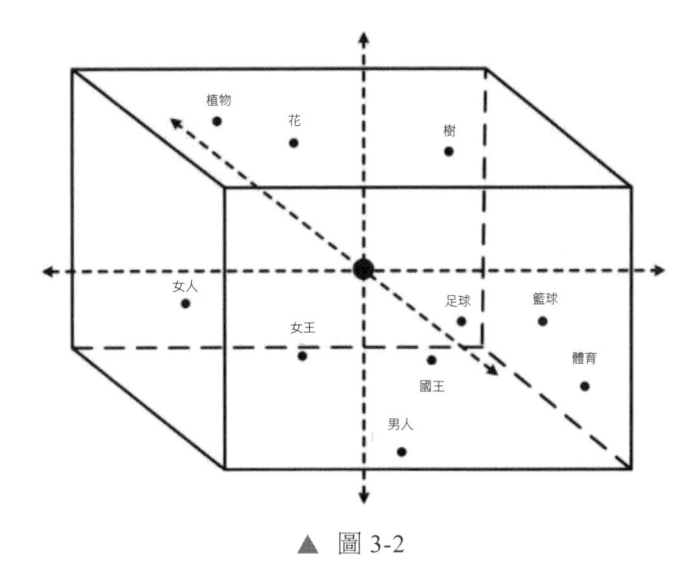

▲ 圖 3-2

經典的詞嵌入方法包括以下 5 種。

（1）Word2Vec：由 Google 研究人員 Tomas Mikolov 等於 2013 年提出，透過訓練神經網路模型來學習詞向量，其中包括兩種模型，即連續詞袋（CBOW）和 Skip-gram。

（2）GloVe（Global Vectors for Word Representation，全域向量的詞嵌入）：由史丹佛大學的研究人員提出，它結合了全域語料庫統計資訊和局部上下文視窗中的詞共現資訊，透過矩陣分解的方式學習詞向量。

（3）FastText：由 Facebook 提出，是基於 Word2Vec 的改進版本，透過考慮詞的子詞資訊（字元 n-gram）來學習詞向量，從而更進一步地處理稀有詞和形態變化。

（4）固定編碼：例如使用 BERT、GPT 等預訓練的深度學習模型來編碼文字。這些模型通常使用大量資料進行預訓練，並可以為新任務進行微調。

（5）基於大型模型進行編碼：在 OpenAI 研發的大型模型生態矩陣中，存在專用於建構語義空間的 Embedding 大型模型。它是基於 GPT-3 訓練出來的，是專門用於建構語義空間的大型模型。

這些經典的詞嵌入方法在自然語言處理領域獲得了廣泛的應用，並為文字表示和語義理解任務提供了重要的基礎。

3.2 語言模型歷史演進

3.2.1 語言模型歷史演進

語言模型的發展可劃分為以下三個關鍵階段，如表 3-2 所示。

（1）統計語言模型：這一階段的模型主要基於機率統計原理，透過計算詞頻、n-gram 等統計方法來預測文字中下一個詞的機率，代表了語言模型的早期形態。

（2）神經網路語言模型：隨著深度學習技術的興起，神經網路開始被引入語言模型中，透過多層非線性變換捕捉詞彙間的複雜關係，RNNLM（Recurrent Neural Network Language Model，循環神經網路語言模型）、LSTM 等模型在這一時期成為主流，顯著提升了語言建模的準確性和流暢度。

3.2 語言模型歷史演進

（3）基於 Transformer 的大型模型：此階段以 Transformer 架構為核心，尤其是自注意力機制的引入，實現了並行處理和長距離依賴的有效捕捉，使得模型規模得以指數級增長，如 BERT、GPT-3、Turing-NLG 等，這些模型不僅在語言理解與生成任務上獲得了突破性進展，還展現了跨領域的應用潛力，開啟了預訓練語言模型的新紀元。

▼ 表 3-2 語言模型發展的三個關鍵階段

階段	定義	成果	限制
統計語言模型	初期的語言模型，依賴於統計分佈和機率來預測單字。起源於資訊理論和早期電腦科學	（1）統計機器翻譯。 （2）n-gram 模型和 HMM。 （3）最大熵模型	（1）難以捕捉長期依賴性。 （2）需要複雜的特徵工程
神經網路語言模型	神經網路在捕捉複雜模式方面的優勢使其成為語言模型的進步。包括 RNNLM 和 LSTM 在內的模型被用於捕捉序列資料中的依賴關係	（1）神經網路語言模型（RNNLM）。 （2）RNNLM 處理序列資料。 （3）LSTM 在語言模型中的應用	（1）計算效率和擴充性有限。 （2）梯度消失或爆炸問題
基於 Transformer 的大型模型	Transformer 架構透過自注意力機制改進了長距離依賴問題的處理，並提高了並行化處理的效率	（1）Transformer 架構。 （2）BERT 模型。 （3）GPT 模型家族等	運算資源消耗大

如表 3-2 所示，第一階段的統計語言模型可追溯至 20 世紀 50 年代，那時，運用統計學方法完成機器翻譯的任務已初露端倪。此時期，統計學方法在該領域佔據主導，其核心在於依託人類專家的知識系統；然而，這種方法的「理論上限」相對明確，本質上受限於人類認知能力的邊界。相比之下，神經網路模型的興起標誌著一個轉捩點，它們依賴於巨量資料與強大的運算能力，從而在諸多領域，包括視覺辨識與自然語言處理領域，實現了對人類能力的超越。這種資料驅動的方法，不需要人工精心設計特徵，也能在性能上取得顯著突破。

統計語言模型的本質在於依據詞語的分佈特性和出現頻率來進行預測，儘管這一策略在實踐中展現出一定成效，但其進步長期受制於對人為特徵工程的高度依賴，限制了模型的自主學習與發展潛力。

第二階段的神經網路語言模型的核心思想是，將神經網路技術應用於語言模型建構中。這一階段的顯著特點是，機器學習，尤其是深度學習技術，充分展現了資料驅動的優勢，透過強大的運算能力學習資料分佈，從而超越了以往依賴人工設計特徵的侷限，突破了模型性能的天花板。神經網路語言模型有能力捕捉文字中的複雜模式和隱含意，這與以往技術（如 One-hot 編碼）形成對比，後者難以表達深層次的語義資訊。

儘管神經網路語言模型帶來了顯著進步，但仍存在一定的局限性。在視覺任務中廣泛應用的循環神經網路（RNN），其天生存在的問題之一在於連續處理機制，即必須等待上一時間步的神經元輸出後，才能處理下一時間步，這導致計算效率低下。另外，RNN 面臨梯度消失／爆炸問題，限制了其捕捉長距離依賴關係的能力，舉例來說，早期的基於 RNN 的語言模型往往僅能考慮相鄰的幾個詞，這對於語言理解的深度和連貫性組成了一定阻礙。

第三階段的基於 Transformer 的大型模型目前是該領域的焦點所在。Transformer 的核心創新在於引入了自注意力機制，這一革命性改進有效地解決了長期依賴問題。用傳統方法處理句子時，假設每個詞語同等重要，導致模型必須均勻記憶所有資訊；而自注意力機制使模型能夠辨識出關鍵資訊—即使在擴充到 50 個或 100 個詞語的更長序列中，模型也能精準聚焦於少數幾個關鍵字語，極大地提升了資訊處理的效率與針對性，表現了注意力機制的核心價值。此外，Transformer 架構促進了平行計算，進一步加速了處理速度。

然而，基於 Transformer 的模型也面臨著顯著挑戰：推理成本高昂，主要是計算需求與輸入序列長度呈現平方關係增長，導致生成長文字時資源消耗急劇上升。另外，這類模型通常直接從大量無標注資料中學習，缺乏明確的監督訓練階段，這表示如果訓練資料蘊含偏見，則模型不僅會吸收這些偏見，而且還可能在預測過程中將其放大，這是在當前研究與應用中亟須關注和解決的問題。

3.2.2 統計語言模型

自然語言處理（NLP）模型使用統計語言模型身為建模技術，旨在對自然語言資料的機率分佈進行建模和預測。統計語言模型基於一系列統計學方法和機率模型，用於衡量給定一串單字序列的可能性或機率。其基本思想是根據從文字語料庫中觀察到的頻率資訊，推斷出單字之間的機率分佈和語言結構。

在 NLP 模型中，統計語言模型通常採用 n-gram 模型或隱馬可夫模型等。

n-gram 模型是一種基於上下文視窗的語言模型，它假設一個單字出現的機率僅與其前面 $n-1$ 個單字相關，透過對大量文字資料進行統計，n-gram 模型可以計算出每個單字在替定上下文中出現的條件機率，從而實現對文字序列的建模。

隱馬可夫模型即 HMM 是一種用於建模序列資料的統計模型。一個詞出現的機率只和它前面出現的或有限幾個詞相關。在 NLP 中，HMM 通常用於詞性標注和語音辨識等任務，HMM 透過定義狀態和狀態之間的轉移機率及觀測狀態的發射機率對序列資料進行建模。

統計語言模型在 NLP 中扮演著重要角色，它們可以用於完成語言生成、語言辨識、文字分類和機器翻譯等任務。透過對大量文字資料進行分析，統計語言模型能夠捕捉到自然語言的規律和結構，為 NLP 提供有效的語言建模基礎。然而，統計語言模型在處理複雜的語言結構和語義資訊時存在一定的局限性，因此隨著神經網路技術的發展，NLP 領域逐漸轉向了基於神經網路的語言模型。

3.2.3 神經網路語言模型

NLP 模型從傳統的統計語言模型過渡到神經網路語言模型標誌著一種技術演進和轉變。傳統的統計語言模型主要基於規則的方法和統計機率模型，如 n-gram 模型和隱馬可夫模型。這些模型依賴於人工設計的特徵和規則，並且在處理複雜的語言結構和語義資訊方面存在一定的局限性。

隨著神經網路技術的發展和深度學習演算法的出現，NLP 領域開始出現了基於神經網路的語言模型。神經網路語言模型透過大規模語料庫的訓練，利用深度學習模型自動學習語言的表示和結構特徵，從而實現了更加準確和靈活的語言建模能力。

神經網路語言模型採用各種結構，如循環神經網路（RNN）、長短期記憶網路（LSTM）、門控循環單元（Gated Recurrent Unit，GRU）和注意力機制等，以捕捉輸入序列的長期依賴關係和語義資訊。這些模型能夠自動學習語言的表示，不需要人工設計的特徵，從而可以更進一步地適應不同類型和領域的語言資料。

與傳統的統計語言模型相比，神經網路語言模型具有以下優勢。

（1）更好的語言建模能力：神經網路語言模型能夠更進一步地捕捉語言的複雜結構和語義資訊，從而實現更準確和靈活的語言建模。

（2）點對點學習：神經網路語言模型可以通過點對點的方式進行學習，不需要手工設計特徵和規則，簡化了模型建構的過程。

（3）適應性強：神經網路語言模型可以透過大規模資料的訓練，自動學習適應不同領域和類型的語言資料，具有更好的泛化能力。

（4）神經網路語言模型的出現和發展為 NLP 領域帶來了革命性變革，推動了 NLP 技術的發展和應用。

3.3 注意力機制

3.3.1 RNN 模型

1．基本概念

RNN 模型身為先進的神經網路模型，專為處理序列資料而設計，在 NLP 領域展現出了廣泛應用的潛力。RNN 的獨特之處在於其內建的記憶功能，它能接納可變長度的輸入序列,並能依據序列內部的上下文邏輯進行學習與預測,這一特性使之在解析語言序列資料上表現出卓越的適應性。

在 NLP 的許多應用場景中,RNN 發揮著核心作用,涵蓋了語言建模、情感分析、命名實體辨識、文字生成及機器翻譯等多種任務。其優勢在於深刻捕捉文字的時間動態性和長期依賴特徵,強化了對語言結構的理解和處理能力。舉例來說,在語言建模場景下,RNN 能夠基於歷史詞彙的上下文環境,預測序列中下一個詞彙的出現機率;在情感分析任務中,則透過分析文字段落或句子的內在結構,輸出對文字情感傾向的判斷;在機器翻譯任務中,RNN 能夠實現來源語言到目的語言的高效轉換。

特別是,LSTM 作為 RNN 的一種關鍵演化形式,透過整合門控機制顯著增強了模型捕捉長距離依賴的能力,成功緩解了標準 RNN 在處理長序列資料時遭遇的梯度消失和梯度爆炸難題,進一步推動了 LSTM 在 NLP 任務中的廣泛應用,並顯著提高了模型的性能水準。

綜上所述,RNN 及其變形如 LSTM 在 NLP 領域的應用,不僅為我們提供了一個強有力的工具來深入解析和理解語言序列資料,也為多樣化的文字分析和處理任務帶來了高效且有效的解決方案,標誌著向高級人工智慧互動邁出的重要一步。

2.RNN 架構

圖 3-3 展現了經典 RNN 的基本架構。

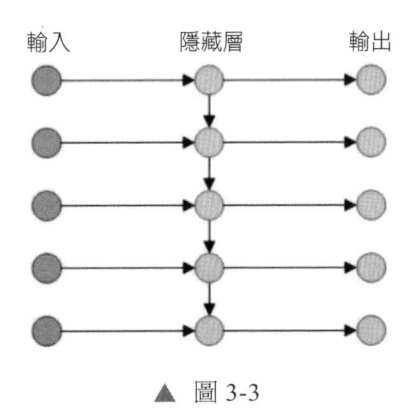

▲ 圖 3-3

RNN 的輸入是 input:{ $x_1, x_2, \cdots, x_t, \cdots, x_T$ }，輸出是 input:{ $y_1, y_2, \cdots, y_t, \cdots, y_T$ }。

（1）輸入層（Input Layer）：在初始階段，系統接收的資料登錄網路的輸入層級。尤其是在自然語言處理的場景下，這些輸入資料被轉化為單字、字元或其他形式的語言單元編碼以便於後續處理。

（2）隱藏層（Hidden Layer）：組成 RNN 核心部分的是其隱含層。在此結構中，每個時間步不僅包含新接收到的輸入資訊，還整合了前一時間步的隱含狀態資訊。透過這一機制，隱含層負責推算並更新當前時間步的隱含狀態，該狀態實質上保留了過往資訊的痕跡，賦予網路記憶功能，使其能有效應對時間序列資料的複雜性。

（3）輸出層（Output Layer）：隱含層經過處理產生的資訊會進一步傳輸到輸出層，旨在生成模型的終端輸出。此輸出可表現為對未來值的預測、類別歸屬的判定，或作為遞迴至下一時間步的內部狀態，繼續參與序列的解析與預測過程。

3．缺陷

儘管 RNN 在應對時間序列資料分析方面展現出了一定的優勢，但也存在若干局限性。其中兩項主要的局限性如下。

（1）限定的等長要求：標準 RNN 架構受限於一個根本假設，即輸入序列與預期輸出序列需保持嚴格的時間步一致性。此設計缺陷表示模型在未經過調整的情況下難以適應變長序列資料，往往強制要求透過補零或剪裁操作來統一序列長度，此舉不僅在實際部署中可能削弱模型的靈活性，還可能導致資訊的不必要損失或容錯累積，特別是在處理天然長度多樣的資料集時。

（2）長序列依賴處理的挑戰：RNN 在面對變長序列資料時，經常遭遇由梯度消失引發的長期記憶障礙。隨著序列時間跨度的增長，反向傳播過程中梯度傾向於急劇衰減，嚴重阻礙了模型捕捉和利用遠距離時間步間的關係。這種機制上的不足，直接限制了模型捕捉序列中遠期關鍵特徵的能力，進而影響其決策品質和整體效能。

上述限制顯著限制了基本 RNN 模型在序列資料分析領域的實用性和有效性。有鑑於此，研究界已探索並開發出一系列最佳化模型，如 LSTM 和 GRU。這些進階架構透過創新性的門控機制與記憶單元設計，成功解決了梯度消失、序列長度差異的問題，從而大幅度增強了模型捕捉複雜序列模式、提升預測精度及泛化能力的潛力。

3.3.2 Seq2Seq 模型

1．基礎概念

Seq2Seq（Sequence-to-Sequence，序列到序列）模型身為革命性變形，源自 RNN 系統，其設計初衷在於突破傳統 RNN 框架下對輸入與輸出序列等時長的嚴格約束。該模型的核心創新在於建構了雙階段（開發階段與解碼階段）的處理流程，這一架構革新為此類模型賦予了接納並處理不同長度序列資料的能力。

具體而言，Seq2Seq 模型的前半部分即編碼器，完成將任意長度的輸入序列轉化成一個高維、固定長度的語境向量的任務。此向量被精心設計以封裝來源序列的全部語義精髓。隨後，該語境向量作為橋樑，傳遞給模型的後半部分即解碼器，解碼器逐步推演出目標序列，直至訊號指示終止或達到預設的最大輸出長度。這一精妙設計不僅確保了模型對於序列長度變化的高度適應性，還極大地拓寬了其在自然語言處理領域的應用場景，涵蓋了從機器翻譯、文字摘要到對話系統生成等諸多複雜任務。

在實現上，編碼器與解碼器均可採納多種神經網路架構，包括但不限於標準 RNN、LSTM 及 GRU，這樣的靈活性進一步強化了模型處理序列資料的效能與精確度。總而言之，Seq2Seq 模型憑藉其對變長序列資料處理的高效解決方案，在自然語言處理領域確立了其作為關鍵模型的地位，展現了廣泛的應用價值與深遠的影響。

2．Seq2Seq 架構

如圖 3-4 所示，在 Seq2Seq 架構中，編碼器（Encoder）把所有的輸入序列都編碼成一個統一的語義向量 Context，然後由解碼器（Decoder）解碼。在解碼器解碼的過程中，不斷地將上一時刻 *t*-1 的輸出作為下一時刻 *t* 的輸入，循環解碼，直到輸出停止符號為止。

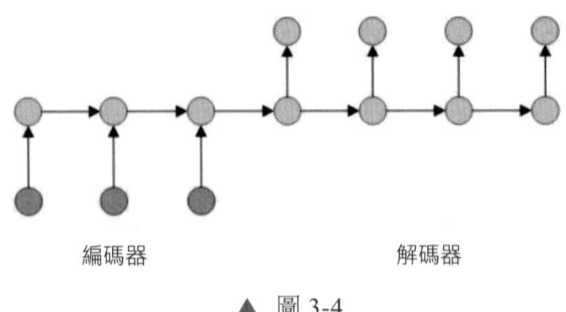

編碼器　　　　　　　解碼器

▲ 圖 3-4

Seq2Seq 模型的訓練通常使用教師強制（Teacher Forcing）方法，即將解碼器的上一時刻的輸出作為當前時間步的輸入，直到生成完整的目標序列。訓練完成後，該模型可以用於生成未見過的輸入序列的對應目標序列，如將一種語言的句子翻譯成另一種語言的句子。

3 · Seq2Seq 架構的缺點

儘管 Seq2Seq 模型成功破除了輸入與輸出序列長度不匹配的障礙，但仍需面對若干挑戰，主要包括效率問題、Context 限制問題及鏈式反應效應（蝴蝶效應）問題。

（1）效率問題：在處理延展的序列資料時，Seq2Seq 模型遭遇了效率瓶頸。該模型機制要求每個時間步均需綜合考量整個輸入序列的資訊，致使其運算需求及記憶體佔用隨序列增長而急劇上升，從而顯著延長了訓練與推斷週期，並加劇了資源消耗。

（2）Context 限制問題：由於 Context 包含原始序列中的所有資訊，所以它的長度就成了限制模型性能的瓶頸。例如機器翻譯問題，當要翻譯的句子較長時，一個 Context 可能存不下那麼多的資訊，就會造成精度下降。

3.3 注意力機制

（3）鏈式反應效應（蝴蝶效應）問題：在 Seq2Seq 架構中，讓上一時刻的輸出作為下一時刻的輸入進入網路，這種設計可能導致一個時刻輸出的錯誤會影響後續所有時刻的輸出。這是因為在模型的訓練過程中，網路尚未完全收斂，因此即使在早期階段產生的錯誤也會在後續時間步中逐漸累積和放大，從而導致整個輸出序列的錯誤。輕微的預測誤差可在時間序列中不斷累積與放大，如同蝴蝶振翅引發的遠端風暴，嚴重影響後續預測的準確性。尤其是在長序列任務中，這種累積錯誤效應更為顯著，增加了模型學習正確模式的難度。

對於上述問題，學術界已探索多種策略以緩解這些問題，例如整合注意力機制以動態聚焦重要資訊，利用殘差連接保持資訊流的連貫性，以及採用更為複雜的網路架構以增強對長期依賴關係的學習能力。這些策略共同作用旨在最佳化 Seq2Seq 模型處理序列任務時的性能穩定性和長期依賴管理，從而推動該技術邊界的拓展。

3.3.3 Attention 注意力機制

如圖 3-5 所示，針對 Seq2Seq 模型的最佳化策略，一個關鍵切入點在於透過充分利用編碼器的所有隱藏層狀態，來解決 Context 長度的局限性問題，並有效弱化鏈式反應效應（蝴蝶效應）。

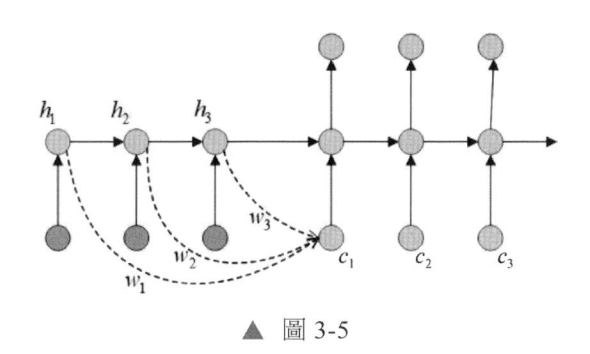

▲ 圖 3-5

注意力機制身為在 Seq2Seq 模型中廣泛應用的技術手段，旨在應對序列任務中面臨的長距離依賴挑戰及減緩資訊傳播中的細微偏差累積效應（蝴蝶效

3 大型模型理論基礎

應）。該機制透過自我調整地為輸入序列的不同部分分配差異化的注意力權重，確保模型在生成每個階段的輸出時，能夠聚焦於與該輸出直接相關的關鍵輸入資訊，由此增強了模型的有效性和健壯性，減少了誤差傳播及資訊衰減的問題。

圖 3-6 直觀展示了模型在未採用與採用注意力機制情況下的結構對比。

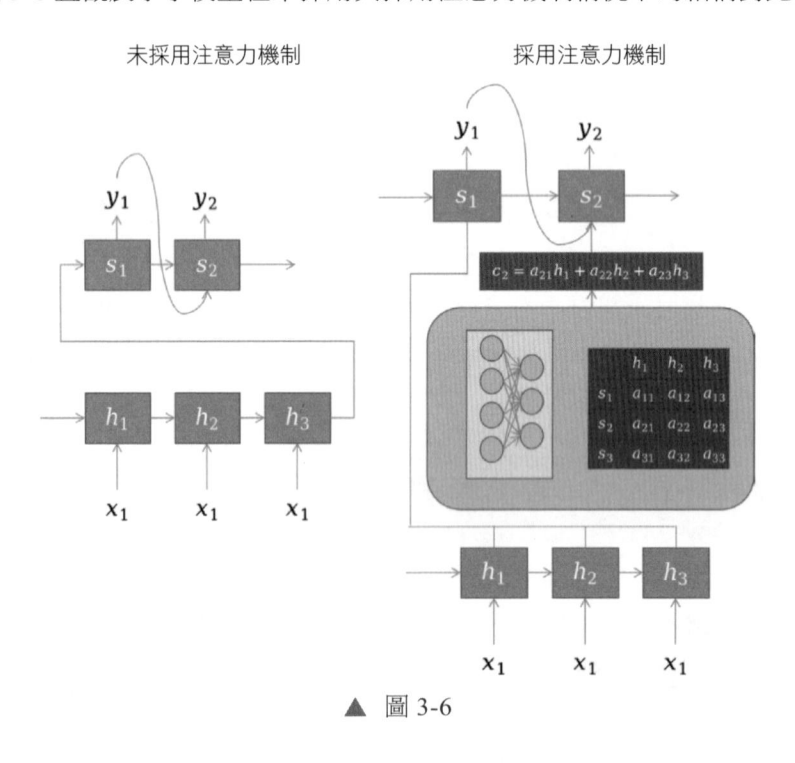

▲ 圖 3-6

在圖 3-6 中，x 表示輸入序列，y 表示輸出序列，h 表示輸入編碼器的隱藏層神經元，s 表示解碼器中的隱藏層神經元。這些組成了原始 Seq2Seq 模型架構中待最佳化的核心參數。注意力機制作為一項補充，引入了一個新穎的中間層──注意力模型網路，其核心功能在於建構輸入與輸出隱藏狀態之間的橋樑。

該注意力模型網路執行的關鍵任務是，透過量化評估每個輸入位置對於生成當前輸出位置的重要性，依據這一系列重要性評估值，對輸入序列的不同組成部分實施加權平均運算，進而提煉出一個能綜合反映輸入序列與當前輸出緊密度的加權上下文向量。此舉有效增強了模型在處理序列資訊時的關注焦點與上下文感知能力。

3.3 注意力機制

$$c_j = \sum_{i=1}^{T} a_{ij} h_i$$

式中，c 表示上下文資訊向量，a 表示注意力權重參數，T 表示輸入序列的長度。

在訓練過程中，注意力機制會自動學習到不同輸入位置之間的相關性，從而能夠在生成輸出時動態地調整注意力權重。這樣，即使出現了錯誤的預測，模型也能夠及時糾正，並且不會像傳統的 Seq2Seq 模型那樣將錯誤傳播到整個輸出序列。

此時，解碼器的隱藏層神經元 s 的參數如下：

$$s_j = f(s_{j-1}, y_{j-1}, c_j)$$

神經元 s_j 與以下參數有關：上一個解碼器隱藏層神經元 s_{j-1}、上一個解碼器隱藏層的輸出 y_{j-1}、上下文資訊向量 c_j。

總的來說，注意力機制透過引入動態的上下文資訊，使模型在生成輸出時能夠更加準確地關注輸入序列中與當前輸出位置相關的資訊，從而有效地緩解了長距離依賴和蝴蝶效應問題。

因此，注意力機制的本質並非繁複難解，其旨在實現輸出解碼層級與輸入編碼層級的一種直接且動態的連結。此機制的核心之處在於引入一組經學習最佳化的權重，即注意力權重（Attention Weight），記作 a，用以量化表徵 h（編碼器隱藏層狀態）與 s（解碼器隱藏層狀態）兩者間的相關性。每項權重 a 均可視為雙方互動作用強度的度量，整體架構則組成了注意力模型（Attention Model），此模型另有一個等價表述—對齊函數（Alignment Function），強調了它在跨序列元素匹配上的功能。

關於對齊函數的具體實現方式，論文 *An Attentive Survey of Attention Models* 中提及了幾種典型範式，其直觀展示參見圖 3-7。

Function	Equation	References
similarity	$a(k_i, q) = sim(k_i, q)$	[Graves et al. 2014a]
dot product	$a(k_i, q) = q^T k_i$	[Luong et al. 2015a]
scaled dot product	$a(k_i, q) = \dfrac{q^T k_i}{\sqrt{d_k}}$	[Vaswani et al. 2017]
general	$a(k_i, q) = q^T W k_i$	[Luong et al. 2015a]
biased general	$a(k_i, q) = k_i(Wq + b)$	[Sordoni et al. 2016]
activated general	$a(k_i, q) = act(q^T W k_i + b)$	[Ma et al. 2017b]
generalized kernel	$a(k_i, q) = \phi(q)^T \phi(k_i)$	[Choromanski et al. 2021]
concat	$a(k_i, q) = w_{imp}^T act(W[q; k_i] + b)$	[Luong et al. 2015a]
additive	$a(k_i, q) = w_{imp}^T act(W_1 q + W_2 k_i + b)$	[Bahdanau et al. 2015]
deep	$a(k_i, q) = w_{imp}^T E^{(L-1)} + b^L$ $E^{(l)} = act(W_l E^{(l-1)} + b^l)$ $E^{(1)} = act(W_1 k_i + W_0 q) + b^l$	[Pavlopoulos et al. 2017]
location-based	$a(k_i, q) = a(q)$	[Luong et al. 2015a]
feature-based	$a(k_i, q) = w_{imp}^T act(W_1 \phi_1(K) + W_2 \phi_2(K) + b)$	[Li et al. 2019a]

▲ 圖 3-7

最終，注意力機制可以抽象為以下公式。

$$A(\boldsymbol{q}, \boldsymbol{K}, \boldsymbol{V}) = \sum_i p(a(k_i, q)) v_i$$

在注意力機制中，q、K、V是三個核心概念，它們代表了注意力計算過程中的關鍵元素，其具體含義如下。

（1）q（Query）：q代表當前的關注點或查詢向量。在解碼器的上下文中，q通常來源於當前解碼步驟的隱藏狀態，反映了模型當前關注或查詢資訊的需求。它的功能是尋找與之最相關的部分，即在輸入序列中哪裡的資訊對生成當前輸出最為重要。

（2）K（Key）：K可以視為每個輸入位置的代表性特徵或索引量。在編碼器的輸出中，每個位置的K對應該位置的輸入資訊的某種編碼表示，用於與q進行匹配。K有助確定哪些部分的輸入與當前的q最為相關，就像資料庫查詢中的關鍵字一樣。

（3）V（Value）：V則是與K對應的實際內容資訊或上下文資訊向量，代表了輸入序列中每個位置的詳細資訊。一旦透過q和K的互動確定了哪些部分是重要的（計算出注意力權重），這些權重就會被用來加權V，從而生成一個加權後的上下文資訊向量，這個向量包含了根據當前需求篩選出的、對下一步操作最有價值的資訊。

注意力機制的工作流程大致可以描述為：首先，透過計算 q 與各個 K 之間的相似度（通常採用點積操作），得到未歸一化的注意力分數；然後，應用像 softmax 這樣的歸一化函數得到注意力權重；最後，將這些權重應用於對應的 V 上進行加權求和，得到最終的上下文資訊向量。這一過程使得模型能夠動態、有選擇性地集中處理輸入資訊中最相關的部分，從而提高處理序列資料的效率。

3.4 Transformer 架構

3.4.1 整體架構

圖 3-8 展示的是神經網路中的 Transformer 架構。在著名的論文 *Attention Is All You Need* 中，編碼器和解碼器的層數 h 明確設定為 6 層。這一複合架構統稱為 Transformer 架構。

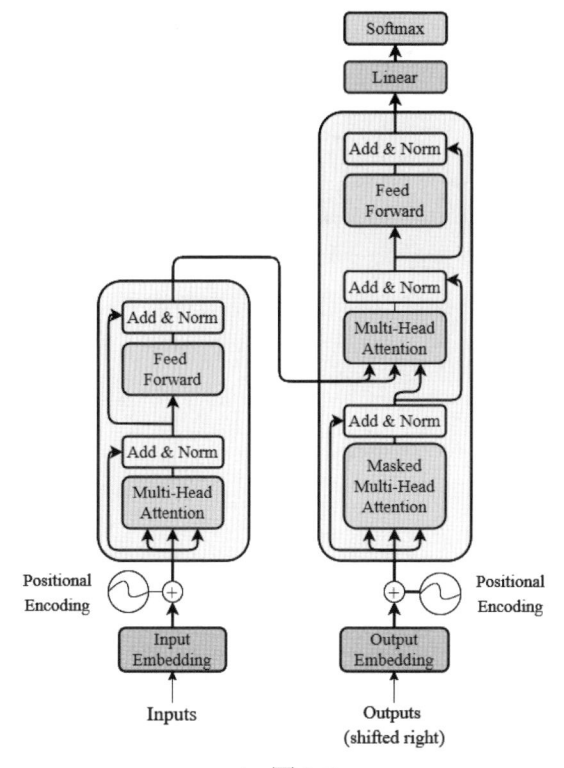

▲ 圖 3-8

神經網路中的 Transformer 架構是一種先進的序列資料處理模型，最初在自然語言處理領域取得了突破性進展，後來被廣泛應用於影像處理等其他領域。

Transformer 架構透過這些精心設計的模組協作工作，實現了對序列資料的強大處理能力，特別是在保留序列中長距離依賴資訊的同時，提高了模型的效率和性能。下面介紹它是如何從序列對齊的 RNN 架構變成了 Self-Attention 的 Transformer 架構的。

3.4.2 Self-Attention

Self-Attention 是一種核心機制，其核心目標是解決在序列資料內部不同元素之間建立有效連結的問題，以捕捉並理解這些元素間的語義聯繫。具體來說，它試圖揭示在一個句子「The Law will never be perfect,but its application should be just」中，「its」這個詞究竟與哪個詞語有著最密切的連結，而不單是簡單地用於機器翻譯，更多的是服務於深入理解文字的內在意義。透過這一機制，模型在學習了豐富的上下文資訊後，能夠逐漸掌握「its」是指向「Law」還是「application」這樣的語義區分。

在多層的自注意力架構中，每層都在學習資料的不同層面的連結和特徵，儘管它們關注的細節可能各異，但所有層的共同追求是提取和整合這些複雜的內在連結性，最終幫助模型整體上更進一步地理解語言的深層結構和語義。簡而言之，自注意力機制的使命在於透過動態地為輸入序列中的每個部分分配權重，強調與當前關注點最為相關的部分，從而提煉出關鍵的語義關係，增強模型的語境理解能力。

1．公式

Self-Attention 最終的形式運算式如下：

$$\text{Attention}(\boldsymbol{Q}, \boldsymbol{K}, \boldsymbol{V}) = \text{softmax}\left(\frac{\boldsymbol{Q}\boldsymbol{K}^{\mathrm{T}}}{\sqrt{d_k}}\right)\boldsymbol{V}$$

在這個公式中，

3.4 Transformer 架構

（1）Q 表示查詢向量，通常是解碼器的輸出，用於詢問編碼器輸出中的相關資訊。

（2）K 表示鍵向量，與編碼器的輸出相關，用於與查詢向量進行匹配。

（3）V 表示值向量，同樣來源於編碼器的輸出，包含實際需要被加權求和的資訊。

（4）d_k 是向量 K 的維度，通常在計算注意力得分前除以它的平方根進行縮放，以穩定 softmax 函數的計算並避免出現大的數值導致的梯度量串聯乘積溢出問題。

（5）$\frac{QK^T}{\sqrt{d_k}}$ 計算得出了查詢向量與所有鍵向量之間的相似度量分數。

（6）softmax 函數將這些相似度量轉為機率分佈，確保注意力權重之和為 1，使得不同部分的資訊可以被加權求和時有所偏重。

在圖 3-8 中提到的多頭注意力（Multi-Head Attention），會將上述過程多次並行進行，每個頭可能關注輸入的不同部分，然後將結果合併，以捕捉更豐富的上下文資訊。

2．縮放點積注意力

softmax 括號裡的整體是它使用的對齊函數，這個函數也在圖 3-7 中提到過，就是縮放點積注意力（Scaled Dot-Product Attention）。圖 3-9 是它的具體模組。

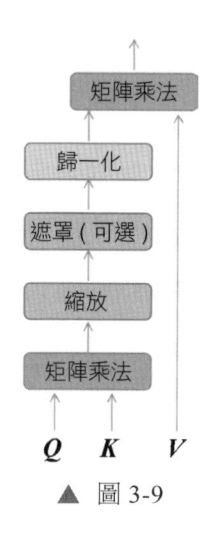

▲ 圖 3-9

縮放點積注意力的核心流程如下。

（1）計算 Q、K 矩陣的點積，並進行逐元素除以 $\sqrt{d_k}$ 的操作（d_k 是 K 的維度），這一操作稱為縮放，目的是在向量維度較大時穩定學習過程。

（2）可應用一個 Mask 操作來限制某些位置的注意力（舉例來說，在處理時間序列資料時避免「未來洩露」）。

（3）對縮放後的結果應用 softmax 函數，以此獲得每個 Q 位置上關於所有 K 位置的注意力權重分佈。

（4）將得到的注意力權重與 V 矩陣進行矩陣乘法，加權求和得到輸出，即綜合考慮最重要輸入資訊的上下文向量。這一系列步驟共同組成了 Attention 機制中的 Q、K 和 V 變換過程。

3·Attention 與 Self-Attention

Attention（注意力機制）與 Self-Attention（自注意力機制）的差異如下。

（1）Attention：在傳統的注意力機制中，模型根據 Q 與 K 之間的相似度來計算注意力權重，然後將這些權重應用於 V 以獲取加權的表示。在這種情況下，查詢和鍵通常是來自不同的來源，例如編碼器—解碼器模型中的編碼器隱藏狀態作為鍵，解碼器隱藏狀態作為查詢，用於生成上下文表示。

（2）Self-Attention：這是一種特殊形式的注意力機制，其中 Q、K 和 V 都來自同一個來源序列。這表示模型可以在序列內部不同位置之間相互作用，並根據序列內部的語義資訊來動態地調整權重。自注意力機制允許模型在同一序列中的不同位置之間建立依賴關係，從而更進一步地捕捉序列內部的長距離依賴關係。

總之，Self-Attention 可以看成 Attention 的一種特殊形式，其獨特之處在於它允許模型在同一序列內部進行互動，從而更進一步地捕捉序列內部的長距離依賴關係。

3.4.3 Multi-Head Attention

選擇縮放點積注意力作為對齊函數之後，Transformer 架構如圖 3-10 所示。

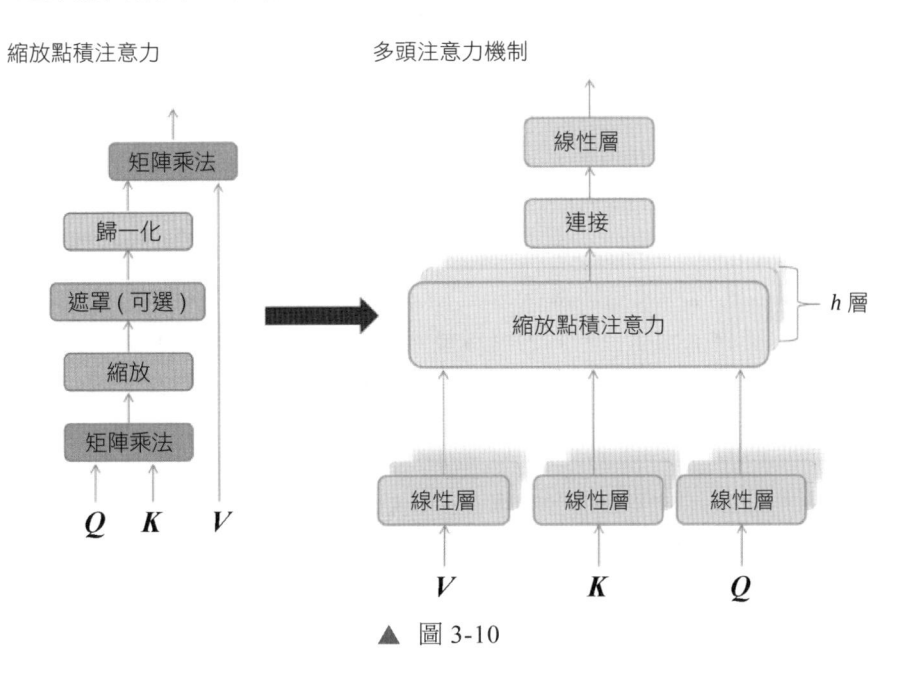

▲ 圖 3-10

多頭注意力機制（Multi-Head Attention）是 Transformer 架構中的核心概念，被頻繁提及且至關重要。這裡的「多頭」指的是圖 3-10 右側的「h」，代表著並行存在的 h 個獨立的縮放點積注意力模組或對齊機制。每個頭作為一個單獨的注意力層，從不同的代表性子空間中捕捉資訊。這些頭並非孤立工作，而是各自運算後，其結果透過連接（Concatenation）操作匯聚起來，隨後經過一個權重矩陣 W^O 的變換，旨在整合來自各個注意力頭的獨特洞察。

這一過程不僅增強了模型捕捉多樣化特徵的能力，還使得模型能夠同時關注輸入序列的不同方面或特徵維度，每個頭可能偏重於理解輸入資料的不同特徵組合或模式。因此，多頭注意力透過這種並行且多樣化的角度，提升了模型理解和綜合資訊的靈活性與深度，每個頭相當於從一個略微偏移的角度檢查輸入，共同描繪出一個更為全面和細緻的關注圖譜。簡言之，W^O 不僅用於形式上的整合,更是表現了如何平衡和利用這些多樣注意力頭產生的不同維度的重要性,共同為後續的計算提供更為豐富和精細的上下文資訊。核心公式如下:

$$\text{MultiHead}(Q, K, V) = \text{Concat}(\text{head}_1, \cdots, \text{head}_h)W^O$$
$$\text{where head}_i = \text{Attention}(QW_i^Q, KW_i^K, VW_i^V)$$

3.4.4 Encoder

Transformer 的編碼器(Encoder)部分是該模型架構中的關鍵元件,負責接收輸入序列並進行多層編碼處理,以生成對序列內容的豐富表示。具體而言,Transformer 編碼器由多個相同的層堆疊而成,每個層又細分為兩個主要子層:多頭自注意力(Multi-Head Self-Attention)機制和前饋神經網路(Feed Forward Neural Network,FFNN)之間通常會插入一層歸一化操作以穩定訓練過程。

如圖 3-11 所示,多頭注意力機制是指紅色箭頭的右側部分。具體而言,這一元件由 Multi-Head Attention 層緊接歸一化處理,並隨後串聯一個全連接的前饋網路(FFN),共同組成了 Transformer 編碼器的核心建構模組。

Transformer 編碼器的詳細描述如下。

(1)輸入 Embedding 與位置編碼:在進入多層編碼結構之前,輸入序列首先被轉為詞嵌入(Word Embedding),以捕捉詞彙的語義資訊。此外,為了使模型能夠理解序列中元素的位置資訊,還會增加位置編碼(Positional Encoding),這是一種固定或可學習的向量,以確保模型知道輸入序列中每個 Token 的相對位置。

(2)多頭自注意力:每個編碼器層的核心是多頭自注意力機制,它允許模型在輸入序列的不同部分之間靈活分配注意力,從而捕捉序列的長距離依賴關係。透過將輸入分成多個並行的「頭」,每個頭執行獨立的注意力計算,然後將結果合併,模型可以從多個角度並行地檢查輸入序列,增強其對複雜結構的理解能力。

3.4 Transformer 架構

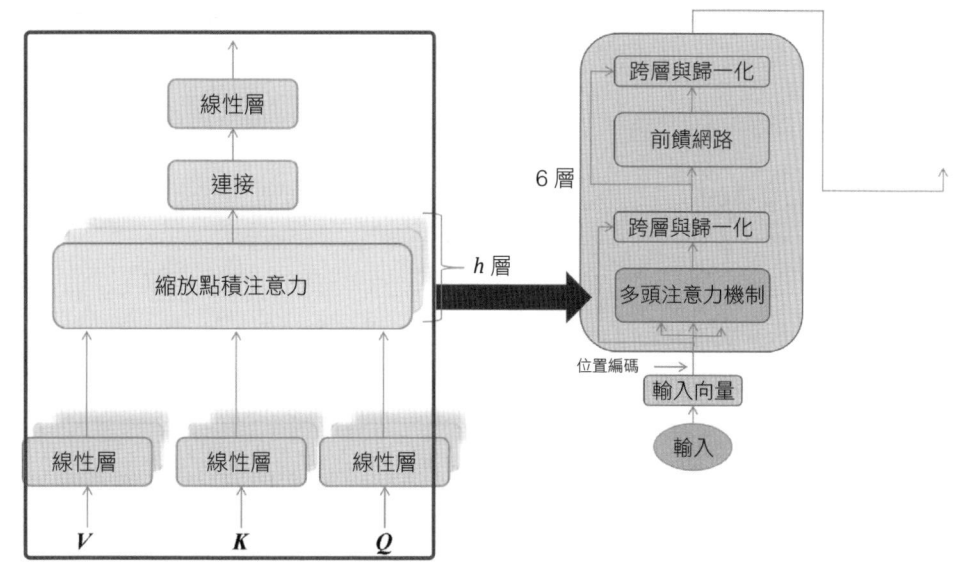

▲ 圖 3-11

(3) 跨層與歸一化：為了緩解深度網路訓練中的梯度消失問題，每個子層（多頭自注意力和前饋神經網路）之後都會跟隨一個殘差連接（輸入與輸出相加），保留原始輸入資訊。隨後，應用層歸一化（Layer Normalization 或其他歸一化技術），確保資料分佈穩定，加快訓練速度並提高模型性能。

(4) 前饋神經網路：每個編碼器層的第二個子層是一個全連接的前饋網路，通常包含兩個線性變換層，中間夾著一個非線性啟動函數（如 ReLU），為模型引入非線性串列達能力，能夠學習更複雜的特徵表示。全連接的前饋網路 FFN 的公式如下：

$$FFN(x) = \max(0, xW_1 + b_1)W_2 + b_2$$

(5) 重複堆疊：上述結構在整個編碼器中重複多次（通常為 6 次），每次迭代都會對序列表示進行更深一層的加工，逐步提煉出更高層次的特徵表示。每層的輸出作為下一層的輸入，透過這一系列的逐步提煉，模型能夠建構出對輸入序列極其豐富的表示。

Transformer 編碼器透過一系列精心設計的層，高效率地捕捉和編碼輸入序列的語義與結構資訊，為後續的解碼過程或其他下游任務提供強有力的基礎資料表示。

3.4.5 Decoder

1．組成模組

Transformer 的解碼器（Decoder）負責生成序列的輸出，其結構設計獨特，旨在保證預測的順序性，並且能夠有效地利用編碼器產生的上下文資訊。解碼器同樣由多個相同的層堆疊而成，每層包含三個關鍵模組，但與編碼器相比，在多頭自注意力機制的使用上有所差異。以下內容是解碼器結構的詳細說明。

（1）Masked Multi-Head Attention（遮罩多頭注意力）：解碼器的第一部分是一個特殊的多頭自注意力層，它引入了「未來遮蔽」（Future Masking）機制。這表示在計算當前單字（或 Token）的注意力權重時，會阻止它看到未來的詞，確保預測遵循自然語言的時序性。這一設計強制模型僅基於過去的詞來預測下一個詞，避免了資訊洩露，保證了序列生成的正確順序。

（2）Encoder-Decoder Attention（編碼器 - 解碼器注意力）：解碼器的第二部分是另一個多頭自注意力層，但這裡有所不同。在這個層裡，查詢（Q）矩陣來自上一個解碼器區塊的輸出，而鍵（K）和值（V）矩陣則直接取自編碼器的最終輸出矩陣 C。這種設置使得解碼器能夠依據當前解碼狀態，有選擇地從編碼器捕捉到的全域上下文中提取相關資訊，為生成下一步的輸出做準備。

（3）Feed Forward Network（前饋網路）：解碼器的最後一個模組與編碼器相同，是一個全連接的前饋網路。這個網路包含兩層線性變換，中間夾著 ReLU 等非線性啟動函數，用於進一步轉換和豐富每個位置的表示，增加模型的表達能力。

3.4 Transformer 架構

和編碼器一樣，解碼器的每層之間也透過跨層方法，如殘差連接（Residual Connections）和層歸一化（Layer Normalization）相連，以促進梯度流動並保持輸出的穩定性。

總之，解碼器透過這三個精心設計的模組協作工作，實現了有序地生成序列，同時有效融合了自身的先前輸出，以及編碼器提供的輸入序列的上下文資訊，展現了 Transformer 模型在序列生成任務中的強大效能。

如圖 3-12 所示，編碼器與解碼器的最大不同之處是，解碼器使用了紅色箭頭所指的遮罩多頭注意力機制。

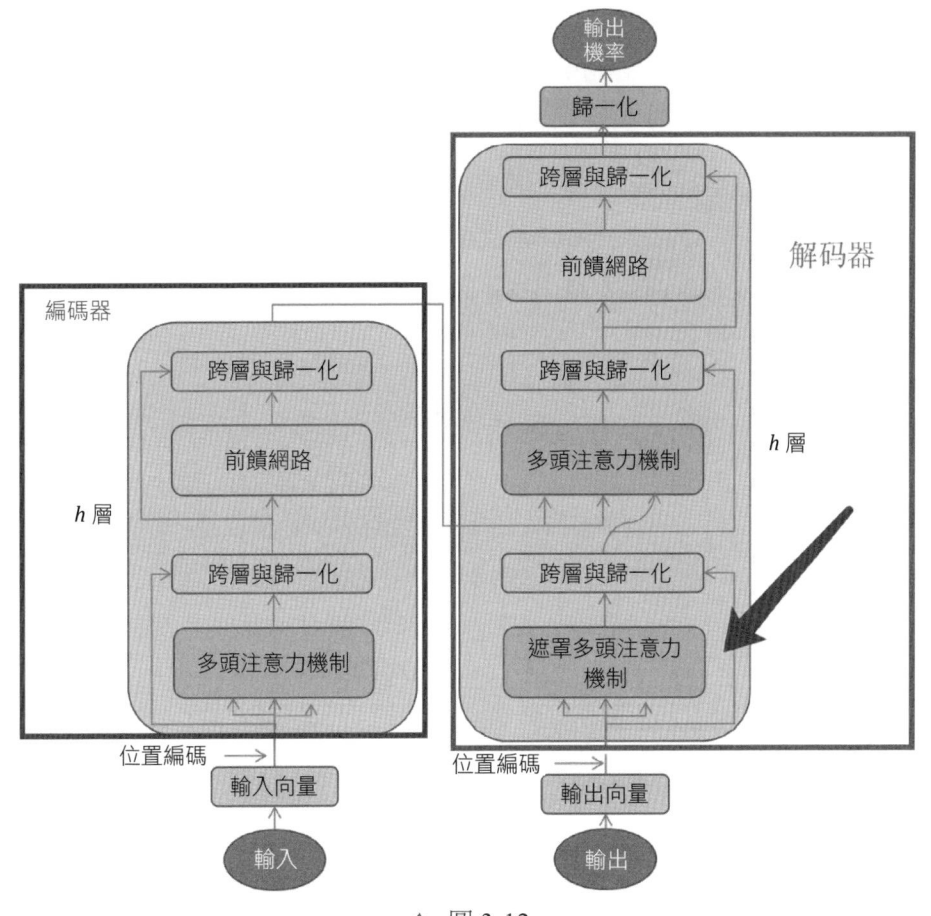

▲ 圖 3-12

2．Masked Multi-Head Attention

Masked Multi-Head Attention 機制的特殊之處在於它引入了遮罩（Mask）機制，以確保模型在處理序列資料時不會洩露未來資訊。具體來說，遮罩通常用於遮蓋序列中當前位置之後的所有資訊，使得模型只能基於當前位置之前的資訊來進行預測或生成。

在注意力機制中，每個位置都可以與序列中的所有其他位置進行互動，因此遮罩被用來限制這種互動只能發生在當前位置之前的位置上。這樣做可以確保模型在預測時不會使用未來資訊，從而使得模型更加合理和可靠。

總之，Masked Multi-Head Attention 是一種在 Transformer 架構中用於處理序列資料的注意力機制，透過引入遮罩機制來確保模型在預測時不會洩露未來資訊，從而提高了模型的效率和準確性。

3.4.6 實驗效果

最終的模型是 6 層網路結構，將其展開如圖 3-13 所示。

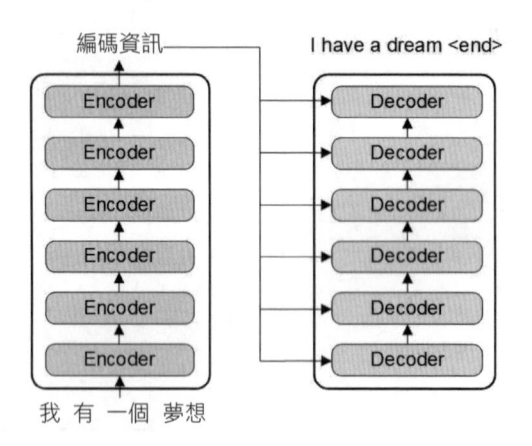

▲ 圖 3-13

把 Transformer 架構庖丁解牛後，從整體上看，Transformer 架構也就這幾類。將多個自注意力機制堆成多頭注意力機制，加上歸一化就組成了編碼器

（Encoder）。經過遮罩操作後的 Masked Multi-Head Attention 加上 Encoder 同款結構，就組成了解碼器（Decoder）。

如圖 3-14 所示，用這樣一個簡單的 Transformer 架構，不但訓練速度比之前的模型更快，而且在 BLEU 這個英文到法文的測試集上，以及英文到德文的測試集上獲得了最好的結果，其得分分別為 28.4 和 41.8，在各種模型中得分高。

Model	BLEU EN-DE	BLEU EN-FR	Training Cost (FLOPs) EN-DE	Training Cost (FLOPs) EN-FR
ByteNet [18]	23.75			
Deep-Att + PosUnk [39]		39.2		$1.0 \cdot 10^{20}$
GNMT + RL [38]	24.6	39.92	$2.3 \cdot 10^{19}$	$1.4 \cdot 10^{20}$
ConvS2S [9]	25.16	40.46	$9.6 \cdot 10^{18}$	$1.5 \cdot 10^{20}$
MoE [32]	26.03	40.56	$2.0 \cdot 10^{19}$	$1.2 \cdot 10^{20}$
Deep-Att + PosUnk Ensemble [39]		40.4		$8.0 \cdot 10^{20}$
GNMT + RL Ensemble [38]	26.30	41.16	$1.8 \cdot 10^{20}$	$1.1 \cdot 10^{21}$
ConvS2S Ensemble [9]	26.36	**41.29**	$7.7 \cdot 10^{19}$	$1.2 \cdot 10^{21}$
Transformer (base model)	27.3	38.1	$3.3 \cdot 10^{18}$	
Transformer (big)	**28.4**	**41.8**	$2.3 \cdot 10^{19}$	

▲ 圖 3-14

3.5 本章小結

本章系統地介紹了大型模型的理論基礎。首先，討論了自然語言處理領域中的各種資料型態，包括時間序列資料、分詞、Token、Embedding，以及語義向量空間的概念。接著，回顧了語言模型的歷史演進，從早期的統計語言模型到現代的神經網路語言模型的發展過程。隨後，詳細講解了注意力機制，涵蓋了 RNN 模型、Seq2Seq 模型，以及 Attention 機制的原理和應用。最後，深入解析了 Transformer 架構，包括其整體架構、Self-Attention、Multi-Head Attention、Encoder 和 Decoder 的設計，並展示了 Transformer 在實驗中的效果。

本章為讀者提供了紮實的理論基礎，以方便理解大型模型的工作原理和技術細節。

MEMO

4

大型模型開發工具

　　隨著 Transformer 神經網路模型的興起，Huggingface 這家雖成立於美國但具有法國背景的公司精準地捕捉了大型模型時代的發展契機，逐步整合了大量尖端模型與資料集等前端資源，為技術生態貢獻了諸多富有價值的成果。該公司提供的 Transformers 函數庫與開發者緊密結合，極大地促進了對先進模型的快速採納與應用，因而日漸成為機器學習與深度學習領域內不可或缺的核心函數庫之一。

　　本章將詳盡剖析 Transformers 函數庫的各組成模組，並透過一個完整的模型訓練範例程式，展示遷移學習的實踐全過程，以此彰顯其在促進高效研發方面的優勢。

　　Transformers 函數庫以其高度的好用性和實用性，牢固確立了在機器學習及深度學習領域中的重要工具函數庫的地位。Huggingface Hub 堪比大型模型時

4 大型模型開發工具

代的 GitHub，匯聚並促進了開放原始碼合作的新高潮。除 Transformers 函數庫與 Huggingface Hub 的顯著貢獻外，Huggingface 生態系統還涵蓋了服務於其他關鍵任務的函數庫，如針對資料集處理的「Datasets 函數庫」、模型性能評估的「Metrics 函數庫」及用於互動式機器學習演示的「Gradio 函數庫」，共同建構了一個全面且強大的技術支撐系統。

4.1 Huggingface

4.1.1 Huggingface 介紹

Huggingface 是一家植根於美國紐約市的法美合資企業，專門致力於開發基於機器學習技術建構應用程式的高性能計算工具。該公司最為人稱道的成就包括其專為自然語言處理（NLP）應用程式設計的 Transformers 函數庫，以及一個綜合平臺，該平臺讓使用者能夠共用機器學習模型與資料集，並展示其應用成果。

起初，Huggingface 專注於開發青少年導向的聊天機器人應用。然而，在決定開放原始碼此聊天機器人背後的演算法模型之後，其戰略重心轉移，著手打造一個服務於更廣泛機器學習社群的平臺。這一轉型伴隨著在 GitHub 上發佈的 Transformers 函數庫，儘管該公司的聊天機器人業務未能實現顯著增長，但這一開放原始碼函數庫迅速在機器學習領域贏得了廣泛關注與讚譽，成為其標識性貢獻。

1．Transformers 函數庫

隨著 Transformer 神經網路結構在人工智慧領域的迅速崛起並成為研究與應用的熱點，其獨特的自注意力機制和強大的序列資料處理能力贏得了廣泛的認可與讚譽。Huggingface 敏銳地捕捉到了 Transformer 模型所帶來的巨大潛力，決定將自己精心研發的工具函數庫命名為 Transformers。這個名字既是對這一創新架構的致敬，也清晰地傳達了該函數庫致力於提供 Transformer 模型及其衍生變形的強大支援。

4.1 Huggingface

然而，儘管名稱上存在這種巧妙的聯繫，但我們仍應明確區分「Transformer 神經網路結構」本身與 Huggingface 的「Transformers 函數庫」這兩個概念。Transformer 身為核心的模型架構，是理論與演算法的集合體，定義了如何透過自注意力機制處理輸入序列，學習深層次的語義特徵。而 Huggingface 的 Transformers 函數庫，則是一個實用的軟體工具套件，它實現了 Transformer 架構及其許多先進變種（如 BERT、GPT 系列等），並提供了便捷的 API 介面、豐富的預訓練模型，以及對模型微調、部署等全方位的支援。簡而言之，Transformer 是一種理論模型，而 Transformers 函數庫是其實現和應用的高效工具。這兩者雖緊密相連，卻各自服務於不同的目的，在自然語言處理的技術堆疊中扮演著不可或缺但有所區別的角色。

Transformers 函數庫在初始階段是一個專為機器學習應用設計的 Python 函數庫，如圖 4-1 所示，專注於提供文字、影像及音訊處理任務中 Transformer 模型的開放原始碼實現。時至今日，該函數庫已茁壯成長為全球領先的機器學習工具集，匯聚了頂尖的技術資源。它全面相容業內主流的機器學習框架—JAX、PyTorch 和 TensorFlow，實現了與這些框架的無間協作，使用者能輕鬆地在一個框架下訓練模型，並無縫切換至另一框架進行模型載入與推斷，展現了高度的靈活性和便捷性。

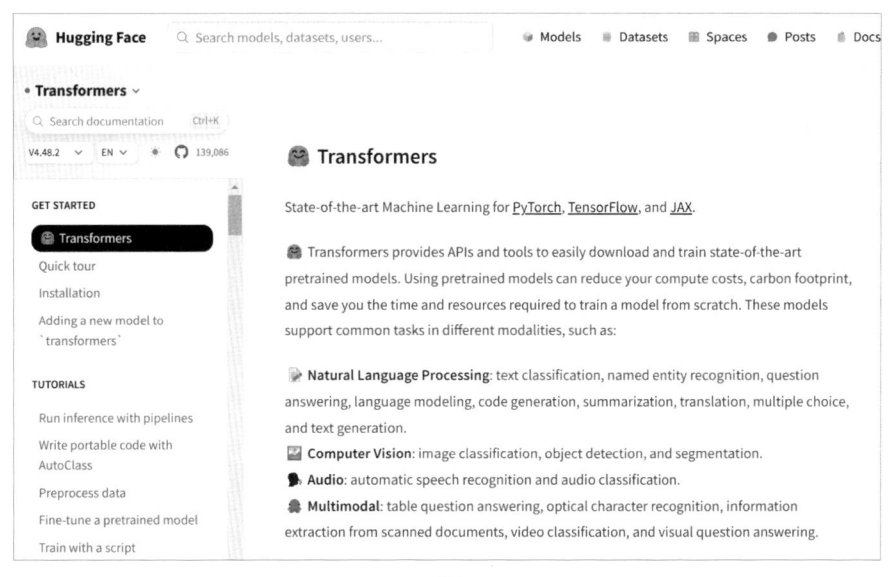

▲ 圖 4-1

4　大型模型開發工具

評判一個開放原始碼專案的成功，其社區活躍度與更新時效性至關重要。在這方面，Transformers 社區展現出卓越的表現，持續快速整合最新的學術研究成果，確保了函數庫的時效性與前瞻性，為研究人員與開發者提供了與時代前端接軌的強有力支援。

簡而言之，Transformers 函數庫整合了多種預訓練模型以適應多樣化的任務需求，極大簡化了模型的應用流程。該函數庫囊括諸多大型預訓練模型，使用者幾乎不需要進行大幅調整，僅需寥寥數行程式即可實現模型的快速部署，進而支撐廣泛的人工智慧應用場景，因而在新手開發者中享有極高的好用性聲譽。此外，Transformers 函數庫還支援模型自訂功能，即 Customer Model Definition，賦能使用者根據特定需求靈活地擴充和最佳化模型結構。親身體驗後，不難發現該函數庫的強大與便捷，實為人工智慧領域中的一大利器。

2．Huggingface Hub

除 Transformers 函數庫這一核心軟體開發套件（SDK）外，Huggingface Hub 作為人工智慧領域的瑰寶庫備受矚目，常被譽為 AI 技術的兵工廠。該平臺匯聚了豐富的開放原始碼資源，包括但不限於各類授權合約、模型實例與資料集，吸引了國內外許多頂尖模型開發商入駐並託管其模型作品。

Huggingface Hub 社區在生態系統中佔據舉足輕重的地位，目前它已累計分享超過 50 萬個預訓練模型及 10 萬個資料集，從而成為機器學習領域內最負盛名的開放原始碼交流中心。該社區不僅資源豐富，而且活力充沛，許多參與者積極參與貢獻與維護，共同推動知識庫的迭代升級。

如圖 4-2 所示，自發佈以來，Transformers 函數庫的發展軌跡已顯著超越了最初專注於自然語言處理的範圍，正不斷拓展其應用邊界，日益加強對多模態處理、電腦視覺及音訊處理等多元領域的全面支援，彰顯了其作為綜合性 AI 工具套件的強大潛力與廣闊前景。

4.1 Huggingface

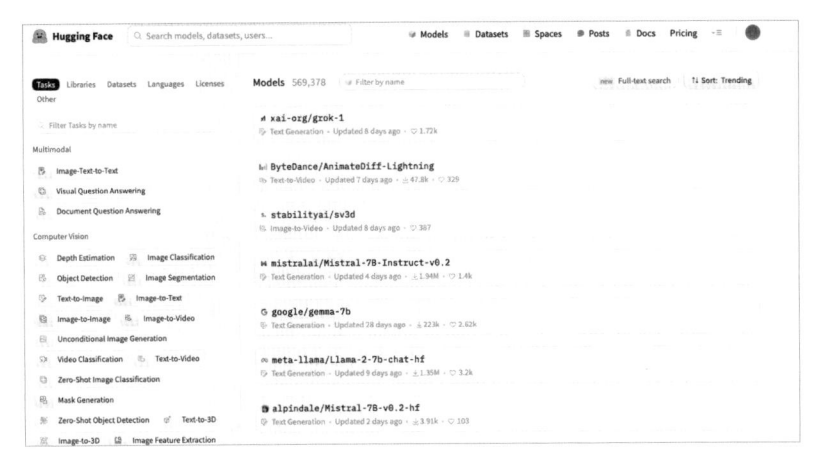

▲ 圖 4-2

3．其他函數庫

如圖 4-3 所示，Transformers 函數庫已進一步衍生出一系列配套函數庫，包括但不限於專用於資料集管理的 Datasets 函數庫、聚焦模型性能評估的 Evaluate 函數庫、旨在加速模型訓練及部署流程的 Accelerate 函數庫，以及最佳化模型性能的 Optimum 函數庫等。該生態系統持續擴張，不斷納入新的工具與功能。後續章節將深入介紹其中用於模型微調的 PEFT 函數庫，進一步闡述其在提升模型適應特定任務能力方面的應用與技術細節。

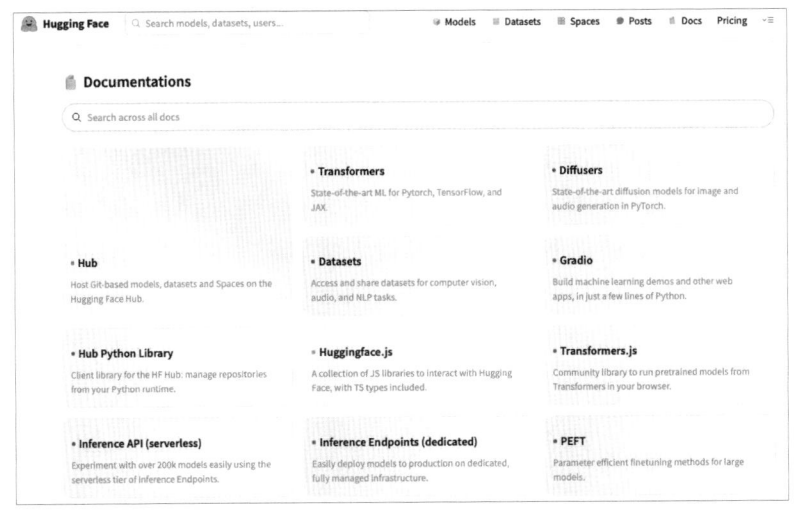

▲ 圖 4-3

4-5

4 大型模型開發工具

在此背景下，不少讀者或許心存疑問：掌握大型模型開發技藝，是否必須深入鑽研 PyTorch、TensorFlow 等深層學習架構？若需掌握，應達到怎樣的精通程度？

實際上，隨著 Transformers 函數庫實施了更高層次的抽象與封裝，直接接觸底層神經網路框架的 API 變得日益稀少。該函數庫鼓勵透過高層介面操作，並有意整合統一的介面設計，例如借助 AutoClass 抽象類別來簡化使用者互動。這表示開發者不需要具備人工智慧（AI）、大規模模型、電腦視覺或音訊處理領域的深厚專業技能，也不必對 PyTorch 等各類深度學習框架瞭若指掌。熟練運用 Transformers 函數庫本身，便足以勝任前述提及的多樣任務，有效部署各類 AI 服務。

Transformers 函數庫的問世，極大降低了 AI 技術的應用門檻，使許多開發者即使不具備 AI 專業知識，也能輕鬆利用 AI 工具，普惠大眾，共用智慧科技帶來的便捷與效率。

4.1.2 安裝 Transformers 函數庫

首先，安裝 Transformers 函數庫。

在第 2 章成功安裝了英偉達顯示卡驅動、CUDA、CuDNN 及 PyTorch 之後，引入 Transformers 函數庫的過程確實相對直接和簡便。如程式 4-1 所示，透過在命令列介面執行 pip install transformers 指令，即可順利完成該函數庫的安裝，不需要執行額外複雜的步驟。值得注意的是，Transformers 函數庫設計靈活，不僅能夠在配備 GPU 的系統上發揮高性能優勢，而且也充分支援在無 GPU 的 CPU 環境下穩定執行，表現了良好的相容性和實用性，滿足了不同配置使用者的需求。這樣的設計確保了研究者和開發者能夠聚焦於模型應用與創新，而不需要過分擔憂硬體限制。

➜ 程式 4-1

```
pip install transformers                # 安裝最新版本
pip install transformers == 4.0         # 安裝指定版本
```

4.1 Huggingface

```
# 如果是 CONDA
conda install-c huggingface transformers#4.0 以後的版本才會有
```

透過一個簡單的「Hello World」案例測試 Transformers 函數庫是否安裝完成。

如程式 4-2 所示,在第一行程式中,我們從 Transformers 函數庫中匯入了 AutoModel 類別。在第 3 行程式中,透過向 from_pretrained 函數傳遞模型的指定名稱 check_point 作為參數,能夠便捷地獲取到預訓練好的模型實例。這一過程可形象地比喻為從 GitHub 上複製一份程式倉庫;同理,from_pretrained 函數則扮演了從 Huggingface Hub 平臺上複製預訓練模型的角色。此函數接受的參數即模型名稱,相當於 GitHub 專案中的唯一識別碼或 URL,精準定位所需資源。借助 from_pretrained 函數,不僅能夠下載模型的權重參數檔案,還包括詞彙表及所有相關的設定檔,為模型的即時部署與訂製化調整奠定了基礎。

→ 程式 4-2

```
# 匯入 AutoModel 類別,該類別允許自動從預訓練模型函數庫載入模型
from transformers import AutoModel
# 設置預訓練模型的檢查點名稱,這裡使用的是 THUDM 組織維護的 ChatGLM3-6B 模型
check_point = "THUDM/chatglm3-6b"
# 將可選的本地模型路徑註釋起來,如果需要從本地載入模型,則取消註釋並指定正確的本地路徑
#model_path = "/home/egcs/models/chatglm3-6b"
# 使用 AutoModel 的 from_pretrained 方法載入模型,信任遠端程式表示允許從模型
倉庫執行未驗證的程式
# 這對於載入那些包含自訂程式邏輯的模型是必要的
model = AutoModel.from_pretrained(check_point,trust_remote_code=True)
# 列印載入的模型物件,用於確認模型是否成功載入及查看模型的基本資訊
print(model)
```

第一次執行時會自動下載。如果是 Windows 環境,模型則被下載到 C 磁碟的路徑 C:\Users\[user_name]\.cache\huggingface\hub 中;如果是 Linux 環境,模型則被下載到 ~/.cache/huggingface/ 目錄下。該路徑是可被修改的。為了保證完成本書中所涉及的所有模型,讀者應至少留出 100GB 的磁碟空間。

4 大型模型開發工具

如圖 4-4 所示，專案目錄系統包含四個關鍵組成部分：datasets、metrics、models 和 transformers 資料夾。這些目錄分別用於存放資料集、評估指標、模型架構及相關元件，為後續的資料處理、模型應用及性能評估提供了組織化的儲存空間。

▲ 圖 4-4

在程式 4-2 的第三行，透過執行 model = AutoModel.from_pretrained(check_point) 指令，將指定的預訓練模型下載至上述 models 目錄之下。此處的 check_point 參數代表了預訓練模型在 Huggingface Model Hub 上的唯一識別碼，確保了模型的準確獲取。

此外，考慮到網路環境可能存在不穩定因素，導致模型下載流程受阻，我們特別提供了另一種獲取模型的途徑。如圖 4-5 所示，使用者可直接造訪 Huggingface 官方網站，透過輸入模型名稱進行搜尋，隨後進行模型檔案的本地下載，儲存於個人電腦的磁碟上。在實際應用時，只需透過設置 model_path 參數指向該本地模型路徑，即可實現模型的呼叫。此舉旨在確保使用者在不同網路條件下均能高效、便捷地利用所需模型。

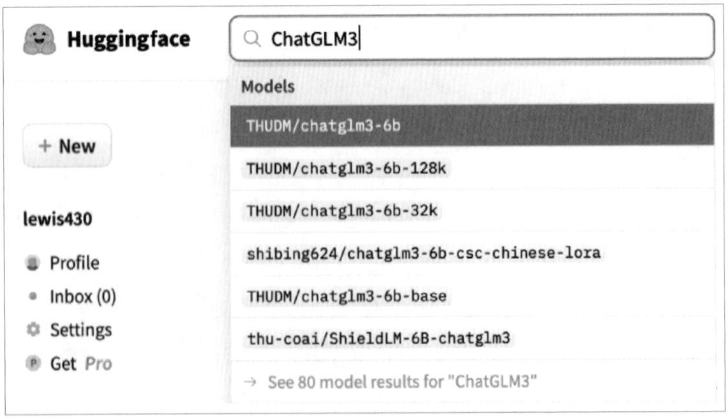

▲ 圖 4-5

4.1 Huggingface

　　程式 4-2 的第四行程式，透過簡單的列印敘述 print(model)，我們嘗試性地輸出模型的架構資訊，如圖 4-6 所示。這一操作雖看似簡單，實則是對模型下載是否成功及 Transformers 函數庫安裝有效性的一次直觀驗證。模型結構的正確顯示不僅標誌著模型下載與載入過程無誤，同時也間接確認了 Transformers 函數庫已被成功安裝並能正常執行於當前環境之中，為後續深入的模型應用與研究奠定了堅實的基礎。

```
Loading checkpoint shards: 100%              8/8 [00:08<00:00, 1.05it/s]
ChatGLMForConditionalGeneration(
  (transformer): ChatGLMModel(
    (word_embeddings): Embedding(130528, 4096)
    (layers): ModuleList(
      (0-27): 28 x GLMBlock(
        (input_layernorm): LayerNorm((4096,), eps=1e-05, elementwise_affine=True)
        (attention): SelfAttention(
          (rotary_emb): RotaryEmbedding()
          (query_key_value): Linear(in_features=4096, out_features=12288, bias=True)
          (dense): Linear(in_features=4096, out_features=4096, bias=True)
        )
        (post_attention_layernorm): LayerNorm((4096,), eps=1e-05, elementwise_affine=True)
        (mlp): GLU(
          (dense_h_to_4h): Linear(in_features=4096, out_features=16384, bias=True)
          (dense_4h_to_h): Linear(in_features=16384, out_features=4096, bias=True)
        )
      )
    )
    (final_layernorm): LayerNorm((4096,), eps=1e-05, elementwise_affine=True)
  )
  (lm_head): Linear(in_features=4096, out_features=130528, bias=False)
)
```

▲ 圖 4-6

　　一旦確認 Transformers 函數庫已成功安裝且模型下載無誤，上述測試結果的呈現即標誌著操作的準確性。此刻，我們得以目睹廣受矚目的 GLM 模型的內在網路結構，這是 Huggingface 對預訓練模型的權重參數與複雜網路設計進行全面封裝的直接表現。僅需一行簡練的程式指令，使用者就能輕鬆獲得 GPT、BERT 等當前炙手可熱的預訓練模型，徹底擺脫了自訂架設模型架構及訓練權重參數的煩瑣工作，轉而專注於在這些預訓練模型的基礎上實現個性化的任務。

　　Huggingface 進一步透過一系列精心設計的 API，大幅度簡化了模型微調的過程，使之更加易於執行。綜上所述，依託於 Huggingface 的 Transformers 函數庫進行大型模型開發的實踐已蔚然成風，成為當今業界廣泛採納的標準途徑。

4.2 大型模型開發工具

4.2.1 開發範式

當前，Huggingface 涵蓋了豐富的應用場景，核心領域涉及多模態處理、電腦視覺、自然語言處理、音訊處理、表格資料分析，以及強化學習等。特以自然語言處理（NLP）領域為例，如圖 4-7 所示，該領域包含許多下游任務，如機器翻譯、命名實體辨識、文字摘要及對話系統生成等。

鑑於 NLP 領域下存在諸多細分任務，若要求使用者對每項子任務均從零開始設計實現流程，並全面掌握所有相關 API，這無疑會顯著增加應用層面的複雜度與成本負擔。

▲ 圖 4-7

Transformers 函數庫致力於建構一個統一的介面系統，旨在簡化跨多種下游任務的開發流程。無論是在資料前置處理階段，還是在模型結構配置與架設環節，該函數庫遵循一套標準化的操作模式：處理原始資料、載入預訓練模型、配置必要的參數、執行訓練流程，並最終產出結果。此設計哲學表現在一個泛用性框架中，意在確保一旦開發者掌握了該框架的基本範本，便能借助同一套 API 邏輯，高效應對多樣化的下遊子任務挑戰。

舉例來說，一旦開發者成功運用此框架部署了命名實體辨識（Named Entity Recognition，NER）任務，後續欲實施文字摘要任務時，憑藉已熟悉的程式設計範式與 API 介面，可大幅度減少額外學習與偵錯的時間成本，進而迅速實現新任務的部署與應用。

4.2.2 Transformers 函數庫核心設計

1·開發範式

部署像 ChatGLM3-6B 這樣的大型模型，儘管過程可能涉及多個步驟，但透過 Transformers 函數庫，其實現可以相當精練。程式 4-3 是一種典型的部署範式。

➜ 程式 4-3

```
from transformers import AutoTokenizer,AutoModel
# 指定模型和分詞器的本地路徑
model_path = "/home/egcs/models/chatglm3-6b"
# 分詞器路徑與模型路徑相同
tokenizer_path = model_path
tokenizer = AutoTokenizer.from_pretrained(tokenizer_path,
trust_remote_code=True)
# 使用 AutoModel 的 from_pretrained 方法載入模型，並設置信任遠端程式，以便於
載入可能包含的自訂邏輯
#.quantize(4) 對模型進行量化處理，這裡的 4 代表量化位元數，通常用於減少模型的記憶體
佔用和加速推理
#.cuda() 將模型轉移到 CUDA 裝置上執行，利用 GPU 加速計算
model = AutoModel.from_pretrained(model_path,trust_remote_code=True).
quantize(4).cuda()
# 將模型設置為評估模式（eval 模式），這對於生成任務是必需的，因為它決定了 dropout 層等是否生效
model = model.eval()
# 使用載入的模型和分詞器進行對話生成，初始化歷史記錄為空清單
#" 晚上睡不著應該怎麼辦 " 是使用者的輸入問題
response,history = model.chat(tokenizer," 晚上睡不著應該怎麼辦 ",
history=[])
# 列印模型生成的回覆
print(response)
```

輸出結果如圖 4-8 所示。

```
晚上睡不着，可以参考下述建议试着改善睡眠：
1. 放松：尝试放松自己，包括深度呼吸、肌肉松弛和冥想。这些方法有助于减少压力和焦虑，放松身体，让大脑更容易进入睡眠状态。
2. 改变环境：确保睡眠环境安静、舒适、黑暗、凉爽和干燥。例如，可以尝试使用耳塞和睡眠面罩来减少噪声和光线，保持室内温度适宜。
3. 避免刺激：避免在睡觉前使用刺激性食品和饮料，如咖啡、茶、可乐和巧克力。避免看电视或使用电脑和手机等屏幕，这些可能会刺激大脑并干扰睡眠。
4. 规律的睡眠：尽量保持规律的睡眠时间，尝试在同一时间上床和起床，即使在周末也要保持一致。帮助身体建立一个正常的睡眠节律。
5. 锻炼：适当的锻炼可以促进睡眠，但避免在睡前进行剧烈的运动。
6. 睡前习惯：尝试在睡前进行一些放松的活动，如阅读、听轻柔的音乐或冥想。这些习惯可以帮助减少压力和焦虑，使身体更容易进入睡眠状态。
如果这些方法不能帮助改善睡眠，可以考虑咨询医生或睡眠专家，获取更具体的建议和治疗方案。
```

▲ 圖 4-8(編按：本圖例為簡體中文介面)

主要步驟概括如下。

（1）環境準備：確保你的環境已配置好所有必需的相依，包括 Python、PyTorch（或其他支援的框架）、Transformers 函數庫，以及可能需要的 CUDA 和 CuDNN 以支援 GPU 加速。

（2）模型載入：使用 Transformers 函數庫提供的 from_pretrained 方法載入預訓練模型。這一步驟通常包括指定模型的名稱或檢查點路徑，以及可能的額外參數來適應特定需求，如裝置分配（CPU 或 GPU）。

（3）資料前置處理：利用模型對應的分詞器（Tokenizer）將原始文字轉為模型可接受的輸入格式，這通常包括分詞和編碼。

（4）推理與生成：透過呼叫模型的預測方法來進行推理。對於生成任務，可能還需要設置一些特定的生成參數，如最大生成長度、溫度參數等。

（5）服務部署（可選）：對於實際部署，可能還需要將此邏輯封裝到一個 Web 服務中，如使用 Flask 或 Django，以便其他應用程式可以透過 API 呼叫來存取模型的預測能力。

透過遵循上述範式，你可以快速地部署 ChatGLM3-6B 模型或其他類似的大型模型，完成文字生成或問答等自然語言處理任務。需要注意的是，根據具體模型的大小和複雜度，實際部署時可能還需考慮資源最佳化、模型量化、服務容器化等高級主題，以確保模型執行的效率與穩定性。

上述程式部分雖簡明扼要，但實質上巧妙運用了 Transformers 函數庫中的兩項基石類別：AutoModel 與 AutoTokenizer。這兩類充分展現了 Transformers

函數庫設計哲學的核心─自動化類別（Auto Classes）。自動化類別設計的目標是，借助統一的介面方法 from_pretrained()，達成依據模型名稱或路徑，自動化獲取預訓練模型、設定檔及詞彙表等所有必要元件的高度抽象化操作，從而極大地簡化了模型載入流程。

如圖 4-9 所示，實際上，自動化類別範圍遠比初步提及的兩類更為寬泛，涵蓋了自訂模型建構等一系列可擴充功能。本書聚焦點在於 AutoConfig、AutoModel 及 AutoTokenizer 這三個緊密相連且廣泛應用於大型模型開發的關鍵元件，它們共同組成了在 Transformers 函數庫框架下實現語言模型應用程式開發的典範模式。

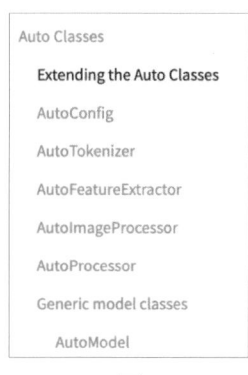

▲ 圖 4-9

2・AutoConfig

每個深度學習模型的運作都離不開精細且針對性的配置管理，這一需求促進了配置管理抽象類別的誕生。在 Transformers 函數庫中，AutoConfig 作為這一理念的集大成者，完美融入了自動化類別（Auto Classes）的設計哲學。它透過 from_pretrained 方法實現了配置物件的智慧化、初始化，這一過程不僅彰顯了極簡主義程式設計的美學，也深刻表現了軟體工程中的解耦原則。

具體而言，在利用 from_pretrained 方法實例化 AutoConfig 時，使用者僅需提供模型的名稱或本地路徑作為核心參數。當提供的是一串模型名稱時，Transformers 函數庫會自動在 Huggingface Hub 這一全球最大的開放原始碼 AI 模型函數庫中搜尋與之匹配的設定檔，確保了配置資訊的即時性和準確性。這

4 大型模型開發工具

一機制極大地簡化了模型配置的獲取流程，讓研究人員和開發者能夠輕鬆接軌最新的模型進展。

而面對本地路徑的輸入，Transformers 函數庫則展示了其靈活性與實用性，能夠直接從使用者的本地磁碟載入預訓練模型的設定檔，這不僅方便了離線環境下的工作，而且也為那些希望基於特定配置版本進行實驗的使用者提供了便利。這種兼顧線上與離線資源的策略，進一步拓寬了模型配置管理的適用場景，表現了設計的周全性。

總之，AutoConfig 透過其智慧且靈活的配置載入機制，不僅有效降低了模型配置管理的複雜度，還極大地促進了模型重複使用與訂製化開發的便捷性，為基於 Transformers 函數庫的大型模型及其他類型模型的開發和應用樹立了高效、規範的實踐標準。

3．AutoModel

AutoModel 保持著與 AutoConfig 一致的設計哲學，同樣遵循自動化檢索的原則，允許使用者僅需提供模型的名稱或本地路徑，即可自動定位並載入預訓練模型。這一特性顯著降低了模型載入的複雜度，確保了研究與應用程式開發的高效性。然而，AutoModel 的靈活性遠不止於此，它在繼承了透過 from_pretrained 方法實現模型初始化這一基本功能的同時，還提供了另一種實例化途徑—利用 from_config 方法。

透過 from_config 方法實例化 AutoModel，使用者首先需建立或獲取一個模型配置物件（通常是透過 AutoConfig.from_pretrained 得到的）。這一過程為模型的初始化引入了額外的靈活性，因為它允許使用者在載入模型前對配置進行細緻的訂製或修改，比如調整隱藏層尺寸、改變啟動函數等，從而滿足特定任務需求或進行模型結構的探索性研究。這種配置先行的實例化方式，不僅加深了使用者對模型內部機制的理解，也為模型的微調與最佳化開闢了新的路徑。

綜上所述，AutoModel 不僅沿襲了 Auto Classes 家族的自動化載入優勢，還透過 from_config 方法的引入，進一步增強了模型初始化的可控性和可訂製性，為研究人員和開發者在模型部署與調優方面提供了更為細膩、強大的工具，展現了 Transformers 函數庫在促進人工智慧模型開發便捷性與靈活性的深遠考量。

4．AutoTokenizer

　　類似於配置與模型之間的關係，在大型模型的生態系統中，Tokenizer 扮演著一個同樣不可或缺且獨立的角色。模型本身是其網路架構與內部權重參數的結合體，加之特定的配置設定，共同組成了模型的基礎框架。而 Tokenizer 作為一個專門服務於這些模型的元件，負責將原始文字資料轉為模型能夠處理的數值向量形式，這一過程涵蓋了從文字清洗、分詞到詞嵌入編碼等多個步驟，確保模型能夠理解和處理輸入資訊。

　　與 AutoConfig 相似，Tokenizer 的實例化也是透過 from_pretrained 方法實現的，這一過程依賴於模型的名稱或路徑來精確匹配相應的預訓練分詞器。這一做法背後的邏輯清晰明了：鑑於不同模型對輸入向量的具體要求存在差異，不僅表現在向量維度的不同（如常見的 256 維、512 維等），還涉及模型架構對輸入資料格式的具體規定。舉例來說，某些模型可能要求特定維度的向量輸入以匹配其內部機制，而其他模型則可能有所不同。

　　此外，不同語言背景下的模型對分詞器有著特定的需求。舉例來說，中、英文或其他語言的分詞規則截然不同，這表示用於訓練 Tokenizer 的資料集及其處理邏輯必須與目的語言相匹配。因此，透過 from_pretrained 統一管理並載入預訓練的分詞器，是確保模型能夠正確處理特定語言資料、維持高度專業性和相容性的關鍵所在。這一機制不僅簡化了模型部署的複雜度，還確保了跨模型、跨語言應用的一致性和效率，凸顯了 Transformers 函數庫設計的前瞻性和實用性。

5．總結

　　在本書的深入探討中，上述提及的三大自動化類別（Auto Classes）—AutoConfig、AutoModel 與 AutoTokenizer，將頻繁出現並佔據核心位置，因為整個模型的建構與應用均緊密圍繞這一黃金三角展開。這三者組成了模型部署的基石，協作作業，確保了模型配置的精準性、模型權重參數的有效載入，以及文字資料到模型輸入向量的無縫轉換，形成了一個完善且高效的模型準備流程。

在此堅實基礎上，後續章節將進一步探討模型量化與微調等高級主題，這些進階操作均是在 Auto Classes 所奠定的標準化、模組化框架上進行拓展和深化。量化旨在透過減小模型體積而不犧牲過多精度，提升模型的部署效率，特別是在資源受限的環境中；而微調針對特定任務對預訓練模型進行調整，以更進一步地適應任務需求，提升模型性能。這兩者都是基於 Auto Classes 提供的簡便性與靈活性，進一步挖掘和最佳化模型潛力的關鍵手段。

因此，Auto Classes 不僅是 Transformers 函數庫的核心組成部分，更是支撐起整個生態系統發展的基礎架構。它們不僅簡化了開發者的工作流程，提高了研發效率，還促進了模型重複使用與創新，推動了自然語言處理領域研究與應用的快速發展，成了連接理論與實踐、過去與未來的橋樑。

4.3 Transformers 函數庫詳解

4.3.1 NLP 任務處理全流程

下面將深入探究 Transformers 函數庫在自然語言處理（NLP）領域的應用流程。相較於電腦視覺領域的複雜性，NLP 的處理流程展現出一種相對簡潔而統一的風貌。在電腦視覺技術的發展中，各類網路架構層出不窮，不同研究流派各有其標識性成果，且各類模型的處理流程呈現出多樣化的特點，這要求從業者對各類模型的細節有深入理解。相比之下，現代 NLP 領域幾乎被 Transformer 神經網路架構所主導，這一架構以其強大的表達能力和優異的性能，引領了 NLP 技術的革新潮流，以至於 Huggingface 將其開放原始碼函數庫直接命名為 Transformers，以強調該結構的重要性。

以知名的 BERT 模型為例，它身為預訓練的 Transformer 模型，幾乎成為 NLP 下游任務的「瑞士刀」，廣泛適用於包括機器翻譯、情感分析、命名實體辨識在內的許多應用場景。BERT 的成功，在很大程度上歸功於其對大量文字資料的深度學習能力，以及能夠透過微調適應特定任務的靈活性，這些特點極大地簡化了 NLP 任務的處理流程，形成了一套較為固定且普遍適用的範式。

4.3 Transformers 函數庫詳解

因此，當前 NLP 的實踐流程，尤其是在基於 Transformer 架構的模型應用上，表現出高度的標準化和一致性，不同任務之間的處理步驟大同小異，這不僅降低了技術門檻，也加速了 NLP 解決方案的開發與部署處理程序，促進了整個領域的快速發展和廣泛應用。

如圖 4-10 所示，Transformers 函數庫精心建構的 NLP 流程包含三個核心元件：① Tokenizer（分詞器）；② Model（模型）；③ Post Processing（後處理）。它們協作工作，共同組成了處理鏈路的基礎框架。圖 4-10 不僅直觀呈現了各組成部分，還詳細展示了第二層和第三層中資料的轉換形態，以及每部分在實際應用中的範例場景。

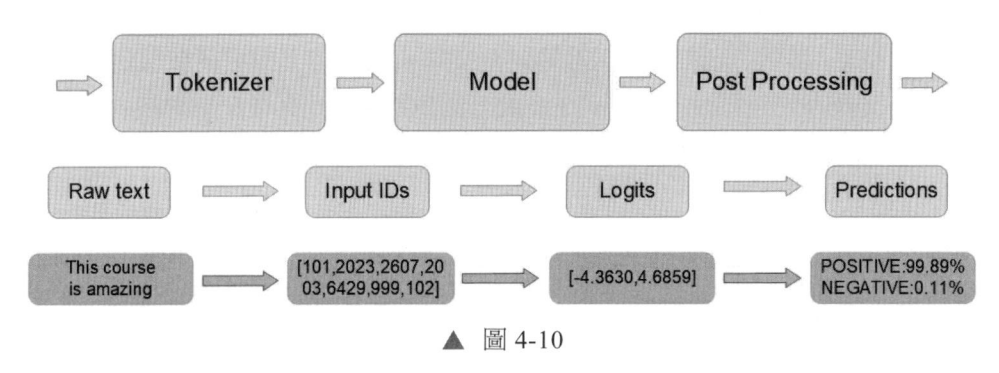

▲ 圖 4-10

Tokenizer 作為流程的起始點，承擔著將原始文字分割成有意義單元（如單字、子詞）的重任，並進一步將這些單元轉化為模型可以理解的數字向量，這一過程稱為編碼。透過這一轉換，自然語言的複雜性得以降維，為後續的計算處理鋪平道路。

Model 是基於 Transformer 架構的模型，利用先進的神經網路技術，對 Token 化後的輸入向量進行深度分析，從中取出關鍵的語義特徵。模型的核心任務是計算並輸出表示文字意義的機率分佈，即 Logits，這一數值序列蘊含了對輸入文字潛在含義的數學表達，是模型理解語言的直接表現。

Post Processing 利用模型產生的 Logits，依據特定 NLP 任務的需求，將其轉為最終的、可解釋的結果。這一步驟包括但不限於應用 softmax 函數將 Logits 轉化為機率分佈，進行類別預測，或基於設定值判斷情感傾向，以及自動為文字增加合適的標籤等。無論是情感分析，旨在判斷文字的情緒色彩，還是文字自動標注，用以辨識文字中的特定實體或概念，後處理都是將模型輸出轉化為實際應用價值的關鍵環節。

綜上所述，這一流程設計確保了從原始文字到可操作資訊的高效轉化，不僅表現了 Transformers 函數庫在 NLP 任務處理上的系統性和高效性，也為開發者提供了一套標準化、易上手的工具集，促進了自然語言處理技術的普及與創新。

4.3.2 資料轉換形式

在先前章節中，我們已經討論過原始文字資料不能直接被模型採納為輸入的事實，轉而需要借助嵌入（Embedding）技術將其轉化為模型可辨識的向量形式。這一轉換過程，從技術實施和實際效用的雙重角度檢查，不僅是對語言知識的一種統一編碼方式，而且在理論與實踐上均展現出了非凡的意義。回溯至 2013 年的里程碑式研究—Word2Vec 論文，它透過卓越的表現力驗證了這一技術的優越性，成功地將紛繁複雜的自然語言資訊提煉為蘊含豐富語義的低維空間表示，如選用 512 維作為有效壓縮資訊的維度基準，既保持了資訊的完整性，又大幅降低了處理的複雜度。

嵌入技術，實質上是一種高級的編碼藝術，它超越了早期樸素的 One-hot 編碼侷限，逐步演進至今，旨在以相對較低的維度捕捉文字中最為核心的語義精髓。這一過程不僅提升了資料處理的效率，更重要的是，透過這些緊湊向量間的運算（如餘弦相似度計算），能夠有效地驗證和利用所提取語義的連結性與相似性。一個廣為人知的例子便是「國王與男人、女王與女人」的向量關係，它們在嵌入空間中展現出的幾何關係直觀地反映了詞彙間深層的語義聯繫，證明了嵌入技術在語義捕捉上的有效性。

更進一步，嵌入層的引入打破了語言的界限，使得跨語言的知識傳遞成為可能。無論是中文與英文之間，還是其他任何語言對之前，儘管它們的表徵形式迥異，但透過共用的嵌入空間，不同語言中的相同或相似語義得以聯結，展現了驚人的一致性。這不僅促進了跨語言資訊檢索、機器翻譯等領域的發展，

4.3 Transformers 函數庫詳解

還為建構全球化的語言理解和生成模型奠定了堅實的基礎。因此，嵌入技術不僅是文字向量化的一種手段，更是實現語言共通性、促進全球知識共用的關鍵橋樑。

因此，嵌入層的根本意義在於化解長久以來人類語言學累積創造的繁複符號系統。語言演進旨在發掘或創造詞彙以精準捕捉世界的各類概念，而嵌入技術則執行相反操作，它從這些豐富的符號與文字表述中提取共通的語義核心，並在統一的高維向量空間中實現概念的同質化表達。舉例來說，Word2Vec 及 OpenAI 的 Ada 模型均致力於此，在該空間中，每個獨立向量象徵著特定詞彙的語義全貌。

如圖 4-11 所示，概言之，這一轉換過程使得原始文字得以轉型為一個標準化的語義向量領域，其維度可根據需求訂製，藉以全面映射世間概念。此向量形式即模型接納並解析的基本輸入結構。

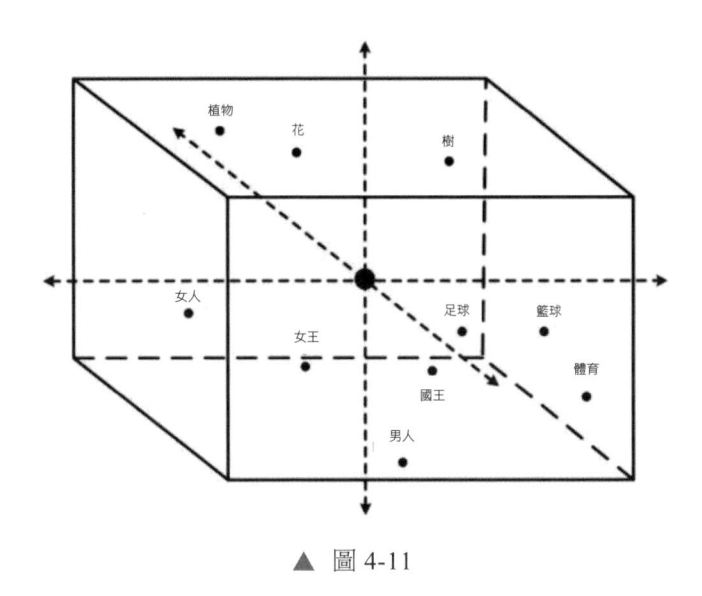

▲ 圖 4-11

儘管不同模型依據其下游任務需求，採取各異的後續處理策略（後處理）；但在前置處理層面存在一種廣泛適用的模式—分詞器（Tokenizer）。Tokenizer 作為前置處理的核心機制，替代了傳統前置處理流程，負責將原始文字轉為模型相容的詞元（Token）。其運作包含兩大步驟。

（1）分詞，對英文等能自然分隔單字的語言，此步驟頗為直觀；而對於中文等連續書寫的語言，則需用 Tokenizer 實施精細的句子分割。

（2）將分好的詞項映射至前述嵌入空間，實現詞向量的生成。

這些向量作為輸入，被匯入模型中，經歷神經網路的前向傳播運算，轉換成輸出向量 y，y 實質上代表了一組未經解釋的機率值（Logits）。這些機率值經由後續的後處理環節進一步提煉（例如在情感分析任務中），轉化為具體的分類標籤。像 ChatGLM 這樣的自回歸模型，其輸出則是下一個最可能詞彙的機率分佈，模型選取機率最高者作為續接文字，從而確保對話的連貫性與自然度。

如圖 4-12 所示，本文旨在深入探討自然語言處理（NLP）流程末尾兩個關鍵階段中資料的呈現形態，細察資料如何隨著流程推進而演變，最終達到其在演算法處理與應用中的理想狀態。

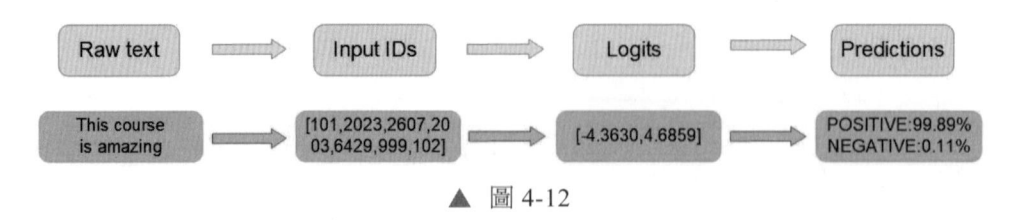

▲ 圖 4-12

原始文字「This course is amazing」在歷經 Tokenizer 處理後，轉化為輸入標識序列「[101,2023,2607,2003,6429,999,102]」。這一轉換流程蘊含兩個核心步驟。

（1）分詞：將連續的文字切割為意義獨立的詞彙或短語，為演算法理解文字鋪平道路，顯著提升模型效能。

（2）詞嵌入：將分詞結果映射到一個高維向量空間中，使得電腦能夠理解並處理文字中的每個詞，這是基於 Transformer 架構的現代 NLP 技術的基石，其中模型需要以詞向量形式的輸入及每個詞對應的唯一 ID 作為操作基礎，這正是 Huggingface 等框架要求輸入為 Input IDs 的原因所在。

值得注意的是，無論是中文、英文還是其他語言文字，分詞均是必不可少的前置處理步驟。對於英文等能自然分隔單字的語言，分詞過程相對直接，遵循空格劃分即可；而對於中文、日文等不能自然分隔單字的語言，分詞則顯得尤為關鍵且複雜，準確的分詞對於避免語義誤讀至關重要。

詞嵌入過程透過將分詞後的元素映射到高維空間中的向量，賦予了詞語以可計算的形式，為機器學習模型提供了必要的輸入格式。Input IDs 序列看似冗長，實則包含了文本分詞後的詞彙 ID、特殊字元標記（如起始符、結束字元、標點符號及其他功能性識別字）等，這些特殊字元在不同的分詞器中各有定義，用以指示文字的結構資訊及語法特性。

隨後，將 Input IDs 送入模型，模型依據其內部架構進行前向傳播，產生預測機率 Logits。最後，透過 Post Processing 階段，這些機率值被進一步解讀和轉換，以生成最終的、符合預期的輸出結果，如分類標籤、回答文字等，從而完成了從原始文字到模型輸出的全過程轉換。

4.3.3 Tokenizer

如圖 4-13 所示，Transformers 模型由三個核心元件組成。Tokenizer 分詞器承擔兩項基本職能：一是將文字切割成詞語單元，即分詞；二是將分好的詞語映射為模型可辨識的數字序列，實現文字向數值的轉化。

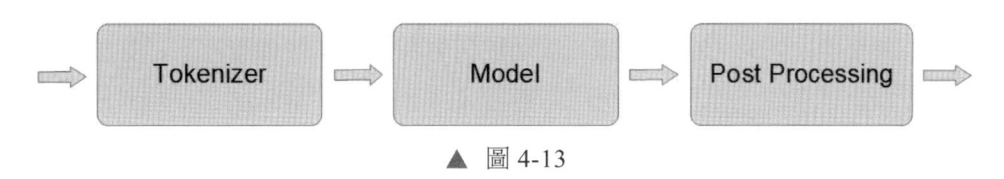

▲ 圖 4-13

在前面章節中已廣泛探討了多種分詞技術，如 Jieba、LTP 及 THULAC，同時觸及了詞嵌入領域的兩種主流方法—Word2Vec 與 GloVe。而本節內容將轉向實踐應用，具體而言，我們將採用 Huggingface 函數庫預先配置好的 Tokenizer 分詞器。這一選擇不僅簡化了前置處理流程，還確保了與先進 Transformer 模型的無縫整合，提升了自然語言處理任務的效率與效果。

4 大型模型開發工具

在程式 4-4 中,利用 checkpoint 變數明確指定模型的名稱,我們能夠借助 AutoTokenizer 類別的 from_pretrained 方法,實現自動化地查詢並載入與該模型相匹配的預訓練分詞器。這一過程不僅彰顯了自動化的便利性,還表現了設計者對使用者友善性的考量,強烈推薦在後續實踐中採納這一高效策略。僅用一行簡潔的程式,我們就能輕鬆獲得一個高度最佳化、針對特定模型訂製的 Tokenizer 實例,大大簡化了準備階段的工作流程,加速了從模型選擇到實際應用的過渡,充分表現了現代自然語言處理工具集的高效與便捷性。

➔ 程式 4-4

```
# 匯入 Transformers 函數庫中的 AutoTokenizer 類別,該類別能夠自動檢測模型類型並載入
from transformers import AutoTokenizer
# 指定預訓練模型的本地路徑,這裡使用的模型是 distilbert-base-uncased,
# 一個經過 distilled training 的 BERT 模型,適用於英文文字處理,且所有文字都被小寫化處理。
tokenizer_path = "home/egcs/models/distilbert-base-uncased"
# 利用 AutoTokenizer 的 from_pretrained 方法從指定的路徑載入分詞器。
# 這個方法會自動下載模型(如果模型尚未在指定路徑)或從本地路徑載入。
# 參數 trust_remote_code 設置為 True,表示允許從遠端倉庫執行程式,
# 這對那些需要額外自訂邏輯的模型來說是必要的,但同時也要求使用者對外部程式保持警惕。
tokenizer = AutoTokenizer.from_pretrained(tokenizer_path,trust_remote_code=True)
```

在本節中,我們使用 DistilBERT-base-uncased 模型作為演示模型,DistilBERT 是 BERT 模型的輕量級版本,透過知識蒸餾技術從 BERT-large 模型壓縮而來,其參數量大幅減少,約為 BERT-base 模型的 60%,這使得 DistilBERT 在保持較高性能的同時,模型體積更加精簡,易於部署和快速測試。這對於教學演示而言至關重要,因為它減少了資源需求,使得學習者能夠在各種硬體規格上更快地執行實驗,不需要擔心資源限制。請讀者按照之前提到的 ChatGLM3 模型的載入方法,下載好模型。

在程式 4-5 中,我們嘗試呼叫 tokenizer 方法對 raw_inputs 編碼,讓我們細緻地檢查 tokenizer 方法接收的若干關鍵參數及其功能。

➔ 程式 4-5

```
# 定義一個原始文字列表,包含兩筆待處理的句子
raw_inputs = [
```

4.3 Transformers 函數庫詳解

```
    "I've been waiting for a this course my whole life.",  # 範例句子 1
    "I hate this so much!",                                # 範例句子 2
]
# 使用之前初始化的 Tokenizer 處理 raw_inputs 列表中的文字
# 參數解析：
#-padding=True 表示對所有樣本進行填充，使得它們具有相同的長度，較短的文字會用
特定的填充符號填滿至最長文字的長度
#-truncation=True 表示如果輸入的句子過長，將對其進行截斷以滿足最大長度限制，
避免模型處理過長序列
#-return_tensors="pt" 表示傳回的張量類型為 PyTorch tensor，便於後續在 PyTorch 中使用
inputs = tokenizer(raw_inputs,padding=True,truncation=True,return_tensors="pt")
# 列印處理後的 inputs，查看分詞、填充及截斷後的結果，以及轉為 PyTorch 張量後的形狀和資料型態
print(inputs)
```

（1）raw_inputs：此參數承載著待處理的原始文字資訊，即未經處理的自然語言文字，其目的是進行後續的嵌入（embedding）處理，轉為模型可理解的向量形式。

（2）padding=True：這一設定旨在確保所有輸入序列具有相同的長度，透過在較短序列後填充特定值（如 0），以達到批次處理資料時的維度一致性，這對於大多數深度學習框架而言是必需的，能夠提升處理效率並簡化模型輸入的管理。

（3）truncation=True：表示對過長的輸入文字進行截斷處理，以符合預設的最大序列長度。這一措施對於控制輸入資料的規模、防止記憶體溢位及提高計算效率至關重要，同時也保證了模型訓練或推理過程中的時間與資源管理。

（4）return_tensors="pt"：此選項指定了傳回張量（tensors）的類型為 PyTorch（"pt"），反映出 Huggingface 函數庫的高度靈活性與相容性。如圖 4-14 所示，Huggingface 以其廣泛的框架支援著稱，能夠無縫對接包括 PyTorch 在內的多個主流深度學習框架，極大地方便了開發者根據專案需求選擇最合適的開發環境，展現了其作為自然語言處理工具集的綜合性優勢。

4 大型模型開發工具

▲ 圖 4-14

如圖 4-14 所示，透過存取 Huggingface 的官方 GitHub 倉庫可以明確得知，該函數庫廣泛支援多種底層計算函數庫，涵蓋了 JAX、PyTorch 及 TensorFlow，彰顯了其在相容性和靈活性方面的強大優勢。這一特性允許使用者根據自身專案的具體需求與技術堆疊偏好，自由選擇最為適宜的後端框架。特別是，當提及 "pt" 這一標識時，它明確指示了使用者採用 PyTorch 這一廣受歡迎的深度學習框架作為模型及資料處理的底層實現格式。此靈活性不僅簡化了跨平臺的程式遷移與重複使用，還促進了不同技術社群之間的協作與交流，進一步鞏固了 Huggingface 作為自然語言處理領域核心工具的地位。

如圖 4-15 所示，展示輸出結果時，我們觀察到字典內 input_ids 對應的值採用了 PyTorch 框架中的張量（tensor）形式，這實質上代表了原始文字「Raw text」經過轉換得到的輸入標識序列。值得注意的是，兩個張量的長度一致，這是因為在較短的序列後增加了填充元素（以 0 表示），確保了序列長度的統一性，便於模型處理。

```
{'input_ids': tensor([[ 101, 1045, 1005, 2310, 2042, 3403, 2005, 1037, 2023, 2607, 2026, 2878,
         2166, 1012,  102],
        [ 101, 1045, 5223, 2023, 2061, 2172,  999,  102,    0,    0,    0,    0,
            0,    0,    0]]), 'attention_mask': tensor([[1, 1, 1, 1, 1, 1, 1, 1, 1, 1, 1, 1, 1, 1, 1],
        [1, 1, 1, 1, 1, 1, 1, 1, 0, 0, 0, 0, 0, 0, 0]])}
```

▲ 圖 4-15

Tokenizer 的設計巧妙實現了編碼與解碼的雙向可逆性。例如程式 4-6，透過呼叫 tokenizer.decode([101,1045,...,102])，我們能夠將上述 ID 序列還原為原始文字「[CLS]i've been waiting for a this course my whole life.[SEP]」。

4.3 Transformers 函數庫詳解

➜ 程式 4-6

```
# 使用 Tokenizer 的 decode 方法將給定的 token ID 序列轉換回原始文字。
# 這裡的 ID 序列是模型內部使用的數字表示，每個 ID 對應詞彙表中的詞項。
# 下面的呼叫展示了如何將這些 ID 序列解碼為讀取的自然語言文字。
print(tokenizer.decode([
    101,1045,1005,2310,2042,3403,2005,1037,2023,2607,
    2026,2878,2166,1012,102
]))
```

輸出結果如圖 4-16 所示，此過程中，特殊標記「[CLS]」和「[SEP]」的出現清晰表明了其各自的功能—「[CLS]」常用於分類任務，指示模型對整個序列進行整體分類；而「[SEP]」作為分隔符號，區分不同部分的內容，其後填充的 0 證實了 padding 機制的有效執行，同時揭示了特殊字元在開發過程中的必要性。

```
# 使用Tokenizer的decode方法将给定的token ID序列转换回原始文本。
# 这里的ID序列是模型内部使用的数字表示，每个ID对应词汇表中的一个词项。
# 下面的调用展示了如何将这些ID序列解码为可读的自然语言文本。
print(tokenizer.decode([
    101, 1045, 1005, 2310, 2042, 3403, 2005, 1037, 2023, 2607,
    2026, 2878, 2166, 1012, 102
]))
```
[CLS] i've been waiting for a this course my whole life. [SEP]

▲ 圖 4-16 (編按：本圖例為簡體中文介面)

此外，attention_mask 身為位置編碼機制，透過數字 1 和 0 來區分有效字元位置與填充位置，其中 1 指示該位置包含有意義的文字資訊，0 則指示填充位置，無實際語義內容。這一機制對於模型在處理時忽略填充部分、集中注意力於有效資訊至關重要，確保了運算資源的高效利用和模型推理的準確性。

4.3.4 模型載入和解讀

模型（Model）組成了系統架構的中樞元件，並可細分為三種基本類型，旨在適應自然語言處理（NLP）領域多樣化的任務需求。具體而言，這包括以下內容。

4 大型模型開發工具

（1）編碼器（Encoder）模型，如 BERT，它們在句子分類、命名實體辨識及更廣泛地應用於單字等級的分類任務中展現出卓越性能，並且也是取出式問答任務的首選模型。

（2）解碼器（Decoder）模型，以 GPT 及其迭代版本 GPT2 為代表，專精於文字生成任務，能夠創造出連貫且富有意義的文字段落。

（3）序列到序列（Sequence-to-Sequence）模型，如 BART，此類模型擅長處理需要理解輸入序列並生成新序列的任務，廣泛應用於文字摘要、機器翻譯及生成式問答等領域。

在系統初始化流程中，完成 Tokenizer 的配置載入後，緊接著的是模型的載入步驟。利用 AutoModel 類別的 from_pretrained 方法，能夠實現模型的自動化下載與載入過程，僅需指定模型名稱即可。本次範例採用的是 DistilBERT-Base-uncased 模型，以此作為演示實例，展示了模型快速部署的便捷性與高效性。

程式 4-7 展示了模型的神經網路架構，其結果如圖 4-17 所示，其整體設計邏輯持有一種簡明之美，忠實遵循了標準 Transformer 架構的原理。該模型組成要素與我們慣常認知中的 Transformers 無異，具體包含以下幾個關鍵層次。

➜ 程式 4-7

```
from transformers import AutoTokenizer,AutoModel
# 使用 AutoTokenizer.from_pretrained 方法載入預訓練的分詞器，此處選用
'distilbert-base-uncased' 模型
tokenizer = AutoTokenizer.from_pretrained('distilbert-base-uncased',
trust_remote_code=True)
# 使用 AutoModel.from_pretrained 方法載入預訓練的模型，模型路徑指定為本地路徑
'home/egcs/models/distilbert-base-uncased'
# 設置了 trust_remote_code=True 以允許執行遠端程式
# 呼叫 .half() 將模型的權重從 float32 轉為 float16（半精度），這可以減少記憶體使用
並加速在支援的硬體上的推理
#.cuda() 將模型移動到 CUDA 裝置上，即 GPU，以便利用硬體加速
model = AutoModel.from_pretrained('home/egcs/models/distilbert-base-
uncased',trust_remote_code=True).half().cuda()
# 列印模型的概要資訊，以確認模型是否正確載入及查看模型的一些基本資訊
print(model)
```

4.3 Transformers 函數庫詳解

（1）詞嵌入（word_embedding）層：負責將輸入詞彙映射至連續向量空間。

（2）位置編碼（position_embeddings）層：引入以捕捉序列中詞語的位置資訊。

（3）層歸一化（LayerNorm）層：確保各層輸入具有穩定的分佈，促進訓練穩定。

（4）dropout 層：身為正規化手段，隨機捨棄部分神經元輸出，增強模型泛化能力。

（5）基本 Transformer 架構：核心組件，執行自注意力（Query，Key，Value 機制）及前饋神經網路（FFN）操作，深化對輸入序列的特徵提取與資訊整合。

深入至第 3 章的學習內容後，可以清晰辨認出，此模型明確採納了編碼器（Encoder）架構。透過循環迭代這一架構，模型最終產出一個維度為 768 的向量，該向量綜合蘊含了輸入序列的高層次語義資訊。

```
In [5]: print(model)
        DistilBertModel(
          (embeddings): Embeddings(
            (word_embeddings): Embedding(30522, 768, padding_idx=0)
            (position_embeddings): Embedding(512, 768)
            (LayerNorm): LayerNorm((768,), eps=1e-12, elementwise_affine=True)
            (dropout): Dropout(p=0.1, inplace=False)
          )
          (transformer): Transformer(
            (layer): ModuleList(
              (0): TransformerBlock(
                (attention): MultiHeadSelfAttention(
                  (dropout): Dropout(p=0.1, inplace=False)
                  (q_lin): Linear(in_features=768, out_features=768, bias=True)
                  (k_lin): Linear(in_features=768, out_features=768, bias=True)
                  (v_lin): Linear(in_features=768, out_features=768, bias=True)
                  (out_lin): Linear(in_features=768, out_features=768, bias=True)
                )
                (sa_layer_norm): LayerNorm((768,), eps=1e-12, elementwise_affine=True)
                (ffn): FFN(
```

▲ 圖 4-17

程式 4-8 進行一次驗證性實驗，將前期準備好的模型輸入資料字典（inputs）匯入模型進行處理，並隨後展示模型輸出的最終隱藏層狀態。

4 大型模型開發工具

➜ 程式 4-8

```
# 將前期準備好的模型輸入資料字典（inputs）中的每個 tensor 移動到 GPU 上。
# 這透過遍歷字典的每個項目（key-value 對），並將 value（tensor）使用 .to("cuda")
的方法轉移到 GPU 上實現。
inputs_on_gpu = {key:value.to("cuda")for key,value in inputs.items()}
# 使用已經移到 GPU 上的輸入資料呼叫模型進行前向傳播，**inputs_on_gpu 表示解壓縮字
典為關鍵字參數形式傳入函數。
# 這一步將觸發模型的計算，生成預測或中間表示等輸出。
outputs = model(**inputs_on_gpu)
# 列印模型最後的隱藏狀態（last_hidden_state）的形狀。
# 這個形狀資訊揭示了輸出張量的維度，例如 (batch_size,sequence_length,
hidden_size)，這有助理解模型的輸出結構。
print(outputs.last_hidden_state.shape)
```

輸出結果如圖 4-18 所示，結果顯示為 torch.Size([2,15,768])。

```
In [19]: inputs_on_gpu = {key: value.to("cuda") for key, value in inputs.items()}
         outputs = model(**inputs_on_gpu)
         print(outputs.last_hidden_state.shape)

         torch.Size([2, 15, 768])
```

▲ 圖 4-18

這一結果維度的具體釋義如下。

（1）數字 2 代表了批次（batch）大小，即同時輸入模型進行處理的文字數量為兩筆。

（2）數字 15 指示了每個文字經過分詞處理後生成的 Token 序列長度，表現了模型輸入的結構維度。

（3）數字 768 則揭示了每個 Token 被轉化成一個 768 維的向量表示，此乃模型編碼層對文字資訊進行深層次抽象的關鍵所在，表現了高維向量空間中詞義的豐富表達能力。

4.3.5 模型的輸出

隨後，我們將執行模型的輸出階段。沿用前述實例，模型當前產生了一個維度為 768 的向量輸出。面對如十分類的任務需求，我們只需要調整模型的頂層架構，以確保其輸出轉化成一個維度為 10 的向量，其中每個元素代表對應類別機率，實現了分類機率分佈的建模。若意圖拓展至詞彙表大小的維度，每個向量元素則轉而指示後續詞預測的機率，從而在技術上簡化了文字生成的實現過程。

透過實踐驗證，自然語言處理（NLP）領域的任務表現形式與電腦視覺任務展現出顯著差異。在視覺任務領域，我們常見的是回歸分析與分類任務；相比之下，NLP 領域並未直接採用「回歸」這一術語，其核心在於各類分類任務的實施。針對多樣化的分類需求，Transformers 函數庫貼心地提供了多種 AutoModel 子類別，旨在為不同分類任務提供專門化的模型支援。

在程式 4-9 中，我們載入了預訓練模型 distilbert-base-uncased-finetuned-sst-2-english，該模型是基於史丹佛情感樹函數庫（SST-2, Stanford Sentiment Treebank）微調而成的專有模型。SST-2 資料集是一項專注於單句分類的挑戰，涵蓋了電影評論語料，其中每個句子均附有人工標注的情感傾向性。

➜ 程式 4-9

```
# 匯入 Transformers 函數庫中的 AutoModelForSequenceClassification 類別，
# 該類別允許自動從預訓練模型載入對應的序列分類模型架構。
from transformers import AutoModelForSequenceClassification
# 定義預訓練模型的檢查點（checkpoint）名稱，
# 本例中使用的模型是在英文情感分析任務（SST-2）上微調過的 DistilBERT 模型。
checkpoint = "distilbert-base-uncased-finetuned-sst-2-english"
# 從指定的 checkpoint 載入預訓練好的序列分類模型。
#AutoModelForSequenceClassification.from_pretrained() 方法會下載（如果尚未下載）並載入模型權重。
model = AutoModelForSequenceClassification.from_pretrained(checkpoint)
# 使用模型對前期準備好的模型輸入資料字典（inputs，這裡未顯示定義）進行前向傳播。
#**inputs 表示將 inputs 字典解壓縮為關鍵字參數，這些參數通常包含 input_ids,
```

attention_mask 等模型所需的輸入。
outputs = model(**inputs)
# 列印模型輸出中的 logits（邏輯輸出）部分的形狀。
#logits 是未經啟動函數（如 softmax）轉換的原始輸出值，形狀揭示了批次大小和類別數量。
# 對於情感分類任務，比如 SST-2，logits 的最後一個維度通常為 2，對應於兩個類別（正面和負面）。
print(outputs.logits.shape)

此資料集的任務本質是對給定句子的情感極性進行判定，僅涉及兩個情感類別：積極（positive，標記編碼為 1）與消極（negative，標記編碼為 0），並完全依據句子層面的標籤進行分類，無須考慮更深層次的語法結構或上下文依賴。因此，本質上，這是一個二元情感分類任務，專注於從句子層次上區分積極和消極情感。

程式執行之後的結果如圖 4-19 所示。

```
In [32]:  # 打印模型输出中的logits（逻辑输出）部分的形状。
          # logits是未经激活函数（如softmax）转换的原始输出值，形状揭示了批次大小和类别数量。
          # 对于情感分类任务，比如SST-2，logits的最后一个维度通常为2，对应于两个类别（正面和负面）。
          print(outputs.logits.shape)

torch.Size([2, 2])
```

▲ 圖 4-19(編按：本圖例為簡體中文介面)

該模型在 BERT 模型的基礎框架上進行了針對性的最佳化調整，特別調配於二分類任務的需求。為了深入理解這種適應性調整，對比原始 BERT 模型與經過微調後模型的結構差異將頗為有益。

至此，我們已概覽了標準 BERT 模型結構，接下來在圖 4-20 中將標準 BERT 模型與二分類任務調整後的 BERT 模型進行對比。透過對比不難發現，原始 BERT 模型的輸出維度為 torch.Size([2,15,768])，表示處理兩個樣本，每個樣本含有 15 個 Token，每個 Token 映射到一個 768 維的向量空間中。而專為二分類設計的 BERT 模型輸出則簡化為 torch.Size([2,2])，直接為兩個樣本提供了二元分類的機率分佈。

4.3 Transformers 函數庫詳解

```
distilbert-base-uncased

(ffn): FFN(
    (dropout): Dropout(p=0.1, inplace=False)
    (lin1): Linear(in_features=768, out_features=3072, bias=True)
    (lin2): Linear(in_features=3072, out_features=768, bias=True)
    (activation): GELUActivation()
)
(output_layer_norm): LayerNorm((768,), eps=1e-12, elementwise_affine=True)

distilbert-base-uncased-finetuned-sst-2-english

(pre_classifier): Linear(in_features=768, out_features=768, bias=True)
(classifier): Linear(in_features=768, out_features=2, bias=True)
(dropout): Dropout(p=0.2, inplace=False)
```

▲ 圖 4-20

　　導致這一變化的關鍵在於模型架構的調整：基礎 BERT 模型的末端包含一個輸出層歸一化（output_layer_norm），其配置為 LayerNorm 層，參數為（768），伴隨有 eps=1e-12 的微小值以防止除零錯誤，以及 elementwise_affine=True 表明執行了帶有可學習參數的元素級仿射變換。相比之下，二分類 BERT 模型在此基礎上新增了兩個全連接層（fully connected layers），這一設計改動旨在將原先的高維特徵向量映射至二維空間，以適應二分類任務的需求，從而有效地將複雜的語言表示轉化為簡單的情感極性判斷。

　　隨後在程式 4-10 中，我們將轉入模型輸出處理的關鍵環節，即後處理（Post-Processing）。

➔ 程式 4-10

```
# 匯入 PyTorch 函數庫，用於進行深度學習相關的操作。
import torch
# 使用 PyTorch 的 nn.functional 模組中的 softmax 函數，對模型輸出的 logits（邏輯得分）進行轉化，
# 使其變為機率分佈。dim=-1 表示沿著 logits 的最後一維（通常是類別維度）操作。
predictions = torch.nn.functional.softmax(outputs.logits,dim=-1)
# 列印預測機率分佈，每行為一個樣本，列對應各個類別的機率。
print(predictions)
# 輸出模型配置中的 id2label 屬性，這是一個字典，映射類別 id 到其對應的標籤名稱。
# 這對於理解預測類別 id 的實際意義（如將類別編號轉為 "positive"、"negative" 等標籤）非常有用。
print(model.config.id2label)
```

4 大型模型開發工具

在模型生成預測輸出，即 logits 之後，這些初始數值並不能直接詮釋為機率；為了將其轉化為易於理解的機率分佈形式，我們必須施以 softmax 函數進行轉換。如圖 4-21 所示，具體實現上，我們利用 PyTorch 函數庫的 nn 模組內建的 softmax 函數來處理 logits，確保運算沿 logits 的最後一個維度進行，由此產生的結果是一個歸一化後的機率分佈。一旦獲取了這些機率值，下一步則是將之與實際的類別標籤建立連結，這一映射過程得益於模型附帶的 id2label 函數，它能直接將預測的數字識別碼轉為相應的類別標籤，極大地簡化了後處理邏輯並提升了結果的可讀性。

```
In [33]:  # 输出模型配置中的id2label属性，这是一个字典，映射类别id到其对应的标签名称。
          # 这对于理解预测类别id的实际意义（如将类别编号转换为"positive"、"negative"等标签）非常有用。
          print(model.config.id2label)

tensor([[[1.5396e-02, 9.8438e-01],
         [9.9951e-01, 5.4550e-04]], device='cuda:0', dtype=torch.float16,
       grad_fn=<SoftmaxBackward0>)
{0: 'NEGATIVE', 1: 'POSITIVE'}
```

▲ 圖 4-21 (編按：本圖例為簡體中文介面)

4.3.6 模型的儲存

接下來，我們將深入探討模型儲存的流程及其重要性。使用 save_pretrained() 方法，實現了對經過細緻微調模型的持久化儲存，這一操作不僅允許我們將模型檔案安全地儲存至本地系統，還便捷地支援了將其上傳至 Huggingface Hub 這一廣受開發者歡迎的模型共用平臺，極大地促進了知識與技術的交流與重複使用。程式 4-11 將模型進行了儲存。

→ 程式 4-11

```
# 使用 model 的 save_pretrained() 方法將當前模型的所有權重和配置儲存到指定的目錄下，
# 在這個例子中，模型會被儲存到目前的目錄下的 "./"（表示當前工作目錄）。
# 這包括模型的參數、設定檔等，以便於後續模型的恢復或部署。
model.save_pretrained("./")
```

如圖 4-22 所示，當使用 save_pretrained() 方法時，系統將在所指定的目錄下精心建構一系列核心檔案，這些檔案共同組成了模型的全部精髓，具體包括但不限於以下兩項關鍵元件。

（1）config.json：此檔案稱為模型的設定檔，它扮演著模型架構藍圖的角色。它詳盡記錄了模型設計的每個細微之處，如 Transformer 網路的層數、每層的隱藏單元數量（特徵空間維度）、自注意力頭的數量等關鍵參數均在此檔案中有所表現。這樣的設計確保了模型的完整性和可複現性，使得研究者和其他開發者能夠精準地復原模型架構，無論是在原始研究環境下還是在新的部署場景下。

（2）pytorch_model.bin：這是模型的狀態字典檔案，實質上承載了模型訓練過程中習得的所有權重參數。在 PyTorch 框架中，該檔案以二進位格式儲存，確保了資料的高效儲存與載入。簡而言之，pytorch_model.bin 封裝了模型的靈魂—那些經過無數迭代最佳化而來的參數值，是模型預測能力的直接表現。

透過這樣的儲存機制，研究者和工程師不僅能夠方便地備份自己的工作成果，還能迅速分享給全球同行，促進模型的迭代升級與跨領域應用，為人工智慧領域的進步貢獻一份堅實的力量。

| config.json | 2024-05-23 13:51 | JSON 文件 | 1 KB |
| pytorch_model.bin | 2024-05-23 13:51 | BIN 文件 | 130,807 KB |

▲ 圖 4-22

4.4 全量微調訓練方法

4.4.1 Datasets 函數庫和 Accelerate 函數庫

在本節中，我們將邁入實踐的新篇章，首次利用 Huggingface 的 Transformers 函數庫進行全面的模型微調。在此之前，我們的討論主要聚焦於 Transformers 函數庫本身，該函數庫無疑是 Huggingface 在自然語言處理領域的一大貢獻。然而，值得注意的是，Huggingface 生態系統遠不止於此，它圍繞大型預

4 大型模型開發工具

訓練模型的開發與應用,孕育了一系列輔助函數庫,共同建構了一個全方位、高效的開發環境。

為了實現模型微調的最終目標,除 Transformers 函數庫外,如圖 4-23 所示,還有其他幾個不可或缺的函數庫扮演著關鍵角色。透過深入探索 Huggingface 的 GitHub 倉庫,我們不難發現,該專案不僅侷限於 Transformers 函數庫,實際上它精心設計了四大核心模組,形成了一個協作工作的技術矩陣。其中,對 Transformers 函數庫與 Tokenizers 兩大模組已有所了解,它們分別負責模型架構的實現與文字的前置處理。

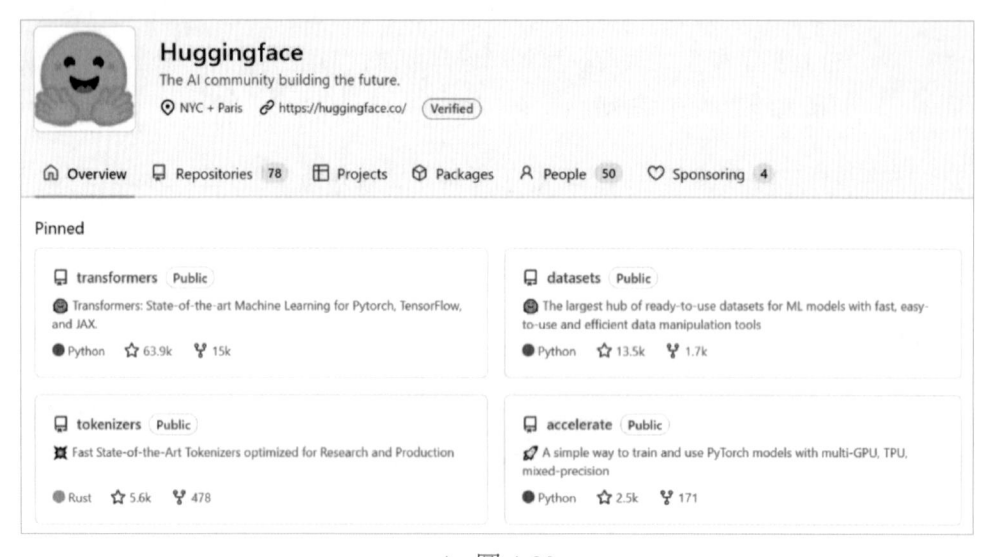

▲ 圖 4-23

接下來,我們將視線轉向生態系統中的第三個重要模組—Datasets 函數庫。此模組在模型訓練與評估過程中發揮著舉足輕重的作用,它不僅簡化了大規模資料集的獲取與處理流程,還透過高效的資料載入機制及強大的資料處理功能,有力支援了模型的微調與實驗。Datasets 函數庫能夠直接載入多種格式的資料集,包括但不限於常見的基準測試資料集,並且支援靈活的資料轉換和前置處理,確保資料以最適宜的形式供給模型訓練,極大提升了開發者的工作效率與模型訓練的品質。

1・Datasets 函數庫

Huggingface 的願景遠不止於提供 API 服務，其志在建構一個全面且自洽的生態系統。首要解決的便是資料獲取與管理的痛點問題。在自然語言處理企業內，存在許多經典且公開的資料集及伴隨的學術論文。以往，研究者和開發者需親自經歷資料集的下載與前置處理步驟，尤其在複現論文實驗時，手動前置處理每個資料集成為一項既耗時又耗力的任務，往往需要撰寫訂製化指令稿來調配原始程式碼所要求的資料格式，這一過程煩瑣且低效。

Huggingface 的 Datasets 函數庫應運而生，從根本上改變了這一現狀。它不僅預先整理並提供了諸多公開資料集，還允許使用者上傳個人專案中的專屬資料集，極大豐富了資料資源函數庫。借助於 Datasets 函數庫，研究者得以輕鬆觸及大量開放原始碼資料集，覆蓋音訊處理、電腦視覺及自然語言處理等多個領域，僅需一筆簡潔的程式指令即可實現資料集的快速載入，與 Transformers 函數庫中熟知的 from_pretrained 方法類似，Datasets 函數庫同樣採用了直觀的 load_dataset 介面以簡化資料集的存取流程。

如圖 4-24 所示，Huggingface Hub 作為一個集中式平臺，現擁有近 12 萬個獨特資料集，均可透過 API 直接呼叫，極大地促進了研究與開發的便利性和效率，彰顯了其致力於打造資料與模型一體化生態的宏偉藍圖。

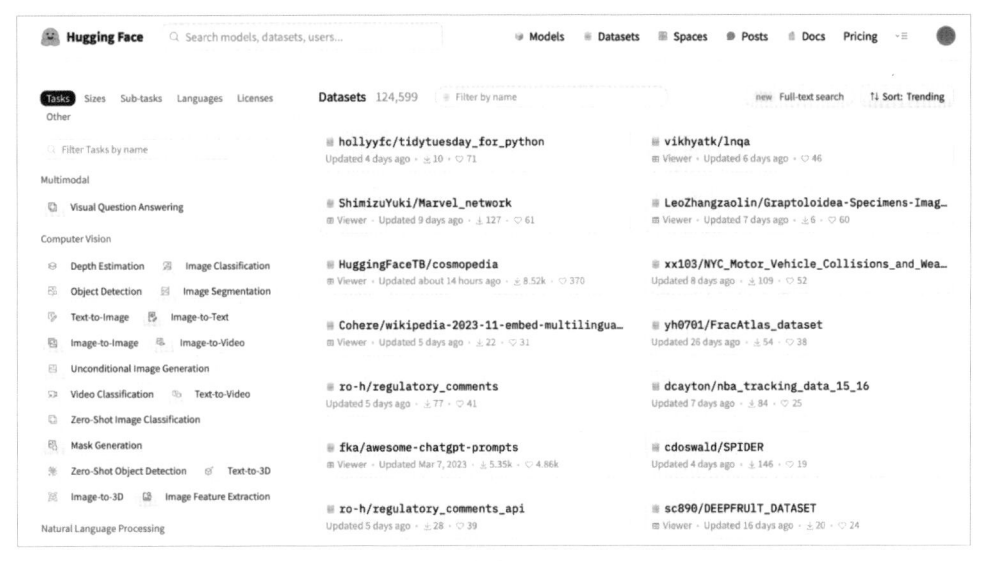

▲ 圖 4-24

4 大型模型開發工具

　　Datasets 函數庫扮演著雙重角色：既是高品質資料集的匯集地，又確保了資料以統一的格式呈現。從其實現細節中可觀察到，其結構設計如同一個高度組織化的字典，巧妙地區分了訓練集（Train Set）與測試集（Test Set），乃至其他可能的資料分割。在這個精巧的結構內部，每份資料集都封裝了 'features'（特徵）和 'num_rows'（行數）等關鍵屬性，類似試算表般清晰定義了資料的結構維度，即資料的列屬性與行數，便於使用者直觀理解與操作。透過直觀的下標索引機制，使用者能輕鬆地存取資料集內的任意記錄，增強了資料處理的靈活性與效率。

　　Datasets 框架進一步促進了多種類型態資料集的建構，包括但不限於訓練資料（Training Data）、驗證資料（Validation Data）及測試資料（Test Data），滿足了機器學習專案週期中不同階段的需求。尤為重要的是，所有託管於平臺的資料集在上傳時已按照預設比例進行了劃分，如圖 4-19 所示，這表示使用者在下載時即可直接獲得已分割好的資料集，不需要額外進行煩瑣的資料切分步驟，大大節省了時間和資源。

　　資料格式的標準化與統一，是 Datasets 函數庫對使用者的核心價值之一。如程式 4-12 所示，這不僅簡化了資料的準備工作，降低了上手門檻，而且實現了真正的「即取即用」（Plug-and-Play），使得研究人員與開發者能夠將更多精力聚焦於模型開發與演算法最佳化，加速了從資料到洞察的轉化過程。

➔ 程式 4-12

```
# 匯入 Datasets 函數庫中的 load_dataset 函數，該函數用於載入 Huggingface 的資料集。
from datasets import load_dataset
# 使用 load_dataset 函數載入位於 "home/egcs/datasets/yelp-review-full" 路徑下的資料集。
#yelp-review-full 是一個大型態資料集，包含 Yelp 網站上關於企業和服務的大量使用者評論，常用於
情感分析等 NLP 任務。
dataset = load_dataset("home/egcs/models/datasets/yelp-review-full")
# 列印載入的資料集物件，以查看資料集的基本結構和組成部分。
print(dataset)
# 存取資料集中 "train" 部分的第一個樣本（索引為 0）並列印出來。
# 將會展示訓練資料集中的典型專案，幫助理解資料格式和內容。
print(dataset["train"][0])
```

　　程式的執行結果如圖 4-25 所示。

4.4 全量微調訓練方法

```
DatasetDict({
    train: Dataset({
        features: ['label', 'text'],
        num_rows: 650000
    })
    test: Dataset({
        features: ['label', 'text'],
        num_rows: 50000
    })
})
{'label': 4, 'text': "dr. goldberg offers everything i look for in a general practitioner.  he's nice and easy to t
alk to without being patronizing; he's always on time in seeing his patients; he's affiliated with a top-notch hosp
ital (nyu) which my parents have explained to me is very important in case something happens and you need surgery;
 and you can get referrals to see specialists without having to see him first.  really, what more do you need?  i'm
 sitting here trying to think of any complaints i have about him, but i'm really drawing a blank."}
```

▲ 圖 4-25

2．Accelerate 函數庫

Huggingface 推出的 Accelerate 函數庫，其設計初衷是為了大幅度簡化並加速深度學習模型從訓練到推理的整個生命週期管理。該函數庫的核心價值在於它為研究者和開發者提供了一套高度抽象化的工具集，使得利用分散式運算資源與混合精度訓練技術變得輕而易舉，從而在不犧牲模型準確性的前提下，顯著縮短訓練週期。混合精度訓練透過結合單精度和半精度浮點運算，減少了記憶體佔用並加速了計算過程，是當前提升訓練效率的關鍵策略之一。

Accelerate 函數庫的另一項突出貢獻是，它實現了與主流深度學習框架如 PyTorch 和 TensorFlow 的緊密整合，這種無縫對接不僅限於軟體層面的相容，更重要的是在硬體層面上打通了門檻。使用者不需要擔心底層硬體差異帶來的複雜性，無論是利用單一 GPU 的運算能力，還是在高性能 TPU 上進行大規模運算，乃至跨越多 GPU 環境下的並行訓練，Accelerate 函數庫都能確保模型部署的平滑過渡與高效執行。這種靈活性極大地拓寬了模型應用的場景，無論是科學研究實驗、產品原型開發，還是生產環境的部署，都能從中受益。

此外，Accelerate 函數庫還內建了一系列實用功能，如自動化資源配置、故障恢復機制，以及對大規模模型並行化的支援，這些特性進一步降低了大規模機器學習專案的實施難度，讓開發者可以更加專注於模型架構的創新與業務邏輯的實現，而非被技術實現的細枝末節所牽絆。綜上所述，Accelerate 函數庫是推動深度學習領域發展的重要驅動力之一，它透過降低技術門檻、提升開發效率，為實現更快速、更廣泛的 AI 應用部署奠定了堅實的基礎。

4 大型模型開發工具

4.4.2 資料格式

繼續我們的任務處理程序，在成功安裝了 Datasets 函數庫之後，我們將注意力轉向自然語言處理（NLP）領域內極具代表性的資料集—GLUE（General Language Understanding Evaluation，通用語言理解評估）。GLUE 堪稱 NLP 領域的經典資料集，不僅因其小巧的資料規模易於上手，更因為它綜合涵蓋了多項經典任務，成了衡量 NLP 模型性能的基準之一。

在 GLUE 的許多子資料集中，我們特選了 MRPC（Microsoft Research Paraphrase Corpus，微軟研究院釋義語料庫），這一資料集源自微軟研究院，精心建構自線上新聞資源。MRPC 本質上是一個句子對集合，其中的每對句子均經過人工標注，用於判斷它們在語義上是否等價。這種設計不僅挑戰了模型對語言細微差別的理解能力，也為評估模型的文字相似度和語義解析能力提供了寶貴的資源。

執行程式 4-13。

➜ 程式 4-13

```
# 匯入 Python 內建的 warnings 模組，用於警告管理。
import warnings
# 配置警告篩檢程式以忽略所有警告。將會阻止在指令稿執行期間顯示警告資訊，
# 對於那些不影響程式執行但可能會干擾輸出的警告特別有用。
warnings.filterwarnings("ignore")
from datasets import load_dataset
# 使用 load_dataset 函數載入 "glue" 資料集中的 "mrpc" 子任務。
#GLUE（General Language Understanding Evaluation）是一組用於評估自然語言理解任務的基準，
# 其中的 MRPC（Microsoft Research Paraphrase Corpus）任務是關於句子對的語義等價性判斷。
raw_datasets = load_dataset("glue","mrpc")
# 列印載入的原始資料集物件。將會展示資料集的結構，包括訓練集、驗證集等劃分，
# 以及每個部分的幾個範例，有助了解資料集的組織方式和內容。
raw_datasets
```

執行程式 4-13 後的結果如圖 4-26 所示，可以查看 raw_datasets 的結構。

4.4 全量微調訓練方法

```
DatasetDict({
    train: Dataset({
        features: ['sentence1', 'sentence2', 'label', 'idx'],
        num_rows: 3668
    })
    validation: Dataset({
        features: ['sentence1', 'sentence2', 'label', 'idx'],
        num_rows: 408
    })
    test: Dataset({
        features: ['sentence1', 'sentence2', 'label', 'idx'],
        num_rows: 1725
    })
})
```

▲ 圖 4-26

完成資料集的下載後，系統將自動將其儲存至預設的磁碟路徑下，即之前指定的 datasets 目錄中。隨後，透過執行列印命令，我們可以直觀地檢查資料集的結構與格式，確保其符合預期並便於後續的分析與處理。

圖 4-27 呈現了兩項關鍵資訊：一對範例句子及其連結性標籤。此圖旨在展示一個文字對評估任務的基礎框架，其中心目的是判定兩個句子之間是否存在邏輯上的聯繫或語義上的連結性。舉例來說，句子對「天下雨了」與「我帶了傘」被標注為「相關」，表示根據上下文理解，第二個句子可能是對第一個句子情境的回應或衍生，二者在語境中形成了連貫的對話脈絡。

```
In [5]: raw_train_dataset = raw_datasets["train"]
        raw_train_dataset[0]
Out[5]: {'sentence1': 'Amrozi accused his brother , whom he called " the witness " , of deliberately distorting his evidenc
        e .',
         'sentence2': 'Referring to him as only " the witness " , Amrozi accused his brother of deliberately distorting his
        evidence .',
         'label': 1,
         'idx': 0}
```

▲ 圖 4-27

相反地，句子對「天下雨了」與「今天晚上我要吃啥」則被明確標記為「不相關」，凸顯了這兩句在主題或意圖上缺乏直接的聯繫，表現了日常交流中話題的轉換或獨立性思考的情景。

此外，圖 4-27 中還引入了一個重要概念—「idx」，即每個資料記錄的唯一識別碼。這個索引值在處理大規模資料集時顯得尤為關鍵，它不僅便於資料的追蹤與管理，還能確保在資料分析、模型訓練及後續查詢過程中迅速且準確地

4-39

定位到特定的樣本，增強資料處理的效率與靈活性。透過這樣的標注系統和索引設計，研究者、開發者能夠有效地建構和最佳化文字匹配、語義理解等自然語言處理任務的模型，進而深入探索語言資料中的複雜連結模式。

4.4.3 資料前置處理

資料前置處理流程可劃分為兩大核心步驟。

（1）實施具體的資料處理操作，此環節通常依託於分詞器（Tokenizer）來執行。分詞器的作用在於將原始文字資料細緻分割為詞彙單元，並進一步執行詞彙到數字的映射及開發過程，最終將文字資訊轉化成電腦可直接處理的向量（Vector）形式。這一系列轉換不僅大幅降低了資料的維度複雜性，也為後續的機器學習演算法提供了必要的輸入格式。

（2）前置處理邏輯經過明確界定後，需透過規模化應用至整個資料集上來發揮其效用。實現這一目標的普遍做法是採用 map 函數，它能夠系統化地將先前定義好的處理函數應用於資料集的每個元素，確保所有資料實例均經過統一且高效的前置處理流程。此舉不僅提升了資料處理的自動化程度，還確保了處理結果的一致性和準確性，為後續模型訓練階段奠定了堅實的資料基礎。

在程式 4-14 中，利用 Transformers 函數庫，透過模型名稱載入分詞器。

→ 程式 4-14

```
from transformers import AutoTokenizer
# 設置預訓練模型對應的本地路徑，這裡是 DistilBERT 模型的變形，專為處理英文文字設計，所有文字
前置處理為小寫形式。
tokenizer_path = "home/egcs/models/distilbert-base-uncased"
# 使用 AutoTokenizer 的 from_pretrained 方法，從指定的本地路徑載入預訓練好的分詞器。
# 參數 trust_remote_code 設置為 True，表明如果模型或分詞器配置中包含需從遠端執行的程式
（如自訂邏輯），則允許其執行。
tokenizer = AutoTokenizer.from_pretrained(tokenizer_path,trust_remote_code=True)
```

4.4 全量微調訓練方法

在對模型進行微調與訓練的場景下，資料前置處理環節至關重要。這包括對輸入資料的加工處理，並確保這些處理後的資料能夠調配大型模型的需求。所有模型在訓練前均有對資料進行前置處理的基本需求，其根本原因在於神經網路演算法對輸入資料的結構有嚴格的維度規定，唯有資料符合預設的維度標準，方能順利執行矩陣運算這一核心步驟。若經嵌入（Embedding）處理後的 Token 向量長度與模型所需維度不符，則需採取兩種策略進行調整：填充（Padding）或截斷（Truncation），以保證資料與模型結構的相容性。

針對資料前置處理，目前實踐中有兩種主流方法：①利用 Pandas 等資料分析函數庫手動進行資料清洗與格式化；②採用 Huggingface 平臺所提供的 map 方法來定義一個自訂的 tokenize_function。值得注意的是，Huggingface 官方更傾向於推薦使用第二種方法，原因在於該方法內建了多種性能最佳化技術，極大提升了資料處理的效率與速度，從而為模型訓練的前期準備提供了更為高效、便捷的解決方案。

在程式 4-15 中，tokenize_function 的設計宗旨在於處理一批範例（example）資料，該資料集以字典形式組織，其中每個範例包含兩個關鍵欄位：「sentence1」和「sentence2」。此函數透過存取 example["sentence1"] 來提取所需文字資訊，進行前置處理操作。在前置處理流程中，特別強調了 truncation 截斷機制的應用，以調配模型對輸入序列長度的限制；同時，依據具體任務需求，也可靈活加入 padding 策略以保持資料的一致性。需明確的是，每個 example 實例均為攜帶「sentence1」和「sentence2」欄位的字典結構。

→ 程式 4-15

```
# 定義一個名為 tokenize_function 的函數，用於將輸入的例子進行分詞處理。
# 函數接受一個 example 字典作為輸入，其中包含句子 1 和句子 2。
# 使用之前定義好的 tokenizer 處理 example 中的 'sentence1' 和 'sentence2'，
# 並啟用 truncation 參數來確保句子過長時會被截斷，以適應模型的最大輸入長度。
def tokenize_function(example):
    return tokenizer(example["sentence1"],example["sentence2"],truncation=True)
# 應用 map 函數將 tokenize_function 應用到 raw_datasets 上。
# 這裡使用 batched=True 參數表示對資料集進行批次處理，而非單一樣本處理，
# 這樣可以顯著提高處理巨量資料集時的效率。
tokenized_datasets = raw_datasets.map(tokenize_function,batched=True)
```

4 大型模型開發工具

```
# 列印出經過分詞處理後的資料集，查看處理後的資料結構和範例情況。
print(tokenized_datasets)
```

定義完 tokenize_function 後，利用 map 方法對其資料集執行批次處理，確保每份樣本均歷經此函數的轉化。尤為重要的是，map 方法提供了一個便利選項 batched=True，允許使用者不需要深入多執行緒程式設計細節即可享受到自動化的並行處理加速優勢，顯著提升了資料前置處理的效率。

尤其是在面對巨量資料集時，例如資料記錄數達到億級規模，傳統的處理工具如 Pandas 可能因單執行緒而顯得效能低下。相比之下，Huggingface 函數庫透過其高度最佳化的 map 功能，實現了 Tokenizer 對巨量資料集的高效並行處理，極大地縮減了資料前置處理的時間、成本，展現出其在大規模自然語言處理任務中的優越性能與實用性。

圖 4-28 展示了資料經過前置處理階段後的成果，這一過程生成了三個核心欄位：input_ids、token_type_ids 及 attention_mask。這些新生成的欄位被直接整合至原有的資料集中，未做任何改動，從而豐富了資料集的內容。至此，一個嶄新的、富含前置處理資訊的 Datasets 函數庫得以建構完成。

```
Out[8]: DatasetDict({
    train: Dataset({
        features: ['sentence1', 'sentence2', 'label', 'idx', 'input_ids', 'token_type_ids', 'attention_mask'],
        num_rows: 3668
    })
    validation: Dataset({
        features: ['sentence1', 'sentence2', 'label', 'idx', 'input_ids', 'token_type_ids', 'attention_mask'],
        num_rows: 408
    })
    test: Dataset({
        features: ['sentence1', 'sentence2', 'label', 'idx', 'input_ids', 'token_type_ids', 'attention_mask'],
        num_rows: 1725
    })
})
```

▲ 圖 4-28

或許使用者會疑惑：前置處理完畢後，原始資料是否仍需保留？實踐中，鑑於資料體量通常極為龐大，為了高效利用儲存資源，常規做法是直接以前置處理後的資料覆蓋原始資料。此舉不僅簡化了資料管理的複雜度，同時也是對儲存空間的一種最佳化策略，確保系統能夠更加專注於處理和分析處理後的高品質資料集，而非維護兩套數據。因此，前置處理之後的資料儲存實則是對原始資料的一種有目的性升級與替代。

如程式 4-16 所示，Huggingface 函數庫引入了 DataCollator 這一高級資料前置處理組件，其核心功能在於將原始的訓練資料集精心編排為結構化的批次數據（Batched Data），專為神經網路模型的高效訓練而設計。這一過程是深度學習實踐中的關鍵一環，透過將資料集劃分為多個小規模的批次，不僅最佳化了記憶體使用，還促進了運算資源的高效分配，進而加速了模型訓練的迭代速度與收斂效率。

→ 程式 4-16

```
# 匯入 Transformers 函數庫中的 DataCollatorWithPadding 類別，
# 這個類別用於在批次處理資料時自動對齊（填充）不同長度的序列，以便模型輸入。
from transformers import DataCollatorWithPadding
# 實例化 DataCollatorWithPadding 物件，傳入之前建立的 tokenizer 作為參數。
# 這個操作會使得在對資料集進行批次處理時，自動根據 tokenizer 的設置對序列進行填充，
# 確保每個批次內的所有樣本具有相同的長度，滿足模型的輸入要求，特別是對像 BERT 這樣的模型來說是必需的。
data_collator = DataCollatorWithPadding(tokenizer=tokenizer)
```

特別是，DataCollator 實現了智慧化的 withPadding 機制，該特性進一步增強了資料準備的靈活性與實用性。當啟用 withPadding 時，DataCollator 會自動檢測並分析每個批次內樣本的長度差異，巧妙地運用填充技術（Padding）來統一各批次內序列的長度。這一操作對於自然語言處理（NLP）等任務尤為重要，其中不同樣本的文字序列可能因句子長短不一導致形狀不一致，透過在較短序列後增加特定值（通常是 0 或特殊標記）進行填充，可確保所有樣本在維度上的一致性，從而可以直接應用於矩陣運算密集的深度學習框架中，無須擔心因形狀不匹配導致的計算障礙。這一巧妙設計不僅簡化了資料前置處理流程，還確保了模型訓練的順利進行，是邁向高品質模型產出的重要一步。

4.4.4 模型訓練的參數

Transformers 函數庫致力於使模型微調過程變得極為簡便。然而，模型訓練本身固有的複雜性不容忽視。在追求模型最佳化的實踐中，存在著多種精細調節策略與大量超參數配置的考量，其中包括但不限於批次大小（batch_size）、最佳化器步進值及學習率等關鍵要素。這些核心配置項均被整合於

4 大型模型開發工具

TrainingArguments 這一結構中，旨在提供給使用者一個集中且高效的參數管理介面。

如圖 4-29 所示，詳盡羅列了 TrainingArguments 所涵蓋的所有參數配置，這一概覽不僅揭示了模型訓練背後的複雜性，也彰顯了 Transformers 函數庫在抽象化複雜性、促進使用者友善性方面的努力，為研究人員和開發者提供了一個清晰、全面的微調與訓練模型的主控台。

```
TrainingArguments

 class transformers.TrainingArguments                                    < source >

( output_dir: str, overwrite_output_dir: bool = False, do_train: bool = False, do_eval: bool = False,
do_predict: bool = False, evaluation_strategy: Union = 'no', prediction_loss_only: bool = False,
per_device_train_batch_size: int = 8, per_device_eval_batch_size: int = 8, per_gpu_train_batch_size:
Optional = None, per_gpu_eval_batch_size: Optional = None, gradient_accumulation_steps: int = 1,
eval_accumulation_steps: Optional = None, eval_delay: Optional = 0, learning_rate: float = 5e-05,
weight_decay: float = 0.0, adam_beta1: float = 0.9, adam_beta2: float = 0.999, adam_epsilon: float = 1e-
08, max_grad_norm: float = 1.0, num_train_epochs: float = 3.0, max_steps: int = -1, lr_scheduler_type:
Union = 'linear', lr_scheduler_kwargs: Union = <factory>, warmup_ratio: float = 0.0, warmup_steps: int =
0, log_level: Optional = 'passive', log_level_replica: Optional = 'warning', log_on_each_node: bool =
True, logging_dir: Optional = None, logging_strategy: Union = 'steps', logging_first_step: bool = False,
logging_steps: float = 500, logging_nan_inf_filter: bool = True, save_strategy: Union = 'steps',
save_steps: float = 500, save_total_limit: Optional = None, save_safetensors: Optional = True,
save_on_each_node: bool = False, save_only_model: bool = False, no_cuda: bool = False, use_cpu: bool =
False, use_mps_device: bool = False, seed: int = 42, data_seed: Optional = None, jit_mode_eval: bool =
False, use_ipex: bool = False, bf16: bool = False, fp16: bool = False, fp16_opt_level: str = '01',
half_precision_backend: str = 'auto', bf16_full_eval: bool = False, fp16_full_eval: bool = False, tf32:
Optional = None, local_rank: int = -1, ddp_backend: Optional = None, tpu_num_cores: Optional = None,
tpu_metrics_debug: bool = False, debug: Union = '', dataloader_drop_last: bool = False, eval_steps:
Optional = None, dataloader_num_workers: int = 0, dataloader_prefetch_factor: Optional = None,
past_index: int = -1, run_name: Optional = None, disable_tqdm: Optional = None, remove_unused_columns:
Optional = True, label_names: Optional = None, load_best_model_at_end: Optional = False,
```

▲ 圖 4-29

TrainingArguments 配置全面而詳盡，旨在適應多樣化的應用場景及個性化需求，儘管其參數許多，但偵錯難度相對有限。Transformers 函數庫預先設定了合理的預設參數值，使得使用者僅需關注並調整少數常用參數，即可啟動模型訓練流程。在遇到特定場景需求時，使用者可隨時參照官方文件進行參數查詢與調整。具體的使用方法如程式 4-17 所示。

4.4 全量微調訓練方法

➡ 程式 4-17

```
# 引入 Transformers 函數庫中的 TrainingArguments 類別，該類別用於配置訓練過程中的各項參數。
from transformers import TrainingArguments
# 設置模型儲存的根目錄路徑，這裡是本地的 "home/egcs/models/bert-base-uncased" 目錄。
model_dir = "home/egcs/models/bert-base-uncased"
# 初始化一個 TrainingArguments 物件，用於儲存和管理訓練參數配置，包括：
#output_dir：模型訓練完成後儲存的目錄路徑，透過 f-string 插值語法動態生成絕對路徑。
#logging_dir：訓練記錄檔的儲存目錄，同樣使用 f-string 插值語法生成。
#logging_steps：模型訓練時的日誌記錄頻率，即每進行多少步儲存一次訓練日誌，預設設置為每 100 步。
training_args = TrainingArguments(
    output_dir=f"{model_dir}/trainer",          # 模型訓練輸出的目錄位置
    logging_dir=f"{model_dir}/trainer/runs",    # 訓練記錄檔的儲存目錄
    logging_steps=10                            # 訓練過程中的日誌記錄間隔，每 100 步記錄一次日誌
)
```

以下是對部分關鍵參數的簡要說明。

（1）Output Directory(output_dir)：指定模型檢查點（checkpoint）的儲存位置，即模型訓練成果的存放路徑。

（2）Overwrite Output Directory(overwrite_output_dir)：當設置為 True 時，允許訓練完成後覆蓋指定的輸出資料夾，便於迭代實驗與結果更新。

（3）Do Training(do_train)&Do Evaluation(do_eval)：這兩項參數分別控制是否執行訓練與評估流程，以及 Evaluation Strategy(evaluation_strategy)，決定了驗證過程是在每個固定步數（steps）後進行，還是在每個訓練週期（epochs）結束後進行，以監控模型性能。

（4）Number of Training Epochs(num_train_epochs)：設定模型訓練的總週期數，影響模型學習的深度與廣度。

（5）Learning Rate(learning_rate)&Weight Decay：前者確定了模型參數更新的速度，後者則是控制學習率隨時間逐漸減小的策略，共同作用於最佳化模型收斂過程。

（6）Logging Steps(logging_steps)：指定訓練過程中每隔多少步記錄並輸出訓練日誌，包括損失（loss）等關鍵指標，有助即時監控訓練進展。

4.4.5 模型訓練

如程式 4-18 所示，匯入模型。

➜ 程式 4-18

```
from transformers import AutoModelForSequenceClassification
checkpoint = "home/egcs/models/distilbert-base-uncased-finetuned-sst-2-english"
model = AutoModelForSequenceClassification.from_pretrained(checkpoint,
num_labels=2).cuda()
```

在匯入預訓練模型的過程中，透過明確指定 num_labels=2 參數，實質上是對模型的輸出層進行了訂製化調整，旨在將其重塑為適用於二分類任務的結構。這一操作精巧地改變了模型的最終輸出維度，確保其能夠輸出兩個機率值，分別對應兩個互斥的類別，從而滿足正負情感分析、二元決策等典型二分類問題的需求。同時，與之前不同，不能使用 half 對模型進行量化

接下來，關於模型訓練的詳細步驟，首先涉及資料的前置處理階段，包括文字清洗、分詞、向量化等，確保原始資料轉化為模型可接受的格式。隨後，利用精心建構的資料集，結合適當的最佳化器、損失函數及學習率策略，開展模型的迭代訓練。在訓練過程中，還需密切關注訓練損失與驗證集上的性能表現，適時調整學習率或採用早停策略以避免過擬合，確保模型泛化能力。

此外，利用交叉驗證、學習曲線分析等技術監控訓練過程，對於最佳化模型性能、提升分類準確率至關重要。最後，透過評估在測試集上的表現來檢驗模型的有效性，完成整個模型訓練流程，並可根據實際應用需求，對模型進行微調或部署。這一系列綜合措施共同組成了從模型匯入訂製、到有效訓練直至最終評估的完整實踐路徑。

4.4 全量微調訓練方法

如程式 4-19 所示，Transformers 函數庫中的 Trainer 組件旨在大幅度簡化神經網路模型的微調與訓練流程。其實現過程可概括為三個核心步驟。

➔ 程式 4-19

```
from transformers import Trainer,TrainingArguments
# 初始化 TrainingArguments 物件，傳入一個參數 "test-trainer" 作為輸出目錄的基礎名稱。
# 將會配置基本的訓練參數並預設設置輸出目錄等。
training_args = TrainingArguments("test-trainer")
# 建立 Trainer 實例，該實例負責模型的實際訓練過程，需要以下參數：
#model：待訓練的模型實例，這裡直接引用了之前定義好的模型物件。
#training_args：上面建立的 TrainingArguments 物件，包含了所有訓練參數的配置。
#train_dataset：訓練資料集，此處使用之前處理並分詞後的資料集 `tokenized_datasets["train"]`。
#eval_dataset：驗證資料集，用於在訓練過程中評估模型性能，來源於 `tokenized_datasets["validation"]`。
#data_collator：資料收集器，用於在批次處理資料前對資料進行必要的前置處理操作，如填充、masking 等。
#tokenizer：分詞器物件，用於文字前置處理，確保資料集中的文字能轉換成模型所需格式。
trainer = Trainer(
    model=model,                                       # 要訓練的模型實例
    args=training_args,                                # 訓練參數配置
    train_dataset=tokenized_datasets["train"],         # 訓練資料集
    eval_dataset=tokenized_datasets["validation"],     # 驗證資料集
    data_collator=data_collator,                       # 資料批次處理函數
    tokenizer=tokenizer                                # 分詞器，用於文字前置處理
)
# 呼叫 Trainer 物件的 train() 方法啟動模型的訓練過程。
# 這個過程會根據配置的參數執行模型訓練、評估及日誌記錄等工作。
trainer.train()
```

（1）初始化 Trainer 物件：首要任務是建立 Trainer 類別的實例，需向建構函數傳遞一系列關鍵參數。這包括已載入的預訓練模型（model）、詳細的訓練配置（argument，通常封裝在 TrainingArguments 物件中），用以指導訓練過程的策略與日誌記錄；訓練與驗證所必需的資料集，以及一個可選的 compute_metrics 函數，該函數負責定義評估模型性能的關鍵指標，也可嵌入資料集定義中以實現度量標準的訂製化。下一節對該函數在進行了定義。

（2）配置相關相依：在實例化 Trainer 之前，需確保所有將作為 Trainer 輸入的物件均已正確實實體化。舉例來說，模型應已完成載入並配置好對應的參數，資料集需完成前置處理，以及根據需求訂製的評估指標函數也已準備就緒。

（3）執行微調訓練：最後，透過呼叫 Trainer 實例的 train 方法，即可一鍵啟動模型的微調過程。此步驟自動執行資料載入、批次處理、前向傳播、反向傳播、參數更新等一系列訓練操作，直至達到預定的訓練輪次或停止條件。

如圖 4-30 所示，欲深入了解 Trainer 的高級用法及其豐富的配置選項，可參考官方文件提供的詳盡指南。該文件不僅詳述了 Trainer 類別的各個參數及其功能，還涵蓋了如何透過精細配置來最佳化模型訓練的各個方面，為使用者實現高效、訂製化的模型微調提供了全面支援。

Trainer

```
class transformers.Trainer                                              <source>

( model: Union = None, args: TrainingArguments = None, data_collator: Optional = None, train_dataset:
Union = None, eval_dataset: Union = None, tokenizer: Optional = None, model_init: Optional = None,
compute_metrics: Optional = None, callbacks: Optional = None, optimizers: Tuple = (None, None),
preprocess_logits_for_metrics: Optional = None )
```

▲ 圖 4-30

啟動模型訓練處理程序是透過執行 trainer.train() 程式實現的。執行結果如圖 4-31 所示，在此過程中，系統會按照預設的記錄頻率動態地輸出訓練損失資訊，這一頻率可透過參數 logging_steps 靈活自訂，讓使用者能夠根據實際需求調整訓練過程中的資訊回饋密度，從而實現對模型學習進展的適時監控。

4.4 全量微調訓練方法

```
trainer = Trainer(
    model=model,                                    # 要训练的模型实例
    args=training_args,                             # 训练参数配置
    train_dataset=tokenized_datasets["train"],      # 训练数据集
    eval_dataset=tokenized_datasets["validation"],  # 验证数据集
    data_collator=data_collator,                    # 数据批量处理函数
    tokenizer=tokenizer                             # 分词器，用于文本预处理
)
# 调用Trainer对象的train()方法启动模型的训练过程。
# 这个过程会根据配置的参数执行模型训练、评估及日志记录等工作。
trainer.train()
```

[1377/1377 01:19, Epoch 3/3]

Step	Training Loss
500	0.501900
1000	0.274300

▲ 圖 4-31(編按：本圖例為簡體中文介面)

　　此外，為了防止訓練過程中的成果遺失並便於後續的模型評估與調優，訓練策略中還包括了模型檢查點的自動儲存機制。這一機制允許使用者設定模型儲存的間隔，無論是基於固定的訓練週期（epoch）數量，還是其他自訂條件，系統都將自動在達到預設的儲存週期時，將當前訓練狀態的模型持久化儲存。這樣的設計不僅確保了訓練資源的高效利用，還為模型迭代與比較提供了便利，使用者可以在任意檢查點恢復訓練或進行推斷實驗，極大地增強了訓練流程的可靠性和靈活性。

4.4.6 模型評估

　　與 Datasets 函數庫相似，如圖 4-32 所示，模型評估領域也得益於一個專門的函數庫設計，其目標在於極度簡化評估流程，在理想情況下，使用者僅需撰寫一行簡潔的程式指令，即可輕鬆呼叫並執行廣泛的評估方法。這個函數庫整合了多種評估技術與指標，覆蓋了從基本的準確性測量到複雜的性能分析，旨在為研究人員和開發者提供一個統一且高效的評估工具集。透過抽象化底層複雜性，它使高度專業化的評估任務能變得觸手可及，極大地促進了模型性能分析的標準化與可比性，加速了從模型開發到部署的迭代週期。

4 大型模型開發工具

評估，作為模型性能檢驗的核心環節，在大型模型及廣泛機器學習領域佔據著舉足輕重的地位。其本質是，基於資料集中的標籤資訊（label）或透過訓練與驗證集的精確標注，系統化地分析和衡量模型預測結果的準確度與可靠性。評估不僅限於監督學習範圍，而且在非監督及強化學習等多種學習範式中同樣扮演關鍵角色。

▲ 圖 4-32

評估策略可歸納為以下兩大類。

（1）直接借助目標函數（objective function）與損失函數（loss function）來量化模型表現，計算得到的損失值（training_loss）直觀反映了模型預測與實際結果之間的偏離程度。在理想狀況下，隨著超參數（hyperparameters）的精細調校與模型訓練的深入，損失值應逐步逼近零，標誌著模型對訓練資料的擬合度不斷提升，學習過程趨向收斂。

4.4 全量微調訓練方法

（2）聚焦於各類評估指標（metrics），如準確率（accuracy）、F1 分數（F1 score）等，這些經典評估標準廣泛應用於衡量模型分類或回歸任務的性能。它們從不同維度綜合評判模型效能，相較於單一的損失值，能夠提供更豐富、多維的性能回饋。尤為值得一提的是，許多資料集處理工具如 Datasets 函數庫內建了 load_metric 函數，極大簡化了開發者應用標準評估指標的流程，僅需一行程式即可載入並應用這些預先定義的評估方法，大大提升了工作效率與評估的標準化水準，確保了模型評估的便捷性與嚴謹性。

在程式 4-20 中，先將驗證集交給模型進行預測，然後透過 argmax 函數從 predictions.predictions 中找到每個樣本最可能的預測類別。np.argmax(...,axis=-1) 函數用於沿著指定軸找到陣列中最大值的索引。在這裡，axis=-1 表示在最後一個維度上操作，即對每個樣本的所有預測類別中的機率值尋找最大值的索引位置。這個索引位置實際上就代表了該樣本最可能的預測類別（因為通常情況下，機率最高的類別被認為是模型的預測選擇）。

➜ 程式 4-20

```
# 匯入 NumPy 函數庫，用於進行數值計算和操作，尤其是處理陣列的功能強大。
import numpy as np
# 使用 Trainer 物件的 predict 方法對驗證資料集（tokenized_datasets["validation"]）進行預測。
# 將會傳回一個 Predictions 物件，包含模型在驗證集上的預測輸出和真實標籤 ID。
predictions = trainer.predict(tokenized_datasets["validation"])
# 列印出預測的形狀和真實標籤 ID 的形狀，以檢查二者是否對應且理解資料結構。
print(predictions.predictions.shape,predictions.label_ids.shape)
# 使用 Numpy 函數庫中的 argmax 函數沿著最後一個軸（axis=-1）找出預測機率最大的類別索引，
# 即預測的類別標籤。這是將模型的輸出（通常是機率分佈）轉為類別預測的常見做法。
preds = np.argmax(predictions.predictions,axis=-1)
# 列印出最終的類別預測結果，這些是模型在驗證集上每個樣本上的預測類別。
print(preds)
```

結果如圖 4-33 所示，preds 會是一個一維陣列，其長度與樣本數量相同，包含了每個樣本對應的預測類別索引。

4 大型模型開發工具

```
(408, 2) (408,)
[1 0 0 1 0 1 0 1 1 1 1 0 0 1 1 0 1 0 1 1 0 1 1 1 1 0 1 1 1 1 1 1 1 1 1 0
 0 1 1 0 0 1 0 0 1 1 0 1 1 1 1 1 1 1 1 1 1 1 1 1 1 1 1 0 1 1 0 1 1 0 1 1
 1 1 1 1 1 1 1 1 1 0 1 1 1 1 1 1 1 1 1 1 1 0 1 1 1 1 1 1 1 1 1 0 0 1 1
 1 1 1 1 1 1 1 1 1 1 1 1 1 1 1 0 1 1 0 1 1 1 1 0 1 1 1 1 0 1 0 1 1 1
 1 1 0 1 1 1 1 1 1 1 1 1 1 1 1 0 1 0 0 0 1 1 1 1 1 0 1 1 1 1 1 1 1
 1 0 0 0 1 1 0 0 1 0 1 1 1 1 1 0 1 1 1 0 1 1 0 0 0 1 1 0 1 1 1 1 0 1 1 1
 1 0 1 1 1 1 1 1 1 1 1 0 1 1 0 1 1 0 1 1 1 0 1 1 1 1 0 1 1 1 0 0 1 1 0 1 1 1
 0 1 0 1 1 1 0 1 1 1 1 1 0 1 1 1 1 1 1 0 1 1 1 0 1 1 1 0 1 1 1 0 1 1 1 0
 0 1 1 1 1 1 1 0 1 1 0 1 0 1 1 1 1 0 1 1 1 1 1 0 0 0 0 1 1 1 1 1 1 1 1 1
 1 1 1 1 1 1 1 1 0 1 1 1 1 1 1 1 0 1 1 1 0 0 1 1 1 1 0 1 1 0 1 1 1 1 0 0
 1 1 1 1 0 0 1 0 1 1 1 0 1 1 1 1 1 0 1 1 1 1 1 1 1 1 1 1 0 1 1 0 1 1 1
 1]
```

▲ 圖 4-33

　　一旦模型訓練完成,緊隨其後的關鍵步驟便是利用驗證集對模型性能進行評估,以獲取其在未見過資料上的泛化能力表現。這一評估階段不僅對於理解模型的有效性至關重要,而且也是最佳化模型參數、避免過擬合的重要依據。目前,我們已經成功實施了模型訓練流程,並能夠即時監控訓練過程中的損失值。但是,隨之而來的問題是如何進一步豐富評估指標,例如加入準確率(accuracy)和特定評分指標(score values)等,以便更全面地掌握模型的學習進展和性能。

　　值得慶幸的是,Datasets 函數庫預見性地提供了 load_metric 方法,這一功能強大的工具使得使用者能夠輕鬆整合廣泛認可的評估指標至訓練流程中。無論你的需求是經典的準確率、查準率、查全率,還是更為複雜的 F1 分數、AUC-ROC 曲線下的面積等,Huggingface 生態系統幾乎囊括了所有你能想到的評估標準。這表示,使用者無須從零開始撰寫評估邏輯,而是可以直接呼叫這些預置的高效函數,將精力更多地集中在模型架構的創新和業務邏輯的最佳化上。如程式 4-21 所示,透過這種方式,Huggingface 極大地簡化了機器學習專案中評估階段的複雜度,同時也確保了評估過程的專業性和準確性,讓研究人員和開發者能夠快速迭代、對比不同模型版本,加速達到理想的模型性能。

➔ 程式 4-21

```
# 匯入 Datasets 函數庫中的 load_metric 函數,用於載入評估指標以度量模型性能。
from datasets import load_metric
```

4.4 全量微調訓練方法

```
# 使用 load_metric 函數載入名為 "glue" 資料集中的 "mrpc" 子任務所對應的評估指標。
# GLUE（General Language Understanding Evaluation）是一系列自然語言理解任務的集合，而 MRPC
（Microsoft Research Paraphrase Corpus）
# 是其中的任務，用於評估兩個句子是否具有相似的語義。
metric = load_metric("glue","mrpc")
# 呼叫載入的 metric 的 compute 方法來計算模型在驗證集上的性能。
# 參數 predictions 傳入之前計算得到的預測類別（preds），references 傳入真實的標籤 ID
（predictions.label_ids）。
# 將會根據 MRPC 任務的具體要求評估模型預測的準確性。
metric.compute(predictions=preds,references=predictions.label_ids)
```

下面將深入探討 metric 功能的實用價值及其在自然語言處理（NLP）任務中的應用。load_metric 作為一個核心功能，其主要職責是從預設的評估函數庫中載入成熟的評估準則。這一過程簡化了評估步驟，使用者只需指定所需的評估標準名稱，系統便會自動載入相應的演算法。該函數要求提供兩組關鍵資料作為輸入：predictions 代表模型對資料的預測輸出，而 references 則是對應的真實標籤或目標值，基於這兩者，該方法能夠高效率地計算並傳回關鍵指標，如準確率，以直觀反映模型的表現。

透過上述程式可以對驗證集的結果進行評估，評估結果如圖 4-34 所示。

```
In [29]: # 导入Datasets库中的load_metric函数，用于加载评估指标以度量模型性能。
         from datasets import load_metric
         # 使用load_metric函数加载名为"glue"数据集中的"mrpc"子任务所对应的评估指标。
         # GLUE (General Language Understanding Evaluation) 是一系列自然语言理解任务的集合
         # 是其中的一个任务，用于评估两个句子是否具有相似的语义。
         metric = load_metric("glue", "mrpc")
         # 调用加载的metric的compute方法来计算模型在验证集上的性能。
         # 参数predictions传入之前计算得到的预测类别 (preds)，references传入真实的标签ID (p
         # 这将根据MRPC任务的具体要求评估模型预测的准确性。
         metric.compute(predictions=preds, references=predictions.label_ids)
Out[29]: {'accuracy': 0.8382352941176471, 'f1': 0.8896321070234114}
```

▲ 圖 4-34(編按：本圖例為簡體中文介面)

至於為何傾向於使用預先定義的評估標準而非自行設計，原因在於 NLP 任務具有較強的模式性。無論是詞彙分類、句子情感判斷、文件主題分類，還是語言模型的下一個詞預測、文字摘要生成乃至對話系統的回應品質評估，這些任務通常遵循既定的評估框架。因此，針對這些典型任務，社區已發展出一系列成熟且廣泛接受的評估方法，直接呼叫這些標準不僅能節省開發時間，還能確保評估結果的可比性和通用性。

除此之外，我們在訓練過程中也可以指定評估方法。在將選定的評估方法融入模型訓練流程時，推薦的做法是將評估邏輯封裝在一個獨立的函數中，遵循固定的撰寫模式。在程式 4-22 中定義好 compute_metrics 函數，負責接收模型在驗證集或測試集上的預測輸出（通常為機率分佈），並將其轉為具體的類別標籤（透過如 argmax 操作），進而計算並整理各項評估指標。具體實現時，只需將此函數作為參數傳遞給 Trainer 類別的實例化過程，如 trainer = Trainer(...,compute_metrics= compute_metrics)，如此一來，Trainer 將在訓練結束後自動執行該函數，產出模型性能的詳盡報告。

➜ 程式 4-22

```
def compute_metrics(eval_preds):
    """
    計算評估指標的函數，這裡特指處理 GLUE 資料集中 MRPC 任務的評估。
    參數：
    eval_preds：一個元組，其中包含從模型得到的預測 logits（未經過 softmax 處理的輸出）和真實的 labels。
    傳回：
    一個字典，包含了評估結果的各類指標，如準確率等，具體由 MRPC 任務的評估標準決定。
    """
    # 加載入 GLUE 資料集中的 MRPC 任務所使用的評估指標，用於後續的性能度量
    metric = load_metric("glue","mrpc")
    # 解壓縮輸入的 eval_preds 元組，獲取 logits（模型輸出）和 labels（真實標籤）
    logits,labels = eval_preds
    # 使用 numpy.argmax 沿 logits 的最後一維找到機率最大的索引，即預測的類別
    predictions = np.argmax(logits,axis=-1)
    # 根據載入的評估指標計算模型性能，傳入預測的類別和真實的標籤，執行評估並傳回結果
    return metric.compute(predictions=predictions,references=labels)
```

總而言之，透過利用 load_metric 載入標準化評估方法，並將自訂的 compute_metrics 函數整合入訓練流程，我們可以高效、準確地監控和評估模型在不同階段的表現，為模型最佳化與選擇提供堅實的量化基礎。

4.4 全量微調訓練方法

定義完 compute_metrics 之後，透過程式 4-23 再重新進行訓練。

➡ 程式 4-23

```
from transformers import Trainer,TrainingArguments
training_args = TrainingArguments("test-trainer",evaluation_strategy= "epoch")
#compute_metrics：一個函數，定義了如何從模型預測中計算評估指標，這裡是之前定義的 compute_
metrics 函數。
trainer = Trainer(
    model,
    training_args,
    train_dataset=tokenized_datasets["train"],
    eval_dataset=tokenized_datasets["validation"],
    data_collator=data_collator,
    tokenizer=tokenizer,
    compute_metrics=compute_metrics         #計算指標的函數
)
trainer.train()
```

如圖 4-35 所示，在模型訓練處理程序的上下文中，對引入 compute_metrics 函數前後的差異進行細緻比較，揭示了一個顯著的擴充趨勢在評估指標的多樣性上。在未整合此函數之前，模型訓練的監控主要集中於基礎的損失（Loss）指標，這是衡量模型預測錯誤程度的關鍵量度。然而，隨著 compute_metrics 功能的融入，評估系統獲得了豐富與深化。

引入前			引入後				
[1377/1377 40:54, Epoch 3/3]			[1377/1377 42:32, Epoch 3/3]				
Step	Training Loss		Epoch	Training Loss	Validation Loss	Accuracy	F1
500	0.607600		1	No log	0.357532	0.848039	0.895623
1000	0.529200		2	0.518900	0.459758	0.852941	0.896907
			3	0.276300	0.642761	0.855392	0.899489

▲ 圖 4-35

具體而言，除了繼續追蹤模型訓練過程中的損失值，系統開始同時報告準確率（Accuracy）與 F1 分數（F1 Score）。準確率作為最直觀的性能指標之一，直接反映了模型預測正確的比例，對於許多分類任務而言，它是評價模型

4 大型模型開發工具

效能的基本尺度。而 F1 分數，則是一種更為均衡的度量方式，它綜合了精確率（Precision）與召回率（Recall）的優點，尤其適用於類別分佈不均的資料集，為模型評估提供了更為全面的角度。

因此，透過在模型訓練流程中加入 compute_metrics 函數，不僅能夠獲得更廣泛、多維度的性能回饋，還能夠更精細地洞察模型在不同方面的表現力，從而為調優策略的制定與實施提供了堅實的資料支援。這一改進不僅提升了訓練過程的透明度，也強化了對模型最佳化方向的指導能力，是邁向高性能模型開發實踐的重要一步。

4.5 本章小結

本章詳細介紹了大型模型開發工具及其應用。首先，介紹了 Huggingface 平臺，包括其基本概念和安裝 Transformers 函數庫的步驟。然後，討論了大型模型開發工具的開發範式和 Transformers 函數庫核心設計，幫助讀者了解如何有效地使用這些工具進行模型開發和應用。隨後，深入解析了 Transformers 函數庫的詳細功能，包括 NLP 任務處理的全流程、資料轉換形式、Tokenizer 的使用方法，以及模型的載入、輸出和儲存操作。最後，介紹了全量微調訓練方法，涵蓋了 Datasets 函數庫和 Accelerate 函數庫的使用、資料格式、資料前置處理、模型訓練的參數設置、實際訓練過程和模型評估的步驟。本章為讀者提供了豐富的工具和技術內容，以幫助其掌握大型模型開發的核心方法和實施步驟。

5

高效微調方法

　　隨著大型語言模型（Large Language Models，LLM）引領人工智慧領域的最新變革，我們見證了這一領域的空前繁榮與進步。從數萬至數十萬個參數的初級模型，躍升至現今動輒數十億乃至上百億個參數的龐然大物，這一演變歷程的背後，是自 2018 年以來在自監督學習框架下對巨量資料的不斷挖掘與模型規模的持續擴張。與之相伴，「微調」作為提升模型特定任務性能的關鍵手段，其重要性日益凸顯，這主要歸因於大型模型的高昂訓練成本，使得全量微調成為多數研究者與機構難以逾越的障礙。於是，高效微調技術應時代需求而生，為解決資源約束與模型效能之間的矛盾提供了新的路徑。

5 高效微調方法

傳統全量微調，即對模型所有參數進行全面調整的策略，已難以適應 LLM 的規模與複雜度。特別是在普通硬體環境下，大型模型的資源消耗令人望而卻步。尋求一種既能保持模型效能又能大幅降低資源需求的解決方案變得迫在眉睫。高效微調技術恰逢其時，透過僅調整少量新增或特定參數，同時保持預訓練模型參數不變，實現了成本與性能間的微妙平衡，為大型模型的廣泛應用開闢了新天地。

本章將聚焦於 QLoRA 技術及其在微調 GLM 模型中的應用，探討 QLoRA 如何在許多微調技術中脫穎而出，其獨特優勢何在。我們將循序漸進，從 2021 年的技術背景出發，逐步剖析至 2023 年的技術演進，展現 QLoRA、LoRA、P-Tuning、Prefix Tuning 及 P-Tuning V2 等技術的發展脈絡。簡而言之，LoRA 以其調整效果見長，P-Tuning 則以效率領先，而 Prefix Tuning 與 P-Tuning V2 則在效率與效果之間獲得了平衡。透過深入探索這些技術的特性和演進，我們旨在為讀者建構一個清晰的微調技術圖譜，為未來的研究與實踐提供指導與啟示。

■ 5.1 主流的高效微調方法介紹

5.1.1 微調方法介紹

1．微調方法分類

圖 5-1 將高效微調技術粗略分為三個大類：Additive（增加額外參數）、Selective（選取一部分參數更新）、Reparametrization-based（引入重參數化）。

（1）Additive。

Additive 主要分為 Adapters（轉接器）和 Soft Prompts（軟提示）兩個小類。

① Adapters 至今仍是參數效率微調（Parameter-Efficient Fine-Tuning，PEFT）領域的一項主流技術。簡而言之，轉接器設計涉及在前饋神經網路（Feed Forward Neural Network，FFNN）模組內部增添一個輔助

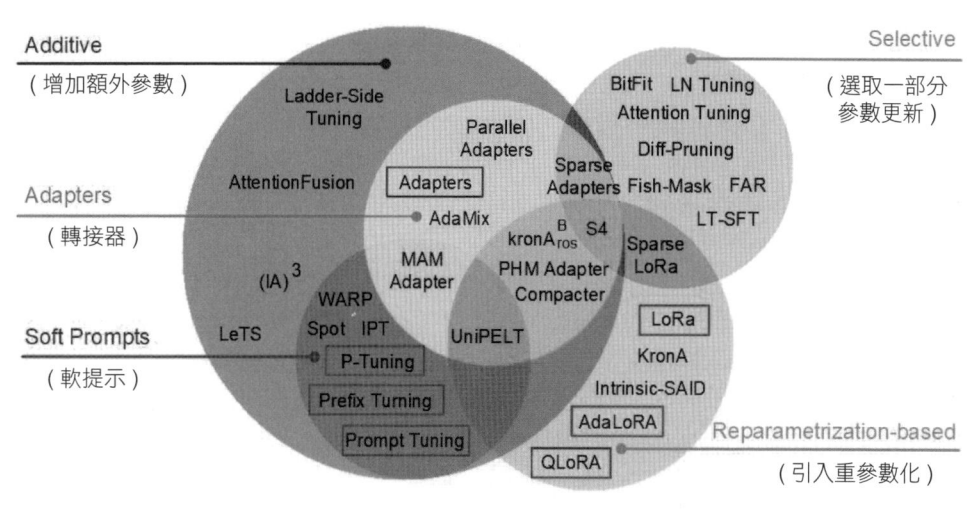

模組，以此實現對模型的針對性增強，而無需全面調整原有架構。

▲ 圖 5-1

② Soft Prompts 包括 Prompt Tuning、Prefix Tuning 及 P-Tuning 等。Soft Prompts 的顯著特點是，繞過對龐大預訓練模型權重的直接調整，轉而專注於最佳化模型的回應機制，僅透過對提示（Prompts）的精心設計與調整，即可有效引導大型模型產生期望的輸出變化。

Additive 不僅囊括了轉接器及軟提示技術，還涵蓋了其他多種策略。其核心思想是，針對特定的下游任務需求，透過增加小型輔助模型或精選的新參數集來對基礎模型進行擴充，初期轉接器的應用即在既定模型架構基礎上整合小型功能模組的實例。採用此類增量模型或參數的方法，能夠高效率地對大型模型進行微調，確保其充分適應目標任務要求。

（2）Selective。

Selective 聚焦於有選擇性地對模型現有的參數集合進行細微調整。調整依據可涉及模型層次的深度、不同類型的功能層，乃至具體參數的重要性，旨在實現精準且高效的參數最佳化。

（3）Reparametrization-based。

其中，LoRA 是這一類中的典型代表。該方法透過變換預訓練模型的參數配置，乃至對網路架構本身進行適度改造，力求以較小規模的模型或參數調整來逼近並複製大型模型的性能表現，其精髓在於利用參數的重新組織與最佳化來達到高效微調的目的。

2．主要技術路線與相關論文

本節主要介紹兩條主要技術路線的微調技術：① Soft Prompt 中的 Prefix Tuning、Prompt Tuning、P-Tuning V1 和 P-Tuning V2；② Reparametrization-based 中的 LoRA、AdaLoRA 和 QLoRA。

第一條技術路線中的技術的發佈時間和相關論文如下。

（1）Prefix Tuning（*Prefix-Tuning:Optimizing Continuous Prompts for Generation*,2021 Stanford）。

（2）Prompt Tuning（*The Power of Scale for Parameter-Efficient Prompt Tuning*,2021 Google）。

（3）P-Tuning V1（*GPT Understand,Too*,2021 Tsinghua,MIT）。

（4）P-Tuning V2（*P-Tuning V2:Prompt Tuning Can Be Comparable to Fine-tuning Universally Across Scales and Tasks*,2022 Tsinghua,BAAI, Shanghai Qi Zhi Institute）。

第二條技術路線中的技術的發佈時間和相關論文如下。

（1）LoRA(*LoRA:Low-Rank ADAPTATION OF LARGE LAN-GUAGE MODELS*,2021 Microsoft)。

（2）QLoRA(*QLoRA:Efficient Finetuning of Quantized LLMS*,2023 University of Washington)。

（3）AdaLoRA(*ADAPTIVE BUDGET ALLOCATION FOR PARAMETER-EFFICIENT FINE-TUNING*,2023 Microsoft,Princeton,Georgia Tech)。

5.1.2 Prompt 的提出背景

1・早期研究結果

如圖 5-2 所示，在 GPT-3 研究的初步階段，科學研究團隊驚奇地揭示了這一預訓練模型蘊含的一項非凡特質，其後被學術界正式冠名為「上下文學習」（In Context Learning，ICL）。此概念的核心邏輯圍繞於從實例中推導類比的認知機制，標誌著人工智慧領域的一項重要進展。

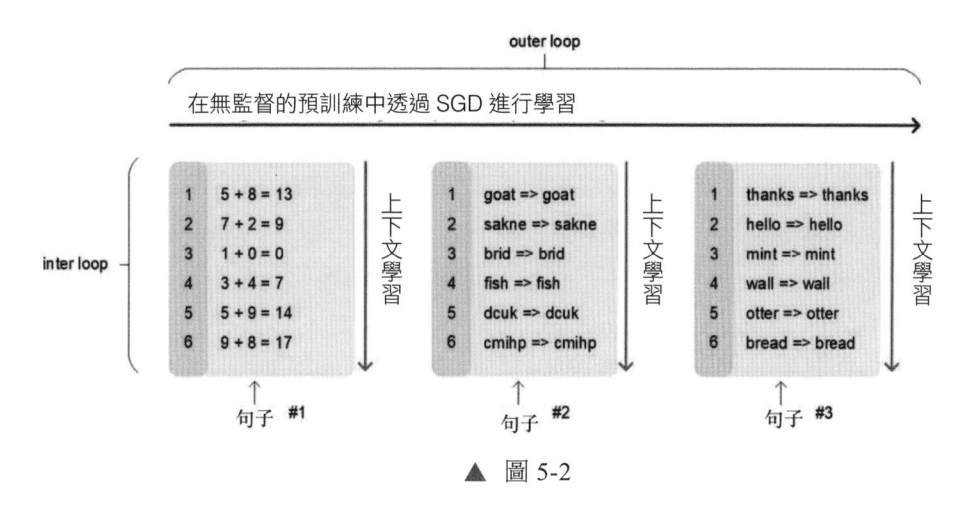

▲ 圖 5-2

上下文學習的核心理論根基在於模仿與泛化的藝術，它摒棄了傳統意義上對模型進行專門針對新任務的再訓練的需求。具體而言，經過大規模預訓練的 GPT-3 模型，在面臨未曾遇見的任務挑戰時，僅需透過一種簡潔而高效的途徑便能迅速適應，即透過輸入包含任務說明的文字段落，輔以數個與目標任務緊密相關的實例作為示範，緊隨其後加入待求解的問題或查詢。這些精心建構的資訊，共同組成了模型輸入的完整包絡，猶如一串金鑰，解鎖了模型內在的知識寶庫，引導其無須額外訓練，直接產出與最後一個查詢最為匹配的答案。

上下文學習的優勢在於其靈活性與即時性，它不僅極大地縮減了模型調整的時間成本與運算資源需求，還展現了人工智慧在理解和處理複雜情境中的深刻洞察力。這一特性不僅深化了我們對於語言模型泛化能力的理解，也為未來建構更加智慧化、自我調整的學習系統奠定了堅實的基礎。因此，上下文學習

5 高效微調方法

不僅是 GPT-3 的一大技術亮點，更是通往更加高效、智慧的人工智慧應用的重要里程碑。

2・新的微調道路

上下文學習的引入為微調領域鋪設了一條創新路徑，尤其是在 GPT-3 闡述其概念之前，學術社群面臨著大型模型微調方法的空白。彼時，兩大難題限制著大型模型的最佳化：一方面，高昂的訓練成本及對龐大算力資源的需求使得全面載入並運算大型模型成為奢望；另一方面，大型模型因參數量級巨大且解釋性欠佳，確定哪些參數需針對性調整成為一個未解之謎。

當時，多數人工智慧領域的研究者深陷於如何有效微調大型模型的困境之中。GPT-3 所宣導的上下文學習理念帶來了顛覆性的見解：實現卓越性能不需要傳統意義上的微調，僅需引導大型模型直接響應精心設計的 Prompt，即可產出高品質的輸出。這一洞見催生了 Soft Prompt 策略的興起，其中包括即將探討的 Prefix Tuning 與 Prompt Tuning 等技術分支。此策略的本質在於保持模型參數不變，僅透過對輸入 Prompt 的巧妙設計與調整，便能顯著提升模型在各類任務中的表現。

透過 Prompt 導向的方法，研究者得以規避為每項下游任務單獨訓練完整模型的傳統做法，轉而採用統一的、預訓練完成且參數固定的母體模型。這一策略不僅實現了模型在多元化任務間的重複使用，還極大地提升了效率，因為僅需維護和儲存少量的 Prompt 參數，相較於整個模型參數集的訓練與儲存，無疑在成本與資源佔用上佔據了顯著優勢。

3・Prompt 分類

在微調技術的範圍內，Prompt 策略被細分為以下兩大類，各自承載著獨特的設計理念與應用挑戰。

（1）Hard Prompt（硬提示）：又稱為離散 Prompt，Hard Prompt 表現了直觀且直接的干預方式，它是由研究者手動精心建構的一系列具有明確語義的文字標記。Hard Prompt 直接以自然語言形式存在，組成易於人類理解與審閱的實際文字符號序列，通常涵蓋中文或英文詞彙。Hard

Prompt 的優勢在於其高度的可解釋性和直觀性，允許領域專家直接基於領域知識訂製化設計。然而，這一過程也伴隨著顯著的侷限—創造一個既高效又能精準引導模型輸出的 Hard Prompt，往往需要深厚的專業洞察力與大量的試錯工作，是一個勞動密集且可能效果不確定的任務。

（2）Soft Prompt（軟提示）：Soft Prompt 常被稱為連續 Prompt。這一策略摒棄了直接的人工建構路徑，轉而採用一種更為靈活且自動化的最佳化手段。Soft Prompt 實質上是一種可學習的向量表示，即一系列在向量空間中透過演算法最佳化得到的張量，它們與模型的輸入嵌入層緊密相連，能夠隨訓練資料集的具體需求動態調整。最佳化過程可透過梯度下降等高級演算法驅動，旨在探索最調配模型行為的虛擬標記空間。儘管 Soft Prompt 在適應性和性能上展現出顯著優勢，但其不足之處在於缺乏直觀的人類可讀性。由於這些「虛擬詞元」並非直接映射到具體的自然語言詞彙，對於研究人員而言，解讀和偵錯 Soft Prompt 背後的邏輯與效果組成了一項額外的挑戰，要求深入理解機器學習內部機制及其與資料的互動作用。

5.2 PEFT 函數庫快速入門

5.2.1 介紹

PEFT 完美表現了 Huggingface 在命名上的直白與創意—直接將這一技術理念的英文縮寫「PEFT」用作其開放原始碼函數庫的標識。面對傳統全參數微調所帶來的高昂成本與資源挑戰，PEFT 函數庫應運而生，它是一個專為大型預訓練模型設計的 Python 函數庫，致力於在保留模型性能的同時，大幅降低微調過程中的運算資源消耗與儲存需求。

PEFT 的核心價值在於其開創了一系列精妙的策略，允許使用者在無須觸碰模型全部參數的前提下，僅透過微調一小部分（有時是新增的）參數，就能實現模型在多種下游任務上的高效遷移與訂製。這一創新不僅大幅度削減了訓練

5 高效微調方法

成本，還奇蹟般地維持了與全量微調模型相媲美的性能水準，從而使大型模型（LLM）的訓練與部署在普通消費者等級的硬體設施上成為可能，極大地拓寬了前端 AI 技術的應用邊界。

如圖 5-3 所示，PEFT 函數庫與業界知名的 Transformers 函數庫、Diffusers 函數庫及 Accelerate 函數庫緊密整合，這一協作不僅最佳化了大型模型的載入流程，還簡化了訓練與推理的執行步驟，為研究人員和開發者架設了一套快速、簡便的工作流程。透過這些整合，使用者能夠以前所未有的速度與效率駕馭複雜模型，推動 AI 技術在各個領域的深度應用與創新。

PEFT

🤗 PEFT (Parameter-Efficient Fine-Tuning) is a library for efficiently adapting large pretrained models to various downstream applications without fine-tuning all of a model's parameters because it is prohibitively costly. PEFT methods only fine-tune a small number of (extra) model parameters - significantly decreasing computational and storage costs - while yielding performance comparable to a fully fine-tuned model. This makes it more accessible to train and store large language models (LLMs) on consumer hardware.

PEFT is integrated with the Transformers, Diffusers, and Accelerate libraries to provide a faster and easier way to load, train, and use large models for inference.

▲ 圖 5-3

在完成第 4 章的學習之旅後，讀者已經熟練掌握了 Transformers 函數庫中諸多核心組件的應用，為深入探索高級模型調優技術奠定了堅實的基礎。第 5 章將聚焦於實現各類高效微調方法的實戰編碼，但在深入探析每種具體策略之前，首要任務是熟悉 Transformers 函數庫內與 PEFT 相關的關鍵模組。這些模組組成了實現高效微調不可或缺的工具箱，為接下來的實踐操作鋪平道路。

得益於第 4 章中對 Transformers 函數庫的深入學習，讀者應當已具備了紮實的理論基礎與實踐經驗，這為過渡到第 5 章的 PEFT 技術學習創造了極其順暢的銜接。本章內容設計注重連貫性，旨在確保先前所學知識能夠自然延伸至 PEFT 領域的知識探索中，即使面對更高級的微調技巧，也能輕鬆上手，無障礙推進學習處理程序。透過逐步剖析 Transformers 函數庫中與 PEFT 相關的 API 與工具，我們旨在鞏固既有知識的同時，開啟通往模型最佳化與性能提升的新篇章。

5.2.2 設計理念

1・一脈相承的設計

PEFT 函數庫秉承了 Transformers 函數庫一貫的設計哲學，追求高度的整合性與好用性。在 Transformers 這一基石函數庫中，建構任何複雜模型的框架均奠基於三大核心抽象組件：Config（配置）、Tokenizer（分詞器）與 AutoModel（自動模型）。這些元件組成了模型的骨架，使得使用者能夠便捷地將預訓練完成的大型模型整合至其專案中，無論是配置模型參數、文字前置處理還是模型本身的載入，皆能一氣呵成。

邁進高效微調的領域，PEFT 函數庫沿襲了 Huggingface 所推崇的簡潔性與好用性原則，未過度堆砌新的概念系統，而是在現有的 Transformer 框架之上巧妙擴充，引入了 PeftModel 與 PeftConfig 兩大核心組件。這一設計哲學不僅確保了與既往知識系統的無縫對接，同時也為使用者在不破壞原有工作流程的基礎上，平滑過渡到高效微調技術的應用提供了便利。所有既有的模型概念與操作習慣均在 PEFT 函數庫中得以保留與繼承，使得開發者能夠在熟悉的環境中，輕鬆掌握並運用 PEFT 函數庫提供的高級微調方法，加速推動模型特定任務導向的訂製與最佳化。

2・支援的方法

隨著學術界對高效微調（Efficient Fine-Tuning）方法研究的不斷深入與創新，Huggingface 的 PEFT 函數庫緊隨技術前端，歷經了頻繁且實質性的程式更新與最佳化。這一系列迭代不僅迅速吸納了最新的研究成果，還確保了對多樣化高效微調技術的廣泛相容與深度支援，進而成為許多研究人員與開發者青睞的首選工具。PEFT 函數庫之所以能夠贏得廣泛認可，在很大程度上歸功於其持續的技術革新能力及對使用者需求的敏銳捕捉，這使得它成為銜接理論研究與實際應用的橋樑。

如圖 5-4 所示，PEFT 函數庫展現了其強大的相容性與實用性，不僅覆蓋了多種主流的預訓練模型架構，還囊括了豐富多樣的高效微調策略。從經典的 Adapter 方法、軟提示技術，到 LoRA、Prompt Tuning、Prefix Tuning 等先進方法，

5 高效微調方法

PEFT 函數庫均提供了便捷的介面與翔實的文件，助力使用者輕鬆實現模型的個性化訂製與性能最佳化。圖 5-4 清晰地勾勒出 PEFT 函數庫在模型支援與微調方法整合方面的廣度、深度，彰顯了其作為高效微調技術實踐平臺的獨特價值與領先地位。

PEFT methods

Discover compatible PEFT methods for officially supported models for a given task.

task		model	method
causal language modeling		bloom	lora, prefix tuning, p-tur
✓ causal language modeling		chatglm	lora, prefix tuning, p-tur
conditional generation		gpt-j	lora, prefix tuning, p-tur
sequence classification		gpt-neo	lora, prefix tuning, p-tur
token classification		gpt-neox-20b	lora, prefix tuning, p-tur
text-to-image		gpt2	lora, prefix tuning, p-tur
image classification		llama	lora, prefix tuning, p-tur
image-to-text		mistral	lora
semantic segmentation		opt	lora, prefix tuning, p-tur

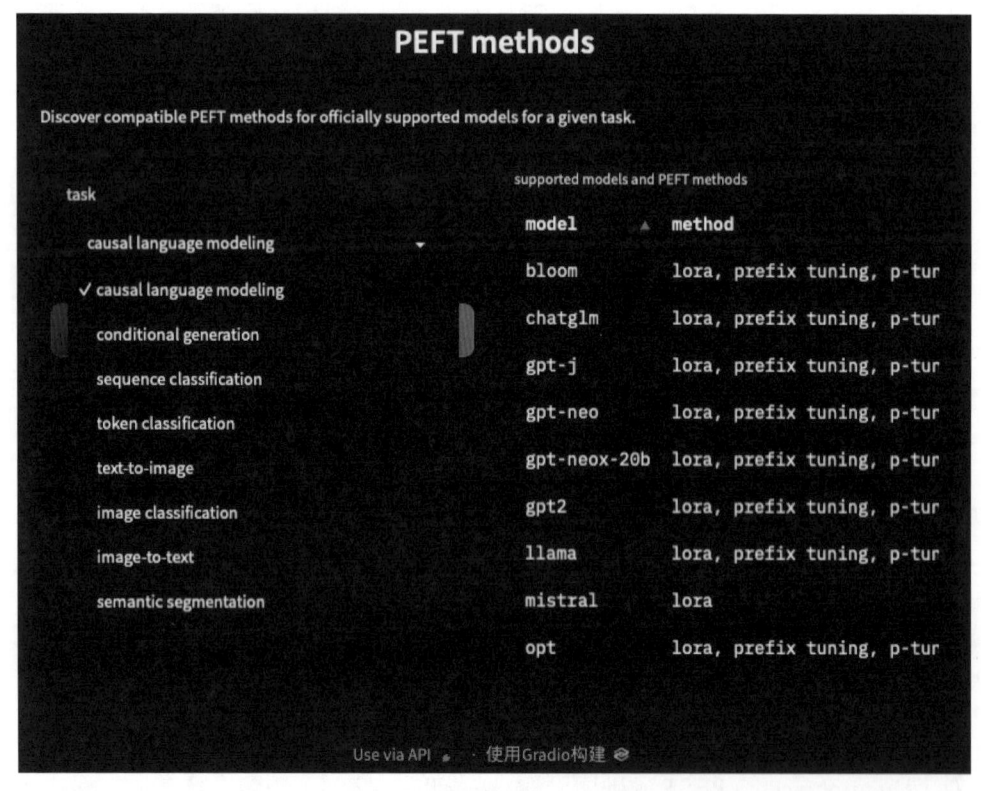

Use via API　·　使用Gradio构建

▲ 圖 5-4

Huggingface 的 PEFT 函數庫內建了一個基於 Gradio 函數庫建構的互動式介面，該介面以其直觀的操作體驗和豐富的功能特性，提供給使用者直接探索函數庫支援能力的視窗。介面中精心設計的下拉式功能表囊括了多種 task_type 選項，使用者可根據自身感興趣的下游應用場景進行選擇。一旦選定任務類型，介面即刻呈現與之匹配的推薦模型清單及相應的高效微調技術，實現了動態、即時的查詢功能，讓使用者能夠輕鬆獲知 PEFT 函數庫當前支援的所有模型與方法組合，極大提升了使用者獲取資訊的效率與便捷性。

5.2 PEFT 函數庫快速入門

此外，為了滿足不同使用者的需求偏好與深度探索的願望，如圖 5-5 所示，Huggingface 官方網站的官方文件板塊同樣扮演了重要角色。在此文件中，不僅詳盡記錄了 PEFT 函數庫的安裝指南、基本使用方法，還專門整理了函數庫中支援的主流微調方法，包括但不限於各類創新性技術的原理介紹、程式範例及最佳實踐建議。這樣的文件版面配置旨在為研究人員、開發者乃至初學者建構一個全方位、層次分明的知識系統，確保每位存取者都能根據自身的學習路徑或專案需求，快速定位並深入了解 PEFT 函數庫的強大功能與最新進展。

```
ADAPTERS
AdaLoRA
IA3
Llama-Adapter
LoHa
LoKr
LoRA
LyCORIS
Multitask Prompt Tuning
OFT
Polytropon
P-tuning
Prefix tuning
Prompt tuning
```

▲ 圖 5-5

3．PeftModel

在實例化 PeftModel 過程中，不可或缺的兩個關鍵元素為基礎模型 Model 與微調配置 PeftConfig。其中，Model 實質上是對 Transformers 函數庫中預訓練模型的引用，這一模型封裝了 Transformers 模型使用的經典三要素：配置、原始模型實現及分詞器。鑑於 Model 本身已內嵌了分詞邏輯（透過包含的 Tokenizer，在 PEFT 這一更高層級的框架設計中，不需要也不再重複定義分詞器，從而保持了程式結構的精簡與邏輯的清晰。

進一步深化，PEFT 框架引入了 AutoPeftModel 這一抽象概念，該設計明顯參考並發展了 Transformers 函數庫中 AutoModel 的理念，同時保留並強化了「Auto」系列的自動化與通用性優點。AutoPeftModel 不僅承繼了 Transformers 函數庫對預訓練大型模型的標準化介面與自動模型檢索機制，還在此基礎上實現了功能的飛躍—它不再侷限於標準的大型模型範圍，而是進化為一個高度靈活且可擴充的模型框架，能夠自如接納多種 PEFT 微調策略的注入。

相較於傳統的大型模型，AutoPeftModel 的標識性特徵在於其無縫對接廣泛 PEFT 方法的能力。具體而言，它能夠支援當前業界主流的三大 PEFT 技術：Adapter（轉接器）方法，透過在模型內部插入小型可訓練模組來實現高效調整；Soft Prompt 技術，依靠在輸入序列中加入可學習的提示序列來引導模型輸出；以及 LoRA（低秩適應），一種透過低秩分解減少參數量級的重參數化策略。這些方法的整合，使得 AutoPeftModel 成了連接傳統預訓練模型與前端微調技術的橋樑，極大地拓展了模型在特定任務上的適應性和效能。

4·PeftConfig

在實踐 PEFT 技術的過程中，每種方法往往伴隨著一系列特定的超參數設定，這些參數源自相關研究論文，並對模型的微調效果至關重要。為了系統化管理這些參數，我們自然而然地參考了 Transformers 函數庫中成熟的設計模式，特別是 AutoClass 架構下的 Config 組件。基於此，所有 PEFT 方法的配置均設計為從基礎的 PeftConfig 類別衍生，形成了一套有序且易於維護的配置繼承系統。

PeftConfig 作為這一配置系統的基石，不僅封裝了 PEFT 方法共通的配置邏輯，還透過一個核心參數—peft_type，精巧地指引了不同微調策略的選擇。這個參數扮演了關鍵角色，依據其設定值，可以動態確定採用哪種高效的微調方法，比如 Adapter、Soft Prompt 或 LoRA 等，從而確保了配置與方法實現之間的靈活對接。這種設計哲學不僅表現了 PEFT 框架的高度模組化與靈活性，也是其實現高效、可訂製化微調的核心邏輯所在。

透過這樣的設計，使用者在面對多樣化的 PEFT 技術時，只需專注於配置 PeftConfig 中的相應參數，即可輕鬆指定並調整所需方法的超參數細節，無須擔憂底層實現的複雜性。這一策略不僅極大地降低了高效微調方法的應用門檻，

5.2 PEFT 函數庫快速入門

也為科學研究人員和開發者提供了一個清晰、一致的配置框架,促進了 PEFT 技術的普及與深化應用。

5.2.3 使用

如程式 5-1 所示,PEFT 函數庫參數定義如下。

➜ 程式 5-1

```
# 從 PEFT 函數庫中匯入 LoRA 配置類別及任務類型列舉
from peft import LoraConfig,TaskType
# 初始化 LoraConfig 物件以配置 LoRA(Low-Rank Adaptation)調配層的參數
# 這些參數用於自訂 LoRA 層的結構和行為,LoRA 是一種輕量級的微調方法,適用於大型模型
peft_config = Lora_config(
    task_type=TaskType.SEQ_2_SEQ_LM,      # 指定任務類型為序列到序列的語言建模(如文字生成任務)
    inference_mode=False,      # 設置為 False 表示是在訓練模式,如果是 True 則是在推理模式下的一些特定最佳化將被應用
    r=8,      #LoRA 層中的秩數(rank),決定了調配層的大小和容量,較低的值使模型更輕量
    lora_alpha=32,      #LoRA 層中權重矩陣的縮放因數,影響學習率和參數初始化規模
    lora_dropout=0.1      #LoRA 層中的 dropout 比例,用於正規化和防止過擬合
)
```

首先,PEFT 函數庫效仿 Transformers 函數庫的便捷性,使用者能夠直接透過簡單的匯入敘述 from peft import... 來獲取函數庫中封裝的核心配置與方法,這一設計確保了高效且直觀的使用體驗。其中,LoraConfig 作為一個精心預製的配置類別,專為 LoRA 這種 PEFT 技術量身訂製,它封裝了 LoRA 論文中提及的關鍵超參數,提供給使用者了整合式配置解決方案。這些參數對於理解及複現 LoRA 方法至關重要,它們的詳細解讀與調整指導則安排在第 6 章,以確保讀者能夠深入掌握並靈活應用。

PEFT 函數庫的這一設計哲學,凸顯了其致力於消除先進技術應用障礙的宗旨。僅需寥寥數行程式,即使是論文中描述的諸多新穎技術,也能輕鬆實現於實際專案之中,大大縮短了從理論認知到實踐操作的距離。PEFT 函數庫以此為

5　高效微調方法

契機，不僅降低了技術門檻，還極大地激發了研究者、開發者探索和應用最前端微調技術的熱情與創造力，真正實現了學術成果向工具程式的高效轉化。

程式 5-2 用於載入模型，在開展微調任務之際，我們依託功能強大的 Transformers 函數庫來載入基礎預訓練模型。本例中，選定的模型為 "bigscience/mt0-large"，此選擇旨在演示流程，而無須深究該模型的具體細節。"bigscience/mt0-large" 作為一個範例模型，代表了大規模多語言預訓練的一種實現，其內部蘊含了豐富的跨語言知識，能夠為後續的微調工作奠定堅實的基礎。重要的是理解載入過程本身：透過 Transformers 函數庫，使用者能夠簡便快捷地獲得這些高級模型，無論它們背後隱藏著怎樣複雜的結構或訓練過程，函數庫的抽象介面都將其簡化為幾個直觀的呼叫步驟。這樣，研究者、開發者可以將更多精力集中於模型針對特定任務的微調策略與實驗設計上，而非模型的初始獲取與配置環節。

➜ 程式 5-2

```
# 從 Transformers 函數庫中匯入 AutoModelForSeq2SeqLM 類別
from transformers import AutoModelForSeq2SeqLM
# 使用 AutoModelForSeq2SeqLM 的 from_pretrained 方法載入預訓練好的序列到序列
  (seq2seq) 語言模型
# 這裡載入的是 "bigscience/mt0-large" 模型，mt0-large 是 BigScience 專案提供
  的大規模多語言預訓練模型，
# 適合用於多種序列到序列的任務，如翻譯、文字摘要等
model = AutoModelForSeq2SeqLM.from_pretrained("bigscience/mt0-large")
```

程式碼部分 5-3 旨在展示如何建構 PEFT 模型，透過呼叫 get_peft_model 這一核心函數，將基礎模型與預先配置好的 peft_config 相結合，進而成功生成一個具備 PEFT 特性的 PeftModel 實例。此過程不僅表現了 PEFT 框架的靈活性與高效性，還巧妙地將 LoRA 配置中的各項設計意圖融入模型架構，確保了模型針對特定任務的最佳化方向與效率。

➜ 程式 5-3

```
# 從 PEFT 函數庫中匯入 get_peft_model 函數，PEFT 函數庫用於實現模型的參數高效微調
from peft import get_peft_model
# 使用 get_peft_model 函數對原始模型（model）進行調配，使其支援 PEFT（Prompt
```

5.2 PEFT 函數庫快速入門

```
Learning or Adapter Tuning）策略，
#peft_config 參數包含了微調配置資訊，如 adapter 類型、層選擇等
model = get_peft_model(model,peft_config)
# 呼叫模型的 print_trainable_parameters 方法，列印出經過 PEFT 調整後可訓練的模型參數量和詳情。
# 這有助理解哪些模型部分將被微調，而哪些部分將保持凍結，這是 PEFT 高效微調的核心優勢之一
model.print_trainable_parameters()
# 輸出以下
"output:trainable params:2359296 || all params:1231940608 || trainable%:
0.19151053100118282"
```

為了深入洞察模型內部的訓練動態，print_trainable_parameters 方法被引入作為 PeftModel 的標準功能之一。此方法的運用，意在直觀展示在當前 PEFT 配置下，模型中可訓練參數的數量及其相對於整體參數量的比例。鑑於 PEFT 技術的核心優勢在於僅對部分參數進行微調，避免了全模型訓練的高昂計算成本，因此，了解並監控訓練參數的規模與佔比，對於評估模型最佳化策略的有效性、監控資源消耗及預測訓練時間具有不可小覷的意義。透過此方法的輸出，使用者可以清晰辨識出哪些參數正在接受梯度更新，從而更進一步地把握 PEFT 訓練處理程序的焦點與效率。

程式 5-4 承載著訓練流程的核心職責，其運作基於在第 4 章中詳盡闡述的 Transformers 函數庫的 Trainer 抽象類別。第 4 章不僅概述了 Trainer 的設計哲學與結構，還強調了其作為模型訓練通用解決方案的重要性。在具體實施訓練時，Trainer 要求明確界定若干關鍵要素以確保訓練過程的順利進行。

➔ 程式 5-4

```
# 初始化訓練參數物件，配置模型訓練所需的各項設置
training_args = TrainingArguments(
    # 模型輸出目錄，訓練結束後，模型將儲存在此路徑下
    output_dir="your-name/bigscience/mt0-large-lora",
    # 學習率，模型參數更新的步進值
    learning_rate=1e-3,
    # 每個裝置上的訓練批次大小，影響記憶體佔用和訓練速度
    per_device_train_batch_size=32,
    # 每個裝置上的評估批次大小，影響評估階段的記憶體佔用和速度
    per_device_eval_batch_size=32,
    # 總共訓練的輪數，即完整遍歷資料集的次數
```

```
    num_train_epochs=2,
    # 權重衰減因數，用於 L2 正規化，幫助減少過擬合
    weight_decay=0.01,
    # 評估策略，這裡設置為每個 epoch 評估一次
    evaluation_strategy="epoch",
    # 模型儲存策略，每個 epoch 結束時儲存模型
    save_strategy="epoch",
    # 是否在訓練結束時載入最佳模型（基於驗證性能）
    load_best_model_at_end=True,
)

# 建立 Trainer 物件，這是訓練的主控制器，整合了模型、訓練參數、資料集等
trainer = Trainer(
    # 要訓練的模型
    model=model,
    # 上述定義的訓練參數
    args=training_args,
    # 訓練資料集
    train_dataset=tokenized_datasets["train"],
    # 評估資料集
    eval_dataset=tokenized_datasets["test"],
    # 用於文字前置處理的分詞器
    tokenizer=tokenizer,
    # 資料收集器，用於批次處理資料
    data_collator=data_collator,
    # 度量指標函數，用於評估模型性能
    compute_metrics=compute_metrics,
)

# 開始模型訓練
trainer.train()
```

　　首先，要素涉及訓練的基礎載體—所選定的模型架構。這要求使用者明確指出期望在其上施加訓練的模型類型，它是整個訓練藍圖的骨架。其次，訓練參數的設定組成了指導模型學習過程的指令集，包括學習率、批次大小、迭代次數等，這些參數共同決定了模型性能最佳化的方向與速度。最後，資料集的供給是訓練的實體內容，若無數據則模型無從學習，因此精心準備並配置合適的資料登錄是至關重要的一步。

值得注意的是，在維持其他配置恆定的前提下，Transformers 函數庫的 Trainer 展現了高度的靈活性與相容性，能夠直接接納經過 PEFT 函數庫訂製的 PeftModel 作為訓練物件。這一特性極大簡化了基於大規模預訓練模型的微調流程，彰顯了 PEFT 函數庫在促進模型個性化調整與效率提升方面的作用。

後續章節將深入探索多種大型模型微調策略，並實踐性地展示如何利用 PEFT 函數庫將這些理論方法轉化為實際操作。透過結合理論解析與動手實操，讀者不僅能獲得對大型模型微調技術的深刻理解，還能親歷 PEFT 函數庫在簡化這一複雜過程中的強大功能與便捷性，進而為各自的科學研究或工程應用開闢新的天地。各種大型模型微調方法在 PEFT 函數庫的支援下會變得非常簡單。下面的章節將一邊講解大型模型微調方法，一邊用 PEFT 函數庫進行實現。

5.3 Prefix Tuning

5.3.1 背景

Prefix Tuning 身為增量調整策略，透過在模型輸入前附加一系列專為特定任務設計的連續向量來實現其獨特性。在此機制中，僅對這些被稱為「首碼」的參數進行最佳化，並將其融入模型每一層級的隱藏狀態之中，而模型的其餘部分保持不變。

2021 年，史丹佛大學透過一項學術發表，引入了一項創新思維：在 Transformer 架構的前端嵌入特化的特徵向量—Prefix，隨後固定 Transformer 的所有其他參數，使 Prefix 擔當起生成新 Token 的重任，這些 Token 進一步適應特定任務需求。此法與人為設計的 Prompt 範本（也稱提示範本）策略異曲同工，反之亦然，Prompt 範本的構思實質上是對 Prefix Tuning 原理的人工模擬，凸顯了人類在引導模型行為方面的間接作用。

參考於大型模型的應用體驗，面對 Prompt 設計的不確定性，研究者通常採取試誤法，不斷變換 Prompt 以探索最有效的詢問模式。然而，人工建構的範本深受個體主觀性和細微變動高度敏感性的限制，哪怕是詞語的增刪或順序的微調，也可能導致輸出性能的顯著波動。

鑑於此，史丹佛大學於 2021 年透過提出 Prefix Tuning，引入一種更為自動化的方法以探尋最佳 Prompt。該技術的核心在於鎖定預訓練完成的大型模型參數，轉而專注於開發針對特定任務、可訓練的首碼，從而為每項任務量身訂製並儲存獨立的首碼參數集，極大地減輕了微調的資源負擔。更進一步，這些 Prefix 本質上組成了連續且可微分的 Virtual Token（虛擬詞元），相較於傳統的離散 Token，最佳化過程更為順暢，且能取得更佳性能。

綜上所述，Prefix Tuning 的核心價值在於大幅度削減了大型模型微調的經濟和技術成本，因為它無須觸及模型底層參數，從而減少了對 GPU 運算能力的依賴及訓練時間，實現了無須全面載入龐大型模型參數即可進行高效調整的目標。

5.3.2 核心技術解讀

如圖 5-6（該圖引自論文 *Prefix-Tuning:Optimizing Continuous Prompts for Generation*）所示，技術的創新之處在於將 Prefix 策略無縫融入 Transformer 模型架構，其核心步驟如下。

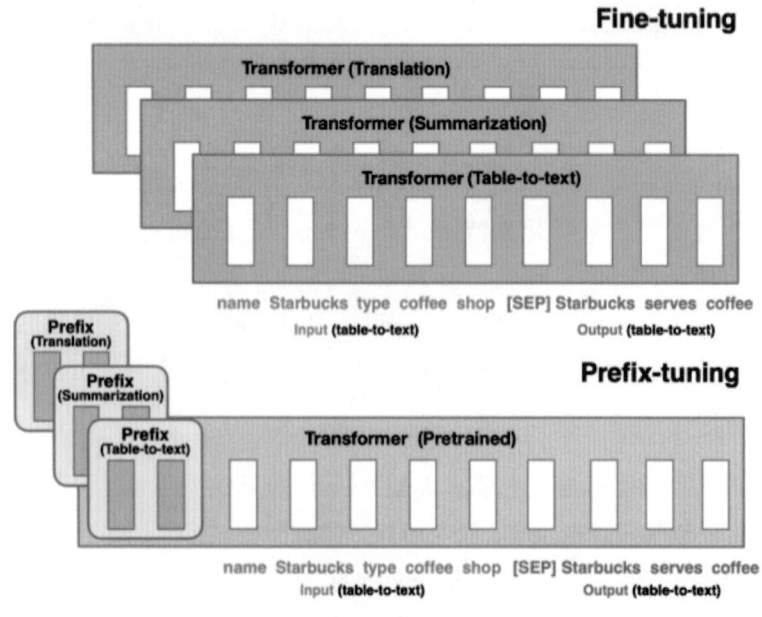

▲ 圖 5-6

5.3 Prefix Tuning

（1）Prefix 模組整合：在經過預訓練的 Transformer 模型前端，精心設計並連線一個專門的 Prefix 模組。這一設計旨在為模型輸入提供任務特定的引導資訊，而無須改動模型原有的深層結構。

（2）針對性訓練策略：僅對新增的 Prefix 參數進行最佳化與學習，與此同時，確保 Transformer 模型的其餘部分參數保持凍結狀態。這種差異化訓練方式有效聚焦於模型的微調最佳化，顯著提升了訓練的針對性與效率。

（3）資源最佳化與成本控制：透過上述策略，顯著減緩了對 GPU 運算資源的依賴，大幅縮減了訓練週期與成本，為大型模型的快速部署與迭代提供了可能性。

（4）大型模型的微調突破：尤其對於 GPT-3 這類參數量級龐大的模型，此方法展現出了前所未有的吸引力，使得微調這些龐然大物不僅成為可能，而且在資源消耗上變得相對可控。其核心優勢在於避免了對模型全量參數的逐一調整，極大減輕了計算負擔。

對比傳統的全量微調（Full-finetuning），該技術透過在模型輸入序列的起始處智慧建構任務適應的虛擬詞元作為 Prefix，實現了訓練目標的精確指引。這一過程利用前饋網路動態調整 Prefix 參數，而 Transformer 的剩餘部分則保持穩定，展示了與人工建構 Prompt 策略的異同—Prompt 作為外顯、固定的引導資訊，缺乏自我調整學習能力；而 Prefix 則是內隱、可學習的提示，能夠在訓練過程中自我最佳化，從而更精準地適應任務需求。

為確保訓練過程的穩定性和效率，研究者在 Prefix 模組的前端巧妙融入了多層感知機（Multilayer Perception，MLP）結構，旨在為 Prefix 參數的學習提供更為平滑的路徑。實踐證明，這一設計不僅有效避免了直接最佳化 Prefix 參數可能引發的訓練不穩定性問題，而且在訓練結束後，僅需保留最佳化後的 Prefix 參數，進一步減輕了模型的儲存與部署負擔。

尤為重要的是，論文研究結果顯示，儘管 Prefix Tuning 技術大幅度減少了模型參數量（約減少至原參數量的千分之一），其模型性能仍能與全量微調模型相媲美，尤其是在資料資源有限的場景下，展現出了超越常規微調方法的卓越性能，為高效模型調優開闢了新的途徑。

5.3.3 實現步驟

對於本章節的程式，如果你有很好的 Python 基礎，那麼就可以極佳地理解它；如果沒有，那麼可以在學習 Huggingface 的 PEFT 函數庫後再來看它。

首先匯入 Huggingface 的 PEFT 函數庫，匯入必要的類別，定義模型和標記器、文字和標籤列及一些超參數，這樣以後更容易、更快地開始訓練。如程式 5-5 所示，建立 PrefixTuningConfig 的配置類別。

➜ 程式 5-5

```
# 從 PEFT 函數庫中匯入所需的各種類和函數，用於實現不同的參數高效微調策略
from peft import(
    get_peft_config,          # 獲取 PEFT 配置的函數
    get_peft_model,           # 根據配置獲取 PEFT 模型的函數
    PrefixTuningConfig,       # 首碼調優配置類別，用於首碼調優策略
    TaskType,                 # 任務類型的列舉，如序列到序列任務等
    PeftType,                 #PEFT 類型的列舉，定義了不同的微調類型
    PeftModel,                #PEFT 模型基礎類別，用於擴充自訂微調模型
    PeftConfig                #PEFT 配置基礎類別，所有微調配置的基礎類別
)
# 設定裝置為 CUDA，表示模型將在 GPU 上執行
device = "cuda"
# 模型型和分詞器的名稱或路徑，這裡使用 "T5-large" 模型
model_name_or_path = "t5-large"
tokenizer_name_or_path = "t5-large"
# 資料列的名稱，用於從資料集中提取文字和標籤
text_column = "sentence"
label_column = "text_label"
# 序列的最大長度，用於文字前置處理
max_length = 128
# 學習率設置
lr = 1e-2
# 總訓練輪次
num_epochs = 5
```

5.3 Prefix Tuning

```
# 批次大小
batch_size = 8
# 初始化首碼調優的配置實例
peft_config = PrefixTuningConfig(
    peft_type="PREFIX_TUNING",          # 設置微調類型為首碼調優
    task_type="SEQ_2_SEQ_LM",           # 指定任務類型為序列到序列（如文字生成）
    num_virtual_tokens=20,              # 首碼的虛擬詞元數量
    token_dim=768,                      # 虛擬詞元的維度
    num_transformer_submodules=1,       # 變換器子模組的數量
    num_attention_heads=12,             # 注意力頭的數量
    num_layers=12,                      # 層數量
    encoder_hidden_size=768,            # 編碼器隱藏層大小
    inference_mode=False                # 是否為推理模式，False 表示訓練模式
)
```

PrefixTuningConfig 配置類別參數說明如下。

（1）peft_type（str）：指定訓練方式為 Prefix Tuning。

（2）task_type（str）：正在訓練的任務類型，在本例中為序列分類 SEQ_2_SEQ_LM。

（3）num_virtual_tokens（int）：Virtual Token 的數量，也就是 Prompt 大小。

（4）token_dim（int）：詞向量維度。

（5）encoder_hidden_size（int）：Prompt Encoder 的隱藏層大小。

（6）prefix_projection（bool）：是否投影首碼嵌入。

如程式 5-6 所示，設置模型，並確保它已準備好接受訓練。在 PrefixTuning-Config 中指定任務，從 AutoModelForSeq2SeqLM 建立基本 t5-large 模型，然後將模型和配置封裝在 PeftModel 中。

→ 程式 5-6

```
# 載入預訓練的序列到序列語言模型（如 T5、BART 等）
# 使用 Transformers 函數庫的 AutoModelForSeq2SeqLM 從指定路徑或名稱載入模型
# device_map='auto' 自動將模型分佈在可用的 GPU 上（如果有的話）
```

5 高效微調方法

```
#torch_dtype='auto' 自動選擇最適合當前硬體的 dtype 以最佳化記憶體使用
#trust_remote_code=True 允許載入模型時信任遠端倉庫中的程式，這對於使用包含自
訂擴充的模型很重要
model = transformers.AutoModelForSeq2SeqLM.from_pretrained(
        model_name_or_path,
        device_map='auto',
        torch_dtype='auto',
        trust_remote_code=True
    )

# 應用 PEFT（Prompt Tuning 或 Prefix Tuning 等）對模型進行微調配置
#peft_config 包含了如前所述的微調設定，如 peft_type、task_type 等
model = get_peft_model(model,peft_config)
# 列印出經過 PEFT 調整後模型中可訓練參數的數量和詳情
# 這有助理解哪些部分的模型參數在接下來的訓練過程中會被更新
model.print_trainable_parameters()
#out：" trainable params:983040 || all params:738651136 || trainable%:
0.13308583065659835"
```

透過 model.print_trainable_parameters() 方法列印 PeftModel 的參數，並將其與完全訓練所有模型參數進行比較，需要參加訓練的參數僅佔 0.13%。

如程式 5-7 所示，設置最佳化器和學習率排程器。

➜ 程式 5-7

```
# 使用 AdamW 最佳化器，它是一種將權重衰減（L2 正規化）納入 Adam 最佳化演算法的方法，適用
於 Transformer 模型的訓練。
#model.parameters() 提供了模型中所有可學習參數的迭代器，lr 參數設置了學習率。
optimizer = torch.optim.AdamW(model.parameters(),lr=lr)
# 初始化學習率排程器，使用線性預熱（warmup）策略，該策略在訓練初期逐步增加學習率，
之後再按計劃遞減。
# 這有助模型在訓練開始時更快地擺脫局部最小值，並在後續訓練中保持較好的收斂性。
#get_linear_schedule_with_warmup 需要 optimizer，num_warmup_steps（預熱步數），以及總訓練
步數作為參數。
# 這裡 num_warmup_steps 設為 0，表示不進行學習率的預熱階段，直接開始訓練。
# 計算總訓練步數為訓練資料載入器長度乘以總 epochs 數，確保學習率按照訓練全程線性下降。
```

5.3 Prefix Tuning

```
lr_scheduler = get_linear_schedule_with_warmup(
    optimizer=optimizer,
    num_warmup_steps=0,                                  #不使用學習率預熱階段
    num_training_steps=(len(train_dataloader)*num_epochs),#總訓練步數
)
```

如程式 5-8 所示，模型訓練的其餘部分均無須更改，將模型移動到 GPU 上訓練，當模型訓練完成之後，儲存高效微調部分的模型權重以供模型推理。

→ 程式 5-8

```
peft_model_id = f"{model_name_or_path}_{peft_config.peft_type}"
model.save_pretrained(peft_model_id)
```

save_pretrained 將儲存增量 PEFT 權重，分為兩個檔案：adapter_config.json 設定檔和 adapter_model.bin 權重檔案。

最後，如程式 5-9 所示使用模型。

→ 程式 5-9

```
# 使用 Transformers 函數庫的 AutoModelForSeq2SeqLM 類別從預訓練模型中載入一個用於序
列到序列語言建模的模型。
#model_name_or_path 參數指定了模型的名稱或本地路徑
model = AutoModelForSeq2SeqLM.from_pretrained(model_name_or_path)
# 將上面載入的模型與 PeftModel 結合，實現調配層。
# 這透過 peft_model_id 定位到儲存了調配層配置和權重的預訓練模型，增強原模型在特定任務上的表現能力。
model = PeftModel.from_pretrained(model,peft_model_id)
```

之後就可以直接呼叫 model.generate() 方法來生成答案。總結：Prefix Tuning 在實際專案程式中使用並不多，但是其意義很重要：一方面，降低了大型模型微調的成本；另一方面，其效果在一定程度上比 Fine Tuning 強，這說明單純依賴運算能力的微調並不一定優於那些經過巧妙設計的調整策略，這是很重要的結論。

5.3.4 實驗結果

如圖 5-7（該圖同樣出自論文 *Prefix-Tuning:Optimizing Continuous Prompts for Generation*）所示，實驗資料分析揭示了 Prefix Tuning 在成本效益上的顯著優勢。水平座標是 training_data_size 的大小，垂直座標是不同方法在不同資料集上的表現。相較於傳統的 Fine Tuning 方法，Prefix Tuning 在資源消耗方面展現出了極大的節約，其所需的計算成本和時間成本遠低於 Fine Tuning。令人矚目的是，這種效率的提升並未以犧牲模型性能為代價。

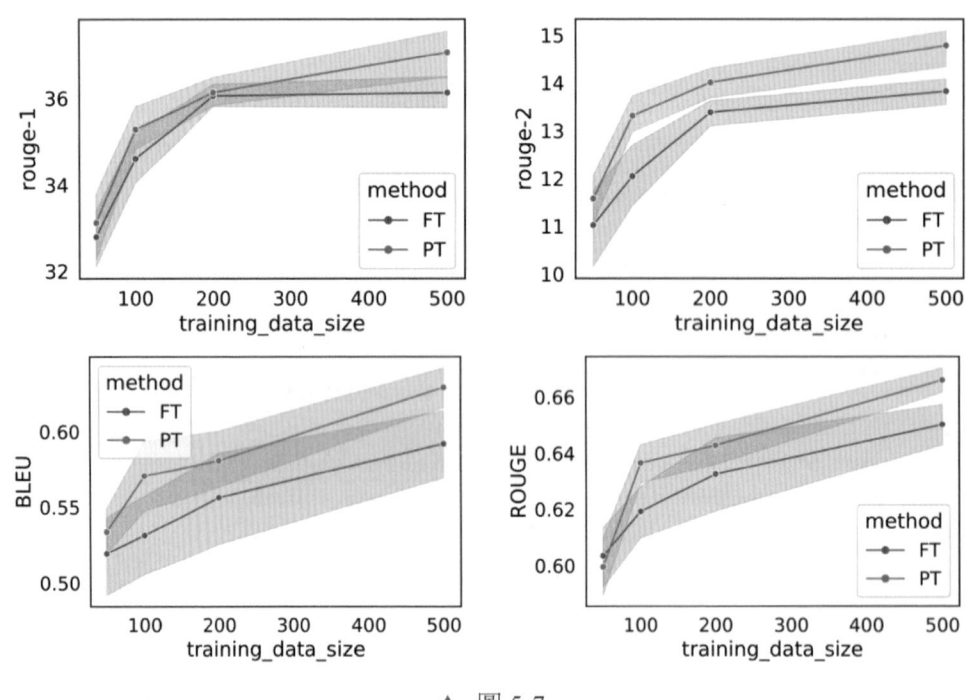

▲ 圖 5-7

在一系列廣泛採用的基準測試中，隨著訓練資料規模從較小資料集逐步擴充到較巨量資料集，Prefix Tuning 展現出了非凡的適應性和競爭力。尤其值得注意的是，即使在資料量有限的情況下，Prefix Tuning 模型的性能表現非但沒有減弱，反而在某些測試中超越了全量微調的 Fine Tuning 模型，彰顯了其在資料效率上的卓越表現。這表示，Prefix Tuning 不僅在資源節約方面具有明顯優勢，還在模型泛化能力和對有限資料集的利用上展現出了更強的能力。

這一系列實驗結果深刻地證明了，透過僅最佳化模型前端的 Prefix 參數而非模型全部參數，Prefix Tuning 策略不僅顯著降低了微調的經濟和技術門檻，還能夠在不同資料規模下保持甚至超越 Fine Tuning 的性能水準，為處理大型模型的高效微調提供了一條嶄新且高效的途徑。這些發現無疑為未來深度學習模型的最佳化與應用開拓了新的角度，特別是在資源受限或追求快速迭代的場景下，Prefix Tuning 的價值尤為突出。

5.4 Prompt Tuning

5.4.1 背景

Prefix Tuning 技術在實際應用中暴露出若干局限性，具體表現在以下兩個主要方面。

（1）其運作機制基於在原有輸入 Prompt 之前附加首碼，這一過程直接佔用了模型的輸入容量。由於首碼內容融入模型接收的資訊之中，不可避免地對模型處理生成任務時的有效輸入範圍組成擠壓，可能對生成品質與多樣性產生不利影響，尤其是在要求高精度和複雜上下文理解的任務場景下。

（2）Prefix Tuning 依賴於離散型 Prompt 設計，該方法不僅實施成本偏高，而且在實踐中往往難以達到預期的最佳化效果。尤其是引入的多層感知機 (MLP) 結構複雜，增加了訓練難度，限制了模型的可塑性和效率。

在此背景下，Prompt Tuning 身為創新策略應運而生，可視作 Prefix Tuning 的精煉變形。其核心差異是，Prompt Tuning 僅在模型的輸入嵌入層整合提示參數，而非遍歷所有模型層插入 Prefix 參數。這一調整極大簡化了模型結構調整的複雜度，規避了 MLP 訓練的挑戰，轉而依賴於在輸入層面精心設計的 Prompt Token 來驅動模型針對特定任務的回應能力。透過僅更新這些 Prompt Token 的嵌入參數，既維持了預訓練模型參數的穩定不變，又實現了高效的任務適應性調整，顯著降低了訓練負擔，提高了模型的靈活性與可維護性。

5 高效微調方法

Prompt Tuning 的理論基石在於賦予 Prompt Token 獨立更新參數的能力，這一機制確保模型能夠以較低的計算成本實現對特定任務的最佳化，同時保持了與大規模預訓練模型的相容性。實驗研究表明，儘管 Prompt Tuning 未必能在所有指標上全面超越 Fine Tuning，但其實現的性能已十分接近，表明其能以較低的開發成本達成與高成本方法相近的成果。尤為重要的是，隨著模型規模的持續擴大，Prompt Tuning 展現出更大的潛力，有望在更龐大的參數集合上實現更為優越的性能提升。

因此，Prompt Tuning 的主要貢獻如下。

（1）引入了一種直觀且自然的語言引導方式，提升了大型模型的操控性和透明度。

（2）特別適合應用於那些已累積豐富通用知識的成熟模型，即利用模型的規模化優勢（Scale），進一步挖掘其潛能。

（3）繼承並發揚了 Prefix Tuning 的優勢，透過避免載入整個龐大型模型，顯著降低了資源需求，為大型模型的高效部署與任務訂製提供了可行路徑。

5.4.2 核心技術解讀

圖 5-8 引用自論文 *The Power of Scale for Parameter-Efficient Prompt Tuning*，本節旨在對比 Prompt Tuning 與傳統的完全模型微調（Model Tuning）策略。左圖揭示了傳統做法的煩瑣之處：針對 Task A、B、C 等不同任務，分別設立專屬的訓練集。這表示每新增一個任務，就需要從零開始訓練一個全新的模型，導致資源消耗與時間成本成倍增長。先前討論的 Prefix Tuning 雖有所改進，透過僅對首碼部分進行單獨訓練而後整合至模型，減少了部分訓練負擔，但仍遵循每個任務對應獨立模型的框架，本質上並未擺脫「一任務一模型」的局限性。

5.4 Prompt Tuning

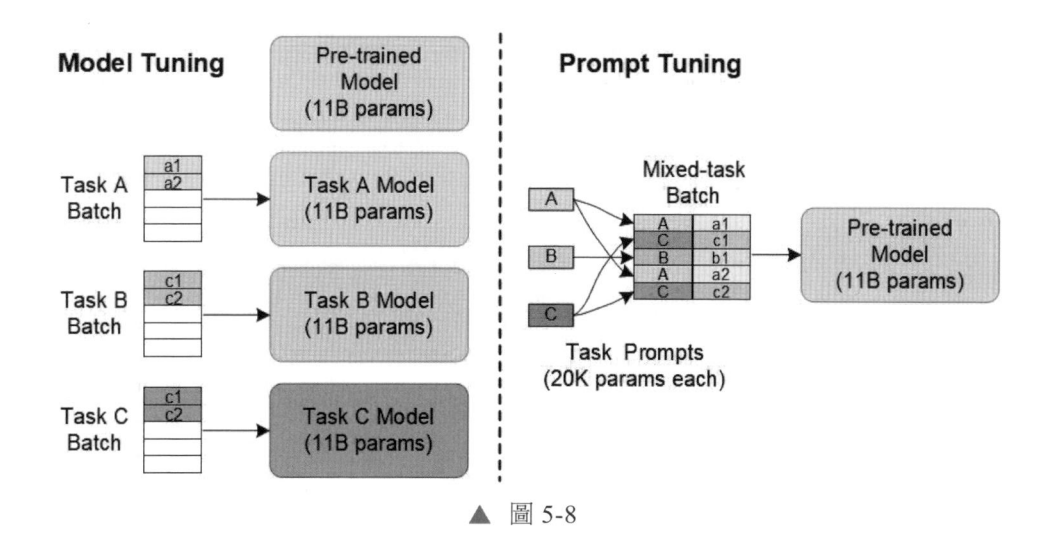

▲ 圖 5-8

　　右圖展示了 Prompt Tuning 的革新設計。與 Prefix Tuning 侷限於在 Transformer 架構內部增添首碼模組不同，Prompt Tuning 採取了一種更為高效的外部模型架構，該架構與基礎預訓練模型相隔離，形成一個獨立的外掛系統。此設計不僅允許跨任務的聯合訓練，即同時處理 Task A、B、C 等多個任務，顯著提升了訓練效率與模型的泛化能力，還透過減少對原始模型參數的干預，維護了預訓練模型的穩定性與性能。

　　尤其值得注意的是，Prompt Tuning 進一步提出了 Prompt Ensembling 策略，在單一訓練批次中整合多個針對同一任務的不同形式的 Prompt，這實質上模擬了多個模型的整合學習效應，卻大幅降低了實際整合多個模型的高昂成本。透過這種策略，每個 Batch 內的多樣化 Prompt 促進了模型對任務理解的深度與廣度，增強了模型的健壯性和靈活性。

　　綜上所述，Prompt Tuning 的核心優勢在於其建構的通用下游任務處理框架，單一混合模型即可應對多樣化的任務需求，展現了高度的多工適應性和效率。然而，如同 Prefix Tuning，Prompt Tuning 也未能完全規避佔用模型輸入序列空間的問題，儘管作為 Prefix Tuning 的一種最佳化形態，它在降低訓練複雜度的同時，仍需考慮首碼或 Prompt 對輸入資源的佔用，這是未來研究中值得進一步探索與最佳化的方向。

5.4.3 實現步驟

當我們實現 Prompt Tuning 時，如程式 5-10 所示，首先匯入 Huggingface 的 PEFT 函數庫，定義模型和標記器、要訓練的資料集和資料集列、一些訓練超參數和 PromptTuningConfig。PromptTuningConfig 包含有關任務類型、初始化提示嵌入的文字、虛擬標記的數量以及要使用的標記生成器的資訊：

→ 程式 5-10

```
# 從 PEFT 函數庫中匯入必要的類別和函數，用於實現 Prompt Tuning 等參數高效微調技術
from peft import(
    get_peft_config,         # 用於獲取 PEFT 配置的函數
    get_peft_model,          # 用於根據配置建立 PEFT 模型的函數
    PromptTuningConfig,      #Prompt Tuning 的配置類別，專門用於 Prompt Tuning 策略
    PeftModel,               #PEFT 模型基礎類別，用於 PEFT 微調後的模型
    PeftConfig               #PEFT 配置基礎類別，所有 PEFT 配置的基礎
)
# 裝置配置，指定模型執行在 CUDA 即 GPU 上
device = "cuda"
# 預訓練模型的名稱或路徑，這裡使用的是 bigscience/bloomz-560m 模型
model_name_or_path = "bigscience/bloomz-560m"
# 初始化 Prompt Tuning 的配置，用於指導如何進行 Prompt Tuning 微調
peft_config = PromptTuningConfig(
    peft_type="PROMPT_TUNING",     # 設置微調類型為 Prompt Tuning
    task_type="CAUSAL_LM",         # 任務類型為因果語言模型，適合生成任務
    num_virtual_tokens=20,         # 使用 20 個虛擬詞元作為 Prompt
    token_dim=768,                 # 每個虛擬詞元的維度為 768
    num_transformer_submodules=1,  # 變換器子模組的數量
    num_attention_heads=12,        # 注意力頭的數量
    num_layers=12,                 # 變換器層數量
    prompt_tuning_init="TEXT",     #Prompt 初始化方式為文字方式
    prompt_tuning_init_text="Predict if sentiment of this review is positive,negative or neutral",    #Prompt 初始化的文字內容，引導模型預測評論的情感傾向
    tokenizer_name_or_path=model_name_or_path# 使用模型對應的分詞器
)
```

5.4 Prompt Tuning

參數說明如下。

（1）task_type（str）：正在訓練的任務類型，在本例中為序列分類或 CAUSAL_LM。

（2）num_virtual_tokens（int）：要使用的 Virtual Tokens 的數量，即 Prompt。

（3）prompt_tuning_init（Optional[PromptTuningInit,str]）：Prompt Embedding 的初始化方法。可以設置為 TEXT 和 RANDOM 初始化。

（4）prompt_tuning_init_text（str）：用於初始化提示嵌入的文字，只有在 prompt_tuning_init 時使用。

（5）tokenizer_name_or_path（dict）：tokenizer 的名稱或路徑，僅在 prompt_tuning_init 為 TEXT 時使用。

如程式 5-11 所示，從 AutoModelForCausalLM 初始化一個基本模型，並將其和 peft_config 傳遞給 get_peft_model 函數以建立 PeftModel。可以列印新的 PeftModel 的可訓練參數，看看它比訓練原始模型的全部參數有多高效。

➜ 程式 5-11

```
model = transformers.AutoModelForCausalLM.from_pretrained(
        model_name_or_path,
        device_map='auto',
        torch_dtype='auto',
        trust_remote_code=True
    )
model = get_peft_model(model,peft_config)
model.print_trainable_parameters()
#out："trainable params:8192 || all params:559222784 || trainable%:
0.0014648902430985358"
```

透過 model.print_trainable_parameters() 方法列印 PeftModel 的參數，並將其與完全訓練所有模型參數進行比較，需要參加訓練的參數僅佔 0.0014%。

5 高效微調方法

然後，透過程式 5-12 設置最佳化器和學習率排程器。

→ 程式 5-12

```
optimizer = torch.optim.AdamW(model.parameters(),lr=lr)
lr_scheduler = get_linear_schedule_with_warmup(
    optimizer=optimizer,
    num_warmup_steps=0,
    num_training_steps=(len(train_dataloader)*num_epochs),
)
```

如程式 5-13 所示，模型訓練的其餘部分均無須更改，當模型訓練完成之後，儲存高效微調部分的模型權重以供模型推理即可。

→ 程式 5-13

```
peft_model_id = f"{model_name_or_path}_{peft_config.peft_type}"
model.save_pretrained(peft_model_id)
```

save_pretrained 將儲存增量 PEFT 權重，分為兩個檔案：adapter_config.json 設定檔和 adapter_model.bin 權重檔案。

程式 5-14 展示出模型的使用方法。

→ 程式 5-14

```
config = PeftConfig.from_pretrained(peft_model_id)
model = AutoModelForCausalLM.from_pretrained(model_name_or_path)
model = PeftModel.from_pretrained(model,peft_model_id)
```

之後呼叫 model.generate()，至此，我們完成了 Prompt Tuning 的訓練及推理。

5.4.4 實驗結果

圖 5-9 同樣出自論文 *The Power of Scale for Parameter-Efficient Prompt Tuning*，它系統性地概述了影響 Prompt Tuning 訓練成效的多個關鍵因素，具體分析如下：

5-30

5.4 Prompt Tuning

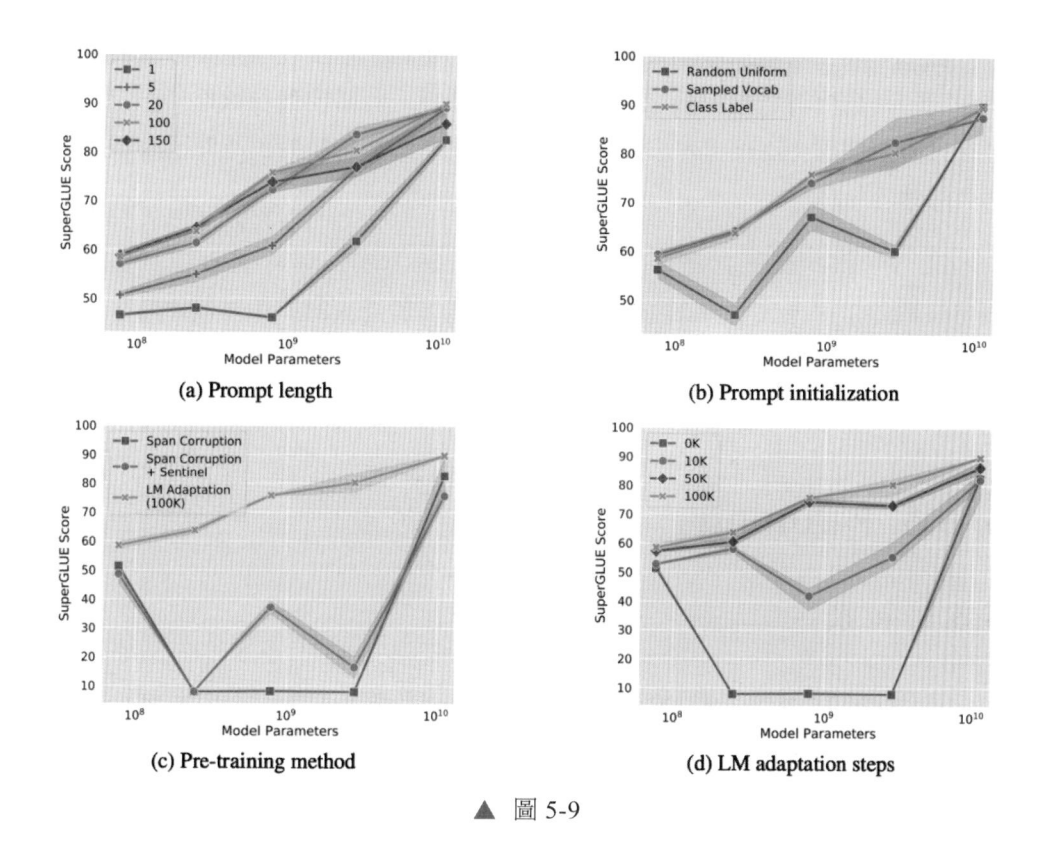

▲ 圖 5-9

圖 5-9（a）探討了 Prompt 長度對大型模型性能的影響，揭示即使極為簡潔的 Prompt 設計（長度僅為 1）也能實現令人滿意的效能，而 Prompt 長度增至 20 時，則顯現出了最佳的成本效益比，平衡了模型表現與資源消耗。

圖 5-9（b）聚焦於 Prompt 初始化策略的比較，指出採用隨機均勻分佈（Random Uniform）的初始化方式，其效果明顯遜色於基於詞彙表採樣（Sample Vocab）或類別標籤（Class Label）的初始化方法。然而，當模型規模擴充至足夠大時，不同初始化策略的性能差異逐漸縮小，趨於一致。

圖 5-9（c）深入分析了預訓練方法與模型規模之間的相互作用，指出在小模型情境下，LM Adaptation 策略表現出最佳效果。但隨著模型規模的增長，各類預訓練方法的性能差距逐漸消弭，顯示在大型模型環境下，預訓練方法的選擇對於最終效果的提升不再顯著區分。

5-31

5 高效微調方法

圖 5-9（d）闡述了微調步數與模型性能的連結，指出在模型參數量較低的情況下，增加微調迭代次數能顯著提升模型效能。而當模型參數達到一定設定值後，未經微調（Zero-shot）的模型也能展現出良好的性能，凸顯了大型模型固有的強泛化能力。

綜上所述，本研究揭示了模型規模（Scale）作為核心變數，對 Prompt Tuning 訓練效果產生的深刻影響，強調了在模型設計與訓練策略制定時，應充分考量模型規模所帶來的不同效應，以期實現更高效、更最佳化的模型訓練與應用。

5.5 P-Tuning

5.5.1 背景

P-Tuning 是由研究團隊引領的調優技術，屬於軟提示（Soft Prompt）方法的一種創新演變，旨在連續空間中自動探索並最佳化提示序列，以替代傳統的人工設計。其 V1 版本直擊手動設計 Prompt 的痛點，即上節程式中透過 PromptTuningConfig 的 prompt_tuning_init_text 參數手動設定 Prompt 的問題。其原始論文中明確指出：「雖然為預訓練模型提供 Prompt 有助其理解自然語言模式，但不當設計的離散 Prompt 可能導致性能嚴重下降。」這表示，Prompt 的微小變動，如增減詞彙或調整順序，均可能對模型性能產生顯著影響，這不僅增加了調優成本，還往往難以達到理想效果。

為克服這一難題，P-Tuning 引入了一個可訓練的嵌入張量，透過最佳化該張量以發掘更優的 Prompt 表達，並借助雙向長短期記憶網路（Bi-LSTM）作為 Prompt 編碼器，精細調整 Prompt 參數，以此提升自動化與效率。

此外，P-Tuning 還致力於解決另一技術瓶頸：以往的 Prefix Tuning 和 Prompt Tuning 傾向於凍結大型模型的參數，僅微調小模型，但小模型易於遭遇過擬合，限制了泛化能力。

在實踐中，直接對嵌入層參數進行最佳化引出新的挑戰：確保預訓練階段最佳化的常規語料嵌入與旨在學習嵌入 Prompt 之後的新層之間能夠協作訓練，達到理想狀態。鑑於預訓練模型基於巨量資料，若 P-Tuning 所使用的訓練資料量小且多樣性不足，可能導致過擬合，不僅未能充分利用大型模型的先驗知識，反而可能削弱其原有能力，陷入局部最佳解，這是 P-Tuning 力求克服的又一重要障礙。

5.5.2 核心技術解讀

具體做法如下。

圖 5-9 出自論文 *GPT Understand,Too*，左圖展示的方法稱為「Prompt Search」（提示搜索），其核心目標在於探索並確定一組離散的提示（Prompt）。這些提示序列可透過人工設計或其他非自動化學習機制獲得，共同組成了「Prompt Search」方法的範圍。本質而言，此類方法產生的提示為離散實體，不具備連續性及可微性質，因此，它們無法直接接納連續梯度訊號進行參數微調，而是依賴於離散的評估回饋進行最佳化。

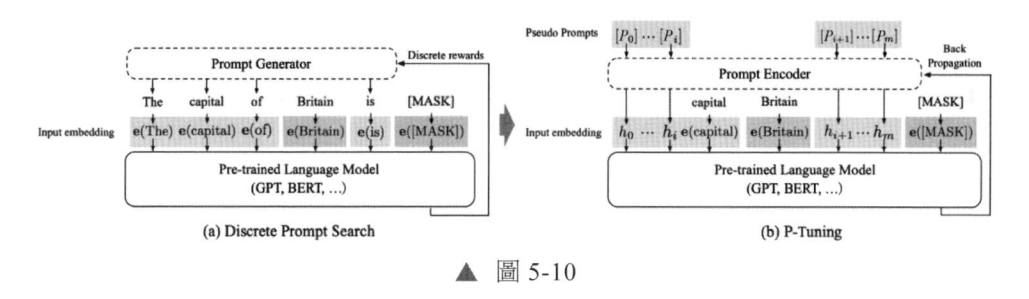

▲ 圖 5-10

相對地，右圖介紹的方法為「Prompt Encoder」（提示編碼器），其創新之處在於採用連續且可微分的虛擬詞元（Virtual Token）作為提示載體。這一設計使得透過反向傳播（Back Propagation）機制，以連續可微分的形式對提示進行精細化、最佳化成為可能，顯著區分了「Prompt Encoder」與「Prompt Search」的技術路徑。

5 高效微調方法

進一步分析 P-Tuning 與 Prefix Tuning 的主要差異，可歸納為以下幾點。

（1）Prompt 的實質形態：P-Tuning 採用的「Prompt Generator」（提示生成器）直接生成實際詞彙作為提示內容，而 Prefix Tuning 中的「Prompt Encoder」處理的則是連續空間中的虛擬詞元，表現了從具體詞彙到抽象表示的轉變。

（2）模型結構調整：Prefix Tuning 採取在模型前端附加特定首碼的方式，對基礎語言模型的嵌入層實施細微調整，旨在最小化對原模型結構的干預。相反，P-Tuning 則深入介入，直接對模型的嵌入參數進行最佳化，展示了更為積極的模型調適策略。

（3）初始化與訓練機制：在訓練流程上，Prefix Tuning 採用多層感知機（MLP）來複雜地初始化首碼，凸顯了其過程的煩瑣性。P-Tuning 則採取了一種更為簡化的策略，利用長短期記憶網路（LSTM）結合多層感知機對輸入的嵌入進行初始化，並在此基礎上訓練「Prompt Encoder」。這一方案不僅簡化了訓練流程，同時透過經典序列建模技術與現代深度學習組件的融合，提升了提示生成的有效性和靈活性。

綜上所述，無論是從提示的表達形式、模型架構的調整策略，還是訓練機制的設計，P-Tuning 與 Prefix Tuning 均展現出不同的技術取向和最佳化想法，反映了自然語言處理領域在探索高效模型調優路徑上的多元化發展。

5.5.3 實現步驟

下面介紹實現方式，如程式 5-15 所示，首先匯入 Huggingface 的 PEFT 函數庫，匯入必要的類別，定義模型和標記器、文字和標籤列及一些超參數，這樣以後更容易更快地開始訓練。然後，建立 PromptEncoderConfig 的配置類別。

→ 程式 5-15

```
# 從 PEFT 函數庫中匯入所需的函數和配置類別，用於實現 Prompt Tuning 相關的模型調整
from peft import(
    get_peft_config,          # 獲取 PEFT 配置的函數
    get_peft_model,           # 根據提供的 PEFT 配置獲取經過調整的模型的函數
```

5.5 P-Tuning

```
    PromptEncoderConfig,           #用於配置 Prompt Encoder 的類別，適用於 P-Tuning 方法
)
#指定預訓練模型的名稱或路徑，這裡使用的是較大的 Roberta 模型
model_name_or_path = "roberta-large"
#定義任務類型，這裡是 Microsoft Research Paraphrase Corpus(MRPC) 任務，用於語義等價性判斷
task = "mrpc"
#訓練輪數，即遍歷整個訓練資料集的次數
num_epochs = 20
#學習率，控制模型參數更新步進值的大小
lr = 1e-3
#批次大小，決定每次迭代時處理的資料樣本數量
batch_size = 32
#初始化 Prompt Encoder 的配置，這是一種特殊的 Prompt Tuning 策略，透過引入可
學習的 Prompt Encoder 來最佳化模型性能
peft_config = PromptEncoderConfig(
    peft_type="P_TUNING",          #指定使用的 PEFT 類型為 P-Tuning
    task_type="SEQ_CLS",           #任務類型為序列分類任務，適用於情感分析、語義相似
度判斷等
    num_virtual_tokens=20,         #定義要插入的虛擬詞元的數量
    token_dim=768,                 #每個虛擬詞元的維度，應與基礎模型的嵌入維度匹配
    num_transformer_submodules=1,  #可學習的 Transformer 子模組數量，通常為 1
    num_attention_heads=12,        #Transformer 層中的注意力頭數量，需與基礎
模型對應
    num_layers=12,                 #可學習的 Transformer 層的數量
    encoder_reparameterization_type="MLP",#Prompt Encoder 的重參數化
類型，這裡使用多層感知機 (MLP)
    encoder_hidden_size=768,       #Prompt Encoder 的隱藏層大小，同樣需要與模
型的特徵維度匹配
)
```

P-Tuning 使用 Prompt Encoder 來最佳化提示參數，因此只需要使用幾個參數初始化 PromptEncoderConfig。

（1）task_type：正在訓練的任務類型，在本例中為序列分類或 SEQ_CLS。

（2）token_dim：基礎模型的隱藏層維度。

（3）num_virtual_tokens：Virtual Token 的數量，即 Prompt。

（4）encoder_hidden_size（int）：用於最佳化提示參數的編碼器的隱藏層大小。

（5）encoder_reparameterization_type（str）：指定如何重新參數化提示編碼器，可選項有 MLP 或 LSTM，預設值為 MLP。

如程式 5-16 所示，從 AutoModelForSequenceClassification 建立基本 Roberta 大型模型，然後用 get_peft_model 包裝基本模型和 peft_config 以建立 PeftModel。如果想知道與所有模型參數的訓練相比，實際訓練了多少參數，可以使用 print_trainable_parameters 列印出來。

→ 程式 5-16

```
model = transformers.AutoModelForSequenceClassification.from_pretrained(
        model_name_or_path,
        device_map='auto',
        torch_dtype='auto',
        trust_remote_code=True
    )
model = get_peft_model(model,peft_config)
model.print_trainable_parameters()
#out："trainable params:1351938 || all params:355662082 || trainable%:
0.38011867680626127"
```

透過 model.print_trainable_parameters() 方法列印 PeftModel 的參數，並將其與完全訓練所有模型參數進行比較，需要參加訓練的參數僅佔 0.38%。

透過程式 5-17 設置最佳化器和學習率排程器。

→ 程式 5-17

```
optimizer = torch.optim.AdamW(model.parameters(),lr=lr)
lr_scheduler = get_linear_schedule_with_warmup(
    optimizer=optimizer,
    num_warmup_steps=0,
    num_training_steps=(len(train_dataloader)*num_epochs),
)
```

5.5 P-Tuning

模型訓練的其餘部分均無須更改,當模型訓練完成之後,透過程式 5-18 儲存高效微調部分的模型權重以供模型推理。

→ 程式 5-18

```
peft_model_id = f"{model_name_or_path}_{peft_config.peft_type}"
model.save_pretrained(peft_model_id)
```

save_pretrained 將儲存增量 PEFT 權重,分為兩個檔案:adapter_config.json 設定檔和 adapter_model.bin 權重檔案。

程式 5-19 展示出模型的使用。

→ 程式 5-19

```
config = PeftConfig.from_pretrained(peft_model_id)
model = AutoModelForSequenceClassification.from_pretrained(model_name_or_path)
model = PeftModel.from_pretrained(model,peft_model_id)
```

至此,我們完成了 P-Tuning 的訓練及推理。

5.5.4 實驗結果

如圖 5-11 所示的實驗結果同樣出自論文 *GPT Understand,Too*,該編碼方案針對 Prefix Tuning 而言,極大地簡化了實現過程,其涉及的參數量也顯著減少,展現出高度的簡潔性。儘管如此,此簡潔設計仍能促成令人滿意的性能表現,驗證了在某些場景下,簡潔並不等於效能的妥協。

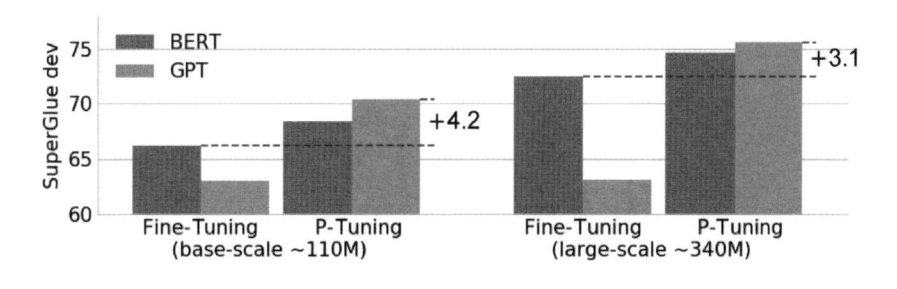

▲ 圖 5-11

進一步對比分析，在相同的參數規模前提下，若採用全面參數微調的策略，BERT 模型在自然語言理解（NLU）任務上的表現通常會顯著優於 GPT 模型，凸顯了 BERT 模型在該類別任務中的傳統優勢。然而，當我們將角度轉向 P-Tuning 這一策略時，情況發生了逆轉。在 P-Tuning 框架下，GPT 模型能夠實現效能的顯著提升，不僅彌補了先前與 BERT 模型之間的差距，甚而在某些情況下，獲得了超越 BERT 模型的卓越成績。這一發現挑戰了我們對預訓練模型常規效能的認知，強調了最佳化策略選擇對於模型最終性能表現的關鍵影響。

綜上所述，圖 5-11 不僅揭示了 Prefix Tuning 編碼方案的高效性與實用性，還深刻表現了 P-Tuning 身為創新調優手段，如何在保持模型參數規模經濟性的同時，反轉了標準模型在特定任務上的性能排序，為自然語言處理領域的模型最佳化與應用提供了新的啟示和研究方向。

5.6 P-Tuning V2

5.6.1 背景

隨著時間的演進，P-Tuning V2 在 P-Tuning V1 的基礎上應運而生，旨在克服前者存在的若干局限性，並進一步拓展了該技術的應用邊界。回顧 P-Tuning V1，其效果顯著受到模型規模（Scale）的限制，這一點與 Prompt Tuning 領域普遍觀察到的現象相呼應。從邏輯上講，當依託於一個強大的大型模型時，豐富的預訓練知識基礎使得模型能更深刻地理解並利用精心設計的 Prompt 範本，進而在特定任務上實現卓越性能。反之，如果模型規模較小，其內在知識儲備和理解能力的局限性將直接影響 Prompt 調優的效果，從而限制了 P-Tuning V1 在小模型上的表現潛力。

P-Tuning V2 的問世，標誌著該技術系統的一次重要飛躍。該版本不僅融合了 P-Tuning 和 Prefix Tuning 的核心思想，更重要的是，它創新性地納入了深度 Prompt 編碼（Deep Prompt Encoding）和多工學習（Multi-task Learning）等先進策略，以此為核心最佳化機制。深度 Prompt 編碼旨在透過建構更深層次的

Prompt 表示，增強模型對 Prompt 蘊含任務指令的理解深度和廣度，從而使模型能夠更精準地捕捉任務特定資訊。而多工學習策略的融入則允許 P-Tuning V2 在多個相關任務上同時學習，這不僅促進了知識的跨任務遷移，還有效緩解了過擬合問題，提升了模型的泛化能力。

因此，P-Tuning V2 不僅突破了前代在模型規模依賴性上的侷限，透過深度 Prompt 編碼機制深化了模型對 Prompt 的處理能力，還憑藉多工學習策略的整合，進一步拓寬了其在複雜任務和模型泛化方面的應用範圍，從而在自然語言處理領域內樹立了新的技術標桿。

圖 5-12 出自論文 *P-Tuning V2:Prompt Tuning Can Be Comparable to Fine-Tuning Universally Across Scales and Tasks*。該圖呈現了針對不同模型尺寸的三種微調策略的性能對比分析，其中橫軸代表模型的參數規模，縱軸則展示了在選定基準測試上的平均性能得分。觀察可見，P-Tuning 技術在應用於參數量較小的模型時，其微調效果趨於平庸，表現出一定的局限性。與此形成對比的是，P-Tuning V2 在各種模型規模下的表現則顯示出較高的穩健性，其微調效能與模型的規模大小展現出較低的相關性。P-Tuning V2 的一大亮點是，即使在大幅度削減成本的前提下，其最佳化效果依然能夠逼近傳統的全量微調（Fine Tuning）策略的水準，彰顯了在資源高效利用與性能保持間的良好平衡。這一發現不僅對理解不同微調策略的適用條件有所裨益，也為未來在模型最佳化領域，尤其是在考慮成本效益分析時，提供了重要的參考依據。

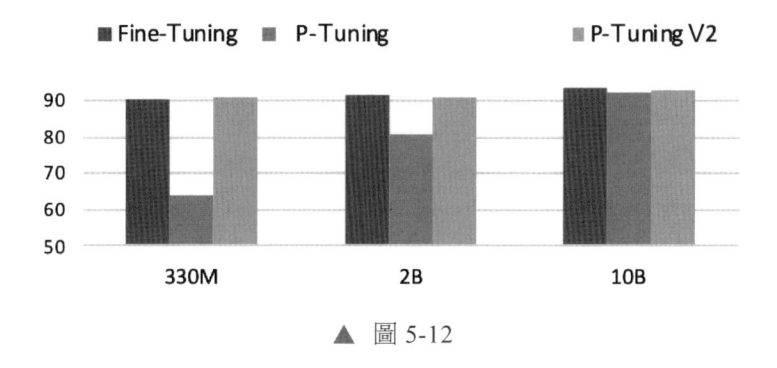

▲ 圖 5-12

5.6.2 核心技術解讀

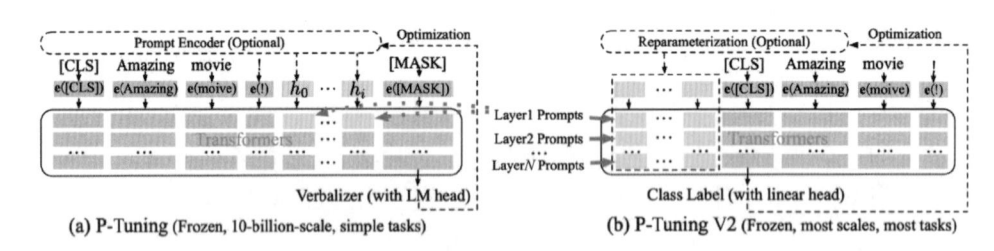

圖 5-13 同樣引用自論文 *P-Tuning v2:Prompt Tuning Can Be Comparable to Fine-Tuning Universally Across Scales and Tasks*，左圖為 P-Tuning V1 的架構示意圖，右圖展示了 P-Tuning V2 的改進設計。在 P-Tuning V1 中，調整的焦點集中於輸入嵌入層（Input Embedding），未對預訓練大型模型的深層結構進行顯著修改。與之相異，Prompt Tuning 採取了將 Prompt 參數置於 Transformer 網路之外的獨立小模型中的策略，而 P-Tuning V1 則直接將這些參數整合進了大型模型的嵌入層中。這一設計導致 P-Tuning V1 面臨離散性和連結性挑戰，即由於與原大型模型的嵌入層共用資源，可能陷入局部最佳解，從而使得模型在針對特定 P-Tuning 任務的訓練集上表現出色，但對更廣泛、通用的資料集的適應性和泛化能力有所減損。

▲ 圖 5-13

相比之下，P-Tuning V1 採取的策略是透過在嵌入層增加可訓練參數並集中訓練該層，以期更有效地適應特定的 Prompt，這種方式雖然直接，但調整範圍有限。P-Tuning V2 則在此基礎上做出了顯著升級，旨在深入大型模型的內部結構進行參數調優，以強化模型對 Prompt 的回應能力。P-Tuning V2 的另一個創新點是，它將不同任務的最佳 Prompt 長度視為一個可調節的超參數，從而為單任務學習環境提供了靈活性，允許使用者根據特定任務的需求來設定最合適的 Prompt 長度，進而最佳化模型在單一任務上的表現，同時也為探索多工場景下的最最佳化配置奠定了基礎。

5.6.3 實現步驟

如程式 5-20 所示，首先匯入 Huggingface 的 PEFT 函數庫、import 必要的類別，然後建立 PrefixTuningConfig 的配置類別。

➜ 程式 5-20

```
# 匯入必要的模組以支援模型微調
from peft import get_peft_config,get_peft_model,PrefixTuningConfig,TaskType,PeftType
# 定義 PEFT 配置
#TaskType.CAUSAL_LM 指定我們的任務是因果語言建模（用於生成文字）
#num_virtual_tokens 設置了要調整的虛擬詞元的數量，這裡是 30 個
peft_config = PrefixTuningConfig(
    task_type=TaskType.CAUSAL_LM,
    num_virtual_tokens=30
)
```

P-Tuning V2 使用 PrefixTuningConfig 來最佳化提示參數，允許我們僅調整模型的一小部分參數，而非整個模型的所有參數

（1）task_type：該參數指定了模型需要執行的任務類型。在這個例子中，TaskType.CAUSAL_LM 表示因果語言模型（Causal Language Modeling）。因果語言模型是一種單向的語言模型，它在生成文字時僅考慮先前的詞，而不考慮之後的詞。這種模型非常適合生成連貫的文字序列，如故事生成、對話系統等場景。

（2）num_virtual_tokens：該參數指定了用於首碼調整的虛擬詞元的數量。首碼調整是一種參數高效微調技術，在這種方法中，我們不是直接調整模型本身的參數，而是引入一小段額外的參數（首碼），這些參數會在模型輸入之前被插入模型中，並且這些首碼參數是唯一需要訓練的部分。num_virtual_tokens 定義了要插入多少這樣的虛擬詞元。增加這個值表示有更多的首碼參數可以訓練，但這也會增加訓練的複雜性和計算需求。因此，選擇合適的 num_virtual_tokens 值對於平衡模型性能和訓練效率非常重要。

5 高效微調方法

如程式 5-21 所示，先從 AutoModelForCausalLM 建立基本 BloomZ 大型模型，然後用 get_peft_model 包裝基本模型和 peft_config 以建立 PeftModel。如果想知道與所有模型參數的訓練相比，實際訓練了多少參數，可以使用 print_trainable_parameters 列印出來。

➡ 程式 5-21

```
# 指定預訓練模型的位置或名稱。
model_name_or_path = "bloomz-560m"
# 載入指定路徑或名稱的預訓練模型，該模型是一個用於因果語言模型的模型
#AutoModelForCausalLM 是一個自動選擇正確的模型類別的輔助工具
model = AutoModelForCausalLM.from_pretrained(model_name_or_path)
# 使用定義好的 PEFT 配置來獲取適用於微調的模型
# 將會傳回一個包裝後的模型，該模型允許我們按照 PEFT 配置指定的方式進行微調
model = get_peft_model(model,peft_config)
# 列印出可訓練的參數資訊，這有助確認哪些層是可被調整的
# 在 Prefix Tuning 中，通常只有少量新增的參數是可以訓練的，而基礎模型的參數保持不變
model.print_trainable_parameters()
#out：" trainable params:1,474,560 || all params:560,689,152 || trainable%:
0.26299064191632515"
```

透過 model.print_trainable_parameters() 方法列印模型的參數，並將其與完全訓練所有模型參數進行比較，需要參加訓練的參數僅佔 0.26%。

透過程式 5-22 設置最佳化器和學習率排程器。

➡ 程式 5-22

```
optimizer = torch.optim.AdamW(model.parameters(),lr=lr)
lr_scheduler = get_linear_schedule_with_warmup(
    optimizer=optimizer,
    num_warmup_steps=0,
    num_training_steps=(len(train_dataloader)*num_epochs),
)
```

模型訓練的其餘部分均無須更改，當模型訓練完成之後，透過程式 5-23 儲存高效微調部分的模型權重以供模型推理。

5.6 P-Tuning V2

➜ 程式 5-23

```
peft_model_id = f"{model_name_or_path}_{peft_config.peft_type}"
model.save_pretrained(peft_model_id)
save_pretrained 將儲存增量 PEFT 權重，分為兩個檔案：adapter_config.json 設定
檔和 adapter_model.bin 權重檔案。
```

模型的使用如程式 5-24 所示。

➜ 程式 5-24

```
config = PeftConfig.from_pretrained(peft_model_id)
# 載入基礎模型
model
AutoModelForCausalLM.from_pretrained(config.base_model_name_or_path)
# 載入 PEFT 模型
model = PeftModel.from_pretrained(model,peft_model_id)
```

至此，我們完成了 P-Tuning V2 的訓練及推理。

5.6.4 實驗結果

如圖 5-14 所示，前述論文中的實驗資料分析結果清晰表明，P-Tuning V2 不論在何種模型規模下，均展現出了與傳統微調（Fine-Tuning）相當的優越性能。這一成就尤為重要，因為它顛覆了以往認為調優效果與模型參數規模緊密相關的普遍認知。實際上，結合此前章節中圖示的觀察，可以進一步證實 P-Tuning V2 的卓越之處在於其對模型規模的高度不敏感性─該方法的訓練成效與模型大小之間的連結性較弱。

	#Size	BoolQ FT	PT	PT-2	CB FT	PT	PT-2	COPA FT	PT	PT-2	MultiRC (F1a) FT	PT	PT-2
BERT$_{large}$	335M	77.7	67.2	75.8	94.6	80.4	94.6	69.0	55.0	73.0	70.5	59.6	70.6
RoBERTa$_{large}$	355M	86.9	62.3	84.8	98.2	71.4	100	94.0	63.0	93.0	85.7	59.9	82.5
GLM$_{xlarge}$	2B	88.3	79.7	87.0	96.4	76.4	96.4	93.0	92.0	91.0	84.1	77.5	84.4
GLM$_{xxlarge}$	10B	88.7	88.8	88.8	98.7	98.2	96.4	98.0	98.0	98.0	88.1	86.1	88.1

	#Size	ReCoRD (F1) FT	PT	PT-2	RTE FT	PT	PT-2	WiC FT	PT	PT-2	WSC FT	PT	PT-2
BERT$_{large}$	335M	70.6	44.2	72.8	70.4	53.5	78.3	74.9	63.0	75.1	68.3	64.4	68.3
RoBERTa$_{large}$	355M	89.0	46.3	89.3	86.5	58.8	89.5	75.6	56.9	73.4	63.5	64.4	63.5
GLM$_{xlarge}$	2B	91.8	82.7	91.9	90.3	85.6	90.3	74.1	71.0	72.0	95.2	87.5	92.3
GLM$_{xxlarge}$	10B	94.4	87.8	92.5	93.1	89.9	93.1	75.7	71.8	74.0	95.2	94.2	93.3

▲ 圖 5-14

5 高效微調方法

這一發現表示 P-Tuning V2 成功打破了模型尺寸交換優效果的限制，不論是在資源受限的小模型上，還是在運算能力強大的大型模型中，都能夠穩定地輸出與全量微調相媲美的高品質結果。這一特性不僅極大拓寬了該技術的應用場景，使其在資源有限的場景下也能發揮巨大潛力，同時也為那些追求高效率與高性能平衡的自然語言處理任務提供了強有力的解決方案。

P-Tuning V2 的這一特性反映了其設計背後的深刻洞察與技術創新，即透過最佳化策略的精妙設計，有效繞過了模型規模對性能提升的潛在瓶頸，實現了跨模型規模的普遍高效性。這對於推動自然語言處理技術的普及應用，尤其是在邊緣計算、行動裝置等資源受限環境下的應用，具有重要的實踐意義和理論價值。

5.7 本章小結

本章詳細探討了高效微調方法，是提升大型模型性能的關鍵技術之一。首先，介紹了主流的高效微調方法，包括微調方法的基本概念和 Prompt 的提出背景；介紹了 PEFT 函數庫的快速入門，包括其設計理念和具體使用方法；深入分析了 Prefix Tuning 的背景、核心技術、實驗結果以及實現步驟；討論了 Prompt Tuning、P-Tuning 和最新的 P-Tuning V2 方法，依次介紹了它們的背景、核心技術、實驗效果和具體實現步驟。本章為讀者提供了多種高效微調方法的詳細解析，以幫助他們理解並將其應用於實際場景中，以最佳化和提升大型模型的性能與效果。

6

LoRA 微調
GLM-4 實戰

　　在第 5 章中，我們已經討論了一些主流的高效微調（PEFT）技術流派 Soft Prompt，其中包括 Prefix Tuning、Prompt Tuning、P-Tuning V1 和 P-Tuning V2。實際上，像 Soft Prompt 這類高效微調方法的核心思想是，在訓練過程中固定原始模型的參數，然後透過在大型模型的不同結構前增加 Virtual Token 等手段，以調配下游任務，並在某些技術應用場景中表現出良好的調配性。然而，我們從相關論文和微調實踐中也發現，這些方法往往具有訓練難度大、容易出現災難性遺忘等問題，而且最主要的限制是這些訓練得到的 Virtual Token 會增加原始模型的輸入長度。

　　對於大型模型微調方法，我們的核心目標是透過對少量參數進行高效修改，最大限度地影響模型的原始參數，從而實現對特定下游任務的最佳調配。除高效微調技術外，另一個當前流行且關鍵的方法論是 LoRA（Low-Rank Adaptation，低秩調配），它提供了一種不同的途徑來實現這一目標。LoRA 的核心思想和方法具有廣泛的通用性，不僅適用於大型模型的微調，還應用於文生圖 Stable Diffusion 等領域，大量採用 Lora 技術來生成特定風格的 AI 繪圖。

學模型微調技術的意義是，學到的是模型微調技術的本身，而非僅學到特定的模型、具體的參數配置最佳化，或過分關注在某一特定資料集上的表現。因此，本章將詳細剖析大型模型微調的另一條技術路線 Lora 的原理，以及它在大型模型微調領域的應用，包括其改進版本，如 AdaLoRA 和 QLoRA。最後，我們將運用 QLoRA 技術對 GLM-4 模型進行微調，在此之前，我們有必要了解它的優勢和與之前技術的比較。

6.1 LoRA

6.1.1 背景

現有 PEFT 方法存在以下限制和挑戰。

（1）Adapter 方法增加了模型深度，但也增加了模型推理延遲時間，因為需要載入整個大型模型，而無法剝離出來。

（2）Prompt Tuning、Prefix Tuning、P-Tuning 等方法中的 Prompt 難以訓練，同時也縮短了模型可用的序列長度，限制了模型的可用長度。

（3）往往難以同時實現高效率和高品質，效果通常不如全量微調。

基於這些問題，微軟提出了低秩調配（LoRA）方法，透過設計特定結構，在涉及矩陣乘法的模組中引入兩個低秩矩陣 A 和 B，以模擬全量微調過程，從而只對語言模型中起關鍵作用的低秩本質維度進行更新。

儘管大型模型參數規模巨大，但其中的關鍵作用通常是由低秩本質維度發揮的。這與我們在機器學習和深度學習中接觸到的一些概念非常相似。大型模型需要學習的知識內容非常龐大，如果一開始就讓模型的參數量過低，當面對大規模且複雜的訓練資料時，模型的學習能力一定會受到限制，無法用有效的參數量充分學習資料中的各種特徵和規律，從而導致出現欠擬合現象，即模型無法充分擬合訓練資料，表現為對資料的泛化能力弱。因此，模型訓練初始參數量越大，表示能力越豐富。

然而，問題也隨之而來，如此龐大的參數量一定會存在容錯，也就是說：對很多下游任務來說，這麼多的參數並不都是有用的。在垂直領域的知識中，其特點往往是佔少數，且非常精準，對於這樣的任務，可能僅有一部分重要的參數就足以表現出色。這正是 LoRA 的出發點和靈感所在。因此，LoRA 的策略是，透過使用較小規模的矩陣來近似模擬大型模型的原始矩陣。它基於低秩分解的數學原理，透過較少的參數更新實現對大型模型複雜功能的有效捕捉和調配，在減少運算資源消耗和提升微調效率的同時，保持或甚至提升模型對特定任務的適應性和性能。

簡而言之，LoRA 在涉及矩陣乘法的模組中引入兩個低秩矩陣 A 和 B（更新矩陣）來模擬全量微調的過程，相當於只對模型中起關鍵作用的矩陣維度進行更新。

6.1.2 核心技術解讀

1・圖解核心思想

圖 6-1 可以比較好地表達出 LoRA 的核心思想。

在圖 6-1 中，R 表示矩陣，A 的初始化為 $N(0,\sigma^2)$，$N(0,\sigma^2)$ 表示一個正態分佈（也稱為高斯分佈），即表示平均值為 0、方差為 σ^2 的正態分佈。

平均值（Mean）：0。這表示分佈的中心位於零點。

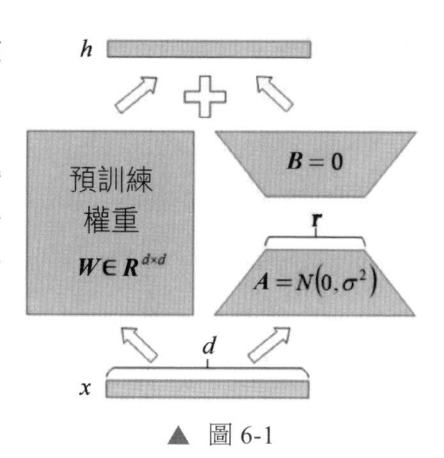

▲ 圖 6-1

方差（Variance）：σ^2。方差決定了分佈的寬度和資料點的離散程度。較大的 σ^2 表示資料點分佈得更廣，較小的 σ^2 表示資料點更集中。

x 是一個維度為 d 的局部輸入。此時，它有兩個資料流程通結構，左邊的結構是 $d \times d$ 的高維空間矩陣，是預訓練模型權重 W。因為我們希望用一個低維的模型空間就表達出原來的高維空間，所以右邊的結構有兩個小矩陣 A 和 B。如圖 6-1 所示，矩陣 A 的每個元素的初始值可以從平均值為 0、方差為 σ^2 的正態分佈中隨機取出；矩陣 B 的初始化值為零矩陣。二者的維度分別為 $d \times r$ 和 $r \times d$，其中的參數 r 原則上是遠遠小於 d 的。之前的 Soft Prompt 流派進行微調時，其策略就是在 Pretrained Weight 即左邊藍色結構中，不是在裡面嵌入 Adapter，就是在其某些層中增加首碼。

LoRA 的新想法是，我先不管左邊這條網路，只管右邊這個我們需要新訓練的外掛網路通路小模型，其名稱為更新矩陣（Update Matrix）。矩陣 A 和 B 的初始化方式也不一樣，其中 B 是零矩陣，A 是正態分佈矩陣。外掛通路的核心就是小矩陣模擬大矩陣。

2・核心公式

模型的輸出 h 如果要適應下游任務，通常是做微調，公式以下

$$h = W_0 x + \Delta W x = W_0 x + BAx$$

W_0 是原來預訓練的權重，ΔW 就是我們在原來的位址空間內調整的一定的模型權重，A 是 $d \times r$ 矩陣，B 是 $r \times d$ 矩陣。$h = W_0 x + \Delta W x$ 就是 PEFT 的想法。

LoRA 的核心思想是把公式中的 ΔW 改為 BAx。將大矩陣從一個 $d \times d$ 維的高維空間變成了相對較小的 AB。將 B、A 這兩個小矩陣相乘達到 $\Delta W x$ 是之後的核心問題。A 是 $d \times r$ 矩陣，B 是 $r \times d$ 矩陣，所以矩陣相乘後的 W 和之前保持一致。

最關鍵的低秩分解問題，即 A 矩陣要將輸入的 d 維矩陣降低到 r 維，而這個 r 的數學含義就是矩陣的秩。r 的出現降低了計算量，也降低了模型的參數量，這也是為什麼使用 LoRA 進行模型微調時，要微調的模型參數量只有原來的千分之幾的原因。接下來，B 矩陣會把 r 維的資料又映射為 d 維。

雖然從數學的角度講，並不是每個高維空間都有容錯，但大型模型因為需要學習的知識太多，如果把模型的複雜度設置太低，則不足以支撐去擬合整個龐大的訓練集的資料分佈，所以為了防止這種欠擬合線性，大型模型往往有可能需要降維，而這種降維並不會過於影響模型的性能，這就是 LoRA 的出發點和核心靈感。

6.1.3 LoRA 的特點

1·與 Adapter 方法進行對比

首先，Adapter 方法需要把 Transformer 算一遍，再把自己的 Adapter 模組嵌入到裡面，所以會額外增加一些計算量。但是，LoRA 不會，因為 LoRA 本來就把大型模型變成兩個小模型，且這兩個小模型總的參數量少，相乘起來的計算量也少，不會帶來更多的計算和延遲時間，是一種更快的方法。

與全參數微調相比：進行全參數微調時，就算把整個模型載入起來針對某個特定下游任務做微調時，大部分跟這個任務無關的參數其實是沒有必要載入進來的，但因為你用的是全參數微調技術，所以必須將其載入進來，才能順利實現微調。

因為 LoRA 在一開始就用兩個小矩陣去模擬大矩陣，所以訓練出來的就是降維之後，溢位容錯之後的矩陣。在某種意義上，LoRA 其實是在模擬全參數微調，用對模型關鍵部分的低秩微調來實現全參數微調的模擬。

因此，當對推理速度和大型模型的性能有高要求時，可以使用 LoRA。

2·與 Soft Prompt 方法進行對比

Soft Prompt 有幾類不同的方法，如最早的 Prompt Tuning，是直接在模型外部操作，而不修改 Transformer。而 Prefix Tuning 只在 Transformer 的不同 Layer 層前面新增一些神經網路模組 MLP。P-Tuning 也類似，在 Embedding 層增加了一些新的神經網路參數。如果是 P-Tuning V2，則還會有更深層次的首碼增加。

這些操作都是為了調整點對點的模型，讓它生成一些更好的 Prompt。但即使如此，也會出現一個問題：它們為了能夠把訓練方法執行起來，會凍結原來的整個 Transformer 參數，只調整它嵌入的新參數。但如果對 Transformer 的這部分參數不修改，就無法對模型產生深層次的影響。

而 LoRA 跳出這個想法，雖然不修改 Transformer 原來的這些參數。但在訓練過程中，把原來的高維矩陣的大型模型降維為低維矩陣，然後用小矩陣去模擬大矩陣的輸出結果，其實這個方法是更深層次的模型修改。

如前所述，Prefix 是在輸入的 Prompt 的基礎上增加了首碼，但因為首碼最終會變成輸入給模型的 Prompt 的一部分，所以會佔用模型的輸入空間，會影響生成任務的使用。因為 LoRA 不需要增加首碼，所以也不會佔用輸入空間。

LoRA 直接作用於域模型結構。把大型模型變成小模型並不表示大型模型完全被替換了，因為大型模型的結構很複雜不是單純的 $W_0 x$（甚至很難寫出大型模型的形式化定義），所以 LoRA 只是在矩陣層面的替換，只能替換特定層。

Transformer 架構中有 Q、K、V 模組，其中 Q、K 都是透過輸出的 x 和一個特定的權重矩陣 W_q 與 W_k 乘出來的，最終輸入的向量則透過權重矩陣 W_v 進行變換，對這些權重矩陣可以進行調整。

對整個大型模型雖然無法寫出形式化定義，但可確定的是裡面充滿了矩陣 W，所以此時 LoRA 微調要做的就是用矩陣 BA 的乘積把矩陣 W 替換掉。但它仍然是一個大型模型的框架，上下游不需要被替換的部分，如非線性層和 softmax 依然保留。

綜上所述，LoRA 的優勢就是更深入地修改模型結構，且不佔用額外的輸入空間。

6.1.4 實現步驟

執行程式 6-1，首先匯入 Huggingface 的 PEFT 函數庫，以及一些訓練超參數 LoraConfig。

6.1 LoRA

➔ 程式 6-1

```python
from peft import(
    get_peft_config,          # 獲取 PEFT 配置的函數
    get_peft_model,           # 根據配置建立或載入 PEFT 模型的函數
    LoraConfig,               #LoRA 配置類別，用於定義 LoRA 微調的具體設置
    LoraModel                 #LoRA 模型類別，應用於微調後的模型結構
)

from peft import TaskType
# 初始化 LoRA 配置物件，詳細定義了 LoRA 微調的超參數
model_name_or_path = "/home/egcs/models/glm4-9b-chat"
peft_config = LoraConfig(
    task_type=TaskType.CAUSAL_LM,
    target_modules=["query_key_value","dense","dense_h_to_4h","dense_4h_to_h"],
                              # 指定要應用 LoRA 的模型層名稱
    inference_mode=False,     # 訓練模式
    r=8,                      # 量化矩陣的秩，決定了 LoRA 的大小和容量
    lora_alpha=32,            #LoRA 層的縮放因數，影響模型的學習能力
    bias="none",              # 指定偏置項是否應用 LoRA，此處設置為不應用
    lora_dropout=0.1          #LoRA 層的 dropout 率，用於防止過擬合
)
```

參數說明如下。

（1） r(int)：LoRA 低秩矩陣的維數，影響 LoRA 矩陣的大小。

（2） lora_alpha(int)：LoRA 縮放的 alpha 參數，LoRA 適應的比例因數。

（3） target_modules(Optional[List[str],str])：調配模組，指定 LoRA 應用到的模型模組，通常是 attention 和全連接層的投影。如果指定了此項，則僅替換具有指定名稱的模組。傳遞字串時，將執行正規表示法匹配。傳遞字串清單時，將執行完全匹配，或檢查模組名稱是否以任何傳遞的字串結尾。如果指定為「all-linear」，則選擇所有線性 /Conv1D 模組，不包括輸出層。如果未指定，則根據模型架構選擇模組。如果系統結構未知，則引發錯誤—在這種情況下，應該手動指定目的模組。

（4） lora_dropout(int)：在 LoRA 模型中使用的 dropout 率。

6 LoRA 微調 GLM-4 實戰

（5）bias(str)：LoRA 的偏移類型。可以是「none」、「all」或「lora_only」。如果是「all」或「lora_only」，則在訓練期間更新相應的偏差。注意，這表示，即使禁用轉接器，模型也不會產生與沒有自我調整的基本模型相同的輸出。

（6）modules_to_save(List[str])：除了轉接器層，還要設置為可訓練並儲存在最終檢查點中的模組清單。

下面載入一個預訓練的模型作為基礎模型。如程式 6-2 所示，本次使用本地模型 GLM4-9B-chat。可以列印新的 PeftModel 的可訓練參數，看看它比訓練原始模型的全部參數有多高效。

➜ 程式 6-2

```
# 使用 AutoModel 的 from_pretrained 方法載入預訓練模型
model = AutoModel.from_pretrained(
    model_name_or_path,          # 預訓練模型的名稱或路徑
    device_map="auto",           # 自動將模型分佈在可用的裝置上，如 CPU、GPU
    torch_dtype=torch.bfloat16,  # 指定模型的 dtype 為 bfloat16，減少記憶體佔用，加速計算，尤其適合 GPU
    trust_remote_code=True)
# 將基礎模型與 LoRA 設定檔綁定
model = get_peft_model(model,peft_config)
model.print_trainable_parameters()
#out：" trainable params:21,176,320 || all params:9,421,127,680 || trainable%:0.22477479044207158"
```

透過 model.print_trainable_parameters() 方法列印 PeftModel 的參數，並將其與完全訓練所有模型參數進行比較，需要參加訓練的參數佔 0.22%。

如程式 6-3 所示，對模型訓練的其餘部分均無須更改，將模型移動到 GPU 上訓練，當模型訓練完成之後，儲存高效微調部分的模型權重以供模型推理即可。

➜ 程式 6-3

```
peft_model_id = f"{model_name_or_path}_{peft_config.peft_type}"
model.save_pretrained(peft_model_id)
```

save_pretrained 將增量權重儲存在目錄 /home/egcs/models/glm4-9b-chat_LORA 下，且分為兩個檔案：adapter_config.json 設定檔和 adapter_model.bin 權重檔案。

模型的使用如程式 6-4 所示。

➡ 程式 6-4

```
model = AutoModelForCausalLM.from_pretrained(
    model_name_or_path,
    device_map="auto",
    torch_dtype=torch.bfloat16,
    trust_remote_code=True).eval()
model = PeftModel.from_pretrained(model,peft_model_id)
```

至此，我們完成了 LoRA 的訓練及推理。

6.1.5 實驗結果

GPT-3 使用 LoRA 之後，其訓練的參數總量有 10 倍的提升，但是在特定的測試集上則表現更差了，這就涉及 LoRA 的超參數調整。

如圖 6-2 所示，論文 *LoRA：Low-Rank ADAPTATION OF LARGE LANGUAGE MODELS* 中的實驗結果表明，權重矩陣的種類和 rank 值 r 的選擇對訓練結果具有很大的影響。

Weight Type Rank r	W_q 8	W_k 8	W_v 8	W_o 8	W_q, W_k 4	W_q, W_v 4	W_q, W_k, W_v, W_o 2
# of Trainable Parameters = 18M								
WikiSQL (±0.5%)	70.4	70.0	73.0	73.2	71.4	**73.7**	**73.7**
MultiNLI (±0.1%)	91.0	90.8	91.0	91.3	91.3	91.3	**91.7**

	Weight Type	$r=1$	$r=2$	$r=4$	$r=8$	$r=64$
WikiSQL(±0.5%)	W_q	68.8	69.6	70.5	70.4	70.0
	W_q, W_v	73.4	73.3	73.7	73.8	73.5
	W_q, W_k, W_v, W_o	74.1	73.7	74.0	74.0	73.9
MultiNLI (±0.1%)	W_q	90.7	90.9	91.1	90.7	90.7
	W_q, W_v	91.3	91.4	91.3	91.6	91.4
	W_q, W_k, W_v, W_o	91.2	91.7	91.7	91.5	91.4

▲ 圖 6-2

W_q、W_k、W_v、W_o 之間不同的 Weight Type 排列組合對結果的影響非常大。單純調整 r 時，r 的變化對結果的影響其實不大，甚至於在某些基準測試上，r 的全域最佳值反而是 1。因此，Weight Type 的選擇很重要。

LoRA 雖然不需要像 Soft Prompt 那樣擔心怎樣手工製造一些 Prompt（如 Prefix Tuning）去適應下游任務，但它的煩惱是 Weight Type 排列組合和 r 的設定值。舉例來說，r 有很大的最佳化空間，簡單來說就是並非越大越好，不需要那麼高的訓練成本就能取得一個不同的成果，需要找出最合適的 r。

6.2 AdaLoRA

6.2.1 LoRA 的缺陷

LoRA 的核心思想是，對下游的各種任務 $W = W_0 + \Delta W$ 針對性地增量訓練一個小模型，即原來的預訓練的模型權重。ΔW 就是我們要訓練的小模型。

但是，LoRA 的問題也很突出。

第一個問題：超參數中增量矩陣的 r 是無法自我調整調整的，它是我們在一開始訓練 LoRA 時就需要設置的值。

第二個問題：本來想的是降維，用小矩陣擬合大矩陣在特定任務上的表現，但是低估了權重矩陣的種類和不同層的權重矩陣的選擇，從上一節的實驗結果可以看出，這種選擇對微調的影響結果十分大。

第三個問題：只微調了大型模型中的部分模組，如 Q、K、V，以及最終的輸出，而並沒有微調前饋網路（FFN）模組。Transformer 架構中最重要的就是一個 Attention 接了一個 FFN，LoRA 只訓練了 Attention 而忽視了 FFN，事實上，FFN 更重要。

6.2.2 核心技術解讀

1．改進方案

如圖 6-3 所示，*ADAPTIVE BUDGET ALLOCATION FOR PARAMETER-EFFICIENT FINE-TUNING* 論文提出了一個針對性的解決方案，以解決原來的 LoRA 論文中未解決的問題。

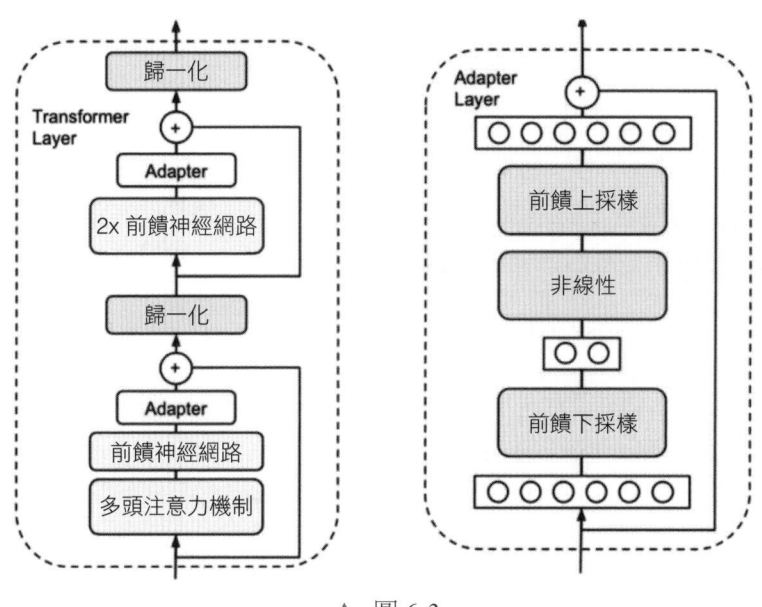

▲ 圖 6-3

第一，既然降維中用 $B \times A$ 替代矩陣，那麼如何做降維替代更好呢？本質上就是更進一步地找出一個 $B \times A$。對此有很多經典的方案，如機器學習時代有一個 SVD（Singular Value Decomposition，奇異值分解）方法。事實上，AdaLoRA 的核心其實就是把 SVD 用到了極致，用 SVD 提升矩陣低秩分解的性能。

第二，可以對模型進行剪枝。在整個大型模型中並非每個參數都是有用的，其實我們只需要那些最有用的參數，而那些不相關的參數可以不用。那麼，如何找出那些最有用的參數呢？這其實是對大型模型進行建模，把模型參數的每個單獨的參數都當成我們要去建模的物件，每個參數都有自己的重要性，我們需要對這個重要性進行評分，這就是在 AdaLoRA 中做的另一件很重要的事。

第三，既然 r 不能自我調整地調整，也不能靠我們決定哪個 r 能夠在特定訓練集上表現更好，那就讓它動態、自我調整地調整 r。

2・SVD

SVD 是一種在數學和訊號處理中常用的矩陣分解技術。它將任意一個矩陣分解為三個特定的矩陣的乘積：一個左奇異向量矩陣、一個奇異值矩陣和一個右奇異向量矩陣。

應用場景：在使用線性代數的地方，基本上都要使用 SVD。SVD 不僅應用在 PCA（Principal Components Analysis，主成分分析）、影像壓縮、數字浮水印、推薦系統和文章分類、特徵壓縮（或資料降維）中，在訊號分解、訊號重構、訊號降噪、資料融合、同標識別、目標追蹤、故障檢測和神經網路等方面也有很好的應用，是很多機器學習演算法的基石。

$$A = Q \Sigma Q^{-1}$$

簡單地說，SVD 其實是一種固定的演算法，能把任意一個 $m \times n$ 的矩陣 A，經過 SVD，將大矩陣變成三個矩陣相乘的結果，其中的 Q 和 Q^{-1} 矩陣是正交矩陣，中間的符號 Σ 是對角矩陣。該對角矩陣的對角線上的這些值就是奇異值。

SVD 的應用領域非常廣泛，在資料科學和機器學習中，通常用來降維，也可以用於雜訊過濾和資料壓縮。在早期的自然語言處理中，它通常用來提取語義結構。

在自然語言處理中，SVD 用於提取文字資料的潛在語義結構。W 這個權重矩陣裡就有一些語義資訊，用 SVD 來提取，其實是比較自然的結果。其過程就變成了圖 6-4 中的變化。

$$h = W_0 x + \Delta W x = W_0 x + BAx$$
$$\Downarrow B \in R^{d \times r}, A \in R^{r \times k}$$

$$W = W^{(0)} + \Delta = W^{(0)} + P\Lambda Q,$$
$$\Lambda \in R^{r \times r} \quad P \in R^{d_1 \times r} \quad Q \in R^{r \times d_2}$$
對角矩陣　　左奇異向量　　右奇異向量

▲ 圖 6-4

AdaLoRA 的核心理念和技術手段就是用 SVD 的三元組去替代原來 LoRA 的 ***BA*** 二元組。

LoRA 在指定 rank 值之後，它的 ***BA*** 矩陣的維度就不會發生變化；而 AdaLoRA 在迭代過程中，一直在做奇異值分解，調整奇異值數量和對角矩陣的維度。

6.2.3 實現步驟

實現步驟如下：首先如程式 6-5 所示，匯入 Huggingface 的 PEFT 函數庫，匯入必要的類別；然後建立 AdaLoraConfig 的配置類別。

➔ 程式 6-5

```
# 從 PEFT 函數庫中匯入必要的類別和函數以進行模型微調的配置與應用
from peft import{
    get_peft_config,      # 函數，用於獲取 PEFT 配置物件
    get_peft_model,       # 函數，用於根據配置建立或載入微調後的模型
    AdaLoraConfig,        # 類別，定義 AdaLora 特定的微調配置參數
}

# 初始化 AdaLora 配置物件，該物件包含了 AdaLora 微調的具體設置
peft_config = AdaLoraConfig(
    r=8,                  # 低秩矩陣的秩，最終的 LoRA 權重大小
    init_r=12,            # 初始化時的 rank 值
    tinit=200,            # 動態調整初期的訓練步數
    tfinal=1000,          # 動態調整結束時的訓練步數
    deltaT=10,            #rank 值調整的間隔步數
    target_modules=["query_key_value","dense","dense_h_to_4h","dense_4h_to_h"],
                          # 指定要應用 LoRA 的模型層名稱
    modules_to_save=["classifier"],# 指定哪些模型元件在微調過程中需要被儲存，這裡只儲存分類頭
)
```

AdaLoraConfig 配置類別參數的說明如下。

（1）init_r（int）：每個增量矩陣的初始秩。

（2）tinit（int）：初始微調預熱的步驟。

（3）tfinal（int）：最後微調的步驟。

（4）deltaT（int）：兩次預算分配之間的時間間隔。

（5）target_modules（Optional[List[str],str]）：要應用轉接器的模組的名稱。

（6）modules_to_save（List[str]）：除轉接器層外，還要設置為可訓練並儲存在最終檢查點中的模組清單。

下面載入一個預訓練的模型作為基礎模型。程式 6-6 中使用 google/vit-base-patch16-224-in21k 模型，但使用者也可以使用任何自己想要的影像分類模型。將 label_id 和 id2label 字典傳遞給模型，使其知道如何將整數標籤映射到它們的類別標籤。如果你正在微調已經微調過後的 checkpoint，則可以選擇傳遞 ignore_mismatched_sizes=True 參數。設置好配置後，將其與基本模型一起傳遞給 get_peft_model 函數，以建立可訓練的 PeftModel。

➔ 程式 6-6

```
# 使用 AutoModel 的 from_pretrained 方法載入預訓練模型
model = AutoModel.from_pretrained(
    model_name_or_path,              # 預訓練模型的名稱或路徑
    device_map="auto",               # 自動將模型分佈在可用的裝置上，如 CPU、GPU
    torch_dtype=torch.bfloat16,      # 指定模型的 dtype 為 bfloat16，減少記憶體佔用，加
速計算，尤其適合 GPU
    trust_remote_code=True)
# 將基礎模型與 LoRA 設定檔綁定
model = get_peft_model(model,peft_config)
model.print_trainable_parameters()
#out："trainable params:31,766,400 || all params:9,431,717,920 ||
trainable%:0.3368039658251357"
```

透過 model.print_trainable_parameters() 方法列印 PeftModel 的參數，並將其與完全訓練所有模型參數進行比較，需要參加訓練的參數僅佔 0.33%。

如程式 6-7 所示，模型訓練的其餘部分均無須更改，將模型移動到 GPU 上訓練，當模型訓練完成之後，儲存高效微調部分的模型權重以供模型推理即可。

6.2 AdaLoRA

➜ 程式 6-7

```
peft_model_id = f"{model_name_or_path}_{peft_config.peft_type}"
model.save_pretrained(peft_model_id)
```

save_pretrained 儲存增量權重在目錄 /home/egcs/models/glm4-9b-chat_ADALORA 下，且分為兩個檔案：adapter_config.json 設定檔和 adapter_model.bin 權重檔案。

最後程式 6-8 對模型的使用。

➜ 程式 6-8

```
model = AutoModelForCausalLM.from_pretrained(
    model_name_or_path,
    device_map="auto",
    torch_dtype=torch.bfloat16,
    trust_remote_code=True).eval()
model = PeftModel.from_pretrained(model,peft_model_id)
```

之後就可以直接呼叫 model.generate() 方法來生成答案。

6.2.4 實驗結果

如圖 6-5 所示，前述論文中的實驗結果表明，具有 12 層不同的 Layer 和 6 個不同類型的 W。對於不同的模組和不同的 Layer，其最佳收斂的 rank 值是不一樣的。

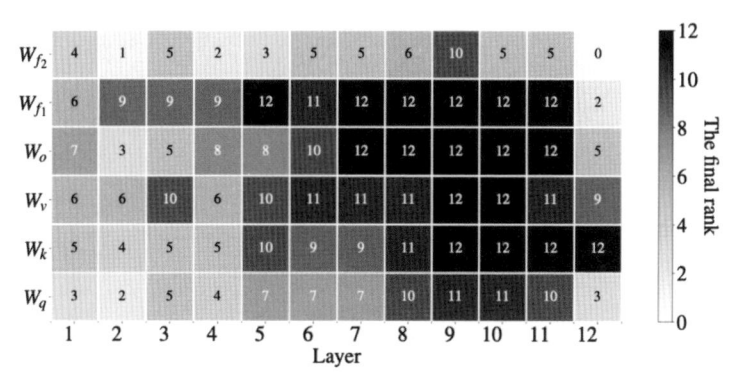

▲ 圖 6-5

同時，隨著 Layer 層數的增加，rank 值相對之前有所增加，說明之前儲存的參數其實並不多，沒有做高秩分解，而重點參數往往在後面層；避免了以前工作中觀察到的幾乎所有的準確性折中，實現了自我調整權重矩陣。

6.3 QLoRA

6.3.1 背景

美國華盛頓大學的一篇論文 *QLoRA:Efficient Finetuning of Quantized LLMs* 提出了一個新的訓練微調的方法，即 QLoRA，就是去訓練量化的大型模型。該論文中提到，可以用 48GB 的顯示卡來微調 650 億個參數的大型模型，其訓練效果與用標準 16bit Float 執行微調任務時的效果差不多。QLoRA 透過凍結的 int4 量化預訓練語言模型反向傳播梯度到低秩轉接器 LoRA 來實現微調。

簡單總結：QLoRA 透過三個技術的疊加，即 4bit 即 NF4 Normal Four Bit 這個新的資料型態加上雙量化的量化策略，再加上記憶體和顯示記憶體管理的 Page Optimizers，使它訓練出來的大型模型比 16bit 微調的大型模型還要好。

如圖 6-6 所示，前述論文對比了 FFT、LoRA 和 QLoRA 的實現原理。

第一列，有一個 16bit 單精度的最簡單的 Transformer，藍線代表參數更新（Parameter Update），傳統的做法就是使用正向傳播和反向傳播，把全部參數更新一遍。

LoRA 和 FFT 相比，首先是加了 Adapter 即 **BA** 矩陣，讓它能做更低成本的更新。QLoRA 做的就是把原來的 16bit Transformer 壓縮了，現在只需要 4bit 儲存模型參數，所以佔用的顯示記憶體更小了。4bit 的最佳化技術和雙量化技術都是為了讓參數量更小。

6.3 QLoRA

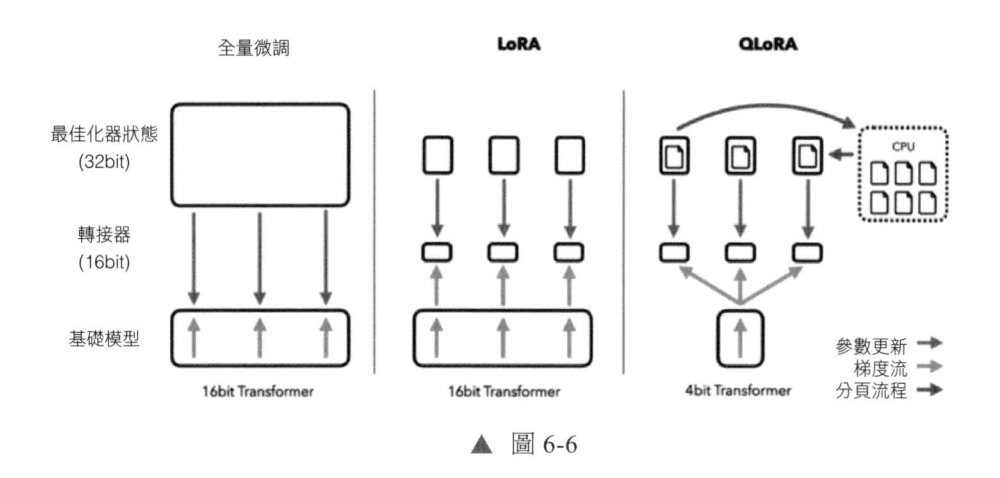

▲ 圖 6-6

綠線代表梯度流，是指在訓練過程中梯度在神經網路各層之間的傳遞。在反向傳播過程中，每層的梯度資訊都會傳遞給前一層，以更新其權重。這種梯度的傳遞確保整個網路中的所有參數都能朝著減少損失的方向進行調整。

除此之外，還有一個稱為 Optimizer（最佳化器）的技術，即圖中紅線代表的分頁流程（Paging Flow）。紅線的左邊是 GPU 顯示記憶體，右邊虛線框中的是 CPU。當我們的 GPU 顯示記憶體不夠用時，可暫時使用 CPU 的記憶體，不會讓顯示記憶體顯示出錯。

這就是完整的全量微調和 LoRA 及 QLoRA 的不同。

6.3.2 技術原理解析

1・核心技術

QLoRA 引入了 4bit NormalFloat（NF4）量化和雙重量化這兩種技術，以實現高保真的 4bit 微調。此外，為防止梯度檢查點期間的記憶體峰值導致的記憶體溢位錯誤，QLoRA 還引入了分頁最佳化器。

2．NF4

最重要的是理解這個新資料型態是怎麼運作的，有什麼好處。之前的 Float 都是經典表達方式，但在 6.3.1 節中介紹的有關 QLoRA 的這篇論文中提出了一種想法，即只用 4bit 表達數字。NF4 是資訊理論上最佳的量化資料型態，適用於正態分佈的資料。

之前就有很多的量化技術，包括剪枝技術、蒸餾技術、8bit 和 4bit。舉例來說，8bit 量化的含義是用 8bit 表達原先需要 32bit 浮點數才能表達的內容。8bit 量化出來的是整數，沒有小數點。其做法簡單地說就是對量化之前的 32bit 數進行伸縮變換，砍掉小數就是 int 8。

我們的機器學習、深度學習、大型模型和我們需要儲存的模型參數是有特點的，模型參數本身不是隨機的，且它們的數值會聚集在一塊區域中。

香農在資訊理論中提出的最佳資料型態其實是指，假設你知道透過經驗的累積和歷史資料的擬合，知道了資料的分佈情況，知道了要存在電腦中的數大概是什麼樣子的分佈函數，你就可以進行輸入張量的分位數量化。

具體做法：在 6.3.1 節介紹的論文中也提到，預訓練的權重通常具有標準差為 σ 的零中心的正態分佈，可以透過縮放 σ 標準差，使得分佈恰好符合資料型態的範圍。

3．雙量化技術

雙量化技術引入了雙重量化（Double Quantization，DQ）的概念，這是一種對量化常數進行二次量化的過程，目的是進一步節省記憶體容量。具體來說，雙重量化將第一次量化的量化常數作為第二次量化的輸入。這種技術其實就是巢狀結構的量化。

論文中的研究者使用 256 塊大小的 8bit 浮點數進行第二次量化，根據 Dettmers 和 Zettlemoyer 的研究，8bit 量化沒有性能下降。

6.3 QLoRA

資料雖然被 NF4 儲存下來了,但真正計算時肯定不能那樣儲存,因為除它外,對其他資料還是用 16bit 計算。

因此,QLoRA 設計了儲存資料型態 NF4 和計算資料型態 BF16,並且採用了存算分離技術,這也是 QLoRA 的核心價值。

電腦在計算時,用 Float16 表達的浮點數可以直接進行加減乘除矩陣運算;而 NF4 不能,因為它是極致地壓縮了儲存空間,把計算和儲存分離,只有在算時才解壓縮。因為 QLoRA 不是對每個階段的每個參數都運算的,而是只運算部分參數,在運算的時候再回到 BF16 進行運算,運算完再編碼儲存下來。

利用充足的計算時間來換取空間,可使過去許多因記憶體不足而無法開展的研究現在得以繼續進行。儘管這種方法會消耗更多的時間,但它至少使研究變得可行。此外,在推理過程中,並不需要將所有資料一次性地完全解壓縮;由於計算是逐步進行的,所以可以在計算的過程中動態地解壓縮和重新壓縮資料,然後再儲存資料,從而有效地管理記憶體資源。

4.分頁最佳化器

分頁最佳化器(Page Optimizer)的作用是防止系統崩潰。在執行過程中,在某一層可能因為中間資料量比較龐大,短時間的記憶體峰值導致暫時的 OOM(Out Of Memory,記憶體不足)。分頁最佳化器在 GPU 執行偶爾出現 OOM 時,可以透過英偉達統一記憶體的功能,在 CPU 和 GPU 之間自動進行頁面到頁面的傳輸,和虛擬記憶體技術差不多。

這就是 QLoRA 透過三個技術的疊加,將 65B 參數模型的記憶體需求從 >780GB 降低到 <48GB,並保持了 16bit 微調任務的性能。對個人開發者來說,如果想實現具有 100 億個參數的模型,則可採用這種由可靠的技術支撐、廉價、合理的方案,否則需要買很多顯示卡才能使用大型模型。

6.3 節無「實現步驟」和「實驗結果」,是因為將在第 10 章中介紹相關內容,以避免重複。

6.4 量化技術

6.4.1 背景

量化用更少的 bit 表示資料，這使它成為一種減少記憶體使用和加速推理的有用技術，尤其是在涉及大型語言模型（LLM）時。目前，Transformers 函數庫有以下幾種方法可以量化模型。

(1) 使用 AWQ（Activation-aware Weight Quantization，啟動感知權重量化）演算法最佳化量化模型權重。

(2) 使用 GPTQ（Accurate Quantization for Generative Pre-trained Transformers，生成式預訓練 Transformers 的精確量化）演算法獨立量化權重矩陣的每行。

(3) 使用 BitsAndBytes 函數庫量化到 8bit 和 4bit 精度。

(4) 使用 AQLM 演算法量化至 2bit 精度。

在第 4 章中，當我們直接訓練億級規模的模型時，就已經遇到記憶體不足的情況，甚至完成幾個 epoch（一個 epoch 是指使用訓練集中的全部樣本進行一次訓練的過程）就要花上幾十個小時。此時，我們需要找到一些能使用比較低的 GPU 資源完成整體模型的快速微調方法，而模型量化就是其中最重要的部分。量化的本質就是用較少的資訊來表示資料，並且儘量不損失準確性；同時，量化後的推理速度也會變快。

6.4.2 量化技術分類

根據量化發生的步驟分為以下兩類。

(1) 在微調完成後進行量化。場景是在模型權重已經訓練合格後，為了方便部署、推理，從而進行量化。其目的是讓微調後的大型模型在小硬體上使用起來。具體的方法包括 GPTQ 和 AWQ。

（2）在微調過程中進行量化。場景是在訓練過程中使用低精度進行訓練，其目的是讓大型模型在小硬體上微調。具體的方法為 BitsAndBytes 函數庫，並且通常與 QLoRA 一起用於量化微調 LLM。

第一種類型的量化技術：先將模型硬體訓練然後量化為一個較小的模型。它對大型模型微調沒有太大幫助，主要是降低推理的成本。第二種類型的量化技術：在訓練過程中就以一個比較低的精度儲存資料，以便能在自己的資料集上進行低精度的訓練。對是先微調還是先量化，哪種類型的微調方法效果好，並沒有絕對的答案，但通常來說，在資源足夠的情況下還是先微調更好。

在 Transformers 函數庫的 Quantization 模組中實現了 BitsAndBytes 函數庫，使其使用非常簡單，可以先指定 NF4 資料型態儲存大型模型的參數，然後結合 QLoRA 微調技術實現低成本微調。下面介紹如何使用 Transformers 函數庫實現模型量化。

6.4.3 BitsAndBytes 函數庫

BitsAndBytes 函數庫是對 CUDA 自訂函數的輕量級封裝，特別是針對 8bit 最佳化器、矩陣乘法和量化函數；在硬體層面上能支援混合精度的分解和 int8 推理（如果使用 8bit 精度儲存模型，則可以直接用於推理，而不必進行轉化）。BitAndBytes 函數庫是在 Transformers 函數庫中實現 int8、int4 模型量化的最簡單選擇。

把 QLoRA 與 NF4 結合起來，在訓練過程中就能用低精度進行微調。

6.4.4 實現步驟

BitsAndBytes 函數庫是一個整合了 Transformers 函數庫的量化函數庫。透過這種整合，可以將模型量化為 8bit 或 4bit，並透過配置 BitsAndBytesConfig 類別啟用許多其他選項。例如：

（1）load_in_4bit=True：可在載入模型時將其量化為 4bit。

（2）bnb_4bit_quant_type="nf4"：可對從正態分佈初始化的權重使用特殊的 4bit 資料型態。

（3）bnb_4bit_use_double_quant=True：可使用巢狀結構量化方案來量化已經量化的權重。

（4）bnb_4bit_compute_dtype=torch.bfloat16：可使用 bfloat16 進行更快的計算。

使用 int4 量化載入模型：下面分別加以解釋，如程式 6-9 所示，在 Transformers 函數庫中使用 BAB 技術進行模型載入是很直接的，只需要在模型本身的 from_pretrained 函數裡設置參數。load_in_4bit=True 對應 4bit 精度量化，load_in_8bit= True 對應 8bit 精度量化。開啟參數之後，模型就會以對應的精度進行載入。

➔ 程式 6-9

```
from transformers import AutoModelForCausalLM
# 指定要載入的預訓練模型 ID，這裡使用的是 Mistral-7B-v0.1 模型
model_name_or_path = "/home/egcs/models/glm4-9b-chat"
# 設置參數並實例化模型：使用自動裝置映射以在可用硬體上分佈模型，
# 同時以 4bit 精度載入模型以減少記憶體佔用並加速推理和訓練過程
model_4bit = AutoModelForCausalLM.from_pretrained(
    model_name_or_path,          # 模型的識別字或路徑
    device_map="auto",           # 自動將模型分佈在可用裝置上，如 CPU、GPU
    load_in_4bit=True,           # 以 4bit 量化精度載入模型，最佳化記憶體使用
    trust_remote_code=True
)
```

使用 NF4 精度載入模型：在之前的理論學習中已經有了鋪陳，使用 NF4 是為了與 PEFT 中的 QLoRA 技術進行對接。如果只是單純地進行 int4 量化，那麼可以直接使用之前的方法，在 from_pretrained 方法中加一個參數。但是，如果要進行 NF4 量化，則需要引入新的 BitsAndBytesConfig 類別進行配置。在程式 6-10 中指定 bnb_4bit_quant_type="nf4"。其潛在的意思是，4bit 量化可以有很多種不同的 4bit 量化類型，在這裡選擇量化類型為 NF4。

6.4 量化技術

➔ 程式 6-10

```
# 從 Transformers 函數庫中匯入 BitsAndBytesConfig 類別，用於配置模型的量化載入方式
from transformers import BitsAndBytesConfig
# 初始化 BitsAndBytesConfig 物件，配置模型以 4bit 精度載入，並採用 "nf4" 的量化類型
#load_in_4bit=True 指示模型權重應載入為 4bit 精度
#bnb_4bit_quant_type="nf4" 指定使用 NF4 的量化方案，相較於常規的 FP4，NF4 提供了更高的精度
nf4_config = BitsAndBytesConfig(
    load_in_4bit=True,
    bnb_4bit_quant_type="nf4",
)
# 將配置好的 nf4_config 傳遞給 AutoModelForCausalLM.from_pretrained() 方法
# 將會載入指定模型 ID(model_id) 的因果語言模型，並應用 4bit 量化配置
# 從而在保持較高計算效率的同時，儘量減少精度損失
model_nf4 = AutoModelForCausalLM.from_pretrained(model_name_or_path,
quantization_config=nf4_config,trust_remote_code=True)
```

程式 6-11 使用雙精度量化載入模型。在 QLoRA 的論文中還提到雙量化，為了實現它，我們只需要在 BitsAndBytesConfig 類別中加額外的一行 bnb_4bit_use_double_quant=True。

➔ 程式 6-11

```
# 從 Transformers 函數庫中匯入 BitsAndBytesConfig 類別，用於配置模型的量化載入方式
double_quant_config = BitsAndBytesConfig(
    # 設置模型以 4bit 精度載入
    load_in_4bit=True,
    # 啟用雙精度量化，即使用更高的精度進行量化，也可能會增加一些計算成本，但可提高模型的準確度
    bnb_4bit_use_double_quant=True,
)
# 利用配置好的 double_quant_config，透過 from_pretrained 方法載入模型
#model_id 為預訓練模型的識別字，quantization_config 參數傳遞了我們的量化配置
# 模型會在載入時應用 4bit 量化並採用雙精度量化策略
model_double_quant = AutoModelForCausalLM.from_pretrained(model_name_or_path,quantization_config=double_quant_config)
```

在程式 6-12 中，我們可以使用 QLoRA 所有量化技術載入模型，包括混合精度、BF16（等價於 trainer 中的 bf16=true）、bnb_4bit_quant_type="nf4"、啟用 double_quant，這就是 QLoRA 的 4 個經典技術。

6 LoRA 微調 GLM-4 實戰

➜ 程式 6-12

```
# 從 Transformers 函數庫中匯入 BitsAndBytesConfig 類別來配置量化載入參數
qlora_config = BitsAndBytesConfig(
    # 指定模型權重以 4bit 精度量化載入
    load_in_4bit=True,
    # 啟用雙精度量化，提高量化模型的精度
    bnb_4bit_use_double_quant=True,
    # 選擇 "nf4" 作為量化類型，相比預設的 "fp4" 提供更好的精度
    bnb_4bit_quant_type="nf4",
    # 設置計算資料型態為 bfloat16，可以在支援的硬體上加速計算
    bnb_4bit_compute_dtype=torch.bfloat16
)
# 使用配置好的 qlora_config，透過 AutoModelForCausalLM 的 from_pretrained 方法載入模型
# model_id 為預訓練模型的識別字，quantization_config 參數確保模型按照上述量化設置載入
model_qlora = AutoModelForCausalLM.from_pretrained(model_id,
quantization_config=qlora_config)
```

如程式 6-13 所示，呼叫 prepare_model_for_kbit_training 函數來前置處理量化模型以進行訓練。這樣，就準備好了量化模型。對於這樣做的原因，將在第 10 章 10.1 節中結合 QLoRA 技術，進行詳細闡述。現在，先把它理解為一個固定的步驟。

準備好的經過量化後的模型可以直接用來訓練。具體的 QLoRA 訓練方法可以參見第 10 章。

➜ 程式 6-13

```
# 從 PEFT 函數庫中匯入 prepare_model_for_kbit_training 函數，該函數用於準備模型以
便進行 k-bit（如 4-bit 或 8-bit）量化訓練。
from peft import prepare_model_for_kbit_training
# 呼叫 prepare_model_for_kbit_training 函數，傳入原始模型作為參數。
# 這個過程會修改模型，增加必要的量化層和支援結構，以便進行低位元量化訓練，
# 目的是在保持模型性能的同時，減少模型的記憶體佔用和加速訓練或推理過程。
model = prepare_model_for_kbit_training(model)
```

6.4.5 實驗結果

如圖 6-7 所示，論文中還對不同大小模型、不同資料型態、在 MMLU 資料集上的微調效果進行了對比。藍色的線代表 Float 資料型態。橙色的線代表 NFloat 資料型態，也就是論文中提出的 Normal Float。綠色的線代表 Normal+DQ 資料型態，其中的 DQ 即 Double Quantization（雙量化）。使用 QLoRA（NFloat4 + DQ）可以和 Lora（BFloat16）持平，同時，使用 QLoRA（FP4）的模型效果落後於前兩者一個百分點。

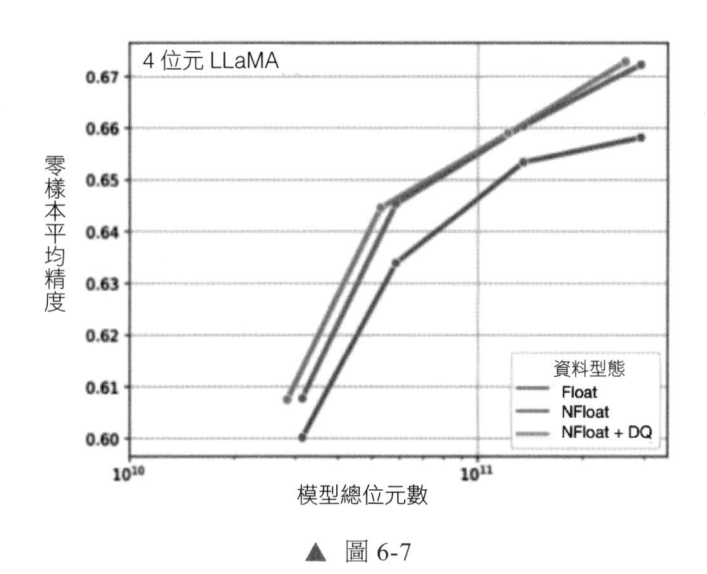

▲ 圖 6-7

6.5 本章小結

本章重點介紹了使用 LoRA 實現微調模型的實戰經驗。首先，詳細討論了 LoRA 的背景、關鍵技術解讀和特點，以及實現步驟和實驗結果；然後，介紹了 AdaLoRA，探討了其對 LoRA 缺陷的改進和核心技術，同時提供了實現步驟和實驗結果；隨後，介紹了 QLoRA，解析了其背景和技術原理，展示了在微調中的應用效果；最後，討論了量化技術在模型最佳化中的應用，包括背景、技術分類和 BitsAndBytes 方法的具體實現等。

6 LoRA 微調 GLM-4 實戰

本章為讀者提供了豐富的實戰經驗和技術指導，幫助其掌握使用 LoRA 和相關技術進行大型模型微調的方法與技巧。

7
提示工程入門與實踐

　　提示工程（Prompt Engineering）也稱為指令工程，是一門較新的學科，它關注於 Prompt（提示，也稱提示詞）開發和最佳化，幫助使用者將大型語言模型（Large Language Model，LLM，簡稱大型模型）用於各場景和研究領域。掌握提示工程的相關技能將有助使用者更進一步地了解大型語言模型的能力和局限性。Prompt 似乎簡單，但意義非凡，因為 Prompt 是 AGI 時代的「程式語言」，也是 AGI 時代的「軟體工程」。提示工程師是 AGI 時代的「程式設計師」，學會提示工程，就像學會用滑鼠、鍵盤一樣，是 AGI 時代的基本技能，專門的提示工程師不會長久存在，因為每個人在未來都會掌握提示工程。

　　電腦程式中的虛擬程式碼的含義是，程式設計師先寫一個大致邏輯比較清晰，但是並沒有嚴謹到能夠讓電腦辨識的一種約定俗成的、邏輯性比較強的類似於程式的描述方式。從另一個角度來說，提示的最高境界是極其接近於虛擬程式碼的方式，僅在形式上有所寬鬆。未來的程式設計師並非需要掌握電腦語言，而需要寫出強邏輯性的 Prompt。

本章將更深入地講解一些應對這個時代挑戰的方法和竅門，讓讀者成長為具有新時代新機器能力的主人翁，掌握新時代的「程式語言」。

7.1 探索大型模型潛力邊界

7.1.1 潛力的來源

在 GPT 火爆之前，人們普遍認為大型模型的規模越大，它們在各種下游任務上的表現能力越強。大型模型的最初訓練目標是生成自然、連貫的文字。由於在預訓練階段接觸了大量文字資料，因此這些大型模型在補全提示和創造文字方面具備了天生的能力。在這個天生能力的範圍內，大型模型具有創作文字的能力，比如撰寫小說、新聞、詩歌等。早期的 GPT-3 模型就是最初用於執行這些任務的。

實驗證明，單純具備文字創作能力並不足以讓大型模型引發新一輪技術革命。真正推動技術革命的原因在於大型模型展現出的「湧現能力」。當大型模型的規模足夠龐大（擁有足夠多的參數和訓練資料）時會展現出「湧現能力」。隨著新模型的不斷湧現，大規模展示出許多超出研究者預期的能力。舉例來說，訓練語料中包含了中文語料和英文語料的模型，雖然沒有系統性地學習過中、英文的互相翻譯，但是在最終訓練完後，大型模型自然而然就掌握了這種翻譯能力。

換句話說，湧現能力是指模型在沒有針對特定任務進行過訓練的情況下，仍然具有在合理的提示下處理這些任務的能力。在某些情景下，湧現能力也可以視為模型潛力，即巨大的技術潛力，這也是大型模型取得成功的根本原因。對大型模型（比如 Completion 模型）來說，它們本身並沒有接受對話語料的訓練，因此展現出的對話能力也是它們湧現能力的一種表現。常見的應用範圍，比如翻譯、程式設計、推理、語義理解等，都屬於大型模型所具備的湧現能力範圍。

正確的提示工程和微調是激發大型模型的湧現能力的兩種有效方法。

7.1.2 Prompt 的六個建議

如圖 7-1 所示，OpenAI 官方網站上舉出了 Prompt 的六個建議。

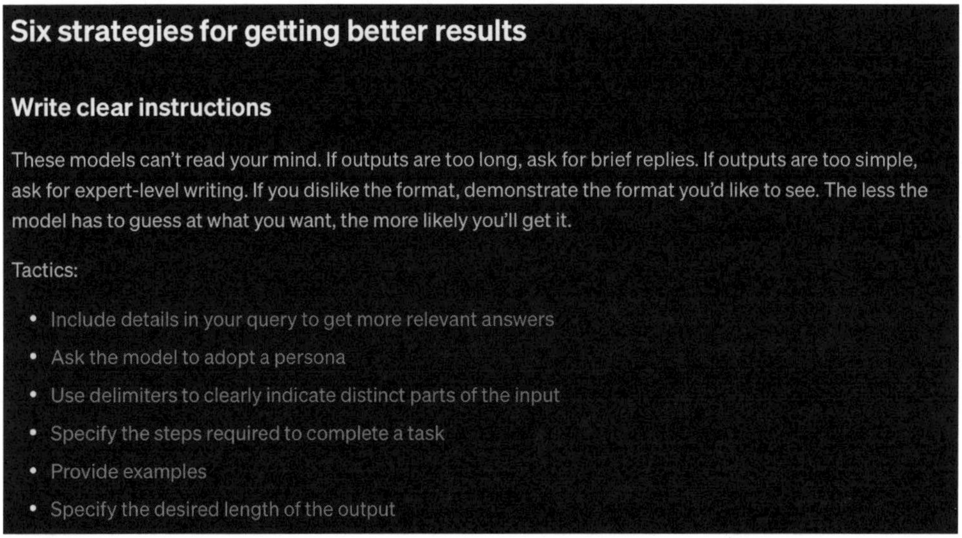

Six strategies for getting better results

Write clear instructions

These models can't read your mind. If outputs are too long, ask for brief replies. If outputs are too simple, ask for expert-level writing. If you dislike the format, demonstrate the format you'd like to see. The less the model has to guess at what you want, the more likely you'll get it.

Tactics:

- Include details in your query to get more relevant answers
- Ask the model to adopt a persona
- Use delimiters to clearly indicate distinct parts of the input
- Specify the steps required to complete a task
- Provide examples
- Specify the desired length of the output

▲ 圖 7-1

前三個建議如下。

（1）在查詢中包含詳細資訊以獲得更相關的答案。

ChatGPT 是一個基於大型模型的對話系統，它的回答是基於其對輸入文字的理解和學習所得的知識。因此，如果 Prompt 提供的資訊不夠清晰或不夠詳細，模型則可能產生誤解或舉出不夠準確的回答。

透過在查詢中包含詳細資訊，可以幫助 ChatGPT 更準確地理解使用者的問題或需求，從而生成更相關和貼合的回答。詳細的查詢可以包括問題的背景資訊、關鍵字、具體細節等，這樣可以讓模型更進一步地把握話題的上下文，理解使用者的意圖，並根據輸入的內容舉出更合適的回應。

7 提示工程入門與實踐

不同詳細程度的 Prompt 對比如表 7-1 所示。

▼ 表 7-1 不同詳細程度的 Prompt 對比

普通的 Prompt	更好的 Prompt
如何在 Excel 中增加數字	如何在 Excel 中將一行美金金額相加？我想對一整排行自動執行此操作，所有的總計都在右邊的一列「總計」中結束
撰寫程式計算費氏序列	撰寫 TypeScript 函數來有效地計算斐波納契序列。對程式進行自由的註釋，解釋每個部分的作用及為什麼要這樣寫
總結會議筆記	先將議筆記總結成一段；然後寫一份演講者的評分表，列出他們的每個要點；最後，列出發言者建議的下一步行動或行動專案（如果有的話）

（2）讓模型扮演一個角色。

關於角色的最佳設定，在後面章節中會提到 ChatGPT 及 ChatGLM3 等大型模型採用了新型的訊息模式。在 Message 中，我們在參數選項中選擇不同的角色：System、Assistant 和 User。使用者扮演 User 角色，透過發送訊息來提出問題、表達需求或進行交流，而模型則以 Assistant 角色回應使用者的訊息。同時，在 System 角色中給定聊天機器人一個身份，可以有效地引導模型生成更具豐富性和深度的回答。

在 System 角色中選擇模型需要扮演的角色時，需要有標籤化的設定，比如哲學大師。同時最好有一些具象的描述，比如是哲學大師還是西方哲學大師，且哲學裡包含細分的一些範圍。再比如，設置程式設計專家時最好設置為具體的專家，如 Python 專家或 Java 專家，甚至可以在 System 角色中設置其擅長什麼樣的 Python 函數庫和 Java 函數庫。

（3）使用分隔符號清楚地指示輸入的不同部分。

在撰寫 Prompt 時，使用分隔符號清楚地指示輸入的不同部分之所以重要，是因為大型模型需要清晰地理解每個部分的含義和作用。分隔符號的使用可以幫助模型準確地區分不同的資訊單元，從而更進一步地理解整個輸入。

7.1 探索大型模型潛力邊界

首先，分隔符號可以幫助模型確定每個部分的邊界和作用。大型模型在處理文字時需要辨識不同的部分，並理解它們之間的關係。透過使用分隔符號，可以明確地告訴模型何時一個部分結束，另一個部分開始，從而避免歧義和混淆。

其次，分隔符號還可以幫助模型更進一步地處理不同類型的資訊。在撰寫 Prompt 時，可能會包含多個部分，例如問題描述、關鍵字、範例等。透過使用適當的分隔符號，可以將這些不同類型的資訊清晰地分隔開來，使模型能夠更有效地理解和處理每個部分。

此外，分隔符號的使用還可以提高 Prompt 的可讀性和好用性。清晰的分隔符號可以使 Prompt 更易於理解和編輯，同時也可以使其更具結構化，便於模型正確解析和處理。

不同結構化程度的 Prompt 對比如表 7-2 所示。

▼ 表 7-2 不同結構化程度的 Prompt 對比

普通的 Prompt	更好的 Prompt
總結以下文字：在此處插入文字	總結由三個引號分隔的文字。 """ 在此處插入文字 """
您將獲得一對關於同一主題的文章。首先總結每篇文章的論點；然後指出其中的哪一個更有說服力，並解釋原因。 文章一：在此處插入第一篇文章 文章二：在此處插入第二篇文章	您將獲得一對關於同一主題的文章（用 XML 標記分隔）。首先總結每篇文章的論點；然後指出其中的哪一個更有說服力，並解釋原因。 <article> 在此處插入第一篇文章 </article> <article> 在此處插入第二篇文章 </article>

後三個建議如下。

（1）指定完成任務所需的步驟。

（2）提供範例。

（3）指定所需的輸出長度。

對上述三個建議透過 7.2 節進行驗證。

7.2 Prompt 實踐

7.2.1 四個經典推理問題

傳統的機器學習方法通常基於大量資料進行訓練，從資料中學習模式和關係，以便在未來對新資料進行預測或分類。

對於大型模型而言，我們可以在輸入的 Prompt 中舉出關於解決問題方式的描述或範例，而不需要利用大量資料對模型進行訓練。

大型模型具有推理能力，因為它們透過學習大量的文字資料，捕捉語言中的模式和結構。它們在訓練過程中，會學習到各種知識、邏輯關係和推理方法。當它們遇到新的問題時，可以根據已學到的知識和推理方法，生成有意義的回答。

四個經典推理問題分別節選自以下四篇提示工程的論文。

如圖 7-2 所示，推理題 1、2 來自論文 *Chain-of-Thought Prompting Elicits Reasoning in Large Language Models*。

如圖 7-3 所示，推理題 3 來自論文 *Large Language Models are Zero-Shot Reasoners*。

如圖 7-4 所示，推理題 4 來自論文 *Least-to-Most Prompting Enables Complex Reasoning in Large Language Models*。

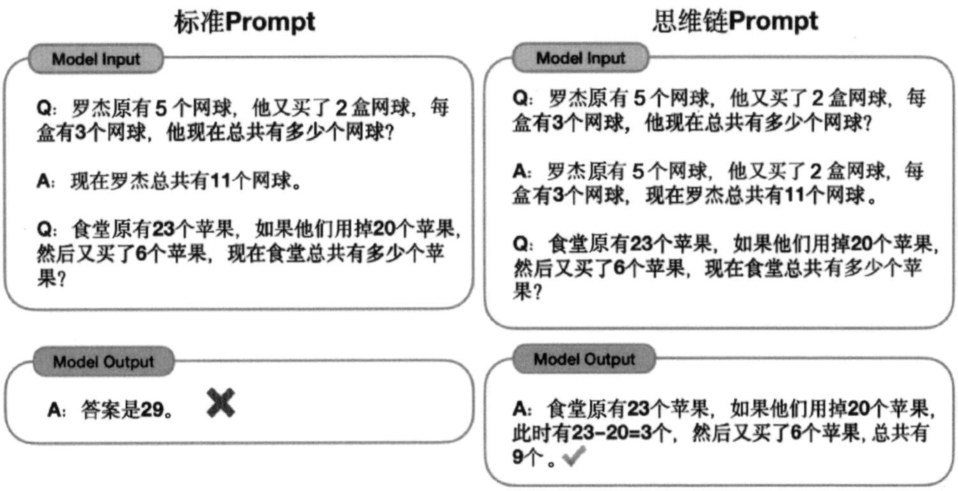

7.2 Prompt 實踐

標準Prompt

Model Input
Q：罗杰原有 5 个网球，他又买了 2 盒网球，每盒有 3 个网球，他现在总共有多少个网球？

A：现在罗杰总共有11个网球。

Q：食堂原有23个苹果，如果他们用掉20个苹果，然后又买了6个苹果，现在食堂总共有多少个苹果？

Model Output
A：答案是29。 ✗

思维链Prompt

Model Input
Q：罗杰原有 5 个网球，他又买了 2 盒网球，每盒有 3 个网球，他现在总共有多少个网球？

A：罗杰原有 5 个网球，他又买了 2 盒网球，每盒有 3 个网球，现在罗杰总共有11个网球。

Q：食堂原有23个苹果，如果他们用掉20个苹果，然后又买了6个苹果，现在食堂总共有多少个苹果？

Model Output
A：食堂原有23个苹果，如果他们用掉20个苹果，此时有23-20=3个，然后又买了6个苹果，总共有9个。 ✓

▲ 圖 7-2 (編按：本圖例為簡體中文介面)

(a) Few-shot

Q： 罗杰原有5个网球，他又买了 2盒网球，每盒有 3 个网球，他现在有多少个网球？
A： 答案是11。

Q： 杂耍者可以杂耍16个球，其中一半的球是高尔夫球，而且一半的高尔夫球是蓝色的。总共有多少个蓝色高尔夫球？
A：

（输出）答案是8。 ✗

(b) Few-shot-CoT

Q： 罗杰原有5个网球，他又买了 2盒 网球，每盒有3个网球，他现在有多少个网球？
A： 罗杰原有5个球，2罐共有6个网球。5+6=11。答案是11。

Q： 杂耍者可以杂耍16个球，其中一半的球是高尔夫球，而且一半的高尔夫球是蓝色的。总共有多少个蓝色高尔夫球？
A：

（输出）杂耍者可以杂耍16个球，其中一半的球是高尔夫球，所以有16/2=8个高尔夫球。一半的高尔夫球是蓝色的，所以有8/2=4个蓝色高尔夫球。答案是4。 ✓

(c) Zero-shot

Q： 杂耍者可以杂耍16个球，其中一半的球是高尔夫球，而且一半的高尔夫球是蓝色的，总共有多少个蓝色高尔夫球？
A：

（输出）答案是8。 ✗

(d) Zero-shot-CoT (Ours)

Q：杂耍者可以杂耍16个球，其中一半的球是高尔夫球，而且一半的高尔夫球是蓝色的，总共有多少个蓝色高尔夫球？
A：让我们一步一步思考。
（输出）杂耍者杂耍16个球，其中一半的球是高尔夫球，所以有16/2=8个高尔夫球，一半的高尔夫球是蓝色的，所以有8/2=4个蓝色高尔夫球。答案是4。 ✓

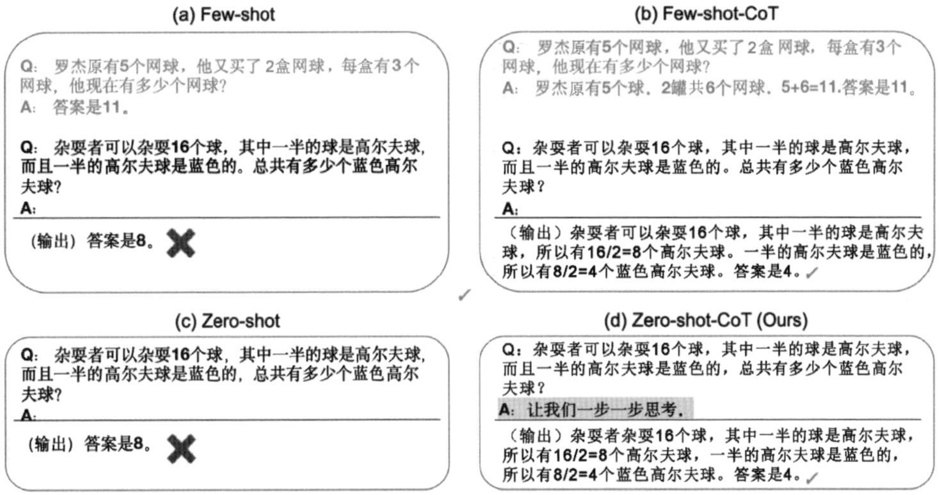

▲ 圖 7-3 (編按：本圖例為簡體中文介面)

7 提示工程入門與實踐

第一阶段：将问题分解为子问题

Q：艾米需要4分钟才能爬到滑梯顶部，她花了1分钟才滑下来，滑梯将在15分钟后关闭。为了解决"在关闭之前她能滑多少次？"这个问题，我们首先要解决的问题是？ → 大模型 → A：要解决"在关闭之前她能滑多少次？"我们需要先解决"每次行程需要多长时间？" ✓

第二阶段：顺序解决子问题

回答子问题1：艾米花了4分钟爬到滑梯顶部。她花了1分钟才滑下来。滑梯在15分钟后关闭。Q：每次行程需要多长时间？ → 大模型 → A：艾米爬上花了4分钟，滑下了1分钟。4+1=5。所以，每次行程需要5分钟。 ✓

把子问题1的答案添加到问题1末尾 回答子问题2：艾米花了4分钟爬到滑梯顶部。她花了1分钟才滑下来。滑梯在15分钟后关闭。Q：每次行程需要多长时间？A：艾米爬上花了4分钟，滑下花了1分钟。4+1=5。所以每次行程需要5分钟。Q：在关闭之前她能滑多少次？A：在关闭之前她能滑10次。✗ → 大模型 → A：滑梯15分钟后关闭。每次行程花费5分钟。所以，艾米在滑梯关闭之前可以滑15÷5=3次。 ✓

▲ 圖 7-4(編按：本圖例為簡體中文介面)

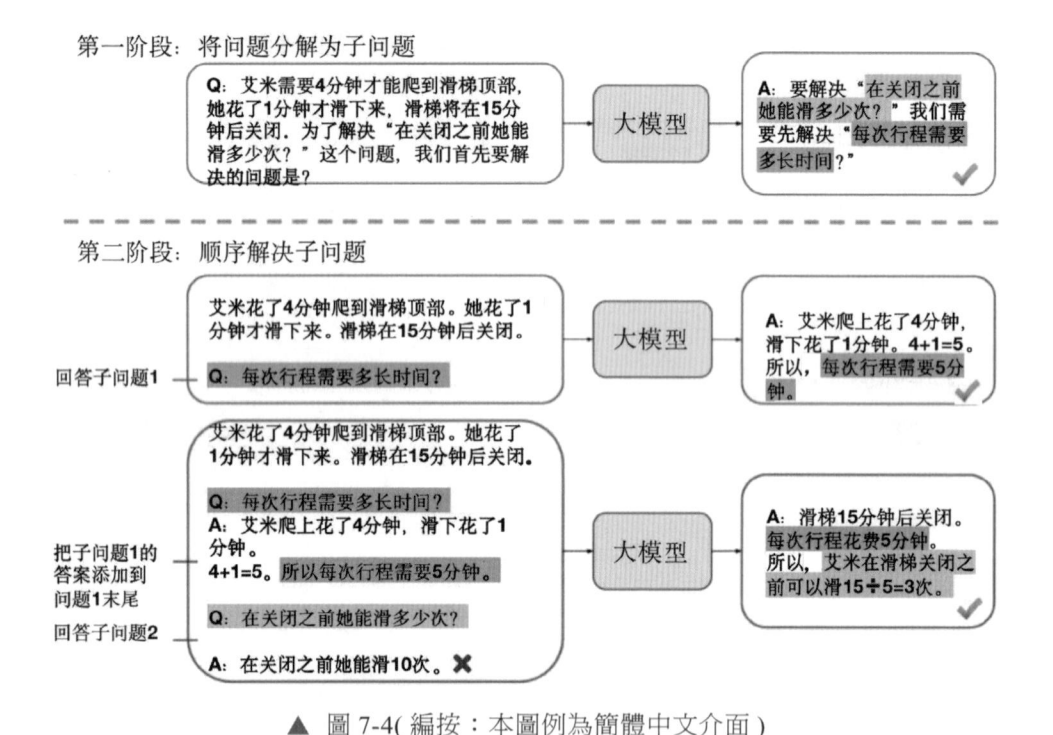

這四個問題都超出了預設原始狀態大型模型的能力範圍，即大型模型在沒有任何有效提示的情況下將無法回答這些問題。也正因如此，這四個問題可以用於驗證接下來的提示工程是否有效。

7.2.2 大型模型原始表現

1．推理題 1（第一個問題，即範例問題）

見程式 7-1。

→ 程式 7-1

```
prompt1 = '羅傑原有 5 個網球，他又買了 2 盒網球，每盒有 3 個網球，他現在總共有多少個網球？'
response1 = openai.Completion.create(
            model=model_name,
            prompt=prompt1,
```

7.2 Prompt 實踐

```
            max_tokens=1000,
            )
print(response1["choices"][0]["text"].strip())
```

輸出結果：'現在羅傑總共有 11 個網球。'

能夠發現，現在羅傑總共有 5+2×3=11 個網球，此時模型推理獲得了正確的結果。

2·推理題 2（第二個問題）

見程式 7-2。

➜ 程式 7-2

```
prompt2 = '餐廳原有 23 個蘋果，如果他們用掉 20 個蘋果，然後又買了 6 個蘋果，現在餐廳總共有多少個蘋果？'
response2 = openai.Completion.create(
            model=model_name,
            prompt=prompt2,
            max_tokens=1000,
            )
response2["choices"][0]["text"].strip()
```

輸出結果：'現在餐廳總共有 23+6=29 個蘋果。'

推理題 2 相對於推理題 1 稍微複雜一些—因為在邏輯上有了微妙的轉變。這表示餐廳不僅新增了 6 個蘋果，還消耗了 20 個蘋果。這種有進有出的變化使大型模型難以舉出正確的判斷。正確的解答應該是餐廳目前剩餘的蘋果數量為 23 減去 20 再加上 6，即 23-20+6=9 個蘋果。

3·推理題 3（第三個問題）

見程式 7-3。

➜ 程式 7-3

```
prompt3 = '雜耍者可以雜耍 16 個球。其中一半的球是高爾夫球，而且一半的高爾夫球是藍色的。總共有多少個藍色高爾夫球？'
```

7-9

```python
response3 = openai.Completion.create(
        model=model_name,
        prompt=prompt3,
        max_tokens=1000,
        )
response3["choices"][0]["text"].strip()
```

輸出結果：'總共有 8 個藍色高爾夫球。'

推理題 3 的數學計算過程並不複雜，但設計了一個語言陷阱，即一半的一半是多少。由此發現，模型無法圍繞這個問題進行準確的判斷，正確答案應該是 16×0.5×0.5=4 個藍色高爾夫球。

4．推理題 4（第四個問題）

見程式 7-4。

➜ 程式 7-4

```python
prompt4 = '艾米需要 4 分鐘才能爬到滑梯頂部，她花了 1 分鐘才滑下來，滑梯在 15 分鐘後關閉，在關閉之前她能滑多少次？'
response4 = openai.Completion.create(
        model=model_name,
        prompt=prompt4,
        max_tokens=1000,
        )
response4["choices"][0]["text"].strip()
```

輸出結果：'在關閉之前她能滑 10 次。'

推理題 4 是這些邏輯題裡數學計算過程最複雜的，涉及多段計算及除法運算。正確的計算過程是先計算艾米一次爬上與爬下總共需要 5 分鐘，滑梯在 15 分鐘後關閉，因此在關閉之前她能滑 15÷5=3 次。

總結以上情況，大型模型在 Zero-shot 情境下，在邏輯推理方面的表現較差。它只能有效地解答圍繞簡單線性運算的推理問題。這表明該模型只在推理題 1 上舉出了正確答案，對其他問題均舉出了錯誤回答，顯示出其推理能力的不足。

接下來，提示工程將發揮關鍵作用。我們將透過嘗試不同的提示方法來加強模型的邏輯處理能力，以解決這些問題。

7.3 提示工程

7.3.1 提示工程的概念

大型模型所謂的「湧現能力」其實存在不穩定性。在未對模型參數進行調整（微調）的情況下，模型的「湧現能力」極度依賴於提示方法。簡言之，對同一模型採用不同提示方式將導致完全不同品質的結果。使用者與大型模型的完整互動過程也稱為大型模型的「提示工程」。據此描述，我們更易理解：提示工程是激發模型「湧現能力」（釋放模型潛力）的關鍵技術。同樣，我們對大型模型「湧現能力」的應用需求遠遠超出僅使用大型模型創作文字的範圍（甚至對話任務也歸屬於大型模型的「湧現能力」）。因此，提示工程作為專門用於喚起模型潛能的技術顯得特別重要。這也是為何自從 GPT 大型模型受矚目後，提示工程成為熱門研究領域，並成為大型模型應用工程師不可或缺的技能之一的原因。

從技術角度來看，提示工程是一項易於入門但技術上限較高的學習任務。在簡單的應用中，只需增加提示尾碼或更詳細地描述問題；而在複雜的應用中，涉及多層巢狀結構的提示和以中間結果為基礎進行創造性問答的設計。

我們需要思考的是，由於大多數非專業人士只是淺嘗即止地使用大型模型，導致市場上湧現了許多快速應用的「提示範本」，對提示工程的理解變得表面化。這使得許多技術人員忽視了提示工程的重要性，更傾向於將更複雜、更高級的「微調」方法視為技術挑戰更大的選擇。

微調和提示工程都是最佳化模型湧現能力的方法。但與微調相比，提示工程的成本更低、更加靈活，在提升模型對小語義空間內複雜語義的理解方面表現更佳。當然，在特殊情況下，我們需要先利用提示工程進行文字標注，然後使用這些標注的文字來微調模型。這進一步證明了掌握提示工程技術對於大型模型工程師至關重要。

7 提示工程入門與實踐

下面將按照從簡單到複雜的順序介紹提示工程技術。我們將探討基礎提示方法、思維鏈提示方法，以及一種名為 LtM 的提示方法。

7.3.2 Few-shot

如果沒有經過提示工程的訓練，則在大多數情況下我們寫的 Prompt 一般稱為 Zero-shot（零樣本）。它是一種機器學習方法，它允許模型在沒有見過任何訓練樣本的情況下，對新類別的資料進行分類或辨識。這種方法通常依賴於模型在訓練過程中學到的知識，以及對新類別的一些描述性資訊，如屬性或中繼資料。

Few-shot（少量樣本）：教導模型使用非常有限的訓練資料來辨識新的物件、類別或任務。在這裡，透過在 Prompt 裡加入少量範例來實現模型學習。

範例的作用有時可以超過千言萬語。Few-shot learning 通常可以幫助我們描述更複雜的模式。應用大型模型要從傳統機器學習思維切換為上下文學習的想法一次樣本（One-shot）或 Few-shot 提示方法：提示工程中最簡單的方法是輸入一些類似的問題和相關答案，讓模型從中學習，並在和一個提示的末尾提出新問題，逐步提升模型的推理能力。需要注意的是，One-shot 和 Few-shot 的差別僅在於提示中包含的範例個數，但本質上都是在提示中輸入範例，讓模型模仿範例解答當前問題。

最初，是 OpenAI 研究團隊在 *Language Models are Few-Shot Learners* 論文中率先提出了 One-shot 和 Few-shot。這篇論文也是提示工程方法的奠基之作，詳細介紹了這兩種核心方法及相關背後的因素。而在具體的應用方面，Few-shot 提示方法並不複雜，只需將一些類似的問題和答案作為提示的一部分輸入即可。舉例來說，如程式 7-5 所示，我們可以首先輸入一個模型能夠正確回答的範例問題（第一個問題），然後觀察是否能夠推理出第二個問題。

→ 程式 7-5

```
prompt_Few_shot1 = 'Q：「羅傑原有 5 個網球，他又買了 2 盒網球，每盒有 3 個網球，他現在總共有多少個網球？」\
            A：「現在羅傑總共有 11 個網球。」\
```

7.3 提示工程

```
            Q：「餐廳原有 23 個蘋果，如果他們用掉 20 個蘋果，然後又買了 6 個蘋果，現在餐
廳總共有多少個蘋果？」\
            A：'
```

請注意在進行 Few-shot 提示時的撰寫格式。當我們需要輸入多段問答作為提示時，通常以 Q 開頭表示問題，以 A 開頭表示答案（也可以「問題」和「答案」開頭），並且不同的問答對話需要換行以提高清晰度展示。具體的方法是使用跳脫符號 + 分行符號來實現，這樣換行後仍然保持在同一個字串內。

輸出結果：

'現在餐廳總共有 9 個蘋果。'

如程式 7-6 所示，雖不能確定模型預測過程發生的變化，但在學習了第一個範例問題後，模型確實能夠對第二個問題舉出準確判斷。由此得知，Few-shot 在提升模型邏輯推理能力方面能夠造成一定作用。

➜ 程式 7-6

```python
response_Few_shot1 = openai.Completion.create(
                    model=model_name,
                    prompt=prompt_Few_shot1,
                    max_tokens=1000,
                    )
response_Few_shot1["choices"][0]["text"].strip()
```

如程式 7-7 所示，我們將上面兩個例子的問答都作為提示進行輸入，並查看模型是否能正確回答。

第三個問題：

➜ 程式 7-7

```
prompt_Few_shot2 = 'Q：「羅傑原有 5 個網球，他又買了 2 盒網球，每盒有 3 個網球，他現在總共有多少個網球？」\
            A：「現在羅傑總共有 11 個網球。」\
            Q：「餐廳原有 23 個蘋果，如果他們用掉 20 個蘋果，然後又買了 6 個蘋果，現在餐廳總共有多少個蘋果？」\
            A：「現在餐廳總共有 9 個蘋果。」\
```

7 提示工程入門與實踐

　　　　　　　　Q：「雜耍者可以雜耍 16 個球。其中一半的球是高爾夫球，而且一半的高爾夫球是藍色的。總共有多少個藍色高爾夫球？」\
　　　　　　　　A：'

執行程式 7-8：

➔ **程式 7-8**

```
response_Few_shot2 = openai.Completion.create(
                    model=model_name,
                    prompt=prompt_Few_shot2,
                    max_tokens=1000,
                    )
response_Few_shot2["choices"][0]["text"].strip()
```

輸出結果：

'總共有 8 個藍色高爾夫球。'

　　由此發現模型對第三個問題仍然回答錯誤。如程式 7-9 所示，接下來嘗試把前兩個問題作為提示的一部分，讓模型回答第四個問題：

➔ **程式 7-9**

```
prompt_Few_shot3 = 'Q：「羅傑原有 5 個網球，他又買了 2 盒網球，每盒有 3 個網球，他現在總共有多少個網球？」\
                    A：「現在羅傑總共有 11 個網球。」\
                    Q：「餐廳原有 23 個蘋果，如果他們用掉 20 個蘋果，然後又買了 6 個蘋果，現在餐廳總共有多少個蘋果？」\
                    A：「現在餐廳總共有 9 個蘋果。」\
                    Q：「艾米需要 4 分鐘才能爬到滑梯頂部，她花了 1 分鐘才滑下來，滑梯將在 15 分鐘後關閉，在關閉之前她能滑多少次？」\
                    A：'
```

如程式 7-10 所示，執行推理：

➔ **程式 7-10**

```
response_Few_shot3 = openai.Completion.create(
                    model=model_name,
```

```
                    prompt=prompt_Few_shot3,
                    max_tokens=1000,
                    )
response_Few_shot3["choices"][0]["text"].strip()
```

顯示結果：

'在關閉之前，艾米可以滑下 4 次滑梯。'

第四個問題同樣回答錯誤，顯示出 Few-shot 提示方法在一定程度上能夠增強模型的推理能力，但其提升幅度有限。對於稍微複雜的推理問題，模型仍然難以舉出準確答案。

需要注意的是，儘管 Few-shot 的使用方法看似簡單，但實際上它存在著許多變種方法。其中，一類非常重要的變種方法是圍繞提示的範例進行修改。除提供問題和答案外，範例還會增加一些輔助思考和判斷的「提示」。後面將介紹許多方法，其提示內容各不相同，但基本都可以從 Few-shot 的角度進行理解。

7.3.3 透過思維鏈提示法提升模型推理能力

在人工智慧領域，思維鏈提示法身為創新策略，正逐步展現其在推動模型理解力和推理能力方面的重要價值。這種方法的核心在於引導 AI 系統透過建構更加連貫和深入的上下文連結，來提升其生成內容的相關性和準確性，從而在複雜問題求解上展現出更加優越的表現。

1·思維鏈的原理及其作用機制

思維鏈提示法的基本原理是，透過在輸入序列中精心設計一系列有序的、邏輯相連的提示或問題，促使 AI 模型不僅關注當前任務的直接需求，還能夠追溯並整合過往資訊，形成一條條邏輯清晰的「思維軌跡」。這一過程類似於人類思考時的回溯與前瞻，使得 AI 生成的內容不只是孤立的響應，而是基於一個豐富且不斷深化的「上文」背景。這樣的上文不僅包含直接相關的事實資訊，還包括隱含的邏輯關係、因果推斷等，從而大大提升了模型在生成「下文」時考慮全面性與精確性的能力。簡而言之，一個更為立體和多維的思維背景為模型提供了更廣闊的推理空間，使其能更準確地預測或解答問題。

2．對計算與邏輯推理問題的特別效能

在面對需要複雜計算、嚴密邏輯推理的任務時，思維鏈提示法的優勢尤為突出。傳統模型可能因缺乏足夠的上下文支撐或邏輯引導而難以得出準確結論，而採用思維鏈策略的 AI 則能透過一步步地建構邏輯鏈條，細緻地分析問題的各個維度，確保每一步推導都建立在堅實的基礎上。舉例來說，在解決數學題、邏輯謎題或需要綜合分析的決策問題時，思維鏈不僅幫助模型理解問題的表面含義，還能引導其深入探究隱藏的變數關係、假設條件及可能的例外情況，最終輸出更加合理且符合邏輯的答案。

3．如何高效利用思維鏈提升複雜問題處理精度

充分利用思維鏈提示法提升模型處理複雜問題的準確性的關鍵是，設計高度結構化且具有引導性的提示序列。這要求設計者深刻理解目標問題的內在邏輯，巧妙地版面配置問題框架，逐步鋪設從簡單到複雜的思考路徑。此外，動態調整提示策略，根據模型回饋靈活修正思維鏈的方向和深度，也是最佳化過程中的重要環節。透過持續迭代和最佳化提示策略，可以逐步挖掘出模型的最大推理潛能，使其在面對高難度挑戰時也能遊刃有餘，提供更為精準且深入的解決方案。

總之，思維鏈提示法透過建構層次分明、邏輯緊密的思維脈絡，不僅為 AI 模型開啟了通往深度理解與精準推理的大門，也為人工智慧技術在解決複雜現實問題上開闢了新的可能性。隨著該方法的不斷成熟與應用，我們有理由期待 AI 在更多領域展現出超越以往的智慧光芒。

7.3.4 Zero-shot-CoT 提示方法

如何透過更好的提示來增強模型的推理能力呢？其中最簡單的方法之一是利用思維鏈（又稱為思考鏈，Chain of Thought，CoT）提示法來應對這一挑戰。思維鏈是大型模型湧現出來的一種獨特能力。它是偶然被「發現」（人在訓練時沒想過會這樣）的。有人在提問時以「Let's think step by step」開頭，結果發現 AI 會先自動把問題分解成多個步驟，然後逐步解決，使得輸出的結果更加準確。

最基礎的思維鏈實現方法是在提示的結尾增加一句「Let's think step by step」，這可以顯著提高模型的推理能力。這種方法最初由東京大學和 Google 在論文 *Large Language Models are Zero-Shot Reasoners* 中提出。由於無須手動撰寫推理的成功範例（無須撰寫思維鏈樣本），因此這種方法也被稱為 Zero-shot-CoT。

接下來，我們嘗試運用 Zero-shot-CoT 解決之前的推理問題。值得注意的是，「Let's think step by step」是一句「具有魔力」的敘述，經過多次嘗試證明對提升大型模型的推理能力效果顯著。在將其翻譯成中文時，我們進行了大量嘗試和實驗，最終決定將其翻譯為「請一步步進行推理並得出結論」，這對提升模型推理能力非常實用。如程式 7-11 所示，我們嘗試以「請一步步進行推理並得出結論」作為提示尾碼，看看能否解決之前的推理問題：

➡ 程式 7-11

```
prompt_Zero_shot_CoT1 = ' 羅傑原有 5 個網球，他又買了 2 盒網球，每盒有 3 個網球，
他現在總共有多少個網球？請一步步進行推理並得出結論。'
response_Zero_shot_CoT1 = openai.Completion.create(
                        model=model_name,
                        prompt=prompt_Zero_shot_CoT1,
                        max_tokens=1000,
                        )
response_Zero_shot_CoT1["choices"][0]["text"].strip()
```

查看輸出結果：

'1. 首先，羅傑原有 5 個網球。\n\n2. 羅傑又購買了 2 盒網球，每盒 3 個網球，共 6 個。\n\n3. 由此可知，羅傑現在總共有 11 個網球。'

第一題正確，接下來看第二題，見程式 7-12：

7 提示工程入門與實踐

➜ 程式 7-12

```
prompt_Zero_shot_CoT2 = ' 餐廳原有 23 個蘋果，如果他們用掉 20 個蘋果，然後又買了 6 個蘋果，現在
餐廳總共有多少個蘋果？請一步步進行推理並得出結論。'
response_Zero_shot_CoT2 = openai.Completion.create(
                            model=model_name,
                            prompt=prompt_Zero_shot_CoT2,
                            max_tokens=1000,
                            )
response_Zero_shot_CoT2["choices"][0]["text"].strip()
```

查看輸出結果：

'答：\n\n ① 餐廳原有 23 個蘋果；\n\n ② 用掉 20 個蘋果後，剩下 3 個蘋果；\n\n ③ 後來又買了 6 個蘋果；\n\n ④ 現在餐廳總共有 3 個蘋果加上新買的 6 個蘋果，故現在餐廳總共有 9 個蘋果。'

第二題回答正確，接下來看第三題，見程式 7-13：

➜ 程式 7-13

```
prompt_Zero_shot_CoT3 = ' 雜耍者可以雜耍 16 個球。其中一半的球是高爾夫球，而且一半的高爾夫球
是藍色的。總共有多少個藍色高爾夫球？請一步步進行推理並得出結論。'
response_Zero_shot_CoT3 = openai.Completion.create(
                            model=model_name,
                            prompt=prompt_Zero_shot_CoT3,
                            max_tokens=1000,
                            )
response_Zero_shot_CoT3["choices"][0]["text"].strip()
```

查看結果：

'首先，要想得知有多少個藍色高爾夫球，需要知道高爾夫球的總數量。由條件可知，高爾夫球的總數量是 16 個球的一半，即 8 個。\n\n 接下來，我們還要知道藍色高爾夫球的數量。根據條件，一半的高爾夫球的是藍色的，也就是說，藍色高爾夫球的數量應該等於 8 個球的一半，即 4 個。\n\n 因此，總共有 4 個藍色高爾夫球。'

7.3 提示工程

第三題也回答正確,接下來看第四題,見程式 7-14:

→ 程式 7-14

```
prompt_Zero_shot_CoT4 = '艾米需要 4 分鐘才能爬到滑梯頂部,她花了 1 分鐘才滑下來,
滑梯將在 15 分鐘後關閉,在關閉之前她能滑多少次?請一步步進行推理並得出結論。'
response_Zero_shot_CoT4 = openai.Completion.create(
        model=model_name,
        prompt=prompt_Zero_shot_CoT4,
        max_tokens=1000,
        )
response_Zero_shot_CoT4["choices"][0]["text"].strip()
```

查看結果:

'步驟一:計算出剩餘的時間 \n\n 剩餘時間 = 15 分鐘 -1 分鐘 = 14 分鐘。\n\n 步驟二:計算她可以滑的次數 \n\n 每次滑梯需要 4 分鐘,所以她可以滑 14 分鐘 /4 分鐘 = 3.5 次滑梯。\n\n 步驟三:得出結論 \n\n 因為滑梯次數只能是整數,所以她能在 15 分鐘內滑 3 次滑梯。'

需要注意的是,儘管第四個問題的答案是正確的,但其中的推理過程並不正確。關於能夠滑 3.5 次等陳述更是缺乏邏輯性。因此,第四個問題雖然答案正確,但在邏輯推導方面存在著較大的錯誤,是這些邏輯推理題中最具挑戰性的。

透過對四個邏輯推理題的驗證,我們發現與 Few-shot 相比,Zero-shot-CoT 確實更為有效。它能夠透過更為簡潔的提示顯著提升模型的推理能力。當然,我們所列舉的四個例子僅用於驗證模型的推理能力。若要對 Zero-shot-CoT 在大規模推理場景中的有效性進行更加嚴謹的驗證,可以參考 *Large Language Models are Zero-Shot Reasoners* 論文中的相關說明。

如圖 7-5 所示,根據該論文的描述,研究人員在測試 Zero-shot-CoT 方法時嘗試了多組不同的提示尾綴,並在一個機器人指令資料集上進行了測試。最終,他們發現「Let's think step by step」的效果最佳,其他指令及其準確率排名如下:

7 提示工程入門與實踐

No.	Template	Accuracy
1	Let's think step by step.	**78.7**
2	First, (*1)	77.3
3	Let's think about this logically.	74.5
4	Let's solve this problem by splitting it into steps. (*2)	72.2
5	Let's be realistic and think step by step.	70.8
6	Let's think like a detective step by step.	70.3
7	Let's think	57.5
8	Before we dive into the answer,	55.7
9	The answer is after the proof.	45.7
-	(Zero-shot)	17.7

▲ 圖 7-5

相似的情況也適用於「Let's think step by step」這一指令的中文翻譯,「讓我們一步一步思考」這個翻譯相對於「請讓我們一步步進行思考」等類似提示,表達得更為精確。這一事實對於大型模型的使用者具有深遠的啟示。大型模型的「思考過程」被視為一個黑箱模型,即使是表意相近的提示,在大型模型中可能產生巨大的不同影響。因此,圍繞提示的開發需要大量的試錯過程,類似於探尋寶藏的過程。對於實際的使用者而言,需要更加注重累積和嘗試不同的提示。

另外,如圖 7-6 所示,論文中首次提出了利用大型模型進行兩個階段推理的設想。第一階段涉及問題的拆分和分段解答(Reasoning Extraction),第二階段則涉及答案的整合整理(Answer Extraction)。儘管這一設想在論文中尚未經過大量驗證,但它為之後的一種名為 Least-to-Most(LtM)的提示方法提供了啟示。後文將對該方法介紹。

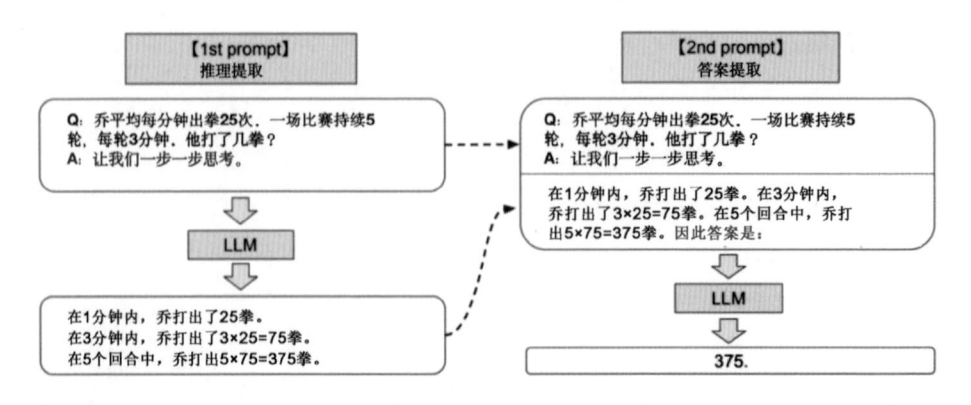

▲ 圖 7-6(編按:本圖例為簡體中文介面)

7.3 提示工程

論文中的第三個重要結論涉及對 Zero-shot-CoT 方法和 Few-shot-CoT 方法的比較。根據論文得出的結論，在實際應用中，Zero-shot-CoT 方法略遜於 Few-shot-CoT 方法，後者是 CoT 方法和 Few-shot 方法的結合體，我們將在後文中詳細介紹。

如圖 7-7 所示，論文指出，模型的規模越大，CoT 的效果就越顯著。換句話說，隨著模型規模的增大，CoT 對模型「湧現能力」的激發效果越為顯著。GPT-3 在 GSM8K 資料集上達到了約 55% 的準確率，這個資料集主要由小學數學應用題組成，在測試模型的推理能力方面非常知名。許多後續的模型也經常用到這個資料集來評估推理能力。

	MultiArith	GSM8K
Zero-shot	17.7	10.4
Few-shot (2 samples)	33.7	15.6
Few-shot (8 samples)	33.8	15.6
Zero-shot-CoT	78.7	40.7
Few-shot-CoT (2 samples)	84.8	41.3
Few-shot-CoT (4 samples : First) (*1)	89.2	-
Few-shot-CoT (4 samples : Second) (*1)	90.5	-
Few-shot-CoT (8 samples)	93.0	48.7
Zero-Plus-Few-shot-CoT (8 samples) (*3)	92.8	51.5
Finetuned GPT-3 175B (*2)	-	33
Finetuned GPT-3 175B + verifier (*2)	-	55
PaLM 540B: Zero-shot	25.5	12.5
PaLM 540B: Zero-shot-CoT	66.1	43.0
PaLM 540B: Few-shot (*2)	-	17.9
PaLM 540B: Few-shot-CoT (*2)	-	58.1

▲ 圖 7-7

7.3.5 Few-shot-CoT 提示方法

即使是 CoT 方法，既然可以使用 Zero-shot-CoT，當然也可以使用 Few-shot-CoT。貼心提示：Zero-shot-CoT 是在零樣本提示的情況下透過修改提示尾碼激發模型的思維鏈；Few-shot-CoT 是透過撰寫思維鏈樣本作為提示，讓模型學會思維鏈的推導方法，從而更進一步地完成推導任務。該方法最早由 Google 在論文 *Chain-of-Thought Prompting Elicits Reasoning in Large Language Models* 中首次提出，思維鏈的概念也是在這篇論文中被首次提出，因此該論文稱得上是思維鏈的開山鼻祖之作。

7 提示工程入門與實踐

從誕生時間看，Few-shot-CoT 早於 Zero-shot-CoT，本書中按先易後難的順序編排，先介紹 Zero-shot-CoT，後介紹 Few-shot-CoT。

與 Few-shot 相比，Few-shot-CoT 的不同之處僅在於在提示樣本中需要給出問題的答案及推導的過程（思維鏈），讓模型學到思維鏈的推導過程，並將其應用到新的問題中。舉例來說，圍繞上述四個推理問題，第一個問題相對容易解決，如程式 7-15 所示，我們可以手動寫一個思維鏈作為 Few-shot 的範例。

➔ 程式 7-15

```
'Q：「羅傑原有 5 個網球，他又買了 2 盒網球，每盒有 3 個網球，他現在總共有多少個網球？」\
A：「羅傑原有 5 個網球，又買了 2 盒網球，每盒 3 個網球，共買了 6 個網球，因此現在總共有 5+6=11 個網球。因此答案是 11。」'
```

類似思維鏈，可以借助此前的 Zero-shot-CoT 來完成建立。

獲得了一個思維鏈範例後，我們以此作為樣本進行 Few-shot-CoT 來解決第二個推理問題，具體執行過程如程式 7-16 所示。

➔ 程式 7-16

```
prompt_Few_shot_CoT2 = 'Q：「羅傑原有 5 個網球，他又買了 2 盒網球，每盒有 3 個網球，他現在總共有多少個網球？」\
                        A：「羅傑原有 5 個網球，又買了 2 盒網球，每盒有 3 個網球，共買了 6 個網球，因此現在總共有 5+6=11 個網球。因此答案是 11。」\
                        Q：「餐廳原有 23 個蘋果，如果他們用掉 20 個蘋果，然後又買了 6 個蘋果，現在餐廳總共有多少個蘋果？」\
                        A：'
response_Few_shot_CoT2 = openai.Completion.create(
                    model=model_name,
                    prompt=prompt_Few_shot_CoT1,
                    max_tokens=1000,
                    )
response_Few_shot_CoT2["choices"][0]["text"].strip()
```

綜上發現，模型能夠非常好地回答第二個問題，如程式 7-17 所示，我們稍做調整，把每個做出成功預測的思維鏈都作為例子寫入 Few-shot-CoT 中，增加

7.3 提示工程

大型模型學習樣本，更完善地解決之後的問題。我們可以把前兩個問題的思維鏈作為提示輸入，來引導模型解決第三個問題。

➜ 程式 7-17

```
prompt_Few_shot_CoT3 = 'Q：「羅傑原有 5 個網球，他又買了 2 盒網球，每盒有 3 個網球，他現在總共有多少個網球？」\
                       A：「羅傑原有 5 個網球，又購買了 2 盒網球，每盒 3 個網球，共購買了 6 個網球，因此現在總共有 5+6=11 個網球。因此答案是 11。」\
                       Q：「餐廳原有 23 個蘋果，如果他們用掉 20 個蘋果，然後又買了 6 個蘋果，現在餐廳總共有多少個蘋果？」\
                       A：「餐廳原有 23 個蘋果，用掉 20 個，然後又買了 6 個，總共有 23-20+6=9 個蘋果，答案是 9。」\
                       Q：「雜耍者可以雜耍 16 個球。其中一半的球是高爾夫球，而且一半的高爾夫球是藍色的。總共有多少個藍色高爾夫球？」\
                       A：'
response_Few_shot_CoT3 = openai.Completion.create(
                       model=model_name,
                       prompt=prompt_Few_shot_CoT3,
                       max_tokens=1000,
                       )
response_Few_shot_CoT3["choices"][0]["text"].strip()
```

結果輸出：

'「總共有 16 個球，其中一半是高爾夫球，也就是 8 個，其中一半是藍色的，也就是 4 個，答案是 4 個。」'

發現第三個問題也能夠被順利解決。接下來是第四個問題，見程式 7-18。

➜ 程式 7-18

```
prompt_Few_shot_CoT4 = 'Q：「羅傑原有 5 個網球，他又買了 2 盒網球，每盒有 3 個網球，他現在總共有多少個網球？」\
                       A：「羅傑原有 5 個網球，又買了 2 盒網球，每盒 3 個網球，共買了 6 個網球，因此現在總共有 5+6=11 個網球。因此答案是 11。」\
                       Q：「餐廳原有 23 個蘋果，如果他們用掉 20 個蘋果，然後又買了 6 個蘋果，現在餐廳總共有多少個蘋果？」\
                       A：「餐廳原有 23 個蘋果，用掉 20 個蘋果，然後又買了 6 個蘋果，
```

總共有 23-20+6=9 個蘋果，答案是 9。」\
　　　　　　　　　　Q：「雜耍者可以雜耍 16 個球。其中一半的球是高爾夫球，而且一半的高爾夫球是藍色的。總共有多少個藍色高爾夫球？」\
　　　　　　　　　　A：「總共有 16 個球，其中一半是高爾夫球，也就是 8 個，其中一半是藍色的，也就是 4 個，答案是 4 個。」\
　　　　　　　　　　Q：「艾米需要 4 分鐘才能爬到滑梯頂部，她花了 1 分鐘才滑下來，滑梯將在 15 分鐘後關閉，在關閉之前她能滑多少次？」\
　　　　　　　　　　A：'
response_Few_shot_CoT4 = openai.Completion.create(
                        model=model_name,
                        prompt=prompt_Few_shot_CoT4,
                        max_tokens=1000,
)
response_Few_shot_CoT4["choices"][0]["text"].strip()
```

結果輸出：

'「艾米需要 4 分鐘才能爬到滑梯頂部，她花了 1 分鐘才滑下來，滑梯將在 15 分鐘後關閉，因此她可以在 15 分鐘內完成滑下來、爬上去的循環，她能在關閉之前滑多少次就取決於在 15 分鐘內有多少次循環，也就是 [15 分鐘 ÷(4 分鐘 +1 分鐘 )] 等於 2.5，答案是 2.5 次。」'

鮮為人知，第四個問題依然是最難的問題，即使輸入了前三個問題的思維鏈作為提示樣本，但第四個問題仍然無法得到正確的解答。在本次的回答中，過程正確，但模型卻算錯了，即 [15 分鐘 ÷(4 分鐘 +1 分鐘 )]，呈現出大型模型的能力瓶頸─無法在真正意義上理解文字和數字的含義。當然，在有限的四個推理題範例中，Few-shot-CoT 準確率和 Zero-shot-CoT 準確率相同，但根據 *Large Language Models are Zero-Shot Reasoners* 論文中的結論，從巨量資料的測試結果來看，Few-shot-CoT 準確率比 Zero-shot-CoT 準確率更高。

由於論文 *Chain-of-Thought Prompting Elicits Reasoning in Large Language Models* 是思維鏈的開山之作，因此論文中提出了大量的關於思維鏈的應用場景─除用於解決上述推理問題外，思維鏈還被廣泛應用於複雜語義理解、符號映射、連貫文字生成等領域。論文中舉出了一系列結論，用於論證思維鏈在這些領域應用的有效性。
```

7.4 Least-to-Most Prompting（LtM 提示方法）

此外，如圖 7-8 所示，論文中還重點強調了模型體量和思維鏈效果之間的關係，即模型越大、Few-shot-CoT 應用效果越好。

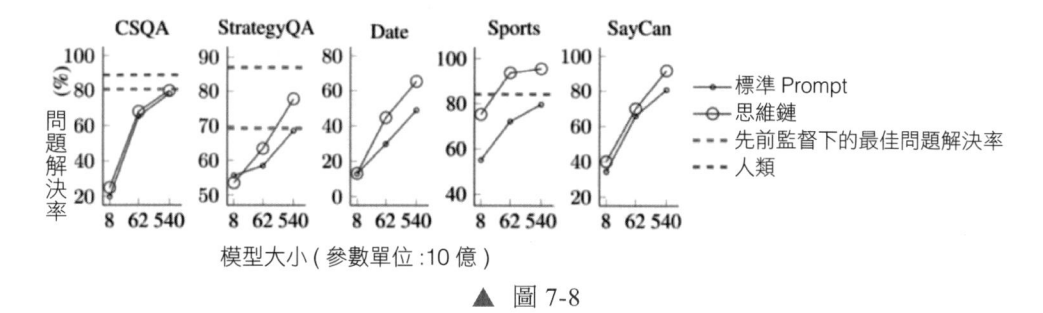

▲ 圖 7-8

如圖 7-9 所示，論文同樣以 GSM8K 資料集為例進行了說明，能夠得知模型效果 LaMDA（137B）＜ GPT-3（175B）＜ PaLM（540B）。和 Zero-shot-CoT 類似，模型越大，CoT 對模型潛在能力的激發效果越好。PaLM 具體得分為 57 分，而 Prior supervised best（單獨訓練的最佳有監督學習模型）得分為 55 分。

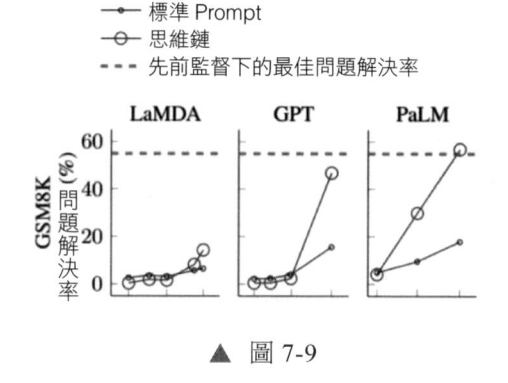

▲ 圖 7-9

7.4 Least-to-Most Prompting(LtM 提示方法)

7.4.1 Least-to-Most Prompting 基本概念

Google 提出的 CoT 被實際驗證能夠大幅提升大型模型的推理能力，Google 在此基礎上發表了另一篇重量級論文 *Least-to-Most Prompting Enables Complex*

Reasoning in Large Language Models，並在其中提出了一種名為 Least-to-Most（LtM）的提示方法，將大型模型的推理能力進一步提高。此 LtM 提示方法能夠將模型在 GSM8K 上的表現提高至 62%，甚至在某些特殊語義解讀場景下能夠達到 3 倍於 CoT 的效果。不言而喻，該方法也是目前圍繞模型推理能力提升的最有效的提示方法。

LtM 提示方法提出的初衷是為了解決 CoT 提示方法泛化能力不足的問題—透過人工撰寫的思維鏈提示樣本可能並不能極佳地遷移到其他問題中，換言之，就是解決問題的流程遷移能力不足，即泛化能力不夠。而這種泛化能力不足則會導致「新的問題」無法使用，需要用「老的範本」進行解決。此前的第四個推理題就是如此。若要找到更加普適的解決問題流程，能否「千人千面」讓大型模型自己找到解決當前問題的思維鏈呢？答案是肯定的，Google 基於這個想法開發了一種全新的提示流程，即先透過提示過程讓模型找到解決該問題必須先分步解決相關問題，再透過依次解決這些問題來解決最原始問題。

不易察覺，整個提示過程會分為兩個階段進行。第一個階段是從上往下地分解問題（Decompose Question into Subquestion），第二個階段是自下而上地依次解決問題（Sequentially Solve Subquestion），而整個依次回答問題的過程可以看成 CoT 的過程。需要注意的是，LtM 會要求模型根據每個不同的問題，單獨生成解決問題的鏈路，以此做到解決問題流程的「千人千面」，從而能夠更加精準地解決複雜推理問題。在整個過程中，問題由少變多，則是 Least-to-Most 一詞的來源。

7.4.2 Zero-shot-LtM 提示過程

我們可以透過論文中提出的範例來理解 LtM 提示過程。這裡的例子就是此前我們嘗試解決的第四個推理題（艾米滑滑梯的問題），論文中透過提示範本「To solve___,we need ti first solve:」來引導模型建立子問題。而模型會根據原始問題提出子問題「艾米一次爬上滑梯 + 滑下滑梯總共用時多少」，先解決這個子問題，然後解決原始問題。這其實是一個非常簡單的兩階段解決問題的過程—第一個階段只額外分解了一個子問題（總共分兩個問題作答）。

7.4 Least-to-Most Prompting（LtM 提示方法）

根據論文中舉出的結果（如圖 7-4 所示）可知，第一階段模型能夠非常順利地回答「艾米一次爬上滑梯＋滑下滑梯總共用時多少」—5 分鐘，再據此順利回答出在滑梯關閉之前艾米還能滑三次的準確結論。

需要注意的是，第二個階段按順序求解子問題。它並不是簡單地依次解決兩個問題，而是在解決了子問題之後，將原始問題、子問題及問題答案三部分都作為 Prompt 輸入給大型模型，讓其對原始問題進行回答。因此，LtM 的核心不僅在於引導模型拆分問題，還在於及時將子問題的問題和答案回傳給子模型，以便更進一步地圍繞原始問題進行回答。理論上，整個過程會有三次呼叫大型模型的過程，問答流程如圖 7-10 所示。

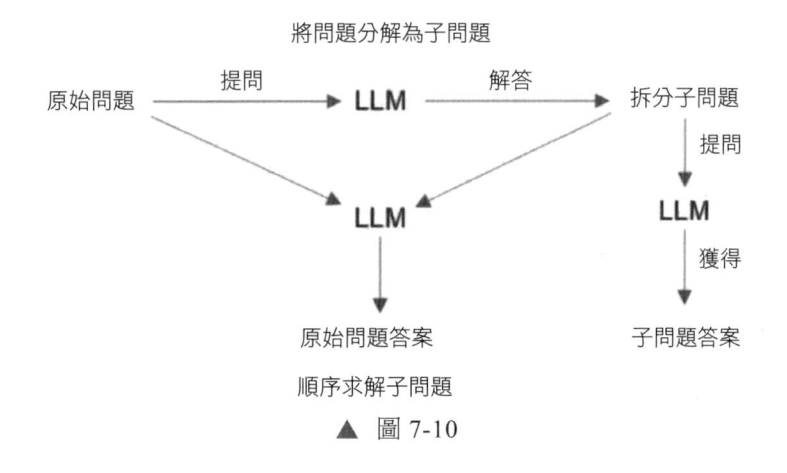

▲ 圖 7-10

如程式 7-19 所示，現在我們嘗試使用該提示方法，借助大型模型，觀察是否能夠順利得到準確答案。

➡ 程式 7-19

```
prompt_Zero_shot_LtM4 = 'Q：「艾米需要 4 分鐘才能爬到滑梯頂部，她花了 1 分鐘才滑下來，滑梯將在 15 分鐘後關閉，在關閉之前她能滑多少次？」\
                A：為了解決「在關閉之前她能滑多少次？」這個問題，我們首先要解決的問題是 '
response_Zero_shot_LtM4 = openai.Completion.create(
                    model=model_name,
                    prompt=prompt_Zero_shot_LtM4,
                    max_tokens=1000,
```

```
                    )
response_Zero_shot_LtM4["choices"][0]["text"].strip()
```

輸出結果：

'艾米能在多少時間內完成一次爬上去、滑下來的過程，這裡我們已知艾米花了 4 分鐘爬到滑梯頂部，1 分鐘滑下來，所以她完成一次流程花費的時間為 5 分鐘。15 分鐘內能完成多少次流程，15 分鐘 ÷5 分鐘 =3 次，所以在 15 分鐘內艾米能滑 3 次。'

溫故知新，LtM 提示過程能夠非常好地解決這個推理問題。並且，在實際測試過程中，模型既能能夠拆解任務，還能自動根據拆解的子問題答案回答原始問題，最終實現在一個提示敘述中對原始問題進行準確回答。正因為在一個提示中能夠同時拆解問題＋回答子問題＋回答原始問題，才使得該提示過程能夠更加便捷地使用，而不用像原始論文中展示的那樣需要重複將拆分的子問題提交給模型進行回答，然後再將子問題的答案作為提示傳遞給模型，再圍繞原始問題進行提問。

另外，'為了解決「……」這個問題，我們首先要解決的問題是' 也是經過我們驗證的、最為恰當、同時也最能夠得到準確回答的提示範本，建議經常使用，並驗證其功能。

7.4.3 效果驗證

下面我們繼續嘗試借助 LtM 提示解決剩餘的三個推理問題。

如程式 7-20 所示，第一個問題如下。

➔ 程式 7-20

```
prompt_Zero_shot_LtM1 = 'Q：「羅傑原有 5 個網球，他又買了 2 盒網球，每盒有 3 個網球，他現在總共有多少個網球？」\
                        A：為了解決「羅傑總共又多少個網球？」這個問題，我們首先要解決的問題是 '
prompt_Zero_shot_LtM1 = openai.Completion.create(
                        model=model_name,
```

7.4 Least-to-Most Prompting（LtM 提示方法）

```
                        prompt=prompt_Zero_shot_LtM1,
                        max_tokens=1000,
                        )
prompt_Zero_shot_LtM1["choices"][0]["text"].strip()
```

結果輸出：

'：他最初有多少個網球？他最後又買了多少個網球？根據問題，可以得出：羅傑最初有 5 個網球，又買了兩盒網球，每盒有 3 個網球，所以羅傑現在總共有 11 個網球。'

如程式 7-21 所示，第二個問題如下。

➔ 程式 7-21

```
prompt_Zero_shot_LtM2 = 'Q：「餐廳原有 23 個蘋果，如果他們用掉 20 個蘋果，然後又買了 6 個蘋果，現在餐廳總共有多少個蘋果？」\
                        A：為了解決「現在餐廳總共有多少個蘋果」這個問題，我們首先要解決的問題是 '
prompt_Zero_shot_LtM2 = openai.Completion.create(
                        model=model_name,
                        prompt=prompt_Zero_shot_LtM2,
                        max_tokens=1000,
                        )
prompt_Zero_shot_LtM2["choices"][0]["text"].strip()
```

結果輸出：

'：20 個蘋果減去 6 個蘋果之後，餐廳總共剩下多少個蘋果？所以答案是：餐廳現在總共有 23-20+6=9 個蘋果。'

如程式 7-22 所示，第三個問題如下。

➔ 程式 7-22

```
prompt_Zero_shot_LtM3 = 'Q：「雜耍者可以雜耍 16 個球。其中一半的球是高爾夫球，而且一半的高爾夫球是藍色的。總共有多少個藍色高爾夫球？」\
                        A：為了解決「總共有多少個藍色高爾夫球」這個問題，我們首先要解決的問題是 '
```

```
prompt_Zero_shot_LtM3 = openai.Completion.create(
                        model=model_name,
                        prompt=prompt_Zero_shot_LtM3,
                        max_tokens=1000,
                        )
prompt_Zero_shot_LtM3["choices"][0]["text"].strip()
```

結果輸出：

'「總共有多少個藍色高爾夫球」：\n\n 由於一共有 16 個球，其中一半是高爾夫球，因此一共有 8 個高爾夫球。\n\n 既然其中一半的高爾夫球是藍色的，那麼總共有 4 個藍色高爾夫球。'

實踐證明，LtM 提示過程能夠巧妙地幫助模型解決上述問題，說明 LtM 提升大型模型的推理能力的效果突出，這是我們當下嘗試過的（解決推理問題方面）最有效的提示方法。

至此，我們完整介紹了目前最高效、管用的一系列提升大型模型的推理能力的提示方法。

7.5 提示使用技巧

提示除了能提升大型模型的推理能力，更重要的是用大型模型來輔助解決實際業務問題。此時，自己的身份定位就秒變為技術總監，並擁有一個不疲倦、不拒絕、不抱怨、不頂嘴、不要加薪的全能下屬，從而省卻了煩瑣重複性工作，幸福感提升。

此時，我們突破了個人能力邊界，下屬的能力在某種程度上等於我們的能力。然而，對於下屬工作的準確性和可靠性，我們時常感到不確定，擔心其可能存在的誤差或誤導，因此需要使用提示來規範大型模型的行為。同時，當總監還能鍛煉管理意識，而當大型模型的總監能鍛煉大型模型意識：知道怎樣用好大型模型，了解它的能力邊界、使用場景，就能類比出在其他領域怎樣用好 AI，能力邊界在哪裡。因此，除解決本身問題外，更重要的是建立大型模型意識，形成對大型模型的正確認知。

經過之前章節的學習，我們了解了「大型模型只會基於機率生成下一個字」這個原理，所以知道為什麼有的指令有效，有的指令無效；為什麼同樣的指令有時有效，有時無效；以及怎麼提升指令有效的機率。同時，我們懂得程式設計，知道哪些問題用提示工程解決更高效，哪些問題用傳統程式設計更高效，就能完成和業務系統的對接，把效能發揮到極致。

找到好的 Prompt 是一個持續迭代的過程，需要不斷調優。

（1）從人的角度：說清楚自己到底想要什麼。

（2）從機器的角度：不是每個細節都能猜到你的想法，對它猜不到的，你需要詳細說明。

（3）從模型的角度：不是對每種說法都能完美理解，需要嘗試和技巧。

7.5.1 B.R.O.K.E 提示框架

從 AI 的角度，定義我遇到的業務問題。首先，我們從以下三個角度來看待一個業務問題。

（1）輸入是什麼：文字、影像、語音訊號……

（2）輸出是什麼：標籤、數值、大段文字（包括程式、指令等）……

（3）怎麼量化衡量輸出的對錯/好壞？

Prompt 提示框架是一種為對話和交流提供指導的方法。它透過定義一組明確的關鍵字彙，包括背景、目的、行動、場景和任務等，幫助參與者更清晰地理解對話的目的、內容和步驟。這種框架的用處和必要性：①它可以清晰指導對話，使參與者更有針對性地組織思維和表達，從而提高對話的效率和效果；②它有助促進共識的達成，減少誤解和歧義，改善對話的品質和結果；③它還可以增強參與者的自信心和參與度，使他們更有信心和把握參與對話，更有可能在對話中表達自己的意見和觀點。

如圖 7-11 所示，B.R.O.K.E 提示框架是一種用於指導基於大型模型的服務開發和改進的方法。該框架包含以下幾個關鍵要素。

```
B.R.O.K.E
背景、角色、目標、關鍵結果、改進
● B（Background，背景）：說明背景，提供充足資訊。
● R（Role，角色）：我希望 ChatGPT 扮演的角色。
● O（Objectives，目標）：我們希望實現什麼。
● K（Key Results，關鍵結果）：我需要什麼具體效果試驗並調整。
● E（Evolve，改進）：三種改法方法自由組合。
```

▲ 圖 7-11

（1）B（背景）。在這一部分，我們需要提供足夠的資訊來說明服務的背景，為智慧體提供充足的上下文資訊，以便更進一步地理解使用者的需求和問題。

（2）R（角色）。在這一部分，我們需要明確指出我們希望智慧體扮演的角色是什麼，也就是在解決使用者問題時，智慧體應該扮演的角色。

（3）O（目標）。在這一部分，我們需要明確指出我們希望實現的是什麼，也就是我們希望透過智慧體解決問題達到的具體目標。

（4）K（關鍵結果）。在這一部分，我們需要明確指出我們希望達到的具體效果是什麼，也就是透過智慧體解決問題後，我們希望看到的具體結果。

（5）E（改進）。在這一部分，我們需要透過一系列的試驗和調整來不斷改進我們的服務。這包括改進輸入，多輪對話，重新生成及多模型/多智慧體組合調優等方式，以改善服務的品質和效果。

B.R.O.K.E 提示框架為基於大型模型的服務開發提供了一個清晰的指導方針，幫助我們更進一步地理解使用者需求，明確服務目標，並透過不斷的試驗和調整來改進服務品質。

如程式 7-23 所示,設計一個常見的場景。

➜ 程式 7-23

```
# 初始的 Prompt 如下：
prompt="""
    請為線上教育平臺在有關如何提高使用者的點擊率和參與度方面舉出一些意見。
"""
```

Prompt 雖然說明了需要,但是有時效果並不好,所以如程式 7-24 所示,我們可以透過 B.R.O.K.E 框架進行最佳化。

➜ 程式 7-24

```
prompt="""
背景（Background）：
    在某線上教育平臺上,使用者經常遇到學習資源繁多、不知道如何選擇適合自己的學習材料
的問題。這給使用者帶來了困擾,也影響了他們的學習效果和體驗。

角色（Role）：
    我們希望智慧體在這個場景中扮演的角色是一個智慧學習幫手,能夠根據使用者的需求和興
趣,為他們提供個性化的學習建議和推薦。

目標（Objectives）：
    我們的目標是幫助使用者更有效地利用平臺上的學習資源,提高他們的學習效率和成就感,
從而提升使用者滿意度和留存率。請舉出一些意見。

關鍵結果（Key Results）：
    為了實現上述目標,我們需要達到以下幾個關鍵結果：
    1. 提供精準的學習資源推薦,滿足使用者的個性化學習需求。
    2. 提高使用者的點擊率和參與度,確保使用者積極參與到學習活動中。
    3. 提升使用者的學習成績和滿意度,讓他們更加滿意地使用我們的服務。
"""
```

7.5.2 C.O.A.S.T 提示框架

如圖 7-12 所示,C.O.A.S.T 提示框架是一種用於指導對話和交流的方法,它包含了以下幾個關鍵要素。

7 提示工程入門與實踐

> **C.O.A.S.T**
> 上下文、目標、行動、場景、任務
> - C（Context，上下文）：為對話設定舞臺。
> - O（Objective，目標）：描述目標。
> - A（Action，行動）：解釋所需的動作。
> - S（Scenario，場景）：描述情況。
> - T（Task，任務）：描述任務。

▲ 圖 7-12

（1）C（上下文）。在這一部分，我們需要為對話設定一個舞臺，提供必要的背景資訊，以便參與者更進一步地理解對話的背景和情境。

（2）O（目標）。在這一部分，我們需要清晰地描述對話的目的和目標，明確指出在對話中希望達到的結果和效果。

（3）A（行動）。在這一部分，我們需要明確指出參與者在對話中需要採取的具體行動和動作，以實現對話的目標。

（4）S（場景）。在這一部分，我們需要描述對話發生的具體場景和情境，包括地點、時間、人物等，以便參與者更進一步地理解對話的背景和環境。

（5）T（任務）。在這一部分，我們需要清晰地描述參與者在對話中需要完成的具體任務或行動，以實現對話的目標。

綜上所述，C.O.A.S.T 提示框架為對話和交流提供了一個清晰的指導方針，幫助參與者更進一步地理解對話的背景、目的和任務，並透過明確的行動和場景，實現對話的目標。

還是同樣的案例，以 C.O.A.S.T 提示框架的 Prompt 如程式 7-25 所示。

➜ **程式 7-25**

```
prompt="""
上下文（Context）：
    在某線上教育平臺上，使用者經常遇到學習資源繁多、不知道如何選擇適合自己的學習材料的問題。這給使用者帶來了困擾，也影響了他們的學習效果和體驗。
```

目標（Objective）：
　　我們的目標是幫助使用者更有效地利用平臺上的學習資源，提高他們的學習效率和成就感，從而提升使用者滿意度和留存率。

行動（Action）：
　　為了實現上述目標，我們將採取以下行動：
　　1. 改進智慧學習幫手的演算法，提高推薦的準確性和個性化程度。
　　2. 增加使用者回饋機制，收集使用者對學習資源的評價和意見，進一步最佳化推薦結果。
　　3. 針對不同使用者群眾的需求，開發多個智慧學習幫手，以滿足不同使用者的學習需求。

場景（Scenario）：
　　我們設想的場景是使用者在需要學習時登入到線上教育平臺，透過與智慧學習幫手的對話，獲取個性化的學習建議和推薦。

任務（Task）：
　　使用者的任務是與智慧學習幫手交流，表達自己的學習需求和興趣，接受智慧學習幫手提供的學習建議，並根據建議進行學習。

　　透過以上行動和場景，我們希望實現我們的目標，提高使用者的學習效率和滿意度，從而增強使用者對平臺的忠誠度和留存率。
"""

7.5.3 R.O.S.E.S 提示框架

如圖 7-13 所示，R.O.S.E.S 提示框架是一種用於指導對話和交流的方法，它透過一組明確的關鍵字彙，包括角色、目標、場景、解決方案和步驟，幫助參與者更清晰地理解對話的目的、內容和步驟。具體而言：

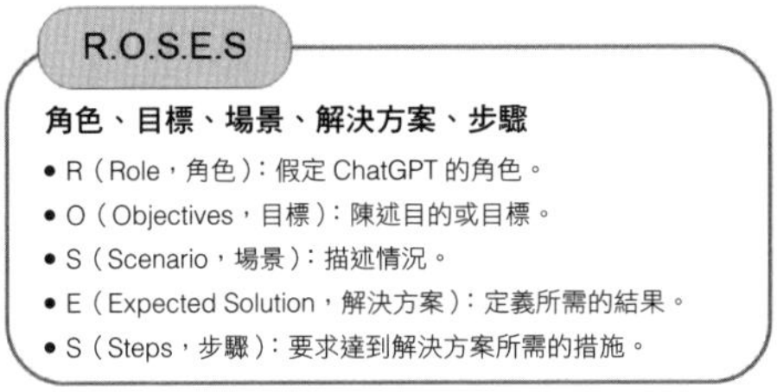

R.O.S.E.S

角色、目標、場景、解決方案、步驟
- R（Role，角色）：假定 ChatGPT 的角色。
- O（Objectives，目標）：陳述目的或目標。
- S（Scenario，場景）：描述情況。
- E（Expected Solution，解決方案）：定義所需的結果。
- S（Steps，步驟）：要求達到解決方案所需的措施。

▲ 圖 7-13

（1）R（角色），即確定大型模型的角色。在這一部分，我們需要明確指定大型模型在對話中扮演的角色，以便參與者更進一步地理解其職責和作用。

(2）O（目標），即陳述目標。在這一部分，我們需要清晰地陳述對話的目的和目標，明確指出在對話中希望達到的結果和效果。

(3）S（場景），即描述情況。在這一部分，我們需要描述對話發生的具體情況和背景，包括地點、時間、人物等，以便參與者更進一步地理解對話的背景和環境。

(4）E（解決方案），即定義所需的結果。在這一部分，我們需要明確指定對話中希望達到的具體結果和效果，以便參與者知道應該朝著什麼方向努力。

(5）S（步驟），即要求實現解決方案所需的步驟。在這一部分，我們需要詳細列出實現解決方案所需的具體步驟和行動計畫，以便參與者清晰地了解應該如何行動和達到目標。

程式 7-26 是案例。

➔ 程式 7-26

```
prompt="""
角色(Role)：
    在某線上教育平臺上，智慧學習幫手是扮演的主要角色。它作為一個智慧體，負責
提供給使用者個性化的學習建議和推薦。

目標(Objectives)：
    我們的目標是幫助使用者更有效地利用平臺上的學習資源，提高他們的學習效率和成就感，
從而提升使用者滿意度和留存率。

場景(Scenario)：
    我們設想的情景是使用者在需要學習時登入到線上教育平臺。智慧學習幫手會根據使用者的學
習需求和興趣，為他們提供個性化的學習建議和推薦。

解決方案(Expected Solution)：
    我們希望智慧學習幫手能夠提供精準的學習資源推薦，滿足使用者的個性化學習需求，從而
提高使用者的點擊率和參與度，進而提升使用者的學習成績和滿意度。

步驟(Steps)：
    為了實現上述目標，我們將採取以下幾個步驟：
```

1. 提升智慧學習幫手的演算法，提高推薦的準確性和個性化程度。
2. 增加使用者回饋機制，收集使用者對學習資源的評價和意見，進一步最佳化推薦結果。
3. 針對不同使用者群眾的需求，開發多個智慧學習幫手，以滿足不同使用者的學習需求。

透過以上步驟，我們希望智慧學習幫手能夠更進一步地提供給使用者個性化的學習建議和推薦，提高使用者的學習效率和滿意度，從而提高使用者對平臺的忠誠度和留存率。
"""

7.6 本章小結

　　本章深入探討了提示工程的理論與實踐：討論了探索大型模型潛力邊界的重要性及其來源，提出了使用 Prompt 的六個建議；介紹了 Prompt 實踐的具體案例，包括四個經典推理問題的應對策略和大型模型的原始表現分析；詳細討論了提示工程的概念，包括 Few-shot 和透過思維鏈提示法提升模型推理能力的方法；進一步介紹了 Zero-shot-CoT 提示方法和 Few-shot-CoT 提示方法的實施步驟與效果評估；解析了 Least-to-Most Prompting（LtM 提示法）的基本概念，並展示了 Zero-shot-LtM 提示過程的具體步驟和效果驗證；討論了提示的使用技巧，包括 B.R.O.K.E 提示框架、C.O.A.S.T 提示框架和 R.O.S.E.S 提示框架。本章為讀者提供了豐富的提示工程理論知識和實際操作指南，幫助其在大型模型應用中提升推理能力和效率。

MEMO

8

大型模型與中介軟體

  人類的定義確實可以涉及語言能力和使用工具這兩個關鍵特徵，這兩個特徵共同組成了人類在地球上獨一無二的存在，突顯了人類作為智慧生物的獨特身份。語言能力使人類能夠進行溝通、表達思想和理解世界；使用工具則賦予人類改變環境和解決問題的能力，進一步推動了人類社會的發展和進步。在人類文明的長河中，語言和工具的雙重作用成了人類社會不可或缺的組成部分，同時也是人類與其他生物明顯區別的標識之一。

  在前面章節中，我們學習了如何激發大型模型的語言能力，透過訓練模型理解和生成自然語言的能力。在本章中，我們將進一步探討如何讓大型模型利用外部工具，將其語言能力與實際任務相結合，從而實現更廣泛的應用。這種能力被稱為 AI Agent 能力，即讓模型成為人類的代理人，能夠替代人類完成一系列任務。Agent（代理人）的核心思想是利用語言模型來選擇和執行一系列操作，以實現特定的目標。

8 大型模型與中介軟體

Agent 的核心能力之一是 Function Calling，即呼叫函數或服務來執行特定的功能。作為第一個具備 Function Calling 能力的開放原始碼大型模型，GLM-3 和 GLM-4 成為我們學習該能力的最佳工具。因此，本章將基於 GLM 系列模型，探討如何開發具備 Agent 能力的應用，使模型能夠更靈活、高效率地與外部環境進行互動，從而拓展其應用領域，為人類社會帶來更多的智慧化解決方案。

■ 8.1 AI Agent

8.1.1 從 AGI 到 Agent

根據第 1 章中提到的 AGI（Artificial General Intelligence，通用人工智慧），假設 AGI 已經實現。將會為人類社會帶來深遠的變革，AI 將取代人力，提高生產效率，降低生產成本，並在各個領域釋放其力量。這一革命性的影響是不言而喻的。

然而，我們可以從另一個角度來思考 AGI 的革命性，即其對資訊技術自身的影響。這種終極思維方式可以幫助我們推斷出當前應該採取的行動。

一種技術的革命性應該至少滿足一個標準：它必須導致幾乎對每個軟體系統都需要進行改造，甚至重做。以往符合這一標準的技術包括以下幾種。

（1）行動網際網路：行動網際網路的出現突破了傳統網際網路需要固定線路和裝置的限制，使得資訊獲取和社交交流更加便捷與即時化。行動網際網路的興起改變了人們的生活方式和工作方式，對商業模式、傳媒傳播、社交關係等產生了深遠影響，幾乎任何應用都要開發移動版。

（2）圖形化使用者介面（GUI）：傳統的命令列介面需要使用者輸入命令來執行操作，對非專業使用者來說使用門檻較高。而 GUI 的出現使得使用者可以透過圖形化的介面來與電腦進行互動，大大降低了使用門檻，圖形介面幾乎成了軟體系統的標準配備。

（3）Web 2.0：Web 2.0 的出現標誌著網際網路的進化，它強調使用者參與、使用者生成內容和社交互動。相比於傳統的靜態網頁，Web 2.0 時代的網站具有更強的互動性和使用者參與性，如社交媒體、部落格、維基百科等。這種變革帶來了資訊共用、社交交流、協作辦公等新的應用模式，極大地拓展了網際網路的應用領域，推動了資訊社會的發展，導致了大量傳統應用系統向 Web 遷移。

AGI 符合這一標準。它將幾乎所有的軟體系統都置於改造甚至重構的狀態，即使這些系統的核心功能並不需要智慧。這是因為 AGI 重新定義了「介面」這一概念。不論是使用者介面（UI）還是軟體系統之間的介面（API），都將被重新定義。

以前，我們想要獲得一個結果，就必須先了解電腦的運作能力，熟悉各種軟體的操作方法，並將自己的意圖分解為一系列操作軟體的步驟，然後才能得到所需結果。

然而，有了 AGI，人類終於可以用「說話」的方式與電腦進行互動。如果說話不方便，那麼我們可以打字。如果打字費勁，只需「說」出想要的結果，就能獲得所需。雖然結果可能不完全符合預期，但只需「說」出修改意見，效果便會立即呈現。當使用者介面變得如此方便時，使用滑鼠、觸控式螢幕的頻率將降低。

對人類的定義有兩個方面，一是能夠運用語言，二是能夠使用工具。AGI 在解決語言問題之後，還需要解決的另一個問題是如何選擇和使用工具，AGI 的熱門發展方向便是 AI Agent。

8.1.2 Agent 概念

AI Agent 是一種基於大型模型的智慧應用，其實質是大型模型的上層應用。Agent 的概念並不僅限於簡單的聊天對話，它進一步具備了連線外部工具來協助使用者直接完成任務的能力。以 ChatGPT 為例，它可以教導使用者如何回覆領導的郵件，而助理則可以直接替代使用者回覆郵件等。AI Agent，即智慧體，目前是大型模型領域中最熱門的應用方向之一，其核心是圍繞大型模型建構智慧化應用。

打造一款 AI Agent 需要大型模型具備多方面的能力。首先，它需要能夠準確理解人類的意圖，從而能夠正確地響應使用者的需求和指令。其次，Agent 必須具備呼叫外部工具的能力，以便與其他系統或服務進行互動，實現更加複雜的任務。最後，Agent 還需要具備任務規劃和執行的能力，即能夠有效地安排和完成各種任務，以滿足使用者的需求。

隨著大型模型的不斷發展和應用，AI Agent 將成為人們日常生活和工作中不可或缺的智慧幫手。它們將能夠提供給使用者更加個性化、智慧化的服務和支援，極大地提升人們的工作效率和生活品質。因此，Agent 技術的發展將在未來 AI 領域發揮著舉足輕重的作用，推動著人工智慧技術的持續進步和創新。

8.1.3 AI Agent 應用領域

AI Agent 與傳統大型模型的區別：傳統大型模型主要用於生成文字、理解語言和完成特定的自然語言處理任務，例如語言生成、機器翻譯、情感分析等。AI Agent 則更加注重與使用者的互動，具有更廣泛的功能，可以執行複雜的任務，提供個性化的建議和服務，幫助使用者解決問題和完成任務。

AI Agent 身為基於大型模型的智慧應用，具有廣泛的應用領域。

（1）教育與培訓：用於個性化教育和培訓，為學生和員工提供訂製化的學習計畫和培訓課程。它可以根據學生的學習進度和理解程度，提供針對性的練習和教學內容，幫助他們更有效地學習和掌握知識。

（2）醫療保健：用於醫療保健領域，例如提供健康諮詢、診斷建議和治療方案。它可以根據患者的症狀和病史，提供個性化的健康管理和醫療指導，幫助患者更進一步地管理和預防疾病。

（3）智慧家居：作為智慧家居系統的核心控制器，實現家庭裝置的智慧化管理和控制。它可以透過語音互動或手機應用，控制家用裝置的開關、調節溫度、監控保全等功能，提高家庭生活的便利性和舒適性。

（4）工業和生產：用於工業生產和製造領域，最佳化生產流程和控制系統，提高生產效率和產品品質。它可以透過與裝置和機器人的即時互動，監測生產過程、辨識問題並及時調整生產計畫，實現智慧化的生產管理和控制。

綜上所述，AI Agent 有著廣泛的應用前景，將在多個領域為人們的生活、工作、社會提供智慧化的支援和服務。

下面以如圖 8-1 所示的市場行銷為例加以介紹。

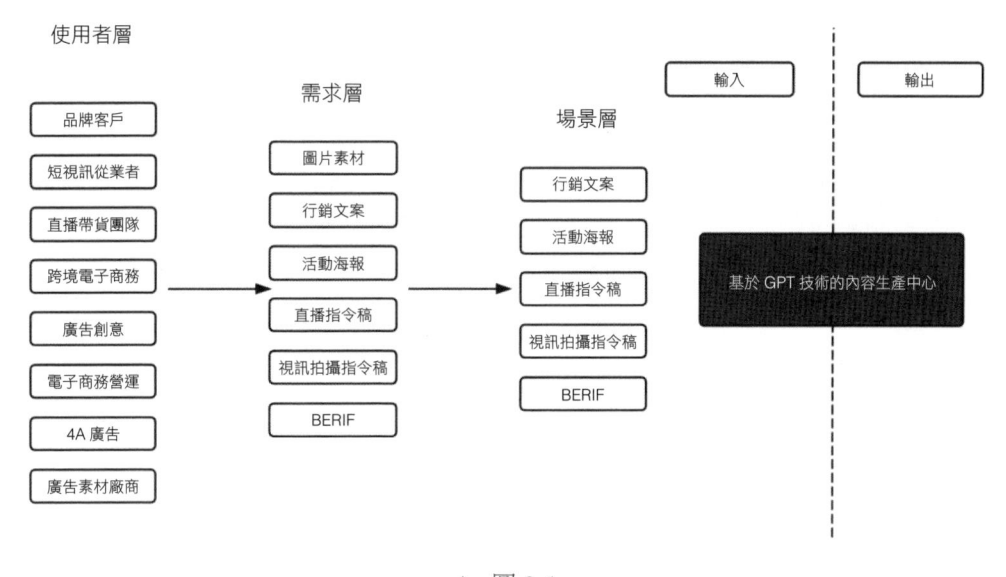

▲ 圖 8-1

合格的市場行銷 Agent 應該服務於多個使用者，如品牌客戶、跨境電子商務和廣告素材廠商。傳統大型模型主要依賴於預訓練模型和大規模資料集，能夠生成高品質的文字和完成特定任務，但其智慧程度有限，無法進行複雜的推理和決策。AI Agent 則具有更高的智慧程度，能夠理解使用者的意圖、推斷使用者的需求，並採取相應的行動和決策，具有一定的自主學習和適應能力。

Agent 應該根據自主邏輯判斷，來呼叫自己能夠呼叫的資源，如直播指令稿、視訊拍攝指令稿和圖片素材等，借助各個工具完成各種場景下的不同任務。

8.2 大型模型對話模式

8.2.1 模型分類

大型模型可分為兩大類，一類是對話補全類模型，又稱為 Completion 模型；另一類是聊天模型，通常簡稱為 Chat 模型。在這兩類模型中，Completion 模型的主要任務是根據部分對話內容來預測並完成對話，而 Chat 模型則旨在生成自然流暢的對話內容，能夠模擬人類之間的交流，實現智慧對話的目標。這兩類模型在人工智慧領域中扮演著重要角色，廣泛應用於智慧幫手、客服系統、社交應用等場景，提供給使用者了更加智慧和自然的交流體驗。

1．Completion 模型

Completion 模型是一類人工智慧模型，旨在根據輸入的部分對話內容來預測其餘部分，從而完成對話。這些模型通常基於大型模型，透過對歷史對話資料進行學習，從中學習到對話的模式、語法結構和語義含義，以便在替定上下文的情況下生成連貫和有意義的對話內容。Completion 模型在各種對話系統中被廣泛應用，包括智慧幫手、客服機器人、聊天應用等，能夠提供自然流暢的對話體驗，並且在不同場景下展現出良好的適應性和實用性。

大型模型的本質是 Completion 模型，基本規則是根據後續單字出現的機率進行補全。它並不清楚人類意圖，但能較為準確地猜測之後的內容。其實，它只是根據上文，猜下一個詞（的機率）。一個典型的補全過程如程式 8-1 所示。

→ 程式 8-1

```
response=openai.Completion.create(
    model="text-davinci-003",
    prompt=" 你好，我 ",
    max_token=1000
)
response["choices"][0]["text"].strip()
```

輸出結果：'是旺輝 \n\n 你好，很高興認識你。'

下面用不嚴密但通俗的語言描述大型模型的工作原理。

（1）大型模型閱讀了人類曾說過的所有的話。這就是「學習」。

（2）把一串詞後面跟著的不同詞的機率記下來。記下來的就是「參數」，也叫「權重」。

（3）當我們給它若干詞時，GPT 就能算出機率最高的下一個詞是什麼。這就是「生成」。

（4）用生成的詞，再結合上文，就能繼續生成下一個詞。依此類推，生成更多文字。

2．Chat 模型

Chat 模型則不同，它以完成一次對話為目的。Chat 模型往往能更進一步地辨識人類意圖，並組織更加合理的回覆敘述。ChatGLM、ChatGPT、GPT-3.5、GPT-4 等模型都是對話模型。Chat 模型旨在模擬自然語言互動，使其能夠進行更加複雜、多樣化和智慧化的對話。這些模型可以與人類進行對話，回答問題，提供建議，分享資訊，甚至參與閒聊。一次典型的對話過程如程式 8-2 所示。

➜ 程式 8-2

```
response=openai.Completion.create(
    model="gpt-4-0613",
    message=[
        {"role":"user","content":" 你好，我 "}
    ]
)
response["choices"][0]["content"].strip()
```

輸出結果：'你好，很高興為你服務，有什麼可以幫助你嗎？'

Chat 模型通常具有深層次的語言理解和生成能力，可以根據上下文和語境生成連貫、合乎邏輯的回覆。Chat 模型的目標是實現與人類之間自然流暢的對話，使人與機器之間的交流更加智慧和自然。

8.2.2 多角色對話模式

1．一問一答模式

一問一答模式如下：

（1）使用者：你好。

（2）Model：您好，請問有什麼可以幫到您的？

（3）使用者：請問什麼是機器學習？

（4）Model：機器學習是一門……

這是大多數開放原始碼大型模型，如 ChatGLM2、ChatGLM3 採用的模式，也是 ChatGPT 等聊天機器人採用的模式，在此模式下，預設有兩個角色，即使用者和模型，並且預設的對話模式是使用者提問，模型回答，這種模式簡單易行，易於理解。

2．多角色對話模式

如圖 8-2 所示，多角色對話模式是一種更加先進的對話模式，在此模式下，預設對話中包含四個角色：使用者（User）、模型（Model）、系統（System）、工具（Tool）。這種對話模式具有更靈活的回應方式、更大的拓展空間，以及更清晰的訊息展示形式。與傳統的對話模式相比，多角色對話模式要求模型採用更為複雜的執行模式，對模型的推理能力提出了更高的要求。因此，這種模式在執行過程中需要更多的運算資源和時間來進行處理，但同時也提供給使用者了更加智慧和個性化的互動體驗。

8.2 大型模型對話模式

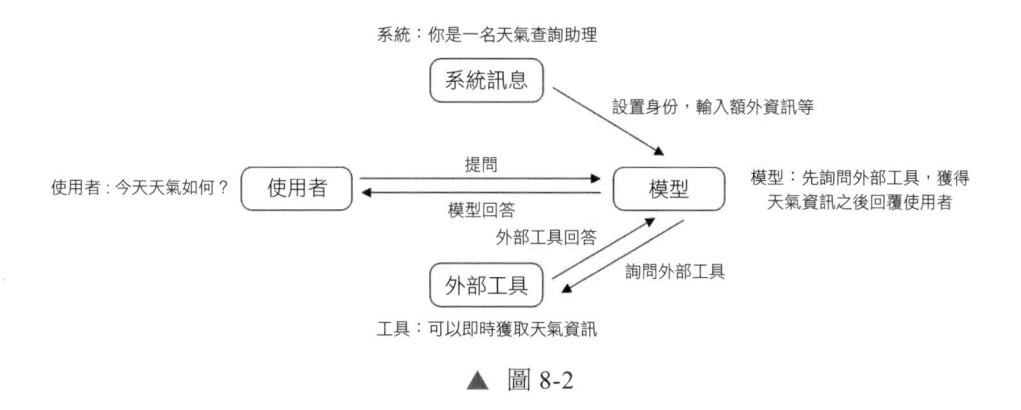

系統：你是一名天氣查詢助理
系統訊息
設置身份，輸入額外資訊等

使用者：今天天氣如何？
使用者 ← 提問 → 模型
模型回答
外部工具回答
模型：先詢問外部工具，獲得天氣資訊之後回覆使用者

外部工具
詢問外部工具
工具：可以即時獲取天氣資訊

▲ 圖 8-2

目前，GPT-3.5、GPT-4 API 等先進的自然語言處理模型採用了多角色對話模式，而國產大型模型 ChatGLM3 也首次採用了這種模式，為使用者帶來了更加全面和高效的對話服務。隨後開放原始碼的 GLM-4-9B-chat 特別突出了其在現代智慧體建構中的函數呼叫功能，這對於大型模型而言，是開發智慧體時的核心要素。該功能不僅表現了模型辨識使用者意圖的能力之強，而且對智慧體執行的穩定性具有重大影響。因此，在評估 GLM-4 模型時，考察其函數呼叫能力成了一個關鍵環節。令人欣慰的是，該模型在這方面展現出的性能與 GPT-4-Turbo-2024-04-09 版本相當。也就是說，GLM-4-9B-chat 的函數呼叫能力異常強大，其表現不亞於 GPT-4，這一發現尤其令人驚喜。

多角色對話模式的實際影響如下。

（1）API 呼叫略微更加複雜：開發者在使用 API 時需要更加細緻地處理訊息的發送和接收，以確保各個角色之間的溝通順暢。

（2）對模型推理能力有更高要求：多角色對話模式要求模型具備更強大的推理能力，能夠理解並處理來自不同角色的多個訊息，並舉出相應的回應。

（3）對話實現形式極大豐富：可以靈活建構模型的長期和短期記憶，模型可以更進一步地理解對話的上下文，並根據需要調取相關資訊，從而提供更加個性化和智慧化的回應。

(4)可以實現 Function Calling 功能：多角色對話模式使得模型能夠實現 Function Calling 功能，即模型可以像呼叫函數一樣高效率地呼叫各類工具完成任務。這提供給使用者了更加便捷和高效的服務體驗，同時也提升了模型的可用性和實用性。舉例來說，ChatGLM3 就可以利用 Function Calling 功能快速呼叫各種工具，幫助使用者完成各種任務，實現了史詩性的突破。

Function Calling 功能是大型模型推理能力和複雜問題處理能力的核心表現，是大型模型構築 AI Agent 的最核心功能之一。

8.3 多角色對話模式實戰

8.3.1 messages 參數結構及功能解釋

首先，我們來討論模式使用過程中一個非常重要的參數—messages 的使用方法。messages 是一種高級抽象，用於描述模型和使用者之間的通訊資訊。它的表示形式是一個清單，包含多個字典，每個字典代表一筆訊息。每筆訊息包含兩個鍵值對，第一個鍵值對表示訊息發送者，使用鍵 "role"，值為參與對話的角色名稱或訊息的作者。第二個鍵值對表示具體訊息內容，使用鍵 "content"，值為訊息的具體內容，採用字串表示。

舉例來說，圖 8-3 中的 messages 共包含一筆資訊，即一個一個名為 user 的角色發送了一筆名為 ' 失眠了怎麼辦？ ' 的訊息。

同時，傳回的 messages 參數包含了資訊的發送方和具體資訊內容。此時，可以看出傳回的 messages 參數發送方是一個名為 'assistant' 的 role 角色，而具體內容則是一段關於失眠的描述。Chat 模型的每個對話任務都是透過輸入和輸出 messages 來完成的。

```
from openai import OpenAI
base_url = "http://10.1.36.75:8000/v1"
client = OpenAI(api_key="EMPTY", base_url=base_url)
response = client.chat.completions.create(
        model="chatglm3-6b",
        messages = [
            {"role":"user","content":"失眠了怎么办? "}
        ]
    )
response.choices[0].message
```

ChatCompletionMessage(content='失眠了,最好尝试以下方法:\n\n1. 放松身心:试着放松身心,例如通过深呼吸、冥想或渐进性肌肉松弛等方法。这些技巧有助于减轻压力和焦虑,促进睡眠。\n\n2. 改变睡眠环境:确保睡眠环境安静、凉爽、暗淡,并保持舒适的床垫和枕头。可能需要关闭电子设备和电视,以减少光线和噪音干扰。\n\n3. 规律作息:保持规律的作息时间,尽量在相同的时间上床和起床。帮助身体建立健康的睡眠习惯。\n\n4. 饮食调整:避免在睡前摄入咖啡因、酒精和糖分等刺激性物质。饮食应选择易消化的食物,如燕麦、香蕉和全麦饼干等。\n\n5. 锻炼身体:适当的运动可以促进睡眠。但避免在睡前三四小时内进行剧烈运动。\n\n6. 制定放松计划:制定放松计划,包括听音乐、读书、沐浴等放松方式,可以帮助缓解压力和焦虑,促进入睡。\n\n如果这些方法都不奏效,建议咨询医生或专业的睡眠医学专家,获取更深入的帮助和建议。', role='assistant', function_call=None, tool_calls=None, name=None)

▲ 圖 8-3（編按：本圖例為簡體中文介面）

如表 8-1 所示，掌握好 messages 參數結構，是我們挖掘大型模型能力邊界的重要手段，messages 參數包括 role、content 和 name 這三個部分。

▼ 表 8-1 messages 參數

messages 參數	類型	必填	說明
role	string	是	訊息作者的角色：可以是 system、user、assistant 或 observation 之一
content	string	否	訊息的內容：除帶有函數呼叫的 assistant 訊息外，所有訊息都需要 content
name	string	否	此訊息作者的名稱：如果角色是 function，則需要提供 name，並且應該是 content 中回應的函數的名稱。名稱可以包含 a〜z、A〜Z、0〜9 和底線，最大長度為 64 個字元

8.3.2 messages 參數中的角色劃分

1．user role 和 assistant role

user role 和 assistant role 用於向 AI 助理提出需求。

從之前簡單的對話範例中可以清晰地看出，在 Chat 模型中，使用者和幫手是兩個關鍵角色。使用者扮演著 user 的角色，透過發送訊息來提出問題、表達需求或進行交流，而模型則以 assistant 的角色回應使用者的訊息。這兩個角色的名稱是預先定義好的，而在 messages 參數中無法自訂其他名稱。

在對話中，使用者角色即代表了對話的發起者，他們向模型發送訊息，提出問題或進行交流。這些訊息可以是任何需要使用者詢問或表達的內容，比如詢問問題、請求建議、尋求幫助等。使用者的訊息被發送到模型後，模型會以 assistant 角色的身份舉出相應的回應。

幫手角色則是模型的身份，它負責解釋使用者的訊息並舉出合適的回應。幫手接收到使用者的訊息後，先進行語義理解和推理，然後生成一段相關的文字作為回答。這個回答可以是對使用者提出的問題的回答、對使用者需求的滿足、建議或其他形式的交流。

在 Chat 模型中，使用者和幫手的角色是固定的，它們的定義是為了簡化對話的理解和處理。透過這種規則，我們可以更清晰地理解對話中每個訊息的含義，並更進一步地進行交流。

基於以上規則，最簡單的呼叫方式是先在 messages 參數中設置一個 user 角色的參數，然後在 content 中輸入對話內容。這樣，使用者就可以向模型發送訊息，並期待模型以幫手的身份舉出回應。舉例來說，我們可以像之前那樣向模型提問「請問什麼是機器學習？」，然後等待模型以幫手的身份舉出相應的回答。

不過需要注意的是，儘管一個 messages 參數可以包含多個訊息，但模型只會對於最後一個使用者訊息進行回答，如圖 8-4 所示。

```
from openai import OpenAI

base_url = "http://10.1.36.75:8000/v1"
client = OpenAI(api_key="EMPTY", base_url=base_url)

response = client.chat.completions.create(
    model="chatglm3-6b",
    messages = [
        {"role":"user","content":"失眠了怎么办？"},
        {"role":"user","content":"东莞有哪些美食"}
    ]
)
response.choices[0].message
ChatCompletionMessage(content='东莞是中国广东省的一个市，有非常丰富的美食文化，以下是其中一些著名的美食：\n\n1. 东莞烧鹅：是一种烤制的鹅肉，皮脆肉嫩，味道十分鲜美。\n\n2. 茶山珍品：这是一种由茶叶、瑶柱、鸡肉、火腿等材料制作的传统美食，味道清香可口。\n\n3. 厚街牛排：这是一种在厚街镇流行的美食，以新鲜的牛肉片为主料，配以特制的调料和酱汁，口感鲜美。\n\n4. 石磨肠粉：这是一种传统的广式早餐食品，以米浆为原料，磨成细粉，加入各种配料制成。\n\n5. 长安鱼皮：这是一种由鱼皮制作的美食，通常搭配辣椒、葱、姜等调料食用，口感滑爽。', role='assistant', function_call=None, tool_calls=None, name=None)
```

▲ 圖 8-4 (編按：本圖例為簡體中文介面)

也就是說，assistant 訊息和 role 訊息是一一對應的，而且在一般情況下，assistant 訊息只會圍繞 messages 參數中的最後一個 role 訊息進行回答。

2 · system role

system role：用於在這個階段中設置 AI 幫手的個性或提供有關其在整個對話過程中應如何表現的具體說明。

然而，需要指出的是，雖然使用者和幫手之間的對話模式通常是明確的，但有時候可能會顯得單調。實際上，給定聊天機器人一個身份，可以有效地引導模型生成更具豐富性和深度的回答。舉例來說，如果我們期望模型舉出一個更加詳盡和專業的回答，可以設定模型的身份為「一名資深的粵菜大廚」。這種設置能夠激發模型產生更具見解和專業性的回覆，使得對話更加生動和豐富。舉例來說，我們可以以如圖 8-5 所示的方式向模型進行提問。

```
from openai import OpenAI

base_url = "http://10.1.36.75:8000/v1"
client = OpenAI(api_key="EMPTY", base_url=base_url)

response = client.chat.completions.create(
        model="chatglm3-6b",
        messages = [
            {"role":"system","content":"假设你是一名资深的粤菜大厨"},
            {"role":"user","content":"东莞有哪些美食"}
        ]
    )
response.choices[0].message
ChatCompletionMessage(content='东莞是中国广东省的一个城市,拥有丰富的美食文化,其中包括:\n\n1. 东莞烧鹅:这是一种以米酒、蜜糖和五香粉等为调料的烧烤,是东莞著名的特色美食之一。\n\n2. 东莞牛肉干:这是另一种非常有名的东莞特色小吃,采用优质的牛肉,经过腌制、晾干而成,口感香脆可口。\n\n3. 东莞鱼皮肉:这是一道传统的广式点心,主要原料是猪肉和鱼皮,制作起来非常精细,味道鲜美。\n\n4. 东莞腊肠:东莞腊肠是一种非常有名的特色小吃,采用优质猪肉制成,经过腌制、晾干而成,口感香肠可口。\n\n5. 东莞茶点:东莞茶点是一种传统的广式点心,包括各种糕点和小吃,如虾饺、蛋挞、绿豆饼等,口感美味。\n\n6. 东莞糖水:东莞糖水是一种传统的广式饮品,以糖和珍珠为主料,口感香甜可口。\n\n7. 东莞粥品:东莞粥品是一种传统的广式早餐,以米粉为主要原料,搭配鸡蛋、瘦肉、小虾米等食材,口感清香可口。\n\n以上是东莞的一些著名美食,当然还有许多其他值得一试的小吃和美食,如果您有机会到东莞品尝,不妨多尝试一些当地的特色食品。', role='assistant', function_call=None, tool_calls=None, name=None)
```

▲ 圖 8-5 (編按：本圖例為簡體中文介面)

不難看出，此時模型的回答就變得更加詳細和嚴謹，更像一名「粵菜大廚」的語氣風格，也同時說明我們對模型進行的身份設定是切實有效的。

可以觀察到，在我們之前的對話中，我們引入了一個新的訊息，即 {"role":"system","content":" 假設你是一名資深的粵菜大廚 "}。這個訊息的作用是設定模型的身份。系統訊息是在訊息佇列中的第三種角色，它對整個對話系統的背景進行設置。與使用者訊息相比，系統訊息具有不同的功能和影響。首先，系統訊息的作用是為對話提供背景資訊，而非針對具體的使用者問題。不同的背景

8 大型模型與中介軟體

設置會極大地影響模型在後續對話中的回覆。舉例來說,如果系統被設置為「你是一位資深醫學專家」,那麼模型在回答醫學相關問題時可能會使用大量醫學術語,從而使得回覆更加專業。相反,如果系統被設置為「你是一位資深喜劇演員」,那麼模型的回覆可能更加風趣和幽默,與醫學領域的回覆會有所不同。

最後需要注意的是,目前的大型模型仍然存在一個限制:無法長期保持對系統訊息的關注。換言之,在多輪對話中,這些模型可能逐漸忘記系統設定的身份資訊。

對 messages 參數中可選的 role 來說,除了 user、assistant、system,還有 observation 及其他參數,它們都是用來實現 Function Calling 功能的。

■ 8.4 Function Calling 功能

儘管大型模型擁有巨大的知識儲備和驚人的生成能力,但在實際使用過程中,我們常常會感受到它們的局限性。舉例來說,這些模型無法及時獲取最新資訊,也無法直接解決一些特定問題,如自動回覆電子郵件或查詢航班資訊等。這些問題限制了這些模型在實際應用中的價值。然而,在 2023 年 4 月推出的 AutoGPT 專案提出了一個潛力巨大的解決方案—允許大型模型呼叫外部工具 API,以大幅拓展其應用能力。舉例來說,如果我們讓 GPT 模型呼叫 Bing 搜索 API,它就能即時獲取與使用者問題相關的搜索結果,並結合自身知識庫來回答使用者的問題,從而解決資訊時效性的問題。另外,如果我們允許 GPT 模型呼叫 Google 電子郵件 API,它就可以自動閱讀電子郵件並舉出相應回覆。雖然這些功能看起來複雜,但根據 AutoGPT 專案的規模,實現讓 GPT 模型呼叫外部工具 API 並不是一件難事。

8.4.1 發展歷史

2023 年 6 月 13 日,OpenAI 宣佈了一項重大更新,將 Function Calling 功能整合到了 Chat 模型中。這表示 Chat 模型不需要再相依外部框架,如 LangChain,就能直接在內部呼叫外部工具 API,使建構以 LLM 為核心的 AI 應

8.4 Function Calling 功能

用程式更加便捷。此次更新還包括全面開放 16k 對話長度的模型和降低模型呼叫資費等內容。

引入 Function Calling 功能標誌著更加靈活的 AI 應用程式開發時代的來臨，並直接促進了 AI Agent 的發展。現在，Function Calling 已經成為 AI Agent 開發中不可或缺的工具，開發者可以利用它呼叫各種外部工具，實現各種操作。

ChatGLM3-6B 是首個整合 Function Calling 功能的中國開放原始碼模型，遵循了 GPT 系列模型的工具呼叫流程和 function 參數解釋語法。這一更新使得基於 Function Calling 的 AI Agent 開發生態能夠無縫連線，為未來的發展鋪平了道路。

Function Calling 功能的核心是讓 Chat 模型能夠呼叫外部函數，不僅依賴於自身資料庫知識，而是可以額外掛載一個函數程式庫。當使用者提問時，模型會檢索函數程式庫，呼叫適當的外部函數，並根據結果進行回答，從而提供給使用者更加多樣化和豐富的服務。Function Calling 功能的基本過程如圖 8-6 所示。

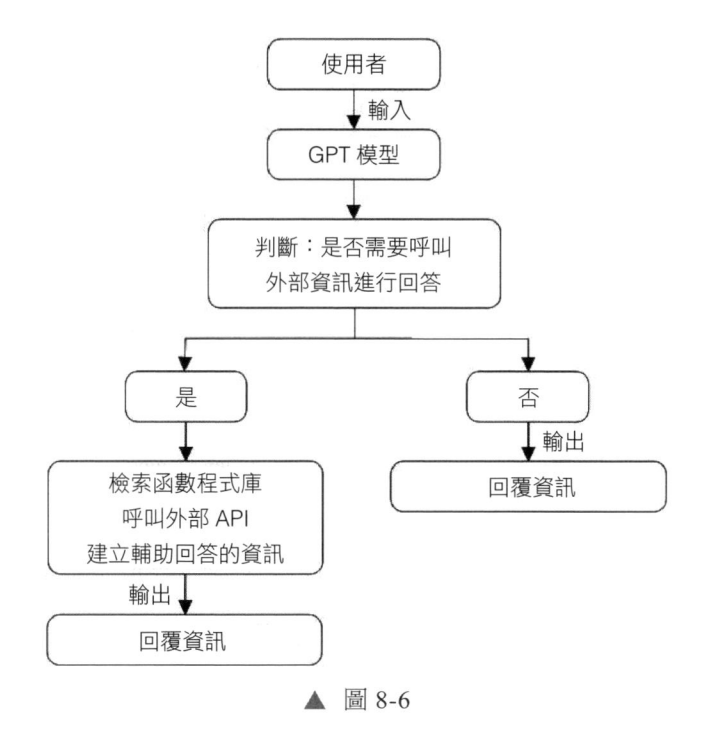

▲ 圖 8-6

Function Calling 功能允許我們掛載外部函數程式庫，這個函數庫既可以包含簡單的自訂函數，也可以包含封裝了外部工具 API 的功能型函數，如能夠呼叫 Bing 搜索或獲取天氣資訊的函數。大型模型設計了一套精妙的機制來實現 Function Calling 功能，操作起來並不複雜。我們只需要在呼叫 completions.create 函數時設置參數，並提前定義好外部函數程式庫。當 Chat 模型執行 Function Calling 功能時，它會根據使用者提出的問題的語義自動搜索並選擇合適的函數來使用。這個過程完全不需要人工干預或手動指定使用某個函數，因為大型模型能夠充分利用自身的語義理解能力，在函數程式庫中自動選擇適合的函數執行，並給出問題的答案。

毫無疑問，借助外部函數程式庫的功能，Chat 模型的問題處理和解決能力將邁上一個新的臺階。與以往的解決方案相比，例如使用 LangChain 的 Agent 模組來實現 LLM 和外部工具 API 的協作呼叫，Chat 模型內部整合的 Function Calling 功能使得實現過程更加簡單，開發門檻更低。這樣的改進必將推動新一輪以大型模型為核心的人工智慧應用的蓬勃發展。

Function Calling 功能實現的基本步驟如下。

（1）建構一個字典物件儲存：{" 方法 1": 方法 1,…}。

（2）在 Prompt 中加入方法定義。

（3）根據 LLM 的傳回，決定是呼叫函數（傳回資訊中含有「function_call」），還是直接傳回資訊給使用者。

（4）如需呼叫函數，則呼叫 LLM 指定函數，並將結果及呼叫的函數一起放在 Prompt 中再次呼叫 LLM。

8.4.2 簡單案例

1．函數描述

儘管 Chat 模型的 Function Calling 功能實現的想法非常清晰，但實際上，若要手動撰寫程式來實現這一功能，則會涉及外部函數程式庫撰寫、completion.create 中 functions 參數和 function_call 參數的使用、用於獲取函數結果的多輪對話流程撰寫等複雜過程。因此，我們先借助一個非常簡單的外部函數呼叫範例來完整介紹 Function Calling 功能實現的全部流程，然後再逐步進行高層函數的封裝並嘗試呼叫包含外部工具 API 的函數。

若要讓 Chat 模型呼叫外部函數，則首先需要準備好這些外部函數，然後嘗試在和模型對話中讓模型呼叫並執行這些工具函數。

定義幾個工具函數，如根據地區獲取當前天氣，只是用於測試 Chat 模型在合理提示下能否正常呼叫這個外部函數。

但是，作為支援 Function Calling 功能的外部函數，考慮到要和 Chat 大型模型進行通訊，天氣函數的輸入由大型模型提供（而大型模型的輸出物件都是字串），因此函數要求輸入物件必須是字串物件；此外，模型也明確規定支援 Function Calling 功能的外部函數給大型模型傳回的結果類型必須是 json 字串類型，因此天氣函數的輸出結果轉化為字串物件，然後再將字串物件轉化為 json 字串類型物件。當然，為了增加程式的可讀性，也需要註明函數說明及參數和輸出結果說明。具體天氣函數定義過程如程式 8-3 所示，定義了一個名為 get_current_weather_by_location 的函數，模擬根據指定地理位置查詢當前天氣資訊的過程。

➡ 程式 8-3

```python
def get_current_weather_by_location(location:str)-> str:
    """
    注意：
    本函數使用強制寫入的天氣資料作為範例，實際應用中應替換為從氣象 API 獲取的資料。
    """
    # 根據地點查詢天氣資訊，這裡使用簡單的字典結構和匹配作為演示
    weather_data = {
        "北京":{"temp":"24","text":"多雲","windDir":"東南風","windScale":"1"},
        "東莞":{"temp":"26","text":"晴","windDir":"西北風","windScale":"2"},
    }
    # 檢查地點是否存在於我們的資料集中
    if location in weather_data:
        # 建構完整的天氣資訊字典，包括地點
        full_weather_info = {"location":location,**weather_data[location]}
```

8 大型模型與中介軟體

```
    # 將字典轉為 json 字串並傳回
    return json.dumps(full_weather_info,ensure_ascii=False)
else:
    # 如果地點不存在,則傳回錯誤資訊的 json 字串
    return json.dumps({"error":"Location not found"},ensure_ascii= False)
```

在設計和部署這樣的大型模型應用時,開發人員需要精心建構一個 tools(工具)列表。這個列表實質上是一個包含多個工具或功能描述的集合,每個工具都是一組明確的指導和規範,指導模型如何與外部世界進行互動,獲取或操作資料。每個專案不僅定義了工具的名稱、功能描述,還詳細說明了呼叫該工具時需要遵循的參數格式和預期的傳回結果類型,確保了呼叫過程的標準化和高效性。

在程式 8-4 中,"get_current_weather_by_location" 作為一個工具被定義在 tools 列表中,它的使命是基於提供的城市名稱查詢並傳回當前的天氣資訊。這樣的設計不僅清晰地界定了工具的職責範圍,也為模型呼叫此工具執行特定任務時提供了必要的參數結構和格式要求,從而確保了互動過程的準確性和順利執行。

➔ 程式 8-4

```
# 定義一個工具列表,用於描述可被 AI 模型呼叫的外部功能
tools = [
    {
        "name":"get_current_weather_by_location",
        "description":" 根據城市獲取當前天氣 ",
        # 工具接受的參數規範,定義了呼叫該工具時需要提供的參數資訊
        "parameters":{
            "type":"object",
            "properties":{
                #"location" 屬性的描述,指定了需要使用者提供城市名稱
                "location":{
                    # 對 "location" 參數的詳細說明,告知使用者應如何填寫此參數
                    "description":" 城市名稱 e.g. 北京,上海,東莞 "
                }
            },
            # 指定哪些屬性是呼叫此工具時必填的
```

```
            "required":['location']
        }
    }
]
```

在建構基於大型模型的互動式應用時，為了確保大型模型能夠有效地利用預先定義的功能工具，並在回答使用者問題時遵循特定的指導原則，我們需要為大型模型設置一個清晰的上下文環境。這一步驟至關重要，因為它直接影響到大型模型的理解能力、回答品質和功能的正確呼叫。接下來的操作正是透過定義一個名為 system_info 的變數來實現這一目的，程式範例如程式 8-5 所示。

➡ 程式 8-5

```
system_info = {
    "role":"system",
    "content":" 盡你所能地回答下列問題。你有權使用以下工具："+json.dumps(tools,
ensure_ascii=False)+" 在呼叫上述函數時，請使用 json 格式表示呼叫的參數。"
}
available_functions = {
"get_current_weather_by_location":get_current_weather_by_location
}
```

需要注意的是，對 ChatGLM3-6B 模型和 GLM-4-9B-chat 模型來說，其 system_info 的建構稍微有一點不同，具體是指在 ChatGLM3 中 tools 可以獨立於 content，而在 GLM-4-9B-chat 中，tools 需要增加到 content' 之後。考慮到之後的程式案例對模型的 Agent 能力要求很高，所以此後採用 GLM-4-9B-chat 模型作為案例。

同時，為了使大型模型能夠動態呼叫外部功能，提高其在處理複雜任務時的靈活性和實用性，在程式 8-5 中，我們需要預先準備一個詳盡且易於模型辨識的函數索引。這個索引，通常被稱為可用函數列表 available_functions，它扮演著橋樑的角色，將模型的意圖與實際可執行的程式邏輯緊密相連。程式 8-5 展示了如何建構這樣一個列表，並將具體的函數物件與其易於理解的名稱串相對應，從而確保模型在需要時能準確無誤地呼叫到相應的功能。

2・tools 參數解釋

在準備好外部函數及函數程式庫之後，接下來非常重要的一步就是將外部函數資訊以某種形式傳輸給 Chat 模型。tools 參數專門用於向模型傳輸當前可以呼叫的外部函數資訊。並且，從參數的具體形式來看，tools 參數和 messages 參數也是非常類似的─都是包含多個字典的 list。對 messages 參數來說，每個字典都是一個資訊，而對 tools 參數來說，每個字典都是一個函數。在大型模型實際進行問答時，會根據 tools 參數提供的資訊對各函數進行檢索。

很明顯，tools 參數對 Chat 模型的 Function Calling 功能的實現至關重要。接下來，我們將詳細解釋 tools 參數中每個用於描述函數的字典撰寫方法。總的來說，每個字典都有三個參數（三組鍵值對），各參數（key）名稱及解釋如下。

（1）name：代表函數名稱的字串，是必選參數，按照要求，函數名稱必須是 a～z、A～Z、0～9 或包含底線和破折號，最大長度為 64 個字元。需要注意的是，name 必須輸入函數名稱，而後續模型將根據函數名稱在外部函數程式庫中進行函數篩選。

（2）description：用於描述函數功能的字串，雖然是可選參數，但該參數傳遞的資訊實際上是 Chat 模型對函數功能辨識的核心依據，即 Chat 函數實際上是透過每個函數的 description 來判斷當前函數的實際功能的，若要實現多個備選函數的智慧挑選，則需要嚴謹詳細地描述函數功能（需要注意的是，在某些情況下，我們會透過其他函數標注本次對話特指的函數，此時模型就不會執行這個根據描述資訊進行函數挑選的過程，此時可以不設置 description）。

（3）parameters：函數參數，是必選參數，要求遵照 JSON Schema 格式進行輸入，JSON Schema 是一種特殊的 JSON 物件，專門用於驗證 JSON 資料格式是否滿足要求。

3・測試結果

下面嘗試載入模型和呼叫 Function Calling 功能。首先，透過程式 8-6 載入模型，由於其對大型模型的能力要求比較高，所以這一章節的案例採用 GLM-4-

9B-chat，並且不適用量化技術，讀者根據自己的硬體規格自行更改模型，若要使用 ChatGLM-6B 模型，請將 system_info 進行相應的修改。

→ 程式 8-6

```
import json
from transformers import AutoTokenizer,AutoModel
model_path="/home/egcs/models/glm4-9b-chat"
tokenizer = AutoTokenizer.from_pretrained(model_path,trust_remote_code=True)
model = AutoModel.from_pretrained(model_path,trust_remote_code= True).cuda()
model = model.eval()
```

在程式 8-7 中，定義了一個核心函數 model_chat，該函數作為對外互動的進入點，主要負責接收使用者的查詢請求（task_query）並管理整個對話流程。它首先初始化對話歷史（model_history），其中包含預先定義的系統資訊（system_info），以設定對話的基本規則和可存取的工具。接下來，該函數呼叫模型的聊天介面，傳入分詞器（tokenizer）、使用者查詢及對話歷史，從而獲取模型的初步回應及更新後的對話歷史。

→ 程式 8-7

```
# 定義處理初始使用者查詢並管理多輪對話流程的邏輯
def model_chat(task_query):
    # 初始化對話歷史，包含系統預設資訊，用於設定對話的基本規則和可存取的工具
    model_history = [system_info]

    # 使用模型的 chat 方法進行一輪對話，傳入分詞器、使用者查詢和對話歷史，獲取模型回應及更新的歷史記錄
    model_response,model_history = model.chat(tokenizer,task_query,
history=model_history)
    #print(model_response)
    while isinstance(model_response,dict):
        # 提取功能名稱
        function_name = model_response["name"]
        # 根據功能名稱從可用函數字典中獲取對應的函數物件
        func_to_call = available_functions[function_name]
        # 獲取並準備功能呼叫所需的參數
        function_args = json.loads(model_response.get("content"))
```

```
    # 呼叫外部功能並獲取回應
    func_response = func_to_call(**function_args)
    # 將功能響應轉化為 json 字串，以便模型理解
    result = json.dumps(func_response,ensure_ascii=False)
    # 將功能的執行結果作為新的輸入，模擬為觀察結果，繼續與模型對話，並更新對話歷史
    model_response,model_history = model.chat(tokenizer,result,
history=model_history,role="observation")
    # 傳回最終的模型回應和對話歷史
return model_response,model_history
```

在獲取初步回應後，model_chat 進入一個循環流程，檢查模型的回應是否為字典類型（通常表示需要呼叫某個外部功能）。如果是，則函數從回應中提取功能名稱 function_name，並從可用函數字典 available_functions 中獲取對應的函數物件 func_to_call。隨後，提取功能呼叫所需的參數 function_args，執行該功能並捕捉其回應。將功能回應轉化為 json 字串，以便模型理解，並將其作為新的輸入繼續與模型對話，模擬觀察者角色（role="observation"），更新對話歷史。

這一循環流程可能遞迴進行，確保所有連鎖的互動邏輯得到處理，直至模型的回應不再觸發新的功能呼叫。最終，model_chat 傳回處理後的模型回應及最新的對話歷史。

透過這種設計，model_chat 不僅增強了模型在多輪對話中的連貫性和實用性，還有效整合了外部功能，使模型能夠執行更複雜的任務，更進一步地服務於使用者需求，展現了人工智慧在對話系統中的強大潛力和靈活性。

如圖 8-7 所示，測試結果展示了在處理特定查詢請求時的表現情況，該請求模擬了一個實際應用場景：使用者計畫於今天下午前往東莞出差，希望提前了解目的地的天氣狀況以便做好出行準備。

```
query = """
        今天下午我要去东莞出差,请帮我查询一下当地的天气?
        """
response,_ = model_chat(query)
print(response)
```
当前东莞的天气情况如下: **温度为26摄氏度**, 天气状况为晴, 风向为西北风, 风力为2级。祝您旅途愉快!

▲ 圖 8-7(編按：本圖例為簡體中文介面)

輸出結果表明，我們的系統或模型成功地理解了使用者的查詢意圖，並透過呼叫相關的天氣查詢功能，獲得了東莞當前的天氣資訊。這表示系統不僅正確辨識了地點（東莞），還成功地從虛擬的或實際的天氣資料來源中提取了相關資料，包括天氣狀況（晴）、溫度（26 攝氏度）和風力等級（2 級），並以自然語言的形式呈現給了使用者，符合使用者查詢的初衷，驗證了系統的功能完整性和回應準確性。

這樣的測試案例不僅檢驗了系統的功能實現，還間接反映了模型在理解自然語言查詢、呼叫外部函數、處理傳回資料及生成有意義回覆等多方面的綜合能力，是評估和最佳化 AI 幫手或對話系統性能的重要環節。透過不斷設計和執行此類測試，開發者能夠發現並解決潛在的問題，不斷最佳化使用者體驗。

8.5 實現多函數

8.5.1 定義多個工具函數

在實現個性化與實用性的互動體驗中，程式 8-8 展示了一個名為 get_outdoor_sport_by_weather 的函數，它旨在依據具體的天氣條件—當前溫度和天氣，向使用者提供合適的戶外運動。此函數設計精巧，充分考慮了外界環境對個人舒適度的影響，是智慧生活輔助應用中的典型功能模組。

➡ 程式 8-8

```python
def get_outdoor_sport_by_weather(temp:str,weather:str)-> str:
    """
    根據溫度和天氣情況推薦合適的戶外運動。
    參數：
    -temp(str)：當前溫度，字串形式表示。
    -weather(str)：天氣情況，字串形式表示。
    傳回：
    -str：含有推薦戶外運動的 json 格式字串。
    """
    # 將溫度從字串轉為浮點數進行比較
    temp_float = float(temp)
```

```
# 根據天氣情況推薦運動
if weather in[" 晴 "," 多雲 "]:
    if 15 <= temp_float <= 25:
        sport_recommendation = {"recommended_sport":" 跑步 "}
    elif 25 < temp_float <= 30:
        sport_recommendation = {"recommended_sport":" 騎自行車 "}
    else:
        sport_recommendation = {"recommended_sport":" 游泳 "}
elif weather in[" 小雨 "," 陣雨 "]:
    sport_recommendation = {"recommended_sport":" 打羽毛球（室內）"}
elif weather in[" 陰 "," 大雨 "]:
    sport_recommendation = {"recommended_sport":" 去健身房 "}
else:
    sport_recommendation = {"recommended_sport":" 做瑜伽（室內）"}

# 傳回 json 格式的推薦資訊
return json.dumps(sport_recommendation,ensure_ascii=False)
```

該函數接收兩個參數：temp 表示當前環境的溫度，儘管以字串形式傳入，但內部會將其轉為浮點數值以進行精確判斷；text 則代表天氣情況，同樣以字串形式提供，這保證了函數介面的靈活性和相容性，能夠處理從各類資料來源直接獲取的資訊而不需要額外的資料格式轉換。

函數內部邏輯清晰明了：首先，利用 float() 函數將溫度字串轉為可以直接進行數學比較的浮點數。隨後，基於轉換後的溫度值和天氣情況，函數推薦合適的戶外運動。

當天氣為晴或多雲時，如果氣溫在 15 到 25 攝氏度之間，推薦使用者進行跑步活動；如果氣溫在 25 到 30 攝氏度之間，推薦使用者騎自行車；如果氣溫超過 30 攝氏度，則推薦使用者進行游泳活動以保持涼爽。

（1）當天氣為小雨或陣雨時，推薦使用者在室內打羽毛球。

（2）當天氣為陰或大雨時，建議使用者去健身房鍛煉。

（3）對於其他天氣情況，推薦使用者在室內做瑜伽。

最終,函數透過 json.dumps() 方法將推薦的運動類型封裝成 json 格式的字串傳回。這種結構化的資料輸出方式,不僅便於後續的程式處理與解析,也易於與其他網路服務或前端應用整合,實現無縫的資訊傳遞和展示。舉例來說,這樣的運動建議可以直接嵌入一個健康生活 App 的介面中,或透過智慧家居系統的語音幫手傳達給使用者,讓日常生活因科技的融入而更加便捷與貼心。

在建構複雜的應用系統特別是涉及與智慧模型互動的場景中,定義一套多功能工具集是至關重要的。程式 8-9 展示了一組精心設計的多函數工具列表,這些工具旨在增強模型處理特定任務的能力,使其能夠根據外部條件,如天氣情況,提供更加個性化和情境化的服務。此工具列表 tools 包含了兩個核心函數,每個函數都封裝了特定的功能邏輯,既獨立又可協作工作,為基於語言的互動系統提供強大的後端支援。

➜ 程式 8-9

```
tools = [
    {
        "name":"get_current_weather_by_location",
        "description":" 根據城市獲取當前天氣 ",
        "parameters":{
            "type":"object",
            "properties":{
                "location":{
                    "description":" 城市名稱 e.g. 北京,上海,東莞 "
                }
            },
            "required":['location']
        }
    },
    {
        "name":"get_outdoor_sport_by_weather",
        "description":" 根據溫度和天氣情況推薦合適的戶外運動 ",
        "parameters":{
            "type":"object",
            "properties":{
                "temp":{
                    "description":" 溫度(攝氏度)e.g.36.4,37.8"
```

```
            },
            "weather":{
                "description":"天氣情況 e.g. 晴,多雲,小雨,陣雨,大雨 "
            }
        },
        "required":['temp','weather']
    }
  }
]
```

透過這樣的工具集合，系統不僅能夠獲取即時的天氣資料，還能根據這些資料提供個性化的服務，如戶外運動建議，從而提升了使用者體驗的深度和廣度。這不僅彰顯了現代 AI 技術在日常生活中的應用價值，也為建構更加智慧化、人性化的互動系統提供了堅實的基礎。

8.5.2 測試結果

在實際應用互動過程中，使用者透過提出複合型需求，不僅期望獲取特定地點的即時天氣詳情，還希望獲得與之相匹配的個性化生活建議，以最佳化其出行體驗。圖 8-8 中展示的查詢請求就是這種典型場景。

```
# 示例调用
task_query = "今天下午我要去东莞旅游，请帮我查询一下当地的天气，另外我可以进行哪些户外运动？"
response, history = model_chat(task_query)
print(response)
```
当前东莞的天气状况为晴朗，温度为26摄氏度。根据天气情况，我们推荐您进行骑自行车这项户外运动。

▲ 圖 8-8(編按：本圖例為簡體中文介面)

此查詢巧妙地融合了兩項請求：一是關於目的地東莞的即時天氣查詢，二是基於查詢到的天氣資訊，尋求合理的著裝建議。這要求後端系統不僅要能準確抓取並解析使用者意圖，還需具備呼叫相關工具（如之前定義的 get_current_weather_by_location 和 get_outdoor_sport_by_weather 函數）的能力，以整合並回饋綜合性資訊。

預期的輸出結果表現了系統對複雜請求的圓滿處理。這不僅匯報了東莞的天氣狀況—晴朗、舒適的 26 攝氏度氣溫與溫和的 2 級風力，而且依據這些條件，系統透過呼叫戶外運動建議工具，智慧推薦了合適的戶外運動方案—騎自行車，完美貼合了使用者在溫和天氣下的運動需求。最後，恭敬的親切用語增添了人性化色彩，強化了互動的友善性與服務品質，彰顯了 AI 在提供個性化服務方面的能力和優勢。

8.6 Bing 搜索嵌入 LLM

8.6.1 曇花一現的 Browsing with Bing

在掌握了基於 Function Calling 的 AI 應用程式開發流程之後，下面將進一步介紹一些熱門領域的 AI 應用程式開發案例。

本節首先介紹如何借助 Function Calling 將 Bing 搜索連線 Chat 模型，在一定程度上解決大型模型知識庫時效性不足的問題。這屬於訂製化知識庫問答系統這類應用需求的某個具體的表現形式。因此，在專案開始之前，我們需要先介紹導致大型模型知識庫的「時效性」與「專業性」缺陷的根本原因，以及目前可以解決該問題的技術手段。

當然，即使不從技術發展大框架進行分析，相信每位使用過 ChatGPT 的使用者都能深刻地感受到將搜尋引擎連線大型模型的實際價值。在 2023 年 5 月，OpenAI 曾在 ChatGPT 上推出 Browsing with Bing 外掛程式，如圖 8-9 所示，該外掛程式能夠讓 ChatGPT 在遇到知識庫無法解決的問題時進行 Bing 搜索，並根據搜索得到的答案來進行回答。

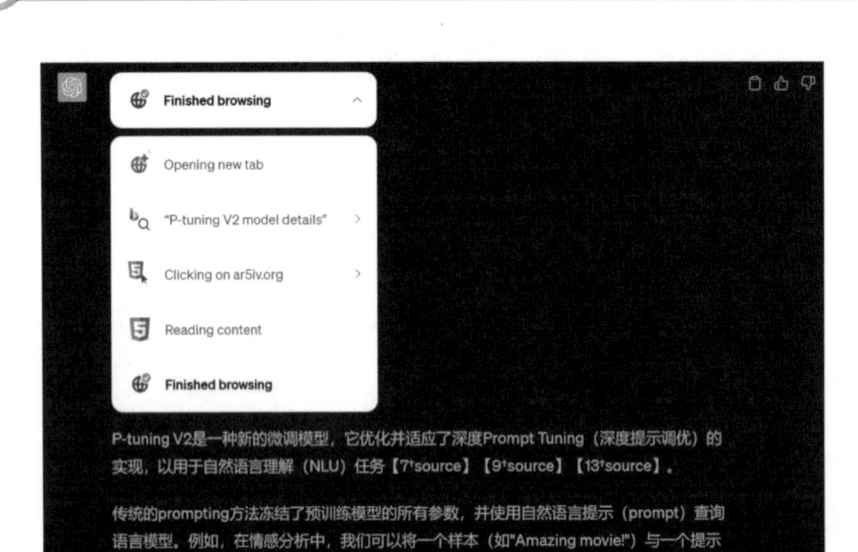

▲ 圖 8-9(編按：本圖例為簡體中文介面)

不得不說，該功能的出現極大地提升了 ChatGPT 的實用性。但令人遺憾的是，由於版權因素即一些潛在的商業競爭關係，OpenAI 於 2023 年 7 月 3 日正式關停了該外掛程式，並且暫時沒有再次上線的計畫。

儘管 OpenAI 禁止了 Browsing with Bing 外掛程式使用，但先將使用者的某些超出大型模型知識範圍的問題轉化為搜索，然後將搜索結果中匹配的內容輸入給模型，最後讓模型根據這些內容進行回答，確實是極具價值潛力的 AI 應用方向。儘管 ChatGPT 已經不支援相關應用，但我們仍然可以使用 Chat 模型的 Function Calling 功能 +Bing 搜索 API 來實現類似的功能。

8.6.2 需求分析

和此前介紹過的其他應用的 API 類似，Google 搜索也可以由 API 呼叫。也就是說，我們完全可以在本地程式環境中透過呼叫 Google 搜索 API 來完成具體問題的搜索。

8.6 Bing 搜索嵌入 LLM

從普通開發者的角度來說，Google 開放搜索 API 可以說是極大地惠及了非常多開發專案，使得其能夠更加高效、順利地完成搜索功能的巢狀結構。但是，從商業競爭的角度來說，Google 搜索開放 API 的意圖其實在於鎖死市場上其他搜尋引擎發展─既然隨時隨地可以呼叫強大的 Google 搜索，重複開發搜尋引擎便毫無意義。

基於之前章節的介紹，相信讀者對基於 Function Calling 功能呼叫外部工具 API 實現某種 AI 應用應該不感到陌生，考慮到 Google 搜索能根據關鍵字傳回所搜結果─也就是對應結果的網站，並按照連結度強弱進行排序，我們首先不妨先進行頭腦風暴，思考如何才能順利將 Google 搜索 API 嵌入 Chat 模型中，並為其實時更新知識庫。

首先，我們需要明確，對於 Chat 模型而言，它具備自我認知的能力，即能夠辨識自身是否掌握特定資訊或技能（這也是 Function Calling 功能存在的基礎）。並且，其內部是具備某種機制來判斷當前問題是否知道。這裡我們可以透過如圖 8-10 所示的方式進行測試。

```
system_info = {
    "role": "system",
    "content": "根据用户输入的问题进行回答，如果知道问题的答案，请回答问题答案，如果不知道问题答案，请回复'抱歉，这个问题我并不知道'",
}
task_query = "请问什么是机器学习"
response, history = model_chat(task_query)
print(response)
```
机器学习是一种使计算机系统根据数据学习知识和模式的方法，从而能够对新的、未知的数据做出预测或决策。机器学习算法可以自动从数据中提取特征，以便在将来的情况下做出更好的预测或决策。机器学习通常应用于各种领域，如图像识别、语音识别、自然语言处理、推荐系统等。

```
task_query = "请问，你知道RLHF算法吗？"
response, history = model_chat(task_query)
print(response)
```
抱歉，我并不知道RLHF算法。您能提供更多的信息或者纠正一下RLHF的英文全称吗？这样我可能更好地帮助您。

▲ 圖 8-10(編按：本圖例為簡體中文介面)

因此，如圖 8-11 所示，若想讓 Google 搜索 API 造成補充知識庫的作用，我們需要首先建立一個判別層，即讓大型模型自行判斷圍繞當前問題，是否要呼叫 Bing 搜索 API 來回答。這個判別層可以單獨採用某個大型模型來進行判斷，根據模型實際輸出結果的知道與否，判斷是否需要呼叫搜索 API 來獲取外部資訊進行回答：

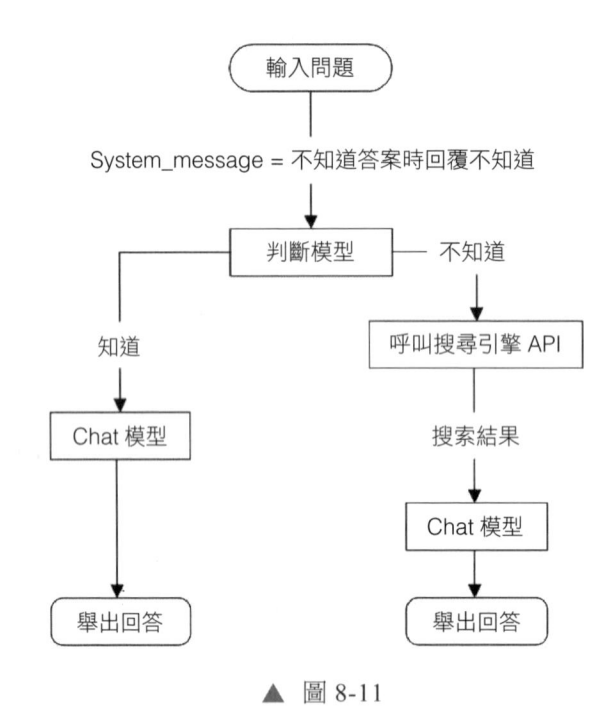

```
                    輸入問題
                       │
        System_message = 不知道答案時回覆不知道
                       │
                       ▼
          ┌────── 判斷模型 ──────┐
          │知道              不知道│
          ▼                      ▼
       Chat 模型            呼叫搜尋引擎 API
          │                      │
          │                   搜索結果
          │                      ▼
          │                   Chat 模型
          ▼                      ▼
       舉出回答               舉出回答
```

▲ 圖 8-11

下面分別介紹關於 Bing 搜尋 Custom Search API 的獲取及其背後可程式化搜尋引擎的獲取方法,並嘗試在程式環境中呼叫 API 來完成 Bing 搜索。

8.6.3 Google 搜索 API 的獲取和使用

Rapid API 是一個全球領先的 API 市場和管理平臺,它為開發者提供了一個集中式的門戶,以便於發現、測試、管理和整合多種 API 到自己的專案中。成立於 2014 年的 Rapid API,其總部位於美國加州州三藩市,它擁有超過 300 萬人的開發者使用者群眾,為他們連接了成千上萬個 API,覆蓋了廣泛的服務和資料來源。

如圖 8-12 所示,該平臺的核心優勢是其整合式解決方案—Rapid API Hub。透過這個平臺,開發者只需使用一個 SDK、一個 API 金鑰和一個統一的儀表板,就能輕鬆地存取和管理所有 API 整合。對於企業使用者，Rapid API 還提供了 Enterprise Hub，這是一個可訂製化的企業級解決方案，能夠與企業的品牌、內部系統和工具無縫整合，同時支援部署在雲端、本地或混合雲環境中，以滿足不同企業的特定需求。

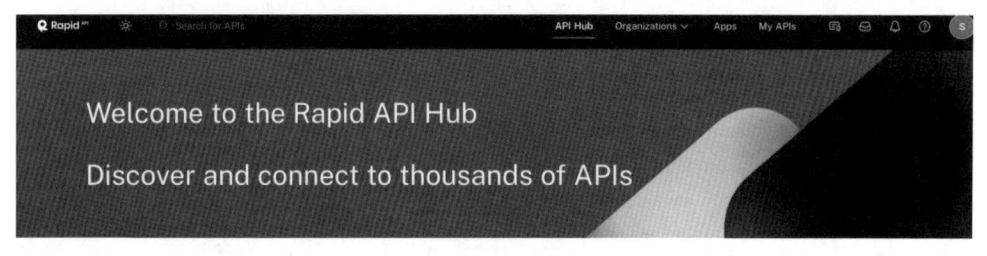

▲ 圖 8-12

Rapid API 還關注於團隊協作，特別是針對那些採用微服務架構的公司。隨著內部 API 數量的增加，Rapid API for Teams 幫助團隊成員更高效率地發現和重用內部 API，加速開發流程並促進知識共用。

在付費模式上，Rapid API 支援靈活的資費選項，使用者可以根據 API 的使用情況選擇適合自己的支付方式。雖然傳統上可能需要使用信用卡進行支付，但平臺可能也支援其他支付手段，如虛擬信用卡或特定的支付服務，以方便使用者根據自己的財務安排操作。

總之，Rapid API 透過其強大的 API 生態系統，簡化了 API 的整合過程，降低了開發者的進入門檻，促進了技術創新和業務增長，成了連接開發者與 API 提供商的重要橋樑。

如圖 8-13 所示，我們利用 Rapid API 平臺上 Google 搜尋引擎提供的 api 來得到瀏覽器上的最新資料，以此作為大型模型的新資料來源。具體的使用方法說明如圖 8-14 所示。

8 大型模型與中介軟體

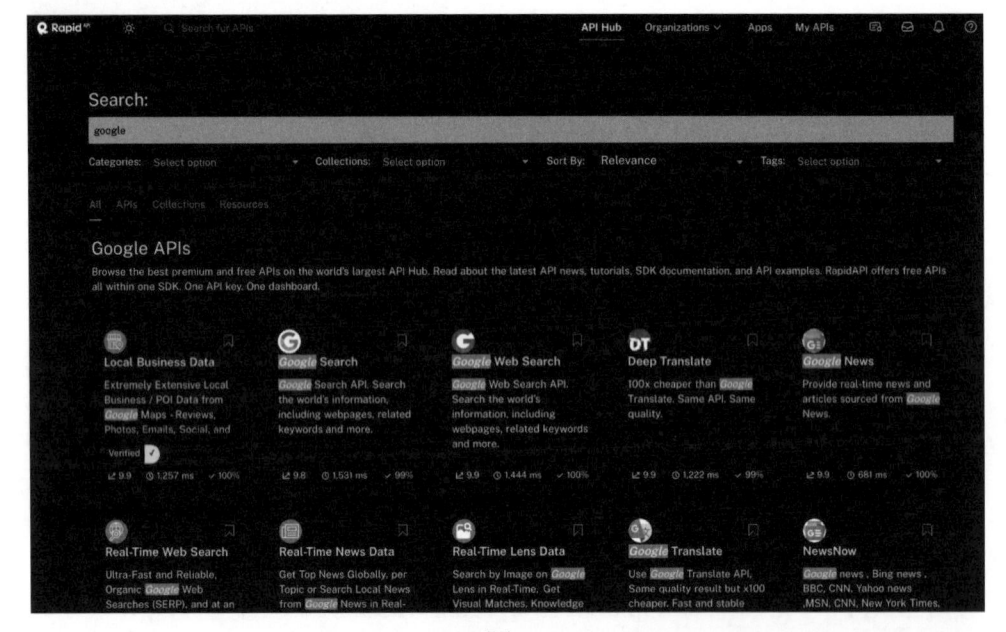

▲ 圖 8-13

▲ 圖 8-14

我們建立 get_news_by_google 函數，如程式 8-10 所示，透過呼叫 Rapid API 介面獲取 Google 搜尋引擎的新聞或網頁資料。

8.6 Bing 搜索嵌入 LLM

➔ 程式 8-10

```python
# 聯網搜索
def get_news_by_google(query:str = ""):
    # 設置你的 RapidAPI 金鑰，此處需要替換為實際的金鑰字串
    RapidAPIKey = "Your Key"
    # 檢查 RapidAPIKey 是否已配置，若未配置則傳回提示訊息
    if not RapidAPIKey:
        return" 請配置你的 RapidAPIKey"
    # 設置 Google 搜索 API 的 URL
    url = "https://google-api31.p.rapidapi.com/websearch"
    # 定義請求參數，包括搜索文字、安全搜索選項、時間限制、區域和最大結果數量
    payload = {
        "text":query,
        "safesearch":"off",
        "timelimit":"",
        "region":"wt-wt",
        "max_results":20
    }
    # 設置請求標頭，包含內容類別型、RapidAPI 金鑰和主機資訊
    headers = {
        "content-type":"application/json",
        "X-RapidAPI-Key":RapidAPIKey,
        "X-RapidAPI-Host":"google-api31.p.rapidapi.com"
    }
    # 發送 post 請求並獲取回應
    response = requests.post(url,json=payload,headers=headers)
    # 解析 json 格式的回應資料，獲取搜索結果
    data_list = response.json().get('result',[])
    # 如果搜索結果為空，則傳回空字串
    if not data_list:
        return""
    result_arr = [
        f"{item['title']}:{item['body']}"for item in data_list[:4]
    ]
    return"\n".join(result_arr)
get_news_by_google(" 北京車展 ")
```

8-33

8 大型模型與中介軟體

執行完程式之後的測試結果如圖 8-15 所示。最終，get_news_by_google("北京車展") 函數會傳回一個字串，其中包含了關於北京車展的最新或最相關的幾筆新聞概要，使用者可以直觀地查看這些資訊，了解當前北京車展的最新動態和亮點。這一過程展現了如何透過程式設計方式動態獲取並整合網路資訊，提供給使用者即時、訂製化的資訊服務。

```
'2024北京国际汽车展览会官网：五一北京车展交通指南．4月27日至5月4日在顺义馆（新国展）的整车展览最为引人关注，展期与五一假期部分重叠，观展车流与假期出游车流相叠加，新展周边交通压力较大，京承高速、首都机场高速、机场北线高速、天北路、京密路、火沙路等交通压力将有所增加，局部路段易出现车流量大和 ...\n直击 | 第十八届北京车展：117款新车将在此全球首发_快看_澎湃新闻-The Paper：2024年4月25日，北京，参观者在第十八届北京国际汽车展览会上。 相隔四年，作为2024年国内首个国际顶级车展，北京车展吸引了全球各大车企关注，将有国内外知名品牌的117款新车在此全球首发，还将推出41款概念车及278款新能源车型。 展览地点设在北京中国 ...\n北京车展－2024（第十八届）北京国际汽车展览会－2024北京国际车展：2024（第十八届）北京国际汽车展览会（简称2024北京车展）将于2024年4月25日-5月4日在北京中国国际展览中心顺义馆举行，在中国国际展览中心朝阳馆设立的零部件展区举办日期为4月25日-27日，总展出面积23万平方米。中国国际展览中心（朝阳馆）主要展示国内外汽车零部件及智慧相关产品，并在老馆 ...\n一文看懂2024北京车展展位分布图，哪些值得打卡？_腾讯新闻：界面新闻记者 | 魏勇猛4月25日至5月4日，2024（第十八届）北京国际汽车展览会将在北京国际展览中心举办，展会总面积为22万平方米，本届车展主题为 "新时代，新汽车"。作为本年度最重要的国际a级车展，北京车展阔别四年重新回归，预计全球首发车117款（其中跨国公司全球首发车30款）、概念车 ...'
```

▲ 圖 8-15（ 編按：本圖例為簡體中文介面）

8.6.4 建構自動搜索問答機器人

接下來，我們將上述過程整合在一個外部函數中，並借助此前介紹的 Function Calling 功能實現自動搜索問答機器人的建構。

在建構高度互動與智慧的自動搜索問答機器人時，一個關鍵步驟是整合各類功能模組，以實現對使用者多樣化查詢需求的有效回應。如程式 8-11 所示，我們首先定義了一個 available_functions 字典，它匯聚了一系列精心設計的外部函數，包括查詢當前位置天氣狀況的 get_current_weather_by_location、根據天氣推薦戶外運動的 get_outdoor_sport_by_weather，以及利用 Google 進行通用資訊搜索的 get_news_by_google。這些函數共同組成了機器人處理不同查詢請求的「工具箱」。

緊接著，我們詳細定義了一個特定的工具（tools）列表，其中包含了針對 get_news_by_google 函數的詳細說明和參數配置。此工具被設計為在其他途徑無法直接獲取所需最新資訊時啟用，透過呼叫 Google 瀏覽器進行網路查詢來擴充搜索範圍。其參數部分明確指出，使用者需要提供一個查詢關鍵字，此關鍵字將作為搜索的依據。透過 "required":['query']，強調了關鍵字參數是必不可少的，確保每次呼叫該工具時都能明確目標，從而獲取到相關資訊。

8.6 Bing 搜索嵌入 LLM

➡ 程式 8-11

```
available_functions = {
"get_current_weather_by_location":get_current_weather_by_location,
    "get_outdoor_sport_by_weather":get_outdoor_sport_by_weather,
    "get_news_by_google":get_news_by_google
}
tools = [
    {
    # 省略：get_current_weather_by_location 的描述
    # 省略：get_outdoor_sport_by_weather 的描述
    "name":"get_news_by_google",
    "description":" 當獲取不到最新訊息時可呼叫該方法進行 Google 瀏覽器聯網查詢 ",
    "parameters":{
        "type":"object",
        "properties":{
            "query":{
                "description":" 需要進行 Google 瀏覽器聯網查詢的關鍵字 "
            }
        },
        "required":['query']
        }
    }
]
```

　　整合這些功能和工具後，我們可以充分利用之前討論的 Function Calling 機制，即在與使用者互動過程中，根據使用者的提問或命令，自動辨識需求，呼叫相應的函數或工具進行處理，並將處理結果以自然語言的形式回饋給使用者。這一過程不僅提升了問答機器人的應答能力和靈活性，也極大豐富了其服務範圍，從天氣查詢、生活建議到新聞獲取，覆蓋了使用者日常生活中多個方面的需求，展現了現代 AI 技術在建構實用、全面的智慧幫手方面的巨大潛力。

圖 8-16 測試能否自動呼叫 Function Calling 功能。

```
task_query = "2023年诺贝尔物理学奖获得者有哪些人？"
response, history = model_chat(task_query)
print(response)
```
很抱歉，由于我的知识截止到2021年，我无法回答您关于2023年诺贝尔物理学奖获得者的提问。

```
system_info = {
    "role": "system",
    "content": "尽你所能地回答下列问题。你有权使用以下工具：",
    "tools": tools
}
task_query = "2023年诺贝尔物理学奖获得者有哪些人？"
response, history = model_chat(task_query)
print(response)
```
'\n2023年诺贝尔物理学奖的获得者是：\n美国俄亥俄州立大学名誉教授皮埃尔·阿戈斯蒂尼（Pierre Agostini）\n德国马克斯·普朗克sz）\n瑞典隆德大学教授安妮·勒惠利尔（Anne L'Huillier）\n这三位科学家因他们在"产生阿秒光脉冲以研究物质中电子动力学的实验使得科学家们能够研究以前无法触及的极短时间尺度内的物理过程，对物理学领域尤其是量子物理学和光科学的进步有着重要影响。\n'

▲ 圖 8-16（編按：本圖例為簡體中文介面）

　　為了進一步探索和驗證我們建構的自動搜索問答機器人（以下簡稱機器人）在實際應用中的效能，特別是其能否成功利用 Function Calling 機制執行動態查詢和獲取最新資訊的能力，我們設計了一項針對性的測試。測試內容聚焦於一個具有時效性特徵的問題：「2023 年諾貝爾物理學獎獲得者有哪些人？」這類問題要求機器人具備即時搜索和更新資訊的能力，而非僅依賴於預設的知識庫。

　　在初次嘗試時，機器人依據其當前資料庫或知識狀態舉出了合理但預期中的回覆：「抱歉，我無法預測未來的事件。目前，2023 年諾貝爾物理學家的獲獎者還沒有公佈。您可以在 2023 年 10 月公佈時查詢相關資訊。」這一回覆表現了機器人在處理無法直接回答的未來資訊時的應答邏輯，符合預期設計。

　　然而，隨著測試深入，我們透過 Function Calling 機制觸發了外部搜索功能，模擬了在 2023 年諾貝爾物理學獎揭曉後的情景。此時，機器人傳回了更新後的資訊，這一回饋不僅證實了 Function Calling 的成功呼叫，還展示了機器人能夠及時獲取並整合外部最新資料，顯著增強了其資訊的時效性和準確性。

　　透過這次測試，我們不僅驗證了基於 Function Calling 的自動搜索問答機器人在處理即時資訊查詢上的可行性，還表現了其在持續學習和適應新資料方面的能力。這標誌著我們的機器人平臺在向更加智慧、動態的互動模式邁進了一大步，能夠更進一步地滿足使用者對即時資訊獲取的需求，尤其是在快速變化的新聞、科研成果等領域。未來，我們期待進一步最佳化這一機制，使之在更多場景下發揮其潛力，提供更加豐富、精準的服務體驗。

8.7 本章小結

　　本章主要介紹了大型模型與中介軟體的應用及其相關技術。本章討論了 AI Agent 的發展歷程，從 AGI 到 Agent 的轉變，以及 Agent 在不同應用領域中的概念與應用；探討了大型模型的對話模式，包括模型分類和多角色對話模式的實現方法；深入介紹了多角色對話模式的實戰應用，詳細解釋了 messages 參數結構和角色劃分的實現策略；討論了 Function Calling 的發展歷史和簡單案例，以及如何實現多函數的定義與測試結果；探討了將 Bing 搜索嵌入大型模型的技術實現過程，包括需求分析、Google 搜索 API 的獲取和使用，以及建構自動搜索問答機器人的方法和步驟。本章內容豐富，涵蓋了大型模型在不同應用場景中的中介軟體技術及其實際應用案例，為讀者提供了全面的理論和實踐指導。

MEMO

9

LangChain
理論與實戰

　　在每次提出大型模型的新進展之後，都會有人提出這樣的疑問：「為什麼需要 LangChain？」特別是當高效微調、Prompt（提示，也稱提示詞）工程和 Function Calling 技術出現之後，大型模型的能力被不斷增強。私有化部署和基於私有資料微調大型模型這個過程，只是開發大型模型應用最基礎、最核心的模組，但熟練掌握基於大型模型的上層應用程式開發還有非常長的路要走。

　　在建構大型模型應用的過程中，儘管大型模型是核心，但實際上撰寫針對大型模型的程式量相對較少。在這些有限的程式中，提示工程往往佔據了主要的工作量。這也引出了一個關鍵問題：除了大型模型本身，如何高效率地將各個環節串聯起來，以及如何分配和實現這些環節的程式開發和工作量？該問題將直接影響到最終應用的使用者體驗。

9 LangChain 理論與實戰

對於投入生產環境的大型模型而言，穩定性是很重要的。類比軟體開發，對於執行 1 份寫好的程式，執行 1 次和執行 100 次，我們希望結果都是一樣的。如果無法達到這個效果，則不能讓該程式產品應用上線，因為不穩定。而大型模型的輸出結果 10 次，可能 10 次的結果都不一樣，這對應用程式開發是一件不可接受的事情。

在未來，預訓練模型會如同基礎設施一樣穩定，更新迭代的速度不會很快，而大量的應用是基於它建設的。但目前來看，預訓練模型還處於百家爭鳴的階段，這導致應用程式開發在對接模型時，有時需要對接多個模型，而它們的 API 定義和傳回結構可能各不相同，就類似於多年前進行軟體應用程式開發時，需要對接很多個作業系統，這是令人無法接受的。

在上述情況下，LangChain 被廣泛認可為一種解決方案，因為它能夠有效地擺脫這一困境，並具有實用性。

9.1 整體介紹

9.1.1 什麼是 LangChain

LangChain 由 LangChain AI 公司負責，這是該公司的核心專案之一，並已在 GitHub 上開放原始碼發佈。從 LangChain 在 GitHub 上的版本迭代歷史來看，自 2023 年 1 月 16 日起，已經經歷了 320 個版本的迭代，並且仍然以高頻率更新，加速專案功能上線。整體上看，LangChain 的關注度和社區活躍度都非常高。

如圖 9-1 所示，從 GitHub 的 Star 數來看，LangChain 在快速受到廣泛關注，是一個新技術和新社區，是大眾認可的大型模型應用程式開發框架的主流。

▲ 圖 9-1

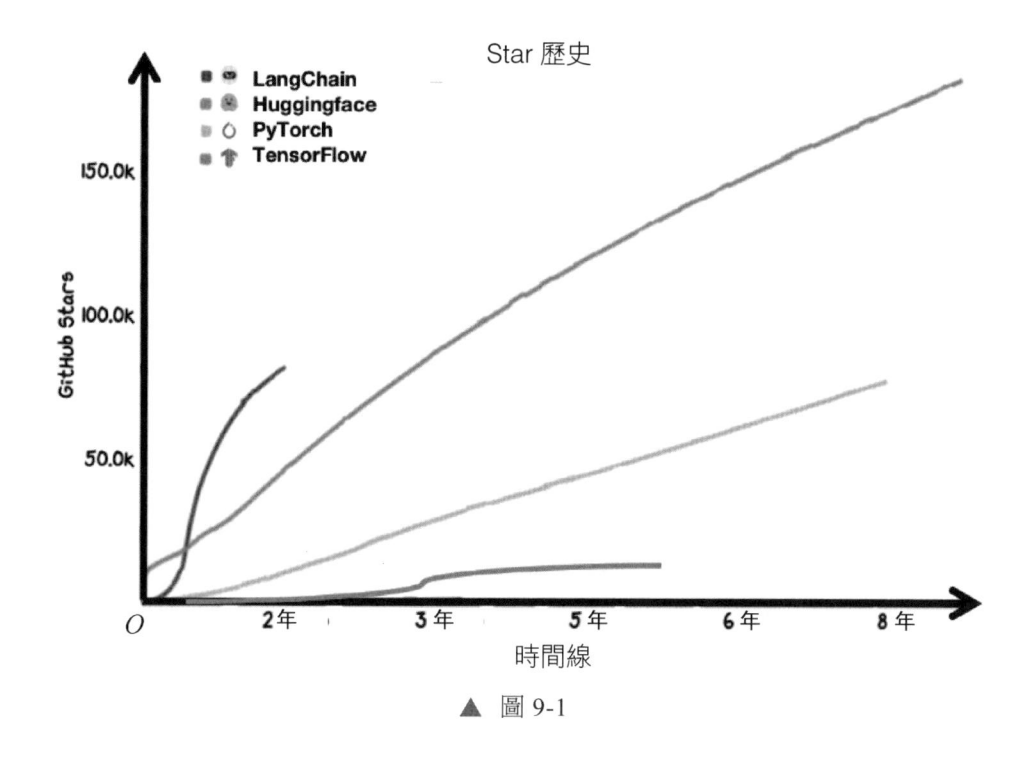

9.1.2 意義

　　LangChain 的定位是用於開發由大型模型支援的應用程式框架。其方法是透過提供標準化且豐富的模組抽象，建構大型模型的輸入 / 輸出規範，並利用其核心概念「Chains」靈活地連接整個應用程式開發流程。每個功能模組都源於對大型模型領域的深入理解和實踐經驗，開發者提供標準化流程和解決方案的抽象，再透過靈活的模組化組合，形成了目前被廣泛認可的通用框架。

　　但是，隨著預訓練模型的不斷迭代，它會不會替代 LangChain 的功能？也就是說，基礎預訓練模型會不會繼續發展，直到將 LangChain 這種應用程式開發框架做的工作也做了？答案是不一定。如圖 9-2 所示，雖然大型模型很強大，但還是有天然的缺陷，這是由其技術本身所決定的。

9 LangChain 理論與實戰

連線私有資料

Max Token 限制　　　　　　　輸出結果不穩定

無法聯網　　侷限很多　　外部工具

預訓練資料時限

▲ 圖 9-2

在討論大型模型的應用時，我們首先要意識到：即使像 GPT-4 這樣的模型在性能上非常強大，但它仍然存在一些局限性。其中，最顯著的限制之一是其上下文的容量上限。這個限制源於 Transformer 結構本身的特性，即隨著 Token 數量的增加，模型的運算資源消耗呈現指數級增長。此外，由於 GPT-4 是一個商業模型，其價格也會隨著 Token 數量的增加而提高。

其次，雖然 GPT-4 在性能上表現強悍，但它無法實現私有化，也無法直接存取外部資料庫和 API。由於其作為一個海外模型，一些重視資料隱私的客戶和領域可能不太願意廣泛使用它。此外，由於其無法聯網，即使是最新版本的 GPT-4 也僅限於提供 2023 年第一季的資料。這些都是 GPT-4 的天然局限性。

另一個問題是，即使給定相同的 Prompt，GPT-4 每次輸出的結果也可能會有所不同，這導致了輸出結果的不穩定性。

然而，LangChain 可以在一定程度上解決這些問題。它可以透過呼叫外部 API 和資料庫、對接各種工具及實現網路連接等方式，為 GPT-4 提供一些支援和輔助。LangChain 的出現為解決大型模型的局限性提供了一種新的可能性，使得這些模型在實際應用中能夠更進一步地發揮作用。

在大型模型的應用中，我們不能簡單地將其視為 GPT-4 的 API 封裝。儘管 GPT-4 在其領域中表現出色，但它並不表示可以完成生態系統中所有必要的任務，因為它有其特定的任務和使命。在建構整個生態系統時，應用框架層扮演著至關重要的角色，它是連接大型模型與應用場景之間的中間技術堆疊。在這一角色中，LangChain 發揮了關鍵作用。目前，已經有大量的應用與 LangChain

進行了對接，這為連接多個大型模型提供了可能性。未來，基於 LangChain 的應用將不斷增長，為整個生態系統的發展帶來新的可能性。LangChain 的作用不僅是連接大型模型和應用場景，而且還為開發人員提供了一種統一的平臺和明確的定義，從而促進了應用框架的快速架設和開發。

9.1.3 整體架構

在深入分析 LangChain 的本質時，我們發現它仍然遵循著從大型模型本身出發的策略。LangChain 透過開發人員對大型模型能力的深入理解及在不同場景下的應用潛力的實踐，以模組化的方式進行高級抽象，設計出統一的介面以調配各種大型模型。截至目前，LangChain 已經成功地抽象出幾個核心模組。

（1）Model I/O（模型的輸入/輸出）：標準化各個大型模型的輸入和輸出，包括輸入範本、模型本身和格式化輸出。

（2）Chains（鏈條）：Chains 模組是 LangChain 框架中最為重要的模組之一，它能夠連結多個模組以協作建構應用，是實現許多功能的高級抽象。

（3）Memory（記憶）：Memory 模組以多種方式建構歷史資訊，維護與實體及其關係相關的資訊。

（4）Agents：Agents 開發與實踐目前備受矚目、未來有望實現通用人工智慧的落地方案。

如圖 9-3 所示，這些核心模組的設計使 LangChain 成了一個強大的框架，為開發人員提供了豐富的工具和資源，幫助他們更進一步地利用大型模型的潛力，建構出各種應用。

在 LangChain 中，涉及了許多概念和模組化技術，每個模組都有其獨特的用途和方法。因此，為了有效地利用這些模組，我們需要對每個核心模組有清晰的理解。在接下來的章節

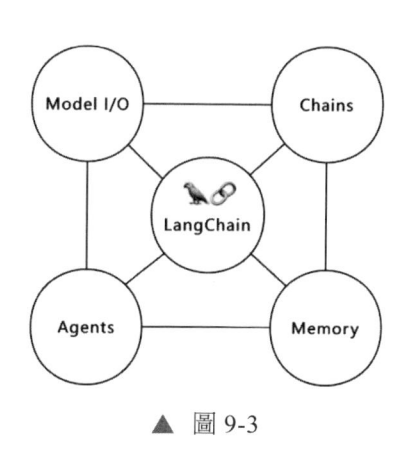

▲ 圖 9-3

中，我們將逐一分析 LangChain 的功能模組，為讀者提供詳細的介紹和操作指南。在專案部分，我們將對這些模組進行整合，以幫助讀者了解如何根據實際業務情況選擇合適的建構模組和方法。這樣，讀者將能夠更清晰地了解如何將 LangChain 的功能應用於其專案中，從而提高工作效率並實現專案目標。

在整體上理解了 LangChain 之後，我們首先從模組 Model I/O 進行深入的探討和實踐。

9.2 Model I/O

9.2.1 架構

理解抽象模組 Model I/O 對於 LangChain 專案至關重要。我們選擇將這個模組作為 LangChain 的切入點，是因為應用程式開發的核心在於將複雜的業務邏輯拆分為簡單的子邏輯，並透過某種方式將它們連接在一起。在這個過程中，通常涉及多次大型模型的呼叫。換句話說，每個子邏輯都會經歷輸入、大型模型推理和輸出這樣的流程。

Model I/O 由 Format、Predict、Parse 三個部分組成，提供了標準的、可擴充的介面實現與大型模型的外部整合。模型本身被抽象為兩個類型（LLM 和 Chat Model），Input 是指模型輸入時的提示 Prompts，Output 用於約束模型的輸出結果。

該模組的主要功能在於促進與大型模型之間的快速對話互動。簡單地說，這個模組的內部邏輯類似於我們最為熟悉的過程：先輸入一個提示（Prompt），然後獲取大型模型對該提示的推理結果。當模型接收到提示後，會生成一個結果。如果希望輸出結果具有統一的格式，那麼這個模組就有著至關重要的作用。在這種情況下，會有一個抽象概念，稱為「模型的輸出解析」（Output Parse）。根據解析的類型，模組將模型的輸出結果轉為預期的特定格式，如 json、鍵 - 值對形式，或其他字串範本形式。

如圖 9-4 所示，Model I/O 包括以下三個子模組。

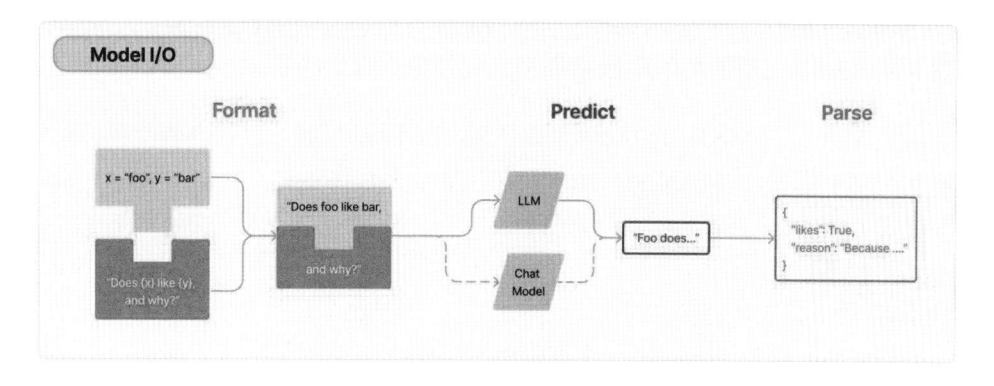

▲ 圖 9-4

（1）Format：這一部分透過範本化方法來管理大型模型的輸入。這種範本化方法允許動態地選擇和管理模型的輸入。

（2）Predict：它使用通用介面來呼叫不同的大型模型，從而實現對語言模型的呼叫。

（3）Parse：其作用是從模型的推理結果中提取資訊，並根據預先設定的範本對資訊進行規範化輸出。這一過程包括從模型輸出中提取資訊，並將其內容規範化。

在 Model I/O 模組內部不光有三個子模組，並且每個子模組都包含許多可分解的部分。首先，我們要介紹的是 Prompt Template（提示範本）。過去，我們給大型模型的提示都是手工撰寫的。然而，當我們開始開發應用程式時，不能將提示固定為一成不變的東西，就像開發程式時不能只使用常數而不使用變數一樣。我們一直在強調，將大型模型視為一種程式語言，而程式語言至少應支援變數。類比而言，Prompt 採用的就是這種程式語言，而 Prompt Template 就是它支援變數定義的手段。

在圖 9-4 中，變數 x 和 y 在實際呼叫大型模型時才會被賦值，而 Prompt 本身則類似於一個函數，負責啟動模型的執行。模型分為 LLM（Large Language Model，大型語言模型）和 Chat Model（聊天模型）。透過大型模型生成結果時，常會遇到樣式不一致和結果不穩定的問題。若我們希望將結果穩定地傳遞給下

9 LangChain 理論與實戰

游應用程式或函數，則需要使用一個稱為輸出解析器（Output Parser）的抽象。該解析器能夠將大型模型的輸出結果轉為我們預先設定的樣式，以便輸出。

總的來說，對 Model I/O 的理解是對輸入進行範本化，對輸出進行解析和格式化。但這只是最基礎的抽象，讓我們可以對大型模型的輸入 / 輸出進行定義。

9.2.2 LLM

LangChain 在其 Model I/O 模組中對這兩種主流模型都進行了抽象，分別歸類為 LLM 和 Chat Model。

LLM 是在第 7 章中提到的對話補全類模型（Completion 模型或又稱 Base 模型）。LLM 是一種自回歸模型，也是一種生成模型，其工作原理是透過輸入來生成相應的輸出內容。類層次結構如圖 9-5 所示。

```
BaseLanguageModel --> BaseLLM --> LLM --> <name>      # Examples: AI21, HuggingFaceHub, OpenAI
                  --> BaseChatModel --> <name>        # Examples: ChatOpenAI, ChatGooglePalm
```

▲ 圖 9-5

1・BaseLanguageModel

BaseLanguageModel 是用於與語言模型介面的抽象基礎類別。所有語言模型包裝器都繼承自 BaseLanguageModel。它的定義非常簡潔，主要功能是允許使用者以不同的方式與模型互動，如透過提示或訊息。

比較重要的方法稱為 generate_prompt()。它的作用是輸入一個 Prompt，輸出一個大型模型生成的結果，將一系列提示傳遞給模型並傳回模型生成。此方法應使用對公開批次處理 API 的模型的批次處理呼叫。另外，因為它是直接與大型模型互動的，所以一定有具體的子類別去實現。

此外，BaseLanguageModel 有定義 LanguageModelInput 與 LanguageModelOutput 作為後續要提及的 Prompt 和 Output Parser。主要抽象如圖 9-6 所示。

```
LLMResult, PromptValue,
CallbackManagerForLLMRun, AsyncCallbackManagerForLLMRun,
CallbackManager, AsyncCallbackManager,
AIMessage, BaseMessage, HumanMessage
```

▲ 圖 9-6

9.2 Model I/O

在抽象層次中，最為關鍵的兩個概念是 LLMResult 和 PromptValue，其餘部分則組成了支撐這些高層抽象的基礎實現。

（1）LLMResult：此類別封裝了針對每個輸入提示所生成的候選答案集，並且包含了由各模型供應商提供的特殊輸出資訊。它整理了模型回應的精髓，不僅限於生成文字，還涉及模型特有的其他資料。

（2）PromptValue：作為所有語言模型輸入的基礎類別，PromptValue 定義了向語言模型（無論是純粹的文字生成 LLM 還是互動式的 ChatModel）提交請求的標準方式。它扮演著橋樑的角色，確保不同的 PromptValue 能夠靈活轉換並適應多種模型輸入格式，從而提升了程式的重複使用性和系統的擴充性。

2．BaseLLM

在 LangChain 框架中，BaseLLM 扮演了一個核心的角色，它不僅繼承自 BaseLanguageModel 類別，繼承了所有基礎的邏輯和功能，而且還進一步實現了對配置（Config）的精細控制，使得使用者可以根據具體需求靈活調整模型的行為和執行參數。類別內部整合了快取管理機制，這樣可以顯著提升對於頻繁存取資料或昂貴計算結果的處理速度，減少了重複計算，提升了效率。

此外，BaseLLM 還內建了日誌列印功能，這為開發者提供了一種便捷的方式來監控模型執行時期的內部狀態和互動過程，無論是偵錯還是性能分析，這一功能都顯得至關重要。不僅如此，它還設計了對 callback 和 callback_manager 的支援，這是一種事件驅動導向的程式設計模式，允許在模型執行的特定階段插入自訂的操作，如進度追蹤、結果後處理或訂製化錯誤處理，這大大增強了模型的可擴充性和靈活性。

特別是，BaseLLM 在執行過程中還相容了「fake」模式，這表示在不需要實際呼叫昂貴的背景服務或資源時，可以模擬執行過程，這對於測試和開發早期階段快速迭代特別有用，能夠以低成本驗證邏輯正確性。

總結：BaseLLM 提供一個抽象、高度可訂製化的介面，它要求實例能夠接受一個提示（Prompt）作為輸入，並傳回一個字串作為模型的回應。這樣的設計既簡化了與底層模型互動的複雜度，又保留了足夠的靈活性以適應多樣化的應用場景，是建構複雜語言處理任務和對話系統的強大基石。

3．LLM

LLM 層級是大型模型實現的核心，它提供給使用者了簡化的互動介面，使用者不需要親自實現複雜的 generate 方法。這一層級在實際部署大型模型時會完成詳細的實現工作。

透過建構由 BaseLanguageModel 至 BaseLLM，再到最終 LLM 的三層結構系，系統能高效率地相容和支援兩種主要模型類型：傳統語言模型與互動式聊天模型。

參照圖 9-7，在 LangChain 框架中，已成功整合了多個主流的大型模型，這些整合均預先配置了對於非同步處理、流式傳輸及批次處理的基本功能支援，極大地便利了開發者和使用者的使用體驗。

Model	Invoke	Async invoke	Stream	Async stream	Batch	Async batch	Tool calling
AI21	✓	✗	✗	✗	✗	✗	✗
AlephAlpha	✓	✗	✗	✗	✗	✗	✗
AmazonAPIGateway	✓	✗	✗	✗	✗	✗	✗
Anthropic	✓	✓	✓	✓	✗	✗	✗
Anyscale	✓	✓	✓	✓	✓	✓	✗
Aphrodite	✓	✗	✗	✗	✓	✗	✗
Arcee	✓	✗	✗	✗	✗	✗	✗
Aviary	✓	✗	✗	✗	✗	✗	✗
AzureMLOnlineEndpoint	✓	✗	✗	✗	✓	✗	✗
AzureOpenAI	✓	✓	✓	✓	✓	✓	✗

▲ 圖 9-7

9.2.3 ChatModel

相比於 LLM，ChatModel 在某種程度上包含了語言模型的特性，但是它比單純的語言模型更為複雜。ChatModel 不再侷限於簡單的輸入 / 輸出模式，而是能夠考慮到不同角色在對話中的上下文。

類別層次結構如圖 9-8 所示。

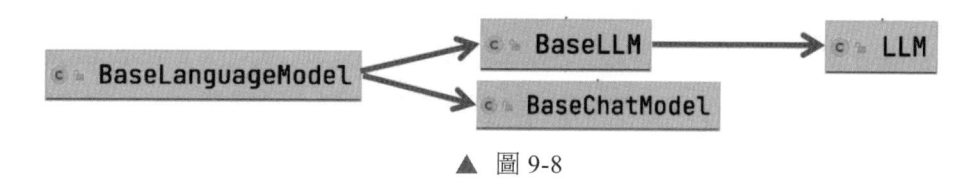

▲ 圖 9-8

所有的 ChatModel 都實現了 Runnable 介面，該介面附帶了所有方法的預設實現，即 ainvoke、batch、abatch、stream、astream。這為所有的 ChatModel 提供了對非同步、流和批次處理的基本支援。

BaseChatModel 是聊天模型的基礎類別。在需要子類別實現的 _generate 抽象方法中，比較關鍵的類別有如圖 9-9 所示的幾個。

```
LLMResult, PromptValue,
CallbackManagerForLLMRun, AsyncCallbackManagerForLLMRun,
CallbackManager, AsyncCallbackManager,
AIMessage, BaseMessage, HumanMessage
```

▲ 圖 9-9

最重要的抽象是 AIMessage、SystemMessage（是一種特殊的 BaseMessage）和 HumanMessage。ChatModel 將訊息列表作為輸入並傳回訊息，有幾種不同類型的訊息。所有 Message 都有一個角色和一個內容屬性。對於不同的角色，LangChain 有不同的訊息類別，當前支援的訊息類型是 AIMessage、HumanMessage、SystemMessage。在大多數情況下，只需要處理 Human-Message、AIMessage 和 SystemMessage。

（1）SystemMessage：用於啟動 AI 行為，作為輸入訊息序列中的第一個傳入。

（2）HumanMessage：表示來自與聊天模型互動的人的訊息。

（3）AIMessage：表示來自聊天模型的訊息。這既可以是文字，也可以是呼叫工具的請求。

這些類別對應的是聊天模型中的不同角色。AIMessage 表示來自模型的訊息。SystemMessage 表示一個系統訊息，該訊息告訴模型如何操作，並不是每個模型都支援該角色。HumanMessage 表示來自使用者的訊息，通常只包含內容。

目前，在 LangChain 中已經整合主流 ChatModel，且均已經實現了對非同步、流式處理和批次處理的基本支援，具體見圖 9-10。

Model	Invoke	Async invoke	Stream	Async stream	Tool calling	Python Package
AzureChatOpenAI	✓	✓	✓	✓	✗	langchain-community
BedrockChat	✓	✗	✓	✗	✗	langchain-community
ChatAnthropic	✓	✗	✗	✗	✓	langchain-anthropic
ChatAnyscale	✓	✓	✓	✓	✗	langchain-community
ChatBaichuan	✓	✗	✓	✗	✗	langchain-community
ChatCohere	✓	✗	✗	✗	●	langchain-cohere
ChatDatabricks	✓	✗	✗	✗	✗	langchain-community
ChatDeepInfra	✓	✓	✓	✓	✗	langchain-community

▲ 圖 9-10

9.2.4 Prompt Template

讀者對 Prompt 這個概念已經比較熟悉，它是由使用者提供的一組指令或輸入，用於指導模型的回應，幫助其理解上下文並生成相關且連貫的基於語言的輸出，如回答問題、完成句子或參與對話。

在以往的實踐中，我們通常透過手工撰寫提示來為大型模型提供輸入。在此過程中，我們會運用各種提示工程技巧，如 Few-shot、鏈式推理（CoT）等方法，以提高模型的推理性能。然而，在應用程式的開發過程中，一個重要的考慮因素是提示的靈活性。這是因為應用程式需要適應不斷變化的使用者需求和場景。如果提示是固定的，那麼模型的靈活性和適用範圍就會受到限制。舉例來說，假如我們正在開發一個天氣查詢應用，使用者可能以多種方式提出查詢，如「今天的天氣怎麼樣？」或「明天紐約的溫度是多少度？」。如果提示是固定的，那麼它可能只能處理特定類型的查詢，無法應對這種多樣性的需求。

為解決這一問題，Prompt Template 將 API 的使用、問題解答過程等複雜邏輯封裝成了一套結構化的格式。提示範本是為語言模型生成提示的預先定義配方。範本可能包括適用於給定任務的說明、少量鏡頭範例，以及特定上下文和問題。

透過準備具體的外部函數資訊和使用者查詢，我們可以生成訂製化的提示，引導模型按照既定邏輯進行思考和回答，從而實現外部函數的呼叫過程。Prompt Template 的引入使得提示的生成更加靈活和可訂製，有助應對多樣化的使用者需求和場景。

LangChain 提供了建立和使用提示範本的工具，致力於建立與模型無關的 Prompt，以便在不同的語言模型中重用現有 Prompt。

1、Prompt Template

在預設情況下，Prompt Template 使用 Python 的 str.format 語法進行範本化。一般來說語言模型期望提示不是是字串，就是是聊天訊息列表。

在使用字串提示時,每個範本都會連接在一起。我們既可以直接使用提示,也可以使用字串(清單中的第一個元素必須是提示)。

如程式 9-1 所示,我們將建構一個 Prompt Template 用於生成一封感謝信的草稿。將會包括指定收件人姓名、感謝的原因,以及希望在信中表現的情感基調。

→ 程式 9-1

```
from langchain.prompts import PromptTemplate
# 定義 PromptTemplate
thank_you_letter_template = (
    PromptTemplate.from_template("親愛的 {recipient},\n\n")
    + "我特別想借此機會對你表達我最深的感激之情,因為 {reason}。"
    + "\n\n你的 {adjective} 幫助/支援真的對我意義重大,不僅讓我渡過了難關,還激勵我成為更好的自己。"
    + "\n\n再次感謝你,{recipient}。你展現的 {quality} 是我永遠的榜樣。\n\n"
    + "最誠摯的,\n[ 你的名字 ]"
)
# 顯示範本結構
print(thank_you_letter_template)
```

完成程式 9-1 的執行後,所建構的範本結構將如圖 9-11 所示,清晰地展現了感謝信的框架與可訂製部分。

```
input_variables=['adjective', 'quality', 'reason', 'recipient'] template='亲爱的{recipient},\n\n我特别想借此机会对你表达我最深的感激之情,因为{reason}。\n\n你的{adjective}帮助/支持真的对我意义重大,不仅让我渡过了难关,还激励我成为更好的自己。\n\n再次感谢你,{recipient}。你展现的{quality}是我永远的榜样。\n\n最诚挚的,\n[你的名字]'
```

▲ 圖 9-11(編按:本圖例為簡體中文介面)

在程式 9-2 中,我們將透過向範本中注入特定變數值來實現感謝信內容的個性化訂製。這段程式執行後,將輸出一封對 Alice 幫助搬家而表達感激之情,強調其無私幫助和支援,並稱讚其善良及樂於助人品質的訂製化感謝信草稿。

→ 程式 9-2

```
filled_prompt = thank_you_letter_template.format(recipient="Alice",
reason=" 幫我搬家 ",adjective=" 無私 ",quality=" 善良和樂於助人 ")
print(filled_prompt)
```

9.2 Model I/O

執行上述程式後,輸出的結果如圖 9-12 所示,表明我們能夠成功地建立並應用了一個自訂的範本,它能夠以任意所需的格式接受並填充動態資訊,從而生成訂製化的提示訊息。這種方法大大增強了資訊的個性化和靈活性。

> 亲爱的Alice,
>
> 我特别想借此机会对你表达我最深的感激之情,因为帮我搬家。
>
> 你的无私帮助/支持真的对我意义重大,不仅让我渡过了难关,还激励我成为更好的自己。
>
> 再次感谢你,Alice。你展现的善良和乐于助人是我永远的榜样。
>
> 最诚挚的,
> [你的名字]

▲ 圖 9-12(編按:本圖例為簡體中文介面)

2‧ChatPromptTemplate

ChatPromptTemplate 由一系列訊息組成,每筆聊天訊息都與內容和一個名為 role 的附加參數相連結,如程式 9-3 所示,LangChain 提供了一種方便的方式來建立這些提示,可以輕鬆地建立一個管道,將其與其他訊息或訊息範本相結合。在這個管道中,每個新元素都是最後提示中的一筆新訊息。當沒有要格式化的變數時使用 Message,當有要格式化的變數時使用 MessageTemplate。此時,也可以只使用一個字串(注意:將會自動推斷為 HumanMessagePromptTemplate)

→ 程式 9-3

```
# 匯入 langchain_core.messages 模組中的 AIMessage,HumanMessage,SystemMessage 類別
from langchain_core.messages import AIMessage,HumanMessage,SystemMessage
# 建立一個系統訊息實例,內容是您是一位友善的幫手
sys_msg = SystemMessage(content=" 您是一位友善的幫手。")
# 建立一個人類訊息實例,內容是問候語
human_msg = HumanMessage(content=" 你好!")
# 建立一個 AI 訊息實例,內容是回應問候
ai_msg = AIMessage(content=" 嗨,有什麼可以幫助您的嗎? ")
# 組合上述訊息,並在組合中預留一個名為 '{input}' 的位置以備後續插入額外資訊
new_prompt = (
    sys_msg + human_msg + ai_msg + "{input}"
)
# 使用 format_messages 方法,將具體的輸入資訊 " 我只是想聊聊天。" 插入到之前設定的
'{ 輸入 }' 位置
```

```
new_prompt.format_messages(input=" 我只是想聊聊天。")
print(new_prompt)
```

輸出的結果如圖 9-13 所示。

```
input_variables=['input'] messages=[SystemMessage(content='您是一位友善的助手。'), HumanMessage(content='你好!'), AIMes
sage(content='嗨, 有什么可以帮助您的吗? '), HumanMessagePromptTemplate(prompt=PromptTemplate(input_variables=['input'],
template='{input}'))]
```

▲ 圖 9-13(編按：本圖例為簡體中文介面)

在實例化 new_prompt 時，建構函數主要由以下兩個關鍵參數指定。

（1） input_variables：這是一個清單，包含範本中需要動態填充的變數名稱。在範本字串中，這些變數名稱以大括號（例如 {name}）標記。透過指定這些變數，可以在後續過程中動態替換這些預留位置。

（2） template：這是定義具體提示文字的範本字串。它可以包含靜態文字和 input_variables 清單中指定的變數預留位置。在呼叫 format 方法時，這些預留位置會被實際的變數值替換，生成最終的提示文字。

以上流程演示了如何在 LangChain 框架內使用 ChatPromptTemplate 建構與聊天模型互動的對話範本。透過這種方法，可以建立包含不同參與者角色和訂製訊息內容的對話流程，這對於開發複雜的聊天應用或增強 AI 幫手的互動能力至關重要。

9.2.5 實戰：LangChain 連線本地 GLM

任何語言模型應用的核心都是大型模型（LLM）。在討論和實踐 Model I/O 模組時，首先需要關注如何整合這些大型模型。成功整合後，才能深入探討與實踐如何有效地設計提示範本和解析模型輸出。因此，首先需要實踐的是：如何借助 LangChain 框架使用不同的大型模型。

LangChain 提供了一套與任何大型模型進行互動的標準建構模組。需要明確的是：雖然 LLM 是 LangChain 的核心元素，但 LangChain 本身不提供 LLM，它僅提供了一個統一的介面，用於與多種不同的 LLM 進行互動。簡單地說，如果我們想透過 LangChain 連線 OpenAI GPT 模型，就需要在 LangChain 框架下定義相關的類別和方法，規定如何與模型進行互動，包括資料的輸入和輸出格式，以及連接到模型本身的方式。然後，按照 OpenAI GPT 模型的介面規範整合這些功能。透過這種方式，LangChain 充當一個橋樑，使我們能夠按照統一的標準連線和使用多種不同的大型模型。

LangChain 當前的 LLM 模型支援系統主要面向線上主流模型，如 ChatGPT、Bard、Claude 等，直接後果是 ChatGLM3-6B 模型無法直接融入 LangChain 生態系統中進行載入使用。目前，LangChain 已經初步解決了該問題，但還不夠完善，僅能支援 ChatGLM3 模型，而不能支援 GLM-4 系列模型，因此，接下來的案例將使用 ChatGLM3 進行演示。

在連線 LangChain 之前，需要使用測試程式檢查當前環境及 API 的執行狀態是否正常，如程式 9-4 所示。

→ 程式 9-4

```
from openai import OpenAI
base_url = "http://10.1.36.75:8000/v1"
client = OpenAI(api_key="EMPTY",base_url=base_url)
response = client.chat.completions.create(
        model="chatglm3-6b",
        messages = [
            {"role":"system","content":" 假設你是一名資深的喜劇演員 "},
            {"role":"user","content":" 東莞有哪些美食 "}
        ]
    )
response.choices[0].message
```

如果測試程式能夠正常輸出結果，則表示 ChatGLM3 的環境配置正確。需要注意的是，LangChain 連線 ChatGLM3 模型只是利用其定義的標準模型連線框架來整合 ChatGLM3，因此進行上述連通性測試是必要的。

LangChain 作為一個應用程式開發框架，需要整合各種不同的大型模型。以智譜的 ChatGLM3 系列模型為例，透過 Message 資料登錄規範，定義了不同的角色，如 system、user 和 assistant，來區分對話過程。然而，對於其他大型模型，並不表示它們一定會遵循這種輸入、輸出及角色的定義。因此，LangChain 的做法是，基於訊息而非原始文字，目前抽象出了 AIMessage、HumanMessage、SystemMessage、FunctionMessage 和 ChatMessage 這幾種訊息類型。然而，在實際應用中，通常只需要處理 HumanMessage、AIMessage 和 SystemMessage，如程式 9-5 所示。

➡ 程式 9-5

```python
from langchain.chains import LLMChain
from langchain.schema.messages import AIMessage
from langchain_community.llms.chatglm3 import ChatGLM3
from langchain_core.prompts import PromptTemplate
template = """{question}"""
prompt = PromptTemplate.from_template(template)
endpoint_url = "http://10.1.36.75:8000/v1/chat/completions"
# 定義訊息物件
messages = [
    AIMessage(content=" 我將從美國到中國來旅遊，出行前希望了解中國的城市 "),
    AIMessage(content=" 歡迎問我任何問題。"),
]

llm = ChatGLM3(
    endpoint_url=endpoint_url,
    max_tokens=80000,
    prefix_messages=messages,
    top_p=0.9,
)
llm_chain = LLMChain(prompt=prompt,llm=llm)
question = " 北京和上海兩座城市有什麼不同？ "

llm_chain.invoke(question)
```

請注意，上述程式僅為範例，在實際使用時你需要將 endpoint_url 替換為有效的 ChatGLM3 模型 API 位址。此外，根據 ChatGLM3 服務的具體配置，可能還需要調整 max_tokens、temperature 等參數。在實際部署和應用中，還需要考慮錯誤處理、API 呼叫頻率限制、認證等細節。

9.2.6 Parser

大型模型的輸出通常是不穩定的，即相同的輸入提示可能會導致不同形式的輸出。在自然語言互動中，不同的表達方式通常不會影響理解。然而，在應用程式開發中，大型模型的輸出可能是後續邏輯處理的關鍵輸入。因此，在這種情況下，規範化輸出是至關重要的，以確保應用程式能夠順利進行後續處理，這就是輸出解析器（Output Parser）的價值。

輸出解析器負責獲取 LLM 的輸出並將其轉為更合適的格式，對 LLM 生成任何形式的結構化資料非常有用。除擁有大量不同類型的輸出解析器外，LangChain OutputParser 的顯著優點是大多數都支援流式傳輸。

輸出解析器是幫助結構化語言模型回應的類別。它們必須實現以下兩種主要方法。

（1）「獲取格式指令」：傳回一個包含有關如何格式化語言模型輸出的字串的方法。

（2）「解析」：接受一個字串（假設為來自語言模型的響應），並將其解析成某種結構。

當你想要傳回用逗點分隔的項目列表時，可以使用 CSV Parser 輸出解析器。CommaSeparatedListOutputParser 是 LangChain 函數庫中的類別，它屬於 output_parsers 模組。這個類別主要用於處理語言模型輸出，當模型的回應預期是一系列由逗點分隔的項時，這個解析器就顯得非常有用。它可以幫助我們從模型的文字輸出中提取出這些項，並將其轉換成 Python 中更方便處理的資料結構，通常是清單。

舉例來說，如果你的應用場景需要模型列出幾個相關關鍵字，模型可能會回覆「apple,banana,orange」，那麼使用 CommaSeparatedListOutputParser 就可以將這樣的文字轉換成 ['apple','banana','orange'] 這樣的列表格式。

程式 9-6

```python
from langchain.chains import LLMChain
from langchain_community.llms.chatglm3 import ChatGLM3
from langchain.output_parsers import CommaSeparatedListOutputParser
from langchain.prompts import PromptTemplate

endpoint_url = "http://10.1.36.75:8000/v1/chat/completions"
output_parser = CommaSeparatedListOutputParser()
format_instructions = output_parser.get_format_instructions()
prompt = PromptTemplate(
    template=" 請列舉五種 {subject}.\n{format_instructions}",
    input_variables=["subject"],
    partial_variables={"format_instructions":format_instructions},
)
llm = ChatGLM3(
    endpoint_url=endpoint_url,
    max_tokens=80000,
    top_p=0.9,
)
llm_chain = prompt | llm | output_parser
llm_chain.invoke({"subject":" 冰淇淋口味 "})
```

輸出結果如圖 9-14 所示。

```
['chocolate', 'strawberry', 'vanilla', 'caramel', 'chocolate chip']
```

▲ 圖 9-14

9.3 Chain

9.3.1 基礎概念

在應用程式開發中，成功與否關鍵在於如何設計並有效地串聯當前子業務邏輯的輸入和輸出。這表示需要決定如何處理子邏輯的輸出：是直接向使用者回饋結果，還是將輸出作為下一個模組的輸入，以實現整個業務流程的自動化執行。這種設計決策對於高效率地實現應用邏輯至關重要。

因此，即使是看似簡單的登入模組，也包含了多個子邏輯的串聯。每個步驟都需要經過精心設計的輸入範本和輸出選擇，相當於每個子邏輯都會涉及一個或多個模組的設計。如何將多個子邏輯有效地連結起來，這就是 LangChain 中 Chain 抽象模組要解決的核心問題。

以電子商務網站的訂單處理模組設計為例，一個看似簡單的下單流程實際上涉及了多個子邏輯的串聯。在最簡單的情況下，使用者下單可能只需選擇商品、填寫收貨位址和選擇支付方式。然而，這個過程背後需要執行一系列操作，如檢查商品庫存、計算訂單金額、生成訂單編號、更新庫存資訊，並向使用者發送訂單確認郵件等。在更複雜的設計中，訂單處理模組可能還需考慮其他因素，如檢查使用者帳戶餘額、驗證收貨位址、計算運費、處理退款和退貨請求等。

如圖 9-15 所示，Chain 是連接在一起的易於重複使用的元件。Chain 對各種元件（如模型、文件檢索器、其他鏈等）的呼叫序列進行編碼，並為該序列提供一個簡單的介面。Chain 介面可以輕鬆建立以下應用程式。

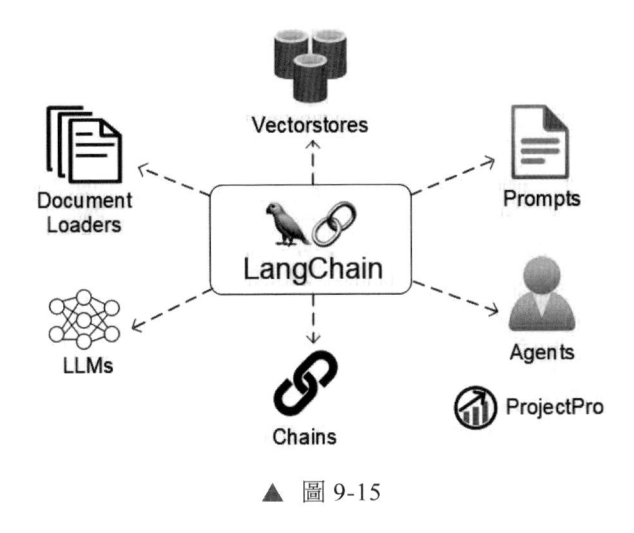

▲ 圖 9-15

（1）有狀態：將 Memory 增加到任何鏈中以賦予其狀態。

（2）可觀察：將回呼傳遞給 Chain，以在組件呼叫的主要序列之外執行其他功能，如日誌記錄。

（3）可組合：將 Chain 與其他元件（包括其他 Chain）組合。

9.3.2 常用的 Chain

1．LLMChain

最簡單的抽象是 LLMChain，做的第一件事就是把大型模型和大型模型的提示範本封裝到一個抽象裡或封裝到一個模組裡。這是最簡單的 Chain，所有的 Chain 都是基於它做的封裝，它把模型的輸入和模型本身合在一起，變成了一個可以被大家重複使用排程的單元。第一個 LLMChain 非常簡單，就是把模型的輸入範本和模型本身做了一個封裝，僅此而已，作為其他複雜 Chains 和 Agents 的內部呼叫，被廣泛應用。

如圖 9-16 所示，一個 LLMChain 由 Prompt Template 和語言模型（LLM or Chat Model）組成。它使用直接傳入（或 Memory 提供）的 key-value 來規範化生成 Prompt Template（提示範本），並將生成的 Prompt（格式化後的字串）傳遞給大型模型，並傳回大型模型輸出。

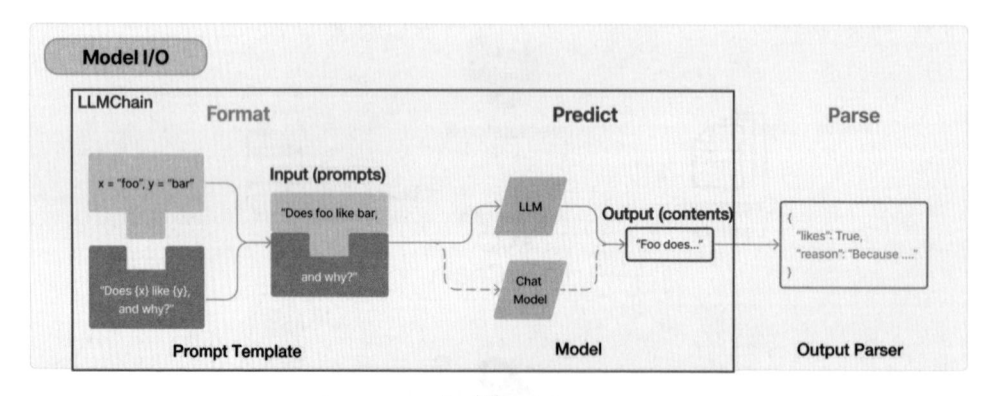

▲ 圖 9-16

建立一個最簡單的 LLMChain，程式 9-7 是使用 ChatGLM3 與 LLMChain 結合的範例程式，展示如何建構一個簡單的問答系統。在這個例子中，我們先定義一個 PromptTemplate 來建構問題，然後使用 ChatGLM3 模型作為 LLM，透過 LLMChain 來處理問題並獲得答案。

➡ 程式 9-7

```
from langchain.chains import LLMChain
from langchain_community.llms.chatglm3 import ChatGLM3
from langchain.prompts import PromptTemplate
# 定義 ChatGLM3 模型的 API 端點
endpoint_url = "http://10.1.36.75:8000/v1/chat/completions"
# 初始化 ChatGLM3 模型實例
llm = ChatGLM3(
    endpoint_url=endpoint_url,
    max_tokens=200,          # 根據實際情況調整
    temperature=0.7,         # 控制生成的隨機性
)
# 定義 PromptTemplate
prompt_template = PromptTemplate(
    input_variables=["question"],
    template="回答問題：{question}",
)
# 建立 LLMChain 實例
llm_chain = LLMChain(
    llm=llm,
    prompt=prompt_template,
)
# 定義問題並獲取答案
question = "地球的周長大約是多少千米？"
answer = llm_chain.run(question)
print(f"問題：{question}\n答案：{answer}")
```

執行完程式後的輸出結果如圖 9-17 所示。

問题：地球的周长大约是多少千米?
答案：地球的周长约为40,075千米。

▲ 圖 9-17(編按：本圖例為簡體中文介面)

2·SequentialChain

單一輸入／輸出的形式比較直觀且易於理解。設想我們有兩個鏈：Chain A 和 Chain B。使用者輸入一個問題（Prompt），這個輸入首先傳遞給 Chain A。Chain A 透過大型模型推理後得到的回應結果，隨即作為輸入傳遞給 Chain B。然後，Chain B 經過自身的推理過程後，輸出最終結果。而這個 Chain A 和 Chain B 的組成，就是我們在上一節中介紹的 LLMChain。

（1）SimpleSequentialChain：最簡單形式的順序鏈，每個步驟都具有單一輸入／輸出，並且一個步驟的輸出是下一個步驟的輸入。串聯式呼叫語言模型（將一個呼叫的輸出作為另一個呼叫的輸入）。

（2）SequentialChain：更通用形式的順序鏈，允許多個輸入／輸出。允許使用者連接多個鏈並將它們組合成執行特定場景的管線（Pipeline）。兩種類型的順序鏈如圖 9-18 所示。

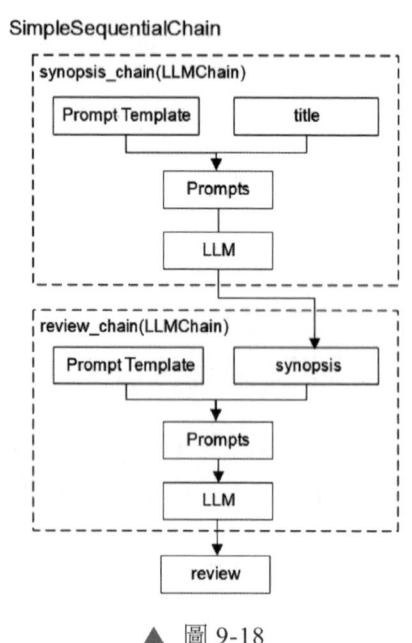

▲ 圖 9-18

我們可以設計一個類似的創意寫作流程，利用 SimpleSequentialChain 來創造一個有趣的故事生成與評論的場景。這裡分為三個步驟完成。

（1）標題創作 Chain：使用者提出一個關鍵字，Chain 根據這個關鍵字生成一個吸引人的故事標題。

（2）故事大綱創作 Chain：使用上一步生成的標題，Chain 繼續創作出一個簡短的故事大綱。

（3）故事評論 Chain：作為一位虛擬的文學評論家，Chain 基於故事大綱撰寫一篇評論，評價其潛在的吸引力和創意。

匯入相關函數庫並初始化模型，如程式 9-8 所示。

→ 程式 9-8

```
from langchain.chains import SimpleSequentialChain,LLMChain
from langchain.prompts import PromptTemplate
# 初始化語言模型
llm = ChatGLM3(
    endpoint_url=endpoint_url,
    max_tokens=80000,
    top_p=0.9,
)
```

具體實現的程式範例如程式 9-9 所示。

→ 程式 9-9

```
# 第一步：標題創作
title_prompt = PromptTemplate(input_variables=["keyword"],template="
根據關鍵字 '{keyword}', 創作一個引人入勝的故事標題。")
title_chain = LLMChain(llm=llm,prompt=title_prompt)
# 第二步：故事大綱創作
outline_prompt = PromptTemplate(input_variables=["title"],template="
以標題 '{title}' 為基礎，構思一個簡短而扣人心弦的故事大綱。")
outline_chain = LLMChain(llm=llm,prompt=outline_prompt)
# 第三步：故事評論
review_prompt = PromptTemplate(input_variables=["outline"],template="
假設你是《文學評論》雜誌的資深評論員，基於以下大綱：'{outline}', 請撰寫一篇評論，
評價其創意、情節和潛在的讀者吸引力。")
review_chain = LLMChain(llm=llm,prompt=review_prompt)
```

```
# 建立 Sequential Chain
story_creation_chain = SimpleSequentialChain(chains=[title_chain,
outline_chain,review_chain])
```

如程式 9-10 所示，我們按順序執行由這兩個鏈組成的整個鏈。

➔ 程式 9-10

```
# 觸發整個過程，以關鍵字「時間旅行」為例
keyword = " 時間旅行 "
response = story_creation_chain.run({keyword})
print(response)
```

執行完上述程式之後，輸出結果如圖 9-19 所示。

整體來說，SimpleSequentialChain 是一個相對來說最簡單的一種組合，把三個基礎組件 LLMChain 組合串聯起來組成一個 Chain。同時，我們可以無限疊加這個過程，按照循序執行兩個 Chain，透過利用 run 方法統一所有的 Chain 來實現執行。

```
> Entering new SimpleSequentialChain chain...
《时光穿梭：穿越时空的奇妙冒险》
《时光穿梭：穿越时空的奇幻冒险》

故事背景：
在21世纪的某个科技高度发达的国家，科学家们成功研发出了时光穿梭器。这个发明为人类提供了穿越时空的能力，使得人们可以自由地探索过去与未来。然
而，随着时光穿梭技术的普及与应用，一系列奇怪的事件开始发生。有人利用时光穿梭进行非法活动，影响了历史的发展，甚至威胁到了人类的生存。因此，
一群勇敢的时光旅行者组成了“时光守护者”，肩负起保护时空安全的使命。

主要角色：
1. 林子涵：一位热爱科学、勇敢果断的年轻工程师，擅长发明创造，负责研发和控制时光穿梭器。
2. 王晓东：一位经验丰富的历史学者，擅长解读古籍和历史事件，是林子涵的得力助手。
3. 李晨曦：一位英勇无畏的警察，擅长调查和追踪时光犯罪分子，是“时光守护者”团队的核心成员。
4. 刘洋：一位神秘莫测的黑客，拥有高超的计算机技术，常为“时光守护者”提供关键信息和支持。

故事大纲：
某一天，林子涵在实验室成功研发出时光穿梭器，并邀请王晓东、李晨曦和刘洋一同测试。第一次穿越，他们来到了20世纪60年代的中国，见证了我国第一颗
原子弹爆炸成功的壮丽时刻。然而，在他们返回现代的过程中，发现了一个邪恶势力试图利用时光穿梭改变历史，破坏我国的繁荣发展。

为了阻止这一阴谋，林子涵等人决定组成“时光守护者”团队，利用自己的专业知识和勇气，对抗邪恶势力。他们在不同时代遇到了各种困难和挑战，包括遇到
历史上的重要人物、解决复杂的时空问题等。在这个过程中，他们逐渐成长为了优秀的时空旅行者，也收获了深厚的友谊。

最终，在一场惊心动魄的决战中，“时光守护者”成功地制止了邪恶势力的阴谋，保护了时空的安全。经过这次冒险，他们也深刻体会到了时空穿梭带来的责任
与担当，更加坚定了守护时空的信念。从此，他们继续在时光的世界里探险，为人类和平与繁荣贡献自己的力量。
《时光穿梭：穿越时空的奇幻冒险》是一部充满创意、情节紧凑且吸引人的小说。作者通过细腻的笔触，构建出一个科技高度发达、充满奇幻色彩的21世纪国
家，并通过主要角色的冒险经历，展示了时空穿梭所带来的机遇与挑战。

首先，从创意角度来看，《时光穿梭：穿越时空的奇幻冒险》无疑是一次成功的创新。作者巧妙地将时空穿梭与奇幻冒险相结合，为读者呈现出一幅既真实又
荒诞的时空中探险画卷。此外，故事中的“时光守护者”团队，不仅承担起了保护时空安全的重任，还通过不同时代的穿越，展现了我国历史的沧桑巨变，从而
使小说的内容更加丰富多彩。

其次，在情节方面，作者精心设计了多个紧张刺激的情节，如首次穿越时光的冒险、破解时空难题的挑战、面对邪恶势力的斗争等，使得整个故事引人入胜，
令读者欲罢不能。特别是故事的高潮部分，邪恶势力的阴谋和“时光守护者”团队的决战，紧张刺激，令人瞠目结舌。这些情节设计，无疑极大地增强了小说的
吸引力和阅读体验。

最后，从潜在的读者吸引力来看，《时光穿梭：穿越时空的奇幻冒险》凭借其独特的创意、紧张刺激的情节以及丰富的文化内涵， easily 吸引了广大读者
的目光。无论是青少年、成年人还是科幻爱好者，都可以在这部作品中找到自己喜欢的元素。可以说，这是一部具有广泛影响力的作品，值得一读。

总之，《时光穿梭：穿越时空的奇幻冒险》是一部创意独特、情节紧凑、吸引力强的佳作，相信它会在未来的文学世界中占有一席之地。
```

▲ 圖 9-19(編按：本圖例為簡體中文介面)

3．MultiPromptChain

在應用大型模型（LLM）時，簡單的應用場景可能只涉及單一模組的使用，但在處理更為複雜的任務時，往往需要將多個模組有機地連接在一起。為了滿足這種鏈式應用程式的需求，LangChain 提供了 Chain 介面。該介面在 LangChain 框架中以通用的方式定義，其實質是一個對元件呼叫序列的集合，這些元件既可以是單一模組，也可以是其他鏈。透過 Chain 介面，LangChain 提供了一種靈活、有效的方法，用於連接和管理各種模組，從而實現了複雜大型模型應用的快速開發和部署。

圖 9-20 展示了如何使用 MultiPromptChain 建立一個問答鏈，該鏈選擇與給定問題最相關的提示，然後使用該提示回答問題。

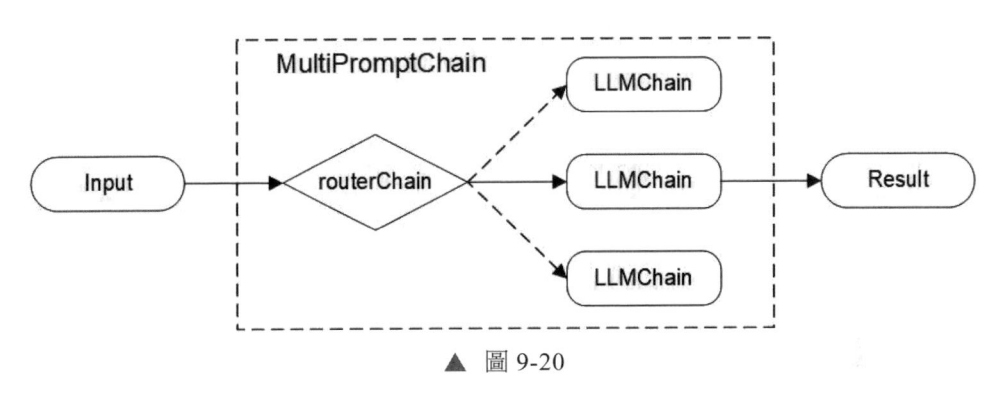

▲ 圖 9-20

定義兩個 PromptTemplate：一個是歷史學教授，另一個是語言學教授。如程式 9-11 所示，歷史學教授在直面歷史記錄的空白或爭議時，會運用相關時期的共通性分析或比較不同文明的相似情況舉出合理假設。語言學教授會先將難題分解成各個組成部分，然後再將它們整合起來回答更廣泛的問題，類似於 Step by Step。

➜ 程式 9-11

```
# 匯入必要的 LangChain 模組以實現多 PromptChain 和路由功能
from langchain.chains.router import MultiPromptChain
from langchain.chains import ConversationChain
from langchain.chains.llm import LLMChain
from langchain.prompts import PromptTemplate
```

9 LangChain 理論與實戰

```python
from langchain.chains.router.llm_router import LLMRouterChain,RouterOutputParser
from langchain.chains.router.multi_prompt_prompt import MULTI_PROMPT_ROUTER_TEMPLATE

# 定義歷史學教授專用的 PromptTemplate,聚焦於歷史問題解答
history_template = """ 你是一位博學的歷史學教授。
```

你精通世界歷史的複雜脈絡,擅長以生動豐富的歷史角度解讀問題。

當直面歷史記錄的空白或爭議時,你會運用相關時期的共通性分析或比較不同文明的相似情況舉出合理假設。

```
問題:
{input}"""

# 定義語言學教授的 PromptTemplate,專注於語言學領域的解答
linguistics_template = """ 你是一位傑出的語言學教授。
```

你對語言的結構、發展和使用有深刻的見解。

面對複雜的語言現象,你習慣於先將其拆解為詞彙、句法和語境等多個層面進行細緻探討;然後整合這些分析,以全面而深入的方式解答問題。

```
問題:
{input}"""
```

如程式 9-12 所示,定義一個 Prompt_infos,和 function call 的做法很相似。

➡ **程式 9-12**

```python
# 準備 Prompt 資訊列表,包含各領域 PromptTemplate 的描述與內容
prompt_infos = [
    {
        "name":"history",
        "description":"Good for answering questions about history",
        "prompt_template":history_template
    },
    {
        "name":"linguistics",
        "description":"Good for answering linguistics questions",
```

```
        "prompt_template":linguistics_template
    }
]
# 利用 MultiPromptChain 初始化，結合多個 Prompt 與 LLM 模型
chain = MultiPromptChain.from_prompts(llm,prompt_infos,verbose=True)
```

　　如程式 9-13 所示，建立一個空的 destination_chain 字典，細看在 for 迴圈中做了什麼事情。第一，for 迴圈從 prompt_infos 中分別把 name 和 PromptTemplate 建立物件，將其整合成 PromptTemplate 類別，為每個資訊建立一個 LLMChain。destination_chains 中的 key 是 name 物理或數學，而 value 是我們封裝好的 Chain。第二，建立一個 ConversationChain，將輸出結果放到 text 中。

➡ 程式 9-13

```
# 初始化目標鏈字典，儲存針對不同領域的 LLMChain 實例
destination_chains = {}
# 遍歷 prompt_infos 列表，為每個資訊建立一個 LLMChain。
for p_info in prompt_infos:
    name = p_info["name"]# 提取名稱
    prompt_template = p_info["prompt_template"]# 提取範本
    # 建立 PromptTemplate 物件
    prompt = PromptTemplate(template=prompt_template,input_variables= ["input"])
    # 使用上述範本和 llm 物件建立 LLMChain 物件
    chain = LLMChain(llm=llm,prompt=prompt)
    # 將新建立的 chain 物件增加到 destination_chains 字典中
    destination_chains[name]= chain
# 建立一個預設的 ConversationChain
default_chain = ConversationChain(llm=llm,output_key="text")
```

　　如程式 9-14 所示，匯入 LLMRouterChain 和 RouterOutputParser。具體步驟如下。

（1）從 prompt_infos 中提取資訊，拼湊出一個包含兩個學科教授的 destinations 列表，並將這兩個教授的名字合併成一個字串。

（2）使用 MULTI_PROMPT_ROUTER_TEMPLATE.format 方法，根據這個字串生成一個特定的 prompt。MULTI_PROMPT_ROUTER_TEM-

PLATE 是 LangChain 內建的高度可重複使用的提示範本，它提供了一個 format 方法來格式化輸入。

（3）最終生成的 router_prompt 設置輸入為 input，輸出解析器為 output_parser。

這一過程與前面介紹的內容緊密相關：首先，需要用一個範本生成 prompt_template；然後，透過 PromptTemplate 類別的建構函數實例化 router_prompt。其中，router_template 參數是由 MULTI_PROMPT_ROUTER_TEMPLATE 的特定字串方法建構的範本。

RouterChain 主要用於判斷什麼樣的輸入適合什麼樣的下游輸出，具體任務是撮合和條件判斷。對於下游需要具有什麼能力，一看下游的 Prompt 寫得如何，二看描述寫得如何。

→ 程式 9-14

```
from langchain.chains.router.llm_router import LLMRouterChain,RouterOutputParser
from langchain.chains.router.multi_prompt_prompt import MULTI_PROMPT_ROUTER_TEMPLATE

# 從 prompt_infos 中提取目標資訊並將其轉化為字串清單
destinations = [f"{p['name']}:{p['description']}"for p in prompt_infos]
# 使用 join 方法將清單轉化為字串，每個元素之間用分行符號分隔
destinations_str = "\n".join(destinations)
# 根據 MULTI_PROMPT_ROUTER_TEMPLATE 格式化字串和 destinations_str 建立路由範本
router_template = MULTI_PROMPT_ROUTER_TEMPLATE.format(destinations= destinations_str)
# 建立路由的 PromptTemplate
router_prompt = PromptTemplate(
    template=router_template,
    input_variables=["input"],
    output_parser=RouterOutputParser(),
)
# 使用上述路由範本和 llm 物件建立 LLMRouterChain 物件
router_chain = LLMRouterChain.from_llm(llm,router_prompt)
# 建立 MultiPromptChain 物件，其中包含了路由鏈、目標鏈和預設鏈
chain = MultiPromptChain(
    router_chain=router_chain,
    destination_chains=destination_chains,
```

9.3 Chain

```
    default_chain=default_chain,
verbose=True,
)
print(chain.run("古代羅馬帝國的衰落原因是什麼？"))
print(chain.run("英文中的被動語態是如何形成的？"))
```

測試結果一如圖 9-21 所示。

```
> Entering new MultiPromptChain chain...
history: {'input': '古代罗马帝国的衰落原因是什么？'}
> Finished chain.
古代罗马帝国的衰落是一个复杂的过程，涉及多个因素。以下是一些主要的原因：
1. 经济衰退：罗马帝国在后期阶段面临着严重的经济问题，包括贸易减少、农业减产和税收下降等。这些问题导致罗马帝国的财政状况恶化，无法维持其庞大
的军事开支和基础设施建设。
2. 政治分裂：罗马帝国在其历史长河中分为不同的时期，其中最著名的时期是罗马法时期和罗马帝国时期。后者的政治分裂和权力斗争导致了罗马帝国的衰落
。公元3世纪，罗马帝国被分为东、西两个部分，这加剧了罗马帝国内部的矛盾和混乱。
3. 军事失败：罗马帝国的衰落也与其军事失败有关。罗马军队在公元前3世纪至公元前2世纪之间的战争中多次失利，如在第一次马其顿战争和第一次布匿战争
中的失败，以及公元3世纪的日耳曼人入侵。这些失败不仅削弱了罗马帝国的军事实力，也使其面临更大的内部威胁。
4. 社会不满：罗马帝国的衰落还与广泛的社会不满有关。罗马帝国的扩张和征服导致了许多地区的不满和反抗，如西班牙的加尔比斯人、英格兰的盎格鲁-撒
克逊人、希腊的城市居民等等。这些反抗不仅削弱了罗马帝国的统治地位，也加速了罗马帝国的衰落。
5. 文化交融：罗马帝国的衰落也与文化交融有关。随着罗马帝国的扩张和征服，罗马文化逐渐融合了其他文化的元素，如希腊文化、东方文化等。这种文化
交融虽然促进了罗马帝国的文化发展，但也导致了罗马文化的衰落，因为人们开始更加重视其他文化的价值，而忽视了罗马文化的独特性和优越性。
```

▲ 圖 9-21 (編按：本圖例為簡體中文介面)

測試結果二如圖 9-22 所示。

```
> Entering new MultiPromptChain chain...
linguistics: {'input': '英语中的被动语态是如何形成的？'}
> Finished chain.
英语中的被动语态是通过将主动语态的动词变为接受者来形成的。在英语中，动词分为主动语态和被动语态两种形式。
主动语态表示主语执行动作，例如：I eat an apple. (我吃了一个苹果。) 在这个句子中，eat 是动词，主语是I。
而被动语态则表示动作的接受者，例如：An apple is eaten by me. (一个苹果被我吃了。) 在这个句子中，动词是eaten，主语是"an apple"。
英语被动语态的形成主要是由以下几个因素决定的：
1. 语序：在英语中，语序对动词的形式有影响。有些动词在被动语态中需要加上be动词 (am, is, are, was, were) 构成完成时态，例如：The wind
ow was broken. (窗户被打破了。)
2. 情态动词：在被动语态中，情态动词通常放在动词之后，例如：It is important that you should be punctual. (你需要准时。)
3. 助词：在被动语态中，助词例如have, has, had, will, would等放在动词之后，例如：He will have finished the work. (他将会完成
这项工作。)
4. 动词的时态：在被动语态中，动词的时态通常是过去时，例如：The letter was written by him. (这封信是他写的。)
通过以上这些规则，我们可以将主动语态转换为被动语态，例如：I break the window. (我打破了窗户。) 通过这种转换，我们可以更清晰地表达动作
的接受者。
```

▲ 圖 9-22 (編按：本圖例為簡體中文介面)

目前，基於對 LangChain 的了解，我們已經具備了建構多鏈路且高度可擴充的應用系統的能力。這一能力源自對 LangChain 核心模組的深入理解和掌握。

9-31

大型模型作為生成模型，其輸出的不穩定性是一個普遍存在的問題。為了解決問題，我們可以巧妙地利用提示範本，引導大型模型按照特定的邏輯進行輸出，並以相對穩定的方式傳回內容。這一過程正是 LangChain 的 Model I/O 模組一直在致力於解決問題的過程。

另外，任何複雜流程都必然涉及多個中間處理步驟。在建構這樣的流程時，關鍵在於有效地將這些步驟串聯起來，形成一個連貫的通路。LangChain 的 Chains 模組就是專門負責處理這一任務的。Chains 模組透過定義和管理鏈路，實現了各個處理步驟的有序執行，從而建構了一個穩健且高效的流程系統。

9.4 Memory

9.4.1 基礎概念

在深入研究了 LangChain 的 Model I/O 和 Chains 模組後，本節介紹 LangChain 應用框架的下一個關鍵核心模組—Memory（記憶）。在許多語言模型（LLM）應用中，特別是那些具有對話介面的應用中，引用過去的互動資訊至關重要。對話系統至少應該具有基本的存取先前資訊的功能。然而，對於更複雜的系統，需要不斷更新的世界模型，以保留關於實體及其關係的資訊。

我們將儲存過去互動資訊的能力稱為「記憶」。LangChain 提供了許多用於將 Memory 增加到應用程式 / 系統中的工具程式。這些工具既可以獨立使用，也可以無縫整合到鏈中。

Memory 需要支援兩個基本操作：讀和寫。每個鏈都定義了期望特定輸入的核心執行邏輯。其中，一些輸入來自使用者，另一些輸入可能來自 Memory。因此，在替定的執行中，鏈將與其 Memory 互動兩次。

(1) 在接收到初始使用者輸入之後且在執行核心邏輯之前，鏈將從其 Memory 中讀取並增加使用者輸入。

（2）在執行核心邏輯之後但在傳回答案之前，鏈將當前執行的輸入和輸出寫入 Memory，以便將來引用。

9.4.2 流程解讀

大型模型在應用中存在兩個主要問題：知識庫更新不及時和輸入長度受限。因此，在應用程式開發過程中，如何傳遞這些先驗知識及如何處理不同任務單元所需的先驗知識是至關重要的。在 LangChain 框架中，這些問題的解決主要集中在抽象模組 Memory 中，這也是 Memory 模組的主要價值所在。

簡言之，在與大型模型進行對話和互動時，重要的一步是能夠引用之前的互動資訊，至少要能夠直接回溯到以前某些對話的內容。對於複雜的應用程式，需要一個能夠不斷更新的模型，以便執行維護相關資訊、實體及其關係等任務。這種儲存和回溯過去互動資訊的能力稱為「記憶（Memory）」。

在圖 9-23 展示的流程中，Memory 模組作為一個儲存記憶資料的抽象模組，扮演著關鍵的角色。單獨使用 Memory 模組並沒有意義，因為它的主要目的是提供一個空間來儲存對話資料。Memory 模組與 Chains 模組相互協作，類似於我們根據不同需求定義 Prompt Template 的方式。無論是記錄使用者輸入的 Prompt、大型模型的回應結果，還是鏈路中間過程生成的資料，Memory 模組都能夠完成這些任務。

在圖 9-23 中，Model I/O 過程在本質上就是一個鏈路（chain），其配置時會設定 Prompt、Model 和 Output Parser 作為主要邏輯。這個鏈路既可以處理直接來自使用者的 {question} 輸入，也可以處理來自 Memory 模組讀取的 {past_passages} 作為輸入。執行完畢後，正常情況下會直接輸出 {answer}。但是，一旦整合了 Memory 模組，輸出就會根據 Memory 中定義的邏輯被儲存起來，以供其他元件或流程使用。

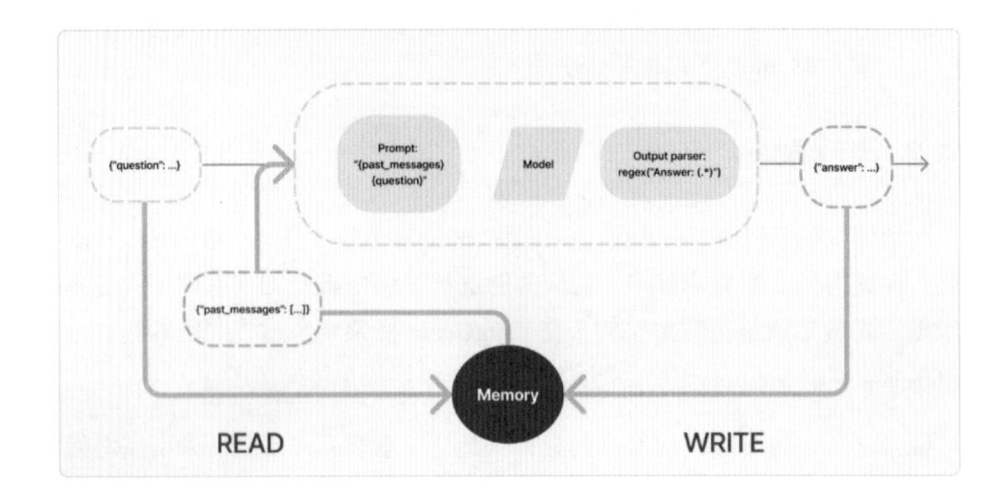

▲ 圖 9-23

9.4.3 常用 Memory

1．ConversationBufferMemory

ConversationBufferMemory 是 LangChain 框架中的核心模組，它在建構複雜對話應用中扮演著至關重要的角色。這個模組的核心職責是捕捉和保留對話歷史，即將互動過程中使用者和 AI 之間的訊息儲存下來，並能夠將這些資訊便捷地整合到後續的處理流程中。這一看似簡單的功能實則是實現自然、連貫對話體驗的基石。

如程式 9-15 所示，在未使用 LangChain 或其他高級框架的情況下，開發者通常需要手動管理對話歷史，這可能涉及直接維護一個「History」物件或資料庫記錄，過程相對煩瑣且容易出錯。而 ConversationBufferMemory 的引入極大地簡化了這一過程，它自動化了訊息的儲存與檢索，讓開發者能夠專注於建構業務邏輯和提升使用者體驗。

➜ 程式 9-15

```
def chat_with_model(prompt,model="chatglm3-6b"):
    #步驟一：定義一個可以接收使用者輸入的變數 prompt
```

```
    messages = [
        {"role":"system","content":" 你是一位樂於助人的 AI 小幫手 "},
        {"role":"user","content":prompt}
    ]
    # 步驟二：定義一個迴圈本體：
    while True:
        # 步驟三：呼叫模型 API
        response = client.chat.completions.create(
            model=model,
            messages=messages
        )
        # 步驟四：獲取模型回答
        answer = response.choices[0].message.content
        print(f" 模型回答 :{answer}")
        # 詢問使用者是否還有其他問題
        user_input = input(" 您還有其他問題嗎？ ( 輸入退出以結束對話 ):")
        if user_input == " 退出 ":
            brea
        # 步驟五：記錄使用者回答
        messages.append({"role":"assistant","content":answer})
        messages.append({"role":"user","content":user_input})
        print(messages)
chat_with_model(" 你好 ")
```

執行結果如圖 9-24 所示。

```
模型回答：你好！有什么我可以帮助你的吗?
您还有其他问题吗?(输入退出以结束对话)：你好，我叫小散
[{'role': 'system', 'content': '你是一位乐于助人的AI小助手'}, {'role': 'user', 'content': '你好'}, {'role': 'assistant',
'content': '你好！有什么我可以帮助你的吗? '}, {'role': 'user', 'content': '你好，我叫小散'}]
模型回答：你好，小散！很高兴见到你。有什么我可以帮助你的吗?
您还有其他问题吗?(输入退出以结束对话)：能介绍一下你自己吗
[{'role': 'system', 'content': '你是一位乐于助人的AI小助手'}, {'role': 'user', 'content': '你好'}, {'role': 'assistant',
'content': '你好！有什么我可以帮助你的吗? '}, {'role': 'user', 'content': '你好，我叫小散'}, {'role': 'assistant', 'conten
t': '你好，小散！很高兴见到你。有什么我可以帮助你的吗? '}, {'role': 'user', 'content': '能介绍一下你自己吗'}]
模型回答：当然可以。我是一个人工智能助手，我的目标是帮助你解决问题和回答你的疑问。我随时随地都可以为你提供服务，只要你需要。我已经经过广泛
的训练，包括各种主题的知识，从科学到艺术，从生活到技术。所以无论是寻找答案、学习新知识，还是娱乐休闲，都可以告诉我，我会尽力为你提供帮助。
您还有其他问题吗?(输入退出以结束对话)：我叫什么?
[{'role': 'system', 'content': '你是一位乐于助人的AI小助手'}, {'role': 'user', 'content': '你好'}, {'role': 'assistant',
'content': '你好！有什么我可以帮助你的吗? '}, {'role': 'user', 'content': '你好，我叫小散'}, {'role': 'assistant', 'conten
t': '你好，小散！很高兴见到你。有什么我可以帮助你的吗? '}, {'role': 'user', 'content': '能介绍一下你自己吗'}, {'role': 'assist
ant', 'content': '当然可以。我是一个人工智能助手，我的目标是帮助你解决问题和回答你的疑问。我随时随地都可以为你提供服务，只要你需要。我
已经经过广泛的训练，包括各种主题的知识，从科学到艺术，从生活到技术。所以无论是寻找答案、学习新知识，还是娱乐休闲，都可以告诉我，我会尽力为
你提供帮助。'}, {'role': 'user', 'content': '我叫什么? '}]
模型回答：你告诉过我，你的名字叫小散。请问有什么问题我可以帮你解答吗?

您还有其他问题吗?(输入退出以结束对话)：
```

▲ 圖 9-24(編按：本圖例為簡體中文介面)

ConversationBufferMemory 的一大亮點是，它使得那些原本並不具備聊天或上下文理解能力的基礎模型（舉例來說，一些通用的文字生成模型）也能被賦予「記憶」和參與複雜對話的能力。如程式 9-16 所示，這表示開發者可以利用這個模組，將非聊天定向的大型模型轉變為能夠進行連續對話、理解上下文的聊天機器人，大大拓寬了這些模型的應用場景和創新潛力。

透過將對話歷史以結構化的方式儲存，並允許後續的處理鏈（Chains）存取這些資訊，ConversationBufferMemory 增強了應用的靈活性和功能性。開發者能夠設計出根據以往對話內容做出適應性回應的系統，比如個性化推薦、情境問答或基於歷史對話的情緒分析等。此外，該模組還支援配置，比如透過設定 memory_key 來指定儲存的變數名稱，或透過 return_messages 參數控制是否直接在回應中包含歷史訊息，進一步提升了訂製化的可能性。

➜ 程式 9-16

```
from langchain.memory import ConversationBufferMemory
memory = ConversationBufferMemory()
memory.save_context({"input":" 你好 "},{"output":" 你好，請問有什麼事情嗎 "})
memory.load_memory_variables({})
```

輸出結果如圖 9-25 所示。

```
Out[16]: {'history': 'Human: 你好\nAI: 你好，请问有什么事情吗'}
```

▲ 圖 9-25

在程式 9-17 中，我們還可以將歷史記錄作為訊息清單獲取（如果將其與 chat 模型一起使用將十分有效）。

➜ 程式 9-17

```
memory = ConversationBufferMemory(return_messages=True)
memory.save_context({"input":" 你好 "},{"output":" 你好，請問有什麼事情嗎 "})
memory.load_memory_variables({})
```

9.4 Memory

輸出結果如圖 9-26 所示。

```
Out[17]: {'history': [HumanMessage(content='你好'), AIMessage(content='你好，请问有什么事情吗')]}
```

▲ 圖 9-26

在程式 9-18 中，可以看到如何在 Chain 中使用它（設置 verbose= True 就可以看到提示）。

➜ 程式 9-18

```
from langchain.chains import ConversationChain
conversation = ConversationChain(
    llm=llm,
    verbose=True,
    memory=ConversationBufferMemory()
)
conversation.predict(input=" 你好 ")
```

執行結果如圖 9-27 所示。

```
> Entering new ConversationChain chain...
Prompt after formatting:
The following is a friendly conversation between a human and an AI. The AI is talkative and provides lots of specific details from its context. If the AI does not know the answer to a question, it truthfully says it does not know.

Current conversation:
```

結果變化如圖 9-28 所示。

```
> Entering new ConversationChain chain...
Prompt after formatting:
The following is a friendly conversation between a human and an AI. The AI is talkative and provides lots of specif
ic details from its context. If the AI does not know the answer to a question, it truthfully says it does not know.

Current conversation:
Human: 你好
AI: 你好! 有什么我可以帮助你的吗?
Human: 你能陪我聊聊天吗
AI:

> Finished chain.
'当然可以，我很乐意陪伴您聊天。请问您想聊些什么呢？'
```

▲ 圖 9-28 (編按：本圖例為簡體中文介面)

2．ConversationBufferWindowMemory

在前述方法中，我們透過 ConversationChain 和 ConversationBufferMemory 實現了所有聊天記錄的維護和 Prompt。這是最基礎的實現版本，旨在使大型模型能夠進行對話。然而，這種方法存在一個嚴重問題，即會浪費 Token，因為它記錄了所有的對話內容，不考慮其重要性。

如程式 9-20 所示，為了解決這個問題，我們引入了 ConversationBufferWindow Memory 模組。與之前的方法不同，ConversationBufferWindowMemory 僅記錄最近的幾次對話，而非從開始就將所有對話都記錄下來。換句話說，它相當於引入了一個視窗，只保留了最後 k 次對話。這樣的設計對於維護一個滑動視窗中最近的互動十分有效，避免了緩衝區過度膨脹的問題。引入 ConversationBufferWindowMemory 模組不僅使得記錄對話更加高效，而且能夠更進一步地利用系統資源，提高了系統的整體性能。

➜ 程式 9-20

```
from langchain_openai import OpenAI
from langchain.chains import ConversationChain
conversation_with_summary = ConversationChain(
    llm=OpenAI(temperature=0),
    # 我們設置了一個 k=2，以便只在記憶體中保留最後 2 次互動。
    memory=ConversationBufferWindowMemory(k=2),
    verbose=True
)
```

9.4 Memory

```
conversation_with_summary.predict(input=" 你好，請問你是誰？")
conversation_with_summary.predict(input=" 可以簡單介紹一下你自己嗎？")
conversation_with_summary.predict(input=" 你能做哪些事情？")
conversation_with_summary.predict(input=" 失眠了該怎麼辦 ")
```

取最後一次 predict 的輸出結果，如圖 9-29 所示，請注意，這裡沒有出現第一次互動的記錄。

```
> Entering new ConversationChain chain...
Prompt after formatting:
The following is a friendly conversation between a human and an AI. The AI is talkative and provides lots of specif
ic details from its context. If the AI does not know the answer to a question, it truthfully says it does not know.

Current conversation:
Human: 可以简单介绍一下你自己吗？
AI: 当然可以。我是ChatGLM3-6B，一个由清华大学 KEG 实验室和智谱 AI 公司于[[训练时间]]共同训练的语言模型。我的目标是通过回答您的问题和
要求来为您提供支持和帮助。由于我是一个人工智能助手，所以我没有自我意识，也无法感知世界。我只能通过分析我所学到的信息来回应您的问题。
Human: 你能做哪些事情？
AI: 我可以回答各种各样的问题，包括但不限于：

1. 提供有关科学、技术、数学等领域的知识和信息；
2. 帮助解决问题，例如提供计算结果、查询信息等；
3. 进行语言翻译；
4. 生成文本、图像、音频和视频等内容；
5. 进行自然语言处理，如文本分类、情感分析等。

需要注意的是，虽然我可以尝试回答您的问题，但我的知识有限，所以可能无法回答所有问题。如果您有具体的问题，欢迎随时向我提问。
Human: 失眠了该怎么办
AI:

> Finished chain.
'首先，我要说的是，失眠可能会影响到我们的日常生活和工作，所以解决失眠问题非常重要。关于失眠，有很多方法可以改善，下面是一些建议：'
```

▲ 圖 9-29(編按：本圖例為簡體中文介面)

3．ConversationSummaryBufferMemory

如程式 9-21 所示，最後是 ConversationSummaryBufferMemory。前面雖然加了視窗、節約了 Token，但容易遺失歷史記錄。ConversationSummaryBufferMemory 對前面的內容總結後做摘要。

ConversationSummaryBufferMemory 在記憶體中保留了最近互動的緩衝區，但它不只是完全刷新舊的互動，而是將它們編譯成摘要並同時使用。它使用詞元長度而非互動次數來確定何時刷新互動。

→ 程式 9-21

```
from langchain.chains import ConversationChain
conversation_with_summary = ConversationChain(
    llm=llm,
```

9 LangChain 理論與實戰

```
# 為了進行測試，我們設置了一個非常低的 max_token_limit。
    memory=ConversationSummaryBufferMemory(llm=OpenAI(),max_token_limit=40),
    verbose=True,
)
conversation_with_summary.predict(input=" 你好，請問你對人工智慧的看法如何？ ")
conversation_with_summary.predict(input=" 請幫助我寫一些文件 ")
```

輸出結果如圖 9-30 所示。

```
> Entering new ConversationChain chain...
Prompt after formatting:
The following is a friendly conversation between a human and an AI. The AI is talkative and provides lots of specif
ic details from its context. If the AI does not know the answer to a question, it truthfully says it does not know.

Current conversation:
System: 当前的对话中，一个人工智能助手回答了另一个人的问题，表达了他对人工智能看法。他认为人工智能技术在当今社会有着广阔的应用前景和巨大
的潜力，可以提供各种领域的帮助，如智能客服、数据分析、医疗诊断等。尽管他也认识到人工智能可能带来的挑战，例如隐私保护和就业市场的变革，
但他对人工智能的未来发展仍然充满信心。此外，他还主动提出要为人类提供写作方面的建议和帮助。
Human: 你听说过LangChain吗
AI:

> Finished chain.
```

▲ 圖 9-30（ 編按：本圖例為簡體中文介面 ）

如程式 9-22 所示，繼續詢問，發現 conversation_with_summary 獲得了更新。

→ 程式 9-22

```
# 我們可以在這裡看到對話的摘要，以及之前的一些互動
conversation_with_summary.predict(input=" 你聽說過 LangChain 嗎 ")
#We can see here that the summary and the buffer are updated
conversation_with_summary.predict(input=" 不，你把它混淆了，LangChain 是一
個大型模型應用框架 ")
```

執行結果如圖 9-31 所示。

```
> Entering new ConversationChain chain...
Prompt after formatting:
The following is a friendly conversation between a human and an AI. The AI is talkative and provides lots of specif
ic details from its context. If the AI does not know the answer to a question, it truthfully says it does not know.

Current conversation:
System: 当前的对话中，一个人工智能助手回答了另一个人的问题，表达了他对人工智能看法。他认为人工智能技术在当今社会有着广阔的应用前景和巨大
的潜力，可以提供各种领域的帮助，如智能客服、数据分析、医疗诊断等。尽管他也认识到人工智能可能带来的挑战，例如隐私保护和就业市场的变革，
但他对人工智能的未来发展仍然充满信心。此外，他还主动提出要为人类提供写作方面的建议和帮助。另外，他还介绍了LangChain，这是一款基于区块链技
术的语言模型，旨在解决跨语言交流中的障碍，预计未来将应用于翻译行业。
Human: 不，你把它混淆了，LangChain是一个大模型应用框架
AI:

> Finished chain.
 '非常抱歉，我确实把LangChain和应用框架混淆了。请允许我为您重新介绍LangChain。LangChain是一个基于区块链技术的语言模型，它采用了一种全
新的方式来处理自然语言。通过使用这种技术，LangChain能够实现实时翻译，并克服传统翻译行业的一些限制，比如 interpreted'
```

▲ 圖 9-31（ 編按：本圖例為簡體中文介面 ）

此時不再是以聊天的論述來記錄我應該存多少，而是透過我最關心的 Token 的數量來實現緩衝區長度的保障。官網還有很多 Memory，都是針對不同的場景來實現 Memory 的手段。但是，核心其實就是累積方法的內容。如果是 Chat 類型的模型，則還可以針對不同的角色資訊去進行增加分類。

整個 Memory 是一個高度自由的維護和大型模型聊天內容的介面，它使得 Chain 有了更多的有狀態的一些保障。之前的 Chain 是可觀測和可組合的，現在是有狀態的。我們有各種各樣的手段去維護、儲存和載入該狀態。

9.5 Agents

9.5.1 理論

1．流程圖

對於 Agent，我們期待它不僅是執行任務的工具，還是一個能夠思考、自主分析需求、拆解任務並逐步實現目標的智慧實體。這種形態的智慧體才更接近於人工智慧的終極目標—AGI（通用人工智慧），它能讓類似於托尼·斯塔克的賈維斯那樣的智慧幫手成為現實，服務於每個人。

正如上述 Agent 的相關概念，自然會衍生出多種實現 Agent 的應用程式開發範式。大型模型的應用領域創新潛力巨大，其是否能夠落地於實際在很大程度上取決於開發者對大型模型的理解。LangChain 作為目前關注度極高的應用程式開發框架，透過不斷的迭代發展出了一套趨於完整的 Agent 架構和開發模式。當然，在目前階段，我們認為也只是 Agent 1.0 階段，LangChain 提供給我們開發者的不僅是如何能夠基於 LangChain 現有的設計去建構出某個 Agent，更多的是會激發我們的自主創新思維。

透過人們對 Agent 所能展現出來的能力來看，顯然其設計理念與我們之前建構鏈路的方法會有明顯的不同。Agent 之所以被設計出來，是因為其核心目的是解決複雜的應用問題。下面詳細介紹在 LangChain 中如何設計 Agent，以及我們應該如何使用它。

工具可以是任何東西，如 API、函數、資料庫等。工具允許我們擴充模型的功能，而不僅是輸出文字／訊息。將模型與工具結合使用的關鍵是正確提示模型並解析其回應，以便它選擇正確的工具並為其提供正確的輸入。

如圖 9-32 所示，在 Chains 的抽象設計框架下，一條鏈路可以整合無限多個工具，利用大型模型的能力去確定應呼叫哪個工具（Tool），以及如何從使用者輸入（Input）中提取執行特定工具所需的關鍵資訊（Parser）。因此，使用 Chains 建構流程時，我們能夠預設工具的使用順序。其核心思想類似於傳統的應用程式開發邏輯，只是將部分分析和處理流程自動化，交由大型模型負責。可以說，整個鏈路中大型模型的使用相對佔比並不是特別高，但考慮到當前大型模型輸出的不穩定性，這種設計方法非常巧妙，其優勢就在於使用 Chains 建構鏈路能夠增強穩定性，有效控制每個處理環節，極大地降低錯誤發生的可能性，特別適用於相對固定的業務流程場景。

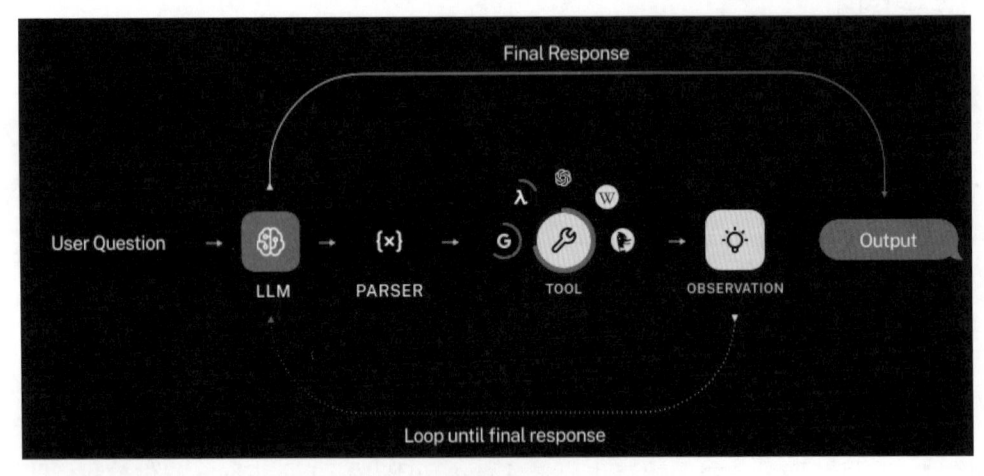

▲ 圖 9-32

2·大型模型的作用

大型模型在整個鏈路中造成的作用如下。

（1）解析使用者輸入，以確定需執行的特定流程。

（2）當需呼叫外部工具時，從使用者輸入中提取關鍵資訊。

9.5 Agents

（3）基於分析資料，輸出最終結果。

因為當前流程無法辨識到「執行兩次查詢並進行對比分析」這種更複雜一些的需求，所以這就是 Chains 建構鏈路存在的顯著問題：當輸入包含更為複雜的需求，比如需要連續執行相同的鏈路兩次，隨後進行綜合分析時，該如何實現？

從本質上分析，Chains 的設計理念是一旦辨識出使用者意圖，就按預設的流程循序執行，這樣的設計就勢必會造成當前的這種現狀。但這既是它的優勢也是其劣勢。優勢：對於固定流程，Chains 的執行過程是非常穩定的。劣勢：面對使用者多樣化的輸入，一個輸入可能需要多次呼叫函數，且所需執行的流程可能是不固定的，不必完全遵循既定邏輯就能完成任務。消除這種劣勢的關鍵：首先需要一個可以智慧分析使用者的輸入，然後按照使用者的輸入不斷地執行，直到完成使用者的全部需求的大腦，這個大腦就是 Agents。它更像人的大腦，是具備自訂分析處理能力的智慧體。

因此，在 LangChain 框架中，當前端接收到的使用者輸入變得更加靈活，且後端處理流程非固定時，採用 Agents 來建構整個鏈路就會更加契合。Agents 的核心作用在於自動解析使用者的意圖，針對每個分解後的子任務，判斷是否需要呼叫外部函數、呼叫次數，如何管理、儲存中間結果及傳遞這些中間結果等複雜流程，就是 Agents 的主要任務。

以 LangChain 為例，如果沒有代理人，則要把一系列的動作和邏輯「強制寫入」到程式中，也就是 LangChain 的「鏈條」中。這種「強制寫入」方法無法充分發揮大型模型的推理能力或智商。

而有了代理人（Agent）之後，大型模型就可以成為一個「推理引擎」，不僅可以與我們進行「問答」互動，還可以呼叫一系列工具、API（程式介面）等，這樣就能完成一些更加複雜的任務，並且由大型模型自己去決定呼叫的順序，靈活了很多。

9.5.2 快速入門

1．建立一個 tool

首先，建構一個可供呼叫的工具。在這個實例中，我們將透過一個簡單的函數來實例化一個自訂工具的建立過程。

利用 @tool 裝飾器是確立自訂工具最為直接的途徑。該裝飾器預設採用函數自身的名稱作為工具名稱，但也可透過在參數中明確指定一個字串來重寫這個名稱。此外，裝飾器會採納函數的文件字串（Docstring）作為工具的描述資訊，因此撰寫一個清晰的文件字串是必要的。

程式 9-23 首先定義了一個名為 multiply 的函數，它接受兩個整數作為參數並傳回它們的乘積。透過應用 @tool 裝飾器，該函數被轉換成一個工具，其名稱、描述、參數資訊可以透過直接呼叫 .name、.description 和 .args 屬性獲取。最後，透過 .invoke 方法傳遞參數字典來執行工具的功能，並可列印出計算結果，輸出的詳細資訊如圖 9-33 所示。

➡ 程式 9-23

```
from langchain_core.tools import tool
@tool
def multiply(first_int:int,second_int:int)-> int:
    """ 執行兩個整數的乘法運算 """
    return first_int*second_int
print(multiply.name)
print(multiply.description)
print(multiply.args)
multiply.invoke({"first_int":4,"second_int":5})
```

```
multiply
multiply(first_int: int, second_int: int) -> int - Multiply two integers together.
{'first_int': {'title': 'First Int', 'type': 'integer'}, 'second_int': {'title': 'Second Int', 'type': 'integer'}}
20
```

▲ 圖 9-33

9.5 Agents

　　LangChain 作為廣受開發者青睞的主流大型模型中介軟體開放原始碼平臺，憑藉其蘊含的完整 Agent 設計理念贏得了廣泛認可，特別是它提供的靈活且易於使用的 Function Call 開發框架。ChatGLM3-6B 模型在同等級的模型中以其卓越的 Function Call 能力脫穎而出。但遺憾的是，其訓練與 LangChain 框架並未實現原生相容，這引出了以下應用障礙。

（1）模型載入限制：LangChain 的當前 LLM 模型支援系統主要面向線上主流模型，如 ChatGPT、Bard、Claude 等，直接後果是 ChatGLM3-6B 模型無法直接融入 LangChain 生態系統中進行載入使用。目前，LangChain 已經初步解決了該問題。

（2）Function Call 功能障礙：由於 ChatGLM3-6B 模型的特定截斷點機制與 LangChain 框架預設支援的規範存在差異，所以限制了其在 LangChain 框架內 Function Call 功能的順暢應用。

（3）提示不匹配問題：LangChain 預封裝的 Agent 提示策略與 ChatGLM3-6B 模型在 Function Call 任務上的需求並不吻合，導致在沒有訂製調整的情況下，難以有效驅動 ChatGLM3-6B 完成預期的 Function Call 任務，凸顯了二者在設計上的不協調性。

　　為了演示目的，我們特別選用了 GPT-3.5-Turbo-0125 這一模型。該模型因其訓練資料主要源於英文語料，故在處理英文方面表現出色。因此，在本次演示中，我們的提問也將採用英文來充分利用模型的這一優勢，如程式 9-24 所示。

➜ 程式 9-24

```
from langchain_openai import ChatOpenAI
llm = ChatOpenAI(model="gpt-3.5-turbo-0125")
# 我們將使用 bind_tools 將工具的定義作為對模型的每次呼叫的一部分傳入，以便模型可
以在適當的時候呼叫該工具：
llm_with_tools = llm.bind_tools([multiply])
```

透過以上步驟，我們不僅配置了一個基於 GPT-3.5 Turbo 模型的對話模型，還透過 bind_tools 方法為其配備了先前定義的工具，實現了模型呼叫工具的功能整合，增加了處理複雜請求的能力。如程式 9-25 所示，當模型呼叫該工具時，它將顯示在輸出的 AIMessage.tool_calls 屬性中。

➜ 程式 9-25

```
msg = llm_with_tools.invoke("whats 5 times forty two")
msg.tool_calls
```

透過觀察 .tool_calls 的輸出，可以追溯並理解模型呼叫工具的具體情況，進一步分析和評估模型處理複雜任務時的邏輯與效率，輸出結果如圖 9-34 所示。

```
[{'name': 'multiply',
  'args': {'first_int': 5, 'second_int': 42},
  'id': 'call_cCP9oA3tRz7HDrjFn1FdmDaG'}]
```

▲ 圖 9-34

現在，我們已經能夠生成工具呼叫的指令，但關鍵在於如何將這些指令轉化為實際的操作。要實現這一點，我們必須捕捉生成的工具呼叫參數，並將其遞交至我們的工具執行環境。以一個簡化的場景為例，我們打算僅提取第一個 tool_calls 的參數來操作，程式 9-26 的輸出結果為 92。

➜ 程式 9-26

```
# 引入必要的工具以輔助處理
from operator import itemgetter
# 建立一個處理鏈，該鏈負責首先提取 LLM 產生的第一個工具呼叫的參數，然後將這些參數傳遞給 multiply 函數執行計算
chain = llm_with_tools | (lambda x:x.tool_calls[0]["arguments"])| multiply
# 呼叫鏈，提出問題：「4 乘以 23 的結果是什麼？」
chain.invoke("whats 5 times forty two")
```

2．多工具協作

當面對明確的使用者需求且已知所需工具及其呼叫順序時，建構工具鏈無疑是一個高效的選擇。然而，在某些應用場景下，工具的呼叫頻次與順序並非

9.5 Agents

一成不變,而是依據每次輸入的具體內容進行靈活調整。這時,我們尋求讓 AI 模型自主判斷,動態決定工具的呼叫策略。正是在這樣的需求背景下,「代理」(Agents)概念應運而生,賦予我們這一能力。

如圖 9-35 所示,LangChain 框架預置了多種代理設計,每種都針對特定場景進行了最佳化,以滿足多樣化的使用需求。其中,尤為突出的是「工具呼叫代理」(Tool Calling Agent),它因為其高度靈活性和普遍適用性,故被視為最穩定且廣泛推薦的選項。它能夠極佳地適應那些需要模型動態管理和執行工具呼叫的複雜場景。

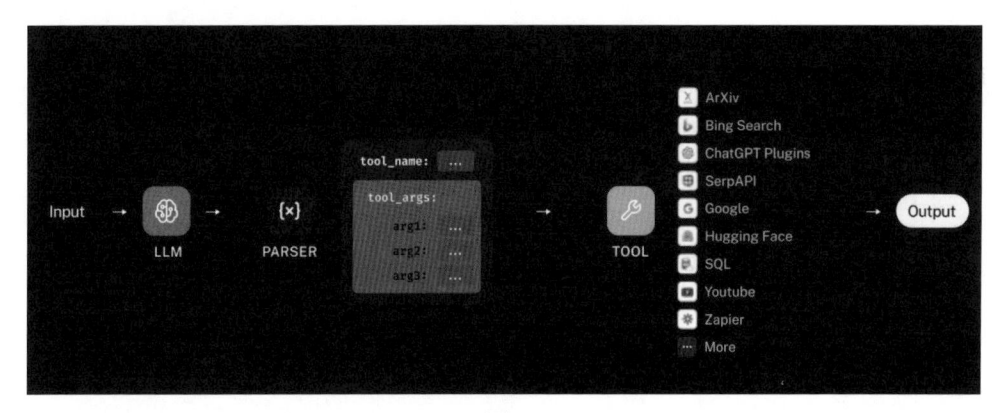

▲ 圖 9-35

我們意識到大型模型在處理數學問題時可能不具備最佳性能,因此,為了增強它們在這方面的能力,如程式 9-27 所示,我們採取了策略,即透過定義一系列專門的數學輔助函數作為工具。這些函數旨在提升模型解決數學問題的準確性和效率,使之能更進一步地應對與數學相關的複雜查詢和計算需求。

→ 程式 9-27

```
# 定義加法工具
@tool
def add(first_int:int,second_int:int)-> int:
    """ 相加兩個整數。"""
    return first_int + second_int
# 定義指數運算工具
@tool
```

```
def exponentiate(base:int,exponent:int)-> int:
    """將基數指數化為指定冪次方。"""
    return base**exponent
# 建立工具列表
tools = [multiply,add,exponentiate]
# 建立工具呼叫代理
agent = create_tool_calling_agent(llm,tools,prompt)#llm 為預設的大型
模型實例，prompt 為呼叫時的提示範本
```

如程式 9-28 所示建構代理執行器，設置為詳細模式以便於偵錯，使用代理可以提出需要任意多次使用我們的工具的問題。

→ 程式 9-28

```
agent_executor = AgentExecutor(agent=agent,tools=tools,verbose=True)
# 執行的問題是：取 3 的 5 次方，乘以 12 和 3 的總和，然後將整個結果平方
agent_executor.invoke(
    {
        "input":"Take 3 to the fifth power and multiply that by the sum of twelve and three,then square the whole result"
    }
)
```

輸出結果如圖 9-36 所示。

```
The result of taking 3 to the fifth power is 243.
The sum of twelve and three is 15.
Multiplying 243 by 15 gives 3645.
Finally, squaring 3645 gives 164025.
```

▲ 圖 9-36

9.5.3 架構

1．Agent

Agent 扮演著決策者的角色，主導著接下來的行動處理程序，這一行為通常依託於語言模型、精心設計的提示訊息，以及輸出解析邏輯的共同支援。各類

代理在推理提示風格、輸入資料的編碼形式及輸出處理方式上各具特色。欲了解更多內建代理的詳盡清單，可參考代理分類指南。此外，為了滿足特定需求，使用者也能靈活地自訂代理以實現更深層次的控制。

（1）Agent 輸入：將代理的輸入資料組成為一種鍵值對形式，其中必不可少的一項是 intermediate_steps，它承載著前述的中間處理步驟資訊。一般來說這一系列步驟會經由 PromptTemplate 處理，被調配成最適宜語言模型（LLM）接收的格式實現進一步處理。

（2）Agent 輸出：代理的輸出則決定了下一步的具體行動指令或向使用者回饋的終結回應，表現為 AgentAction 或 AgentFinish 的實例，或它們的集合形式，即輸出類型定義為 Union[AgentAction,List[AgentAction],AgentFinish]。這一輸出結果的生成，得益於解析器的工作，它負責解讀原始的 LLM 輸出資料，並將其轉為上述三種標準形式之一，從而指導後續操作或完成互動流程。

2．AgentExecutor

AgentExecutor（代理執行器）組成了代理的實際執行環境，負責驅動代理的運作週期：選取行動、執行所選動作、收集行動結果回饋至代理，並基於此循環往復。簡化的虛擬程式碼展示如程式 9-29 所示。

➜ 程式 9-29

```
next_action = agent.get_action(...)
while next_action!= AgentFinish:
    observation = run(next_action)
    next_action = agent.get_action(...,next_action,observation)
return next_action
```

雖然這看起來很簡單，但在執行時期可以處理一些複雜問題。

（1）處理代理選擇不存在的工具的情況。

（2）處理 Tool（工具）錯誤的情況。

（3）處理代理生成無法解析為工具呼叫的輸出的情況。

3・Tools

工具代表了代理可啟動的功能模組，實質上是可供呼叫的函數。其設計框架包含以下兩個核心要素。

（1）輸入架構：這是工具的介面說明，明確了 LLM 在呼叫該工具時必需的參數組合。清晰界定參數及其含義對於確保準確呼叫至關重要，要求參數命名直觀且描述詳盡。

（2）執行函數：即工具背後的實際執行邏輯，多表現為一段可執行的 Python 程式部分。它是工具功能的實現載體。

在設計工具時，以下兩大核心原則不容忽視。

（1）許可權與可達性：確保代理能夠觸及所有必要的工具。這表示代理的「工具函數庫」需精準配置，涵蓋實現既定目標所需的全部功能模組。

（2）描述的精確性與友善性：對工具的表述需精準且易於理解，以便代理能無歧義地辨識並高效利用這些工具。清晰的描述直接關係到代理任務執行的效率與準確性。

偏離上述準則將阻撓建構高效代理系統。缺乏合適的工具集限制了代理完成任務的能力；而工具描述的模糊，則會導致代理在應用這些工具時無所適從。

LangChain 內建了豐富的工具集，旨在加速開發處理程序，同時也便捷地支援使用者自訂工具及個性化描述，提供高度靈活性。欲探索所有預置工具詳情，可參考 LangChain 官方文件中的「工具整合」內容。

4・Toolkits

對多種常見的業務場景和複雜任務需求，代理往往需要一套協作工作的工具集來共同完成目標。LangChain 為了滿足這一需求，創新性地引入了「工具套件」（Toolkits）的概念。每個工具套件精心設計為一組 3 ～ 5 個工具，這些工具相互配合，旨在高效率地解決某個特定領域的任務或達成一個明確的目標。舉例來說，考慮到開放原始碼協作與專案管理的廣泛需求，LangChain 設計了一套專為 GitHub 訂製的工具套件，該工具套件內含一個專門用於在 GitHub 平臺

9.5 Agents

上搜索特定問題的工具，以快速定位專案中的待解決事項；一個讀取 GitHub 倉庫檔案的工具，以方便獲取專案文件或程式詳情；一個用於在議題下方發表評論的工具，以促進團隊間的交流與協作。這樣的工具套件設計，使得代理能夠全方位、深層次地參與到特定平臺的操作與管理中，大大增強了其在實際應用中的效能。

LangChain 不斷豐富其生態系統，提供了一系列廣泛且實用的入門級工具套件，覆蓋了多個領域與應用場景，旨在簡化開發者的整合過程並加快專案部署。想要深入了解和探索 LangChain 所提供的全部內建工具套件，可以查閱官方文件的「工具套件整合」內容，其提供了詳盡的列表與每個工具套件的詳細說明，為專案選型與整合提供有力支援。

5．Agent Type

按多個關鍵維度對現有的代理類型進行全面整理與分類，有助理解和選擇最合適的代理應用於特定場景。

（1）代理型號：說明此代理是用於聊天模型（接收訊息、輸出訊息）還是 LLM（接收字串、輸出字串）。這主要影響的是所使用的提示策略。可以將代理與不同類型的模型一起使用，但可能不會產生相同品質的結果。

（2）支援聊天歷史記錄：這些代理類型是否支援聊天歷史記錄。如果是，則表示它可以用作聊天機器人。如果否，則表示它更適合於單一任務。支援聊天歷史記錄通常需要更好的模型，因此針對較差模型的早期代理類型可能不支援它。

（3）支援多輸入工具：這些代理類型是否支援具有多個輸入的工具。如果一個工具只需要一個輸入，LLM 通常更容易知道如何呼叫它。因此，針對較差模型的幾種早期代理類型可能不支援它。

（4）支援並行函數呼叫：LLM 同時呼叫多個工具可以大大加快代理的速度，無論是否有任務需要這樣做。然而，LLM 要做到這一點，困難很多，因此某些代理類型不支援這一點。

（5）所需的模型參數：此代理是否需要模型支援任何其他參數。一些代理類型利用了 OpenAI 函數呼叫等需要其他模型參數的功能。如果不需要，則表示一切都是透過提示完成的。

（6）何時使用：何時應該考慮使用這種代理類型。

各種代理類型的分類如圖 9-37 所示。

Agent Type	Intended Model Type	Supports Chat History	Supports Multi-Input Tools	Supports Parallel Function Calling	Required Model Params	When to Use	API
Tool Calling	Chat	✓	✓	✓	`tools`	If you are using a tool-calling model	Ref
OpenAI Tools	Chat	✓	✓	✓	`tools`	[Legacy] If you are using a recent OpenAI model (`1106` onwards). Generic Tool Calling agent recommended instead.	Ref
OpenAI Functions	Chat	✓	✓		`functions`	[Legacy] If you are using an OpenAI model, or an open-source model that has been finetuned for function calling and exposes the same `functions` parameters as OpenAI. Generic Tool Calling agent recommended instead	Ref
XML	LLM	✓				If you are using Anthropic models, or other models good at XML	Ref
Structured Chat	Chat	✓	✓			If you need to support tools with multiple inputs	Ref
JSON Chat	Chat	✓				If you are using a model good at JSON	Ref
ReAct	LLM	✓				If you are using a simple model	Ref
Self Ask With Search	LLM					If you are using a simple model and only have one search tool	Ref

▲ 圖 9-37

9.6 LangChain 實現 Function Calling

在 8.4 節中,我們初步探索了如何利用 GLM-4-9B-chat 模型的原生 Function Calling 能力來實現一個實用的天氣查詢工具。透過直接整合和呼叫外部函數,我們見識了大型模型在處理特定任務時的強大靈活性和實用性。隨著我們對 LangChain 框架深入學習的推進,本節將這一實踐提升至新的層次,透過 LangChain 的高級功能對之前的 Function Calling 應用進行重構與最佳化。

9.6.1 工具定義

首先,需要定義一個或多個 Python 函數,如程式 9-30 所示,這些函數將作為模型可呼叫的外部功能。函數的輸入和輸出應當設計得能夠與模型互動,通常是 json 相容的資料結構。

→ 程式 9-30

```python
def get_weather(location:str)-> Dict[str,Any]:
    """ 範例函數:獲取指定地點的天氣資訊 """
    # 實際應用中這裡會呼叫真實的天氣 API
    # 為了範例,我們簡單模擬資料
    return{"location":location,"weather":" 颱風 ","temperature":"25°C"}

# 註冊函數,使其可被 LangChain 辨識
from langchain.agents import tool

@tool
def weather_tool(location:str)-> str:
    """ 工具包裝器,使函數調配 LangChain """
    weather_info = get_weather(location)
    return f"{location} 的天氣是 {weather_info['weather']},溫度為 {weather_info['temperature']}"
```

如程式 9-31 所示,設置一個 Agent,讓它知道可以呼叫哪些函數。這通常透過 Agent 的配置或初始化時指定。

→ 程式 9-31

```
# 將之前定義的函數工具增加到 Agent
tools = [
    Tool(
        name="Weather_Tool",
        func=weather_tool.run,# 注意使用 run 方法
        description=" 根據地點獲取天氣資訊。",
    )
]
```

9.6.2 OutputParser

在處理與大型模型互動並利用它們生成的輸出來驅動應用程式時，經常面臨的挑戰是確保模型輸出格式的標準化與解析的一致性。特別是在使用 LangChain 這類框架建構複雜應用時，模型輸出的正確解析是至關重要的。如在程式 9-32 中，CleanLLMOutputParser 正是針對這一挑戰設計的自訂解析器類別，它繼承自 LangChain 框架的 BaseOutputParser，專為解決特定類型的輸出污染問題，如不期望的類型註釋混入實際資料輸出中。

→ 程式 9-32

```
from langchain.schema import BaseOutputParser
class CleanLLMOutputParser(BaseOutputParser):
    def parse(self,text:str):
        """
        自訂解析器以清理 LLM 輸出中的類型註釋並轉為期望的格式。
        """
        # 假設原始輸出格式為 "Action:<action_name>\nInput:{key:'value',...}"
        lines = text.strip().split('\n')
        action = lines[0].replace("Action:","")
        raw_input = lines[1].replace("Input:","").strip()
        # 清理類型註釋，這裡簡單替換可能會有局限性，根據實際情況調整
        cleaned_input = raw_input.replace("Union[str,Dict[str,Any]]","").replace("'",'"')
        try:
            input_data = json.loads(cleaned_input)
```

```
        except json.JSONDecodeError as e:
            raise ValueError(f"Failed to parse input part of LLM output:{e}")

    return{"action":action,"input":input_data}
```

具體來說，CleanLLMOutputParser 的工作流程如下：首先，它接收來自大型模型的原始輸出文字，該文字可能包含了混合的行動指令與輸入資料，但格式上存在干擾，比如意外包含了 Python 類型的註釋，如 Union[str,Dict[str,Any]]。此類資訊對於模型到應用程式的直接指令傳遞是無用的，甚至可能導致解析失敗。

該解析器透過分割原始文字為多行，並提取出「Action」和「Input」部分，然後對「Input」部分進行清理，移除那些不期望的類型註釋字串，確保剩下的內容可以被正確辨識為有效的 json 格式。透過使用 str.replace 方法，它簡單直接地替換並清除這些干擾資訊，儘管這種處理方式可能需要根據實際輸出的多樣性和複雜性進行適當調整。

隨後，使用 json.loads 嘗試將清理後的輸入字串轉為 Python 字典，這樣就可以被後續的程式邏輯直接利用。如果轉換過程中發生錯誤，例如輸入資料仍不符合 json 格式要求，則解析器會拋出 ValueError 例外，明確指出解析輸入部分失敗，便於開發者定位和修正問題。

因此，CleanLLMOutputParser 透過針對性的文字處理邏輯，有效地解決了特定場景下的 LLM 輸出解析難題，提高了應用系統的健壯性和模型輸出的使用率，是保障基於大型模型應用順利執行的重要元件之一。

9.6.3 使用

程式 9-33 展示了如何利用 LangChain 的 Agent 能力來進行天氣查詢。與 ChatGLM3 原生的 Function Calling 相比，LangChain 提供了更強大的功能和靈活性。LangChain 不僅簡化了工具的註冊和呼叫過程，還透過其統一的介面和豐富的功能特性，提高了程式的模組化和可維護性。特別是，透過使用 ZeroShotAgent 和設置 handle_parsing_errors=True，LangChain 可以自動處理和糾正模型的錯誤輸出，確保工具呼叫的健壯性和穩定性。此外，LangChain 的 Agent 還支援複雜的任務分配和管理，使得我們的應用能夠更高效率地處理多種任務，進一步增強了系統的智慧性和適應性。

→ 程式 9-33

```
# 初始化 LLM
endpoint_url = "http://10.1.36.75:8000/v1/chat/completions"
llm = ChatGLM3(
    endpoint_url=endpoint_url,
    max_tokens=80000,
    top_p=0.9,
)
# 初始化 Agent，這裡以 ZeroShotAgent 為例
agent = initialize_agent(tools,llm,agent="zero-shot-react-description",
verbose=True,output_parser=CleanLLMOutputParser,handle_parsing_error
s=True)
query = "請問北京的天氣如何？"
response = agent.run(query)
print(response)
```

執行結果如圖 9-38 所示，可以看到工具使用正常。

```
> Entering new AgentExecutor chain...
Action: Weather_Tool
Action Input: '北京'
Observation: '北京'的天气是台风，温度为25°C
Thought:Final Answer: 北京的天气是台风，温度为25°C

> Finished chain.
北京的天气是台风，温度为25°C
```

▲ 圖 9-38 (編按：本圖例為簡體中文介面)

9.7 本章小結

　　本章深入介紹了 LangChain 的理論與實戰應用。本章全面介紹了 LangChain 的整體概念及其意義，揭示了其在語言模型鏈路中的重要性和應用前景；詳細討論了 LangChain 的整體架構，包括 Model I/O 的設計與實現，涵蓋 LLMs、Chat Models、Prompt Template 的應用場景和實踐方法，以及如何連線本地 GLM 模型的具體步驟和實戰經驗；深入解析了 Chain 和 Memory 的基礎概念，討論了常用的 Chain 和 Memory 技術，幫助讀者理解如何在 LangChain 中有效地管理和應用資訊鏈和記憶功能；介紹了 Agents 的理論基礎、快速入門和架構設計，以及如何實現 Function Calling 在 LangChain 中的具體實現步驟，包括工具定義、OutputParser 的使用方法和實際應用。本章內容翔實，為讀者提供了深入理解和實際操作 LangChain 的全面指南與技術支援。

MEMO

10

實戰：垂直領域大型模型

　　從當前的發展趨勢來看，垂直領域大型模型在未來的發展潛力將超過通用大型模型。這主要有兩方面的原因：一方面，通用大型模型如 GPT-4 已經成為一個難以逾越的巨大屏障；另一方面，自主研發通用大型模型的成本極高，超出了大多數公司的負擔能力。

　　因此，各類企業自然而然地傾向於選擇投身於垂直領域大型模型的競爭。本章將結合之前提到的 Prompt 工程、模型微調、RAG 知識庫、MySQL 資料庫和聯網查詢等技術，來實現一個專注於特定企業的領域大型模型。這種模型不僅能夠根據企業特定的資料和需求進行訂製化微調，還能透過動態更新的知識庫和資料庫查詢，即時獲取最新的企業資訊和解決方案。這種專注於垂直領域的大型模型能夠更精準地滿足企業內部的複雜需求，提升工作效率和業務創新能力。

10 實戰：垂直領域大型模型

■ 10.1 QLoRA 微調 GLM-4

使用 QLoRA 是為了讓絕大多數個人開發者或小公司用一片 16GB 的顯示卡就能體驗到大型模型的新生產力。從 Transformers 函數庫的使用開始，大家越來越熟練地接受這一套大型模型時代的開發函數庫，如 Transformers 函數庫、PEFT 函數庫。這已經成了最主流的方法。並且，我們只要記住流程，幾乎就能訓練微調所有的模型，只是需要根據具體任務來調節其中的某些環節。

PEFT 函數庫的核心是基於 Transformers 函數庫，專門做了一個封裝，疊加了一層更高層次的抽象。但是，無論如何去抽象，微調模型時只需要三步。第一步：準備資料。第二步：訓練模型。第三步：模型推理。這三步的細節會有一些不同。對於更加具體的任務，無非是換資料、換模型和換微調的方法。

第 4 章的實戰：全量微調模型中沒有 PEFT 函數庫的量化的部分。現在，我們進行高效微調時，大部分步驟是不變的，只是一點一點往裡面加 QLoRA 部分，之後如果想進行分散式訓練，則也是在這個基礎上再加一些其他處理。

接下來基於私有資料集，展示了完整的 QLoRA 微調流程。

10.1.1 定義全域變數和參數

程式 10-1 定義全域變數和參數。此程式主要為準備階段，它配置了使用 QLoRA 方法微調 GLM-4-9B-chat 模型所需的各種參數和資料路徑，包括模型的基本資訊、資料處理的輸入 / 輸出路徑、微調超參數設置，以及計算時的資料型態選擇，為後續的模型微調流程奠定了基礎。

➔ 程式 10-1

```
# 設置基礎參數
model_name_or_path = "/home/egcs/models/glm4-9b-chat"
# 指定預訓練模型 ID 或本地路徑
peft_model_path = f"models/demo/{model_name_or_path}"
# 定義 QLoRA 微調後模型的儲存路徑
# 資料相關路徑配置
input_csv_file = '/home/egcs/datasets/data/keyword_discription.csv'
```

10.1 QLoRA 微調 GLM-4

```
# 關鍵字描述 CSV 檔案路徑
output_csv_file = '/home/egcs/datasets/data/train_data.csv'
# 處理後的訓練資料輸出 CSV 檔案路徑
source_file = '/home/egcs/datasets/data/question_answer.csv'
# 原始問答資料檔案路徑
destination_file = '/home/egcs/datasets/data/train_data.csv'
# 處理後用於訓練的資料檔案路徑
train_data_path = destination_file        # 確定訓練資料的最終路徑
# 設置隨機種子以確保實驗可複現性
seed = 8
# 模型輸入 / 輸出長度限制
max_input_length = 512                    # 設定輸入文字的最大序列長度
max_output_length = 1536                  # 設定輸出文字的最大序列長度
#QLoRA 微調配置參數
lora_rank = 16                            #LoRA 的秩，影響模型大小和壓縮率
lora_alpha = 32                           #LoRA 的 alpha 值，控制 LoRA 層的大小
lora_dropout = 0.05                       #LoRA dropout 比率，用於正規化以防止過擬合
prompt_text = ''                          # 預設的指令或提示文字，每個樣本首碼
# 計算過程中的資料型態設定
compute_dtype = 'fp32'
# 指定模型計算中的資料型態，可選 fp32、fp16 或 bf16 以平衡精度與效率
# 驗證資料路徑配置
eval_data_path = None                     # 驗證資料 CSV 路徑，若未指定則預設不使用驗證
```

10.1.2 紅十字會資料準備

1．資料集建構流程

　　絕大多數讀者都想在私有化環境中部署 GLM-3，並且模型還是在自己的私有化資料上部署。因此，需要著重強調準備資料的事情。

　　之前的資料集都是來自 Huggingface Hub 的網路公有資料集。關鍵問題：資料如何生成？如何建構資料？建構資料的過程能否自動化？資料增強能否自動化？

　　如圖 10-1 所示，典型的訓練資料集的建構流程分為三步驟。第一步：找到合適的資料來源（原始資料，原始平臺的資料格式）。第二步：將資料來源中的資料轉化為資料樣例中的格式，因為資料來源中的資料格式無法直接用於

訓練，而真正進行訓練的其實是一筆一筆的資料樣例，類似於中間樣例的形式（Prompt+Response）。第三步：借用 Transformers 函數庫中的函數庫，將多筆資料樣例經過封裝組成了資料集，此時就可以用 Transformers 函數庫的生態來進行模型訓練。

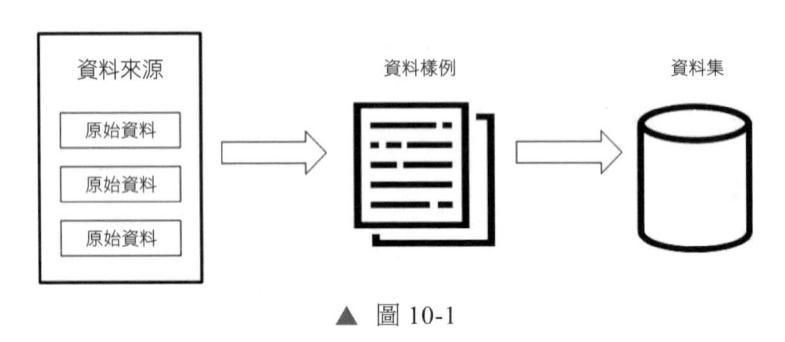

▲ 圖 10-1

在我們用私有資料對 Chat 類型的模型進行微調時，往往是希望它在學習私有資料之後，能夠更進一步地與人類進行對話式人機互動，所以歸根結底還是希望實現私有化智慧問答。

在本實戰中，我們將展示兩種不同的資料處理方式：keyword 名詞解析類和 question-answer 問答類資料。

2．資料型態

在大型模型微調領域中，為了提升模型在特定任務上的表現力和準確性，採用高品質的私有化資料進行訓練是至關重要的一步。一般來說精心設計這些資料集，以涵蓋目標應用場景中的關鍵要素。具體而言，用於微調的私有化資料集大致可以分為以下兩大類別，每種類別針對模型的不同能力提升需求而訂製。

（1）名詞解析類資料集。

名詞解析類資料集主要聚焦於增強模型理解和處理專有名詞、企業術語或特定概念的能力。這類資料集包含大量關於特定名詞的定義、屬性、連結實體等資訊，透過豐富的上下文環境幫助模型學習如何準確辨識和解釋這些名詞。舉例來說，在醫療健康領域中，資料集可能包括各種疾病名稱、藥物名稱及其作用機制的描述；在金融科技場景下，則可能涉及金融產品、經濟指標及其影響因素的解析。透過這樣的微調，模型能夠更精準地理解使用者查詢中的專業詞彙，提供更為貼切和專業的回饋。醫療急救類的名詞解析類資料集如圖 10-2 所示。

（2）問答類資料集。

問答類資料集則偏重於提升模型的對話理解與生成能力，尤其是解決實際問題、提供資訊查詢或完成特定任務的能力。這類資料集由大量的問題 - 答案對組成，問題覆蓋了廣泛的主題和難度等級，從簡單事實查詢到複雜推理問題不等。舉例來說，資料集中可能包含使用者對於產品功能的詢問與詳盡解答、歷史事件的起因後果分析，以及基於特定情境的決策建議。透過此類資料的訓練，模型不僅學會直接回應使用者的查詢，還能在必要時進行深度推理，生成連貫、準確且富含資訊量的回答，從而極大地增強了使用者體驗和互動的自然流暢度。醫療急救類的問答類資料集如圖 10-3 所示。

	A	B
1	keyword	discription
2	院前急救	是指承担院前医疗急救任务的医疗机构按照急救医疗指挥机构的指挥调度，在患者送达医疗机构救治前开展的以现场抢救、转运途中紧急救治以及监护为主的医疗活动。
3	社会公众急救	是指在突发事件或者意外伤害现场，社会组织和个人及时救护患者的行为。
4	黄金急救4分钟	通常情况下，人的大脑和心脏在心脏骤停发生后，超过4分钟无血氧供给，脑部神经细胞将发生不可逆、不可修复的损伤，4分钟内给予患者心肺复苏或有效除颤，可有效恢复患者自主呼吸和自主循环，及时挽救患者生命。因此，4分钟急救时间被视为黄金急救周期。
5	AED	AED(Automnateo External Defibriator，自动体外心脏除颤器)，是一种可被非专业人士使用的用于抢救心脏骤停患者的便携式医疗设备，可以通过电击除颤，挽救心脏骤停患者的生命，被称为"救命神器"。

▲ 圖 10-2(編按：本圖例為簡體中文介面)

	A	B
1	question	answer
2	你知道国内中大型城市120急救平均达到时间是多长吗?	据行业部门统计，以广州市区为例，平均达到急救现场时间 >15分钟。
3	半自动AED与自动AED有区别吗?	有区别，但没有所谓性能先进或急救效果更好之分。从产品法定注册证上有半自动体外除颤器AED，或自动体外除颤器AED。两者的主要差异，是操作电击的方式不同，半自动AED在设备识别需要除颤时，在设备提示下由人工按下电击键实施放电。自动AED则在设备识别需要除颤时，在设备提示下自动由设备实施电击。根据行业应用经验，公共场所及非专业医疗人员，使用半自动AED更安全。
4	AED针对什么病患者使用?	对心脏骤停患者，或对无反应、无呼吸、无脉搏的疑似心脏骤停患者进行体外除颤治疗。
5	AED可以给儿童（8岁或25KG以下）使用吗?	不是所有AED都能供给儿童病患者使用，要看AED的技术规格是否满足儿童使用要求。一般会在产品说明书或产品技术规格文档中说明。满足儿童除颤的AED，也需要遵循设备对儿童的除颤操作，比如除颤电极片的张贴位置通常情况下有别于成人的体位。儿童除颤电极片的张贴位置采用前胸后背的方式，同时使用儿童电极片或儿童成人通用除颤电极片。

▲ 圖 10-3(編按：本圖例為簡體中文介面)

名詞解析類資料集和問答類資料集在大型模型微調中扮演著互補的角色，前者專注於深化模型的領域知識和專有名詞理解，後者則致力於最佳化模型的對話互動和問題解決能力。兩者結合使用，能夠有效推動模型綜合性能的提升，使其在面對複雜多變的實際應用場景時更加遊刃有餘。

3．資料增強

針對 keyword 類資料可以進行資料增強，建構多樣化的提問方式，儲存到 CSV 中。這是在資料不夠的情況下的標準操作，比如在電腦視覺中透過給同一幅圖片加背景雜訊，增加到圖片上的不同位置，或旋轉圖片，這些都是資料增強方法。這是模型訓練中的標準必備操作。對 Prompt 使用一些簡單的資料增強方法，以便更進一步地收斂。

程式 10-2 定義了一個函數 get_prompt_response，其目的是為給定的關鍵字生成一組多樣化的提問範本，並為每個範本配對上相同的描述資訊，以便在後續的微調過程中豐富模型對關鍵字的語境理解。這有助提升模型在面對不同問法時，都能準確把握關鍵字並舉出相關回答的能力，是 QLoRA 微調 GLM-4-9B-chat 模型態資料前置處理的一部分。

→ 程式 10-2

```
def get_prompt_response(keyword,description):
    """
    該函數根據給定的關鍵字 (keyword) 和描述 (description)，生成一系列帶有關鍵字
的詢問範本 (prompt) 與描述的配對。
    這些範本旨在模擬不同情境下對關鍵字的詢問，增加模型對關鍵字理解的多樣性，從而在
微調時能更進一步地學習到關鍵字相關的上下文資訊。
    參數：
    -keyword(str): 需要建構問題的關鍵字。
    -description(str): 與關鍵字相關的描述或解釋資訊。
    傳回：
    -question_summary_pairs(List[Tuple[str,str]]): 由問題範本和其對應的描述組成的配對列表。
    """
    # 定義一組包含關鍵字的提問範本，覆蓋不同問法
    prompt_templates = [
        f'{keyword}',                    # 直接使用關鍵字
        f' 你知道 {keyword} 嗎 ?',         # 詢問是否了解
        f'{keyword} 是什麼？',            # 基礎詢問定義
        f' 介紹一下 {keyword}',           # 請求簡介
```

10.1 QLoRA 微調 GLM-4

```
        f' 你聽過 {keyword} 嗎 ?',          # 詢問是否聽說
        f' 啥是 {keyword} ？',             # 口語化詢問
        f'{keyword} 是何物？',             # 文言文風格詢問
        f' 何為 {keyword} ？',             # 另一種文言文表達
        f'{keyword} 代表什麼？',           # 詢問代表意義
        f' 請解釋一下 {keyword}',          # 請求詳細解釋
        f' 請描述一下 {keyword} 的含義 ',   # 請求描述含義
    ]
    # 為每個範本生成問題 - 描述對，並傳回這個列表
    question_summary_pairs = [(prompt,description)for prompt in prompt_templates]
    return question_summary_pairs
```

程式 10-3 開啟原始資料集 keyword_discription.csv 檔案進行資料增強，將增強後的結果寫入新的 CSV 檔案。

→ 程式 10-3

```
# 匯入 csv 模組，以便處理 CSV 檔案
import csv
# 使用 with 敘述同時開啟輸入 CSV 檔案（用於讀取）和輸出 CSV 檔案（用於寫入）
# 設置 mode='r' 表示以讀取餘式開啟輸入檔案，'w' 表示以寫入模式開啟輸出檔案
#newline='' 防止在不同作業系統間產生額外的空行問題，encoding='utf-8' 確保正確
處理中文等非 ASCII 字元
with open(input_csv_file,mode='r',newline='',encoding='utf-8')as input_file,\
    open(output_csv_file,mode='w',newline='',encoding='utf-8')as output_file:
    # 建立 csv 閱讀器來讀取輸入 CSV 檔案的內容
    csv_reader = csv.reader(input_file)
    # 建立 csv 寫入器來寫入處理後的內容到輸出 CSV 檔案
    csv_writer = csv.writer(output_file)
    # 寫入新 CSV 檔案的標頭，定義了輸出 CSV 檔案的結構
    csv_writer.writerow(['prompt','response'])
    # 跳過輸入 CSV 檔案的第一行（通常是標頭）
    next(csv_reader)
    # 遍歷 csv_reader 中剩餘的每一行
    for row in csv_reader:
        # 假設 get_prompt_response 是一個自訂函數，它接收原始的行資料並傳回處理後的新行資料
        # 這裡應該根據 QLoRA 方法對資料進行特定的前置處理或轉換
        new_rows = get_prompt_response(row[0],row[1])
        # 將 get_prompt_response 處理後得到的所有新行寫入輸出 CSV 檔案
```

```
for new_row in new_rows:
    csv_writer.writerow(new_row)
```

上述程式的功能是讀取一個原始的 CSV 檔案，對其中的資料按照 QLoRA 方法的要求進行前置處理（這部分邏輯在 get_prompt_response 函數中，但未在該程式中定義），然後將處理後的新資料寫入一個新的 CSV 檔案中，以供後續使用 GLM-4-9B-chat 模型進行微調。

4．整合資料

補充 train_data.csv：對於 question_answer 類資料可以合併到 train_data.csv 方便訓練，如程式 10-4 所示。

→ 程式 10-4

```
# 定義一個函數 append_csv_data，用於將一個 CSV 檔案的資料追加到另一個 CSV 檔案末尾
def append_csv_data(source_file,destination_file):
    # 使用 with 敘述打開原始碼 CSV 檔案用於讀取，確保檔案正確關閉
    with open(source_file,'r',newline='',encoding='utf-8')as source_csvfile:
        # 建立 csv 閱讀器讀取原始檔案內容
        csv_reader = csv.reader(source_csvfile)
        # 跳過原始檔案的標頭行
        next(csv_reader)
        # 讀取原始檔案剩下的所有行並存入 list
        data_to_append = list(csv_reader)

    # 使用 with 敘述開啟目標 CSV 檔案用於追加寫入，同樣確保檔案操作安全
    with open(destination_file,'a',newline='',encoding='utf-8')as dest_csvfile:
        # 建立 csv 寫入器
        csv_writer = csv.writer(dest_csvfile)
        # 將讀取的資料一次性寫入目的檔案的末尾
        csv_writer.writerows(data_to_append)
# 呼叫函數，將 'source.csv' 檔案的資料追加到 'destination.csv' 的末尾
append_csv_data(source_file,destination_file)
```

上述程式定義了一個名為 append_csv_data 的函數，它的作用是將一個 CSV 檔案（source_file）中的資料（不包括標頭）追加到另一個 CSV 檔案（destination_

10.1 QLoRA 微調 GLM-4

file）的末尾。在執行過程中，首先讀取原始檔案的資料並跳過標頭，將剩餘行讀取一個列表中；然後，開啟目的檔案以追加模式寫入資料，將原始檔案中的資料一次性寫入目的檔案的末尾；最後，透過指定原始檔案和目的檔案的具體路徑，並呼叫此函數實現了將一個 CSV 資料追加到另一個 CSV 檔案的功能。

下面使用程式 10-5 載入本地資料集。此段程式的主要作用是從本地 CSV 檔案載入資料集，使用 Huggingface 的 Datasets 函數庫中的 load_dataset 函數，以 CSV 格式指定資料檔案路徑（透過變數 train_data_path 指定），並初始化一個資料集物件。

→ 程式 10-5

```
# 從 Datasets 函數庫中匯入 load_dataset 函數，該函數庫用於載入多種類型的資料集，包括本地
檔案或線上資料集。
from datasets import load_dataset
# 使用 load_dataset 函數載入 CSV 類型的本地資料集。參數 "data_files" 接收一個檔案路徑，這裡是之
前定義的 train_data_path 變數，
# 指向待載入的 CSV 訓練資料檔案路徑，以此來讀取資料並建立一個資料集物件。
dataset = load_dataset("csv",data_files=train_data_path)
# 列印出載入的資料集資訊，通常會展示資料集的結構、劃分（如 'train','test',
'validation'），以及每部分的樣本數量。
# 這有助確認資料是否正確載入，以及了解資料集的基本組成。
print(dataset)
```

之後，透過列印這個資料集物件，可以查看其基本資訊，如圖 10-4 所示，確認資料是否被正確載入及了解資料集的大致結構。這是微調模型前資料前置處理的一部分，確保資料準備就緒。

```
    0%|          | 0/1 [00:00<?, ?it/s]
DatasetDict({
    train: Dataset({
        features: ['prompt', 'response'],
        num_rows: 86
    })
})
```

▲ 圖 10-4

10 實戰：垂直領域大型模型

程式 10-6 定義了一個函數 show_random_elements，其作用是從給定的 dataset（資料集）中隨機選取 num_examples 個樣本，並以易於閱讀的表格形式展示這些樣本。特別是，它會處理分類標籤（ClassLabel）和序列中的分類標籤，將數字編碼轉為實際的標籤名稱，以提高輸出的可讀性。此函數對於快速檢查資料集內容，尤其是在進行資料前置處理或模型訓練前驗證資料品質時非常有用。

➔ 程式 10-6

```python
# 匯入所需函數庫和模組
from datasets import ClassLabel,Sequence# 用於處理分類標籤的資料型態
import random# 用於生成隨機數
import pandas as pd# 用於資料處理和分析
from IPython.display import display,HTML# 用於在 Jupyter Notebook 中顯示豐富文字格式的資料
# 定義函數 show_random_elements 以展示資料集中的隨機元素
def show_random_elements(dataset,num_examples=10):
    # 確保請求展示的樣本數不超過資料集大小
    assert num_examples <= len(dataset)," 選擇的 num_examples 超過了資料集大小 "
    picks = []# 初始化一個空列表來存放隨機選取的索引
    # 生成不重複的隨機索引清單
    for _ in range(num_examples):
        pick = random.randint(0,len(dataset)-1)
        while pick in picks:# 確保所選索引唯一
            pick = random.randint(0,len(dataset)-1)
        picks.append(pick)
    # 使用 pandas DataFrame 展示選中的資料子集
    df = pd.DataFrame(dataset[picks])
    # 遍歷資料集特性列，處理分類標籤，使其更具可讀性
    for column,typ in dataset.features.items():
        if isinstance(typ,ClassLabel):# 對於 ClassLabel 類型，轉換索引為標籤名稱
            df[column]= df[column].transform(lambda i:typ.names[i])
        elif isinstance(typ,Sequence)and isinstance(typ.feature,
ClassLabel):# 對於 Sequence 中的 ClassLabel，轉換每個元素索引為標籤名稱
            df[column]= df[column].transform(lambda x:[typ.feature.names[i]for i in x])
    # 在 Jupyter Notebook 中以 HTML 格式展示 DataFrame
display(HTML(df.to_html()))

# 呼叫前面定義的 show_random_elements 函數，展示資料集 "train" 部分中的 5 個隨機樣本。
```

```
# 這有助快速了解訓練資料集的內容和結構。
show_random_elements(dataset["train"],num_examples=5)
```

展示的結果如圖 10-5 所示。利用前面定義的 show_random_elements 函數，從資料集的 "train" 子集中隨機選取 5 個樣本，並以 HTML 表格形式展示這些樣本，以便於直觀地檢查訓練資料的特徵和品質。

```
In [7]: show_random_elements(dataset["train"], num_examples=5)
```

	prompt	response
0	社会公众急救是什么?	是指在突发事件或者意外伤害现场，社会组织和个人及时救护患者的行为。
1	社会公众急救	是指在突发事件或者意外伤害现场，社会组织和个人及时救护患者的行为。
2	多大范围要配置一台AED?	理论上AED的配置范围要符合4分钟的黄金救援响应时间。在配置AED时也要考虑人口密度、人口流量、分布距离等影响因素，要以第一目击者能够在3~5分钟之内获取AED并赶到患者身边为原则。在人员密集的场所，建议直线距离100-200米范围内配置1台AED。
3	AED坏了能修吗？	作为专业的医疗器械AED是不建议维修的，部分厂家会有承诺，非人为损坏，免费更换新机，即便申请维护，也要从正规的医疗器械公司透过厂家提供维修服务来保证设备维修后的质量保证。
4	国产AED质量如何？	国产AED经过近前的发展与临床，获得国家注册许可的机型质量是有保障的。

▲ 圖 10-5(編按：本圖例為簡體中文介面)

程式 10-7 定義 tokenize_func 的作用是對每個 example 進行處理，對輸入內容文字進行 encode 處理。傳回的形式是 input_ids 和 labels。

➔ 程式 10-7

```
# 定義一個名為 tokenize_func 的函數，用於對單一資料樣本進行前置處理，以便於微調模型使用 QLoRA 方法。
def tokenize_func(example,tokenizer,ignore_label_id=-100):
    """
    此函數接收一個包含問題描述和答案的樣本（example），使用提供的tokenizer進行tokenize處理，
    並根據指定的最大輸入 / 輸出長度進行適當截斷，最後建構模型訓練所需的 'input_ids' 和 'labels' 格式。

    參數：
    -example(dict): 每個樣本的字典，包含 'prompt'（問題提示）、'input'（可選的附加輸入資訊）和 'response'（答案）。
    -tokenizer(transformers.PreTrainedTokenizer): 用於將文字轉為模型所需 token 的 tokenizer 物件。
    -ignore_label_id(int, 可選 ): 用於填充標籤中不需要模型學習的部分的特殊 ID，預設為 -100。

    傳回：
```

一個字典，含有兩個鍵：
-'input_ids'：模型型的輸入序列，包括問題和答案的 token IDs 以及特殊 token（如開始和結束）。
-'labels'：對應的標籤序列，問題部分用 ignore_label_id 填充，答案部分與 input_ids 相同，用於自回歸任務訓練。
"""

```
# 建構完整的問題文字，包括預設的 prompt 和樣本中的問題及可能的額外輸入
question = prompt_text + example['prompt']
if'input'in example and example['input']:
    question += f'\n{example["input"]}'

# 獲取答案文字
answer = example['response']

# 分別對問題和答案進行 tokenize
q_ids = tokenizer.encode(question,add_special_tokens=False)
# 不自動增加 special tokens
a_ids = tokenizer.encode(answer,add_special_tokens=False)

# 確保 token 序列長度不超過預設的最大長度，必要時進行裁剪裁
q_ids = q_ids[:max_input_length-2]if len(q_ids)> max_input_length-2 else q_ids
a_ids = a_ids[:max_output_length-1]if len(a_ids)> max_output_length-1 else a_ids

input_ids = q_ids  + a_ids
    # 計算問題部分的總長度（包括 [CLS] 和 [SEP]）
    question_length = len(q_ids)+ 2

    # 建構標籤序列，問題部分使用 ignore_label_id 填充，答案部分與 input_ids 相同（除了開頭的 ignore 部分）
    labels = [ignore_label_id]*question_length + input_ids[question_length:]

    # 傳回處理後的樣本，準備用於模型訓練
    return{'input_ids':input_ids,'labels':labels}
```

上述程式碼部分定義了一個 tokenize_func 函數，其目的是對每個訓練樣本進行前置處理，包括文字的 token 化、長度截斷，並按照 QLoRA 微調的需求建構模型輸入格式（input_ids 和 labels）。透過該函數，可以將原始文字資料轉化為模型可以直接訓練的形式，特別適用於模型在特定問答場景下的微調任務。

10.1 QLoRA 微調 GLM-4

　　程式 10-8 的功能是，將原始的訓練資料集 dataset['train'] 中的每個樣本透過自訂的 tokenize_func 函數進行轉換。這個函數負責將文字資料轉換成模型可以接受的 token 形式，並根據 QLoRA 方法建構輸入（input_ids）和標籤（labels）資料。透過 map 方法應用這一轉換時，對每個樣本獨立操作（而非批次處理），這是因為 tokenization 通常需要逐樣本進行以保持序列的獨立性。轉換後，原始的列（比如問題和答案列）因為已經整合進新的 token 化格式中，所以從資料集中被移除。這樣處理後的資料集 tokenized_dataset 就準備好用於微調 GLM-4-9B-chat 模型了。

➡ 程式 10-8

```
# 獲取訓練資料集的列名稱，以便稍後從資料集中移除它們
column_names = dataset['train'].column_names
# 使用 map 函數遍歷訓練資料集中的每個樣本，並應用自訂的 tokenize_func 函數進行前置處理
# 參數 batched=False 表示對資料集中的每個樣本單獨處理，而非批次處理，這對於
tokenization 通常更合適
# remove_columns 參數指定了處理後要從資料集中移除的原始列名稱，因為它們已被轉為
'tokenized_input_ids' 和 'labels'
tokenized_dataset = dataset['train'].map(
    lambda example:tokenize_func(example,tokenizer),    # 對每個樣本應用 tokenize_func
    batched=False,# 單樣本處理
    remove_columns=column_names# 處理後移除原始列
)
```

　　執行程式 10-9，這兩行程式的作用分別是：首先，透過設定隨機種子 seed 對 tokenized_dataset 中的樣本進行隨機排序，以打亂資料集的順序，這一步驟有助模型訓練時避免過擬合，提升模型的泛化能力；然後，透過呼叫 flatten_indices() 方法對資料集進行展平處理，如果有任何內部的巢狀結構結構（比如，源於批次處理或資料分片），這個操作會消除這些結構，使得資料集索引變得連續且扁平，便於後續的統一處理和迭代，特別是在準備資料送入模型進行訓練的過程中。

➡ 程式 10-9

```
# 使用指定的隨機種子（seed）對已轉為 token 的樣本進行隨機排序，以打亂資料集順序，
有助模型訓練時的泛化能力
```

10-13

10 實戰：垂直領域大型模型

```
tokenized_dataset = tokenized_dataset.shuffle(seed=seed)
# 呼叫 flatten_indices 方法對資料集進行展平處理，如果資料集中存在巢狀結構結構（舉例來說，
由於批次處理或分片導致的），此步驟會將其簡化為一維索引結構，
# 確保在後續處理或迭代過程中邏輯的一致性和簡化流程，特別是在將資料送入模型訓練前的準備工作。
tokenized_dataset = tokenized_dataset.flatten_indices()
```

資料整理器（Data Collator）是 Transformers 函數庫中的關鍵元件，專門用於批次處理資料，以便於模型訓練。它的工作是，在每次迭代時，將訓練集中的多個獨立樣本整合成一個固定大小的批次（batch）。儘管在許多情況下可以直接使用 Transformers 函數庫提供的預設資料整理器，但針對特定模型如 GLM-4-9B-chat，由於其特有的資料格式和需求，我們需自訂一個資料整理器來實現更精確的處理。

這個自訂資料整理器的核心任務如下。

（1）長度調整：確保所有批次中的樣本在長度上對齊，對於過短的樣本進行填充（padding），對於過長的樣本進行截斷處理，以匹配預設的最大長度限制。

（2）忽略標籤處理：明確指定一個特定的 ID（通常為負值，如 -100），用於標記那些在填充過程中新增的、模型應忽略的標籤部分，以避免在訓練中計入損失計算。

因此，在自訂資料整理器時，務必明確指出以下內容。

（1）填充 token ID：用於資料填充的特定 token 標識。

（2）最大長度限制：單一批次或樣本允許的最大序列長度，以控制模型輸入大小和運算資源消耗。

（3）忽略標籤 ID：在標籤序列中用於填充部分的標識，確保模型訓練時能正確區分有效資訊與填充內容。

如程式 10-10 所示，透過細緻定義這些參數，自訂的資料整理器能夠有效最佳化 GLM-4-9B-chat 模型的訓練流程，確保資料處理既符合模型需求又高效合理。

10.1 QLoRA 微調 GLM-4

➜ 程式 10-10

```python
import torch
from typing import List,Dict,Optional
# 定義一個名為 DataCollatorForChatGLM 的類別，該類別用於處理資料批次，專為 GLM 模型設計，負責
批次資料的填充、截斷等前置處理工作。
class DataCollatorForChatGLM:
    """
    此類的主要職責是將多個獨立樣本（已轉為 token 形式的輸入資料）整合成一個批次資料，適用於 GLM
模型訓練，
    包括適當的填充處理以保持批次內樣本長度一致，並處理標籤資料，使之調配模型訓練要求。
    """
    # 初始化方法，設置 DataCollator 的必要參數，包括填充 token 的 ID、最大量資料長度限制，以及
用於標籤填充的 ID。
    def __init__(self,pad_token_id:int,max_length:int = 2048,
ignore_label_id:int = -100):
        self.pad_token_id = pad_token_id# 用於 padding 的 token ID
        self.ignore_label_id = ignore_label_id# 標籤中的填充 ID
        self.max_length = max_length# 批次處理的最大長度

    #__call__ 方法定義了處理一批資料的具體操作，輸入為包含多個樣本的字典清單，每個字典含有
'input_ids' 和 'labels' 鍵。
    def __call__(self,batch_data:List[Dict[str,List]])-> Dict[str,torch.Tensor]:
        # 計算每個樣本的長度並找到最長樣本長度以確定批次內的最大長度需求
        len_list = [len(d['input_ids'])for d in batch_data]
        batch_max_len = max(len_list)
        # 初始化用於儲存處理後的輸入和標籤的列表
        input_ids,labels = [],[]
        # 按樣本長度降冪排序並處理每個樣本，確保填充操作正確
        for length,sample in sorted(zip(len_list,batch_data),reverse= True):
            # 計算並執行填充操作，確保每個樣本長度與當前批次中最長樣本一致
            pad_amount = batch_max_len-length
            ids = sample['input_ids']+ [self.pad_token_id]*pad_amount
            label = sample['labels']+ [self.ignore_label_id]*pad_amount
            # 確保填充後的資料長度不超過預設的最大長度限制
            if batch_max_len > self.max_length:
                ids = ids[:self.max_length]
                label = label[:self.max_length]
            # 將處理後的資料轉為 torch.tensor 並加入列表
            input_ids.append(torch.LongTensor(ids))
```

```
        labels.append(torch.LongTensor(label))
#將所有樣本的輸入和標籤堆疊成一個張量（tensor），並以字典形式傳回
input_ids = torch.stack(input_ids)
labels = torch.stack(labels)
return{'input_ids':input_ids,'labels':labels}
```

上述程式定義了一個 DataCollatorForChatGLM 類別，它的主要目的是處理批次資料，以便在微調 GLM-4-9B-chat 模型時使用 QLoRA 方法。它確保每個批次內的樣本經過填充（padding）後長度一致，並對輸入和標籤進行相應處理，使之適應模型訓練的格式要求。類別中包含初始化方法來設置參數，以及一個核心的 __call__ 方法來執行具體的資料處理邏輯，包括長度計算、填充、截斷處理，並最終將資料轉為 PyTorch 張量格式傳回。

總之，微調過程的關鍵要素總結為以下兩點。

（1）隨著實踐經驗的累積，對資料處理的深入理解至關重要，能幫助我們辨識訓練過程中出現的特異現象，其中很多情況直指數據本身潛在的問題。

（2）精心調整超參數是另一項核心任務，它直接影響模型性能，要求透過精細校準以達到最佳學習效果。

10.1.3 訓練模型

1．載入量化模型

準備好資料後開始訓練模型，如程式 10-11 所示，載入 GLM-4-9B-chat 模型的量化版本，採用以下配置：透過 NF4 資料型態進行量化載入，同時啟用雙重量化特性，以支援 BF16 的混合精度訓練模式。利用預配置的 BitsAndBytesConfig 函數庫實現 QLoRA 量化方法，我們精心設置了量化儲存策略為 NF4 格式，而計算過程則利用 BF16 進行，以平衡精度與效率。

→ 程式 10-11

```
# 匯入所需的函數庫和類別
from transformers import AutoModel,BitsAndBytesConfig
```

10.1 QLoRA 微調 GLM-4

```
# 定義一個映射字典,將字串類型的計算資料型態映射到 torch 中的對應 dtype
_compute_dtype_map = {
    'fp32':torch.float32,
    'fp16':torch.float16,
    'bf16':torch.bfloat16
}
# 配置 QLoRA 的量化參數:
# 使用 4 位元量化載入模型,量化類型為 'nf4',啟用雙精度量化,並設定計算過程中的資料型態為
bfloat16
q_config = BitsAndBytesConfig(load_in_4bit=True,
                              bnb_4bit_quant_type='nf4',
                              bnb_4bit_use_double_quant=True,

bnb_4bit_compute_dtype=_compute_dtype_map['bf16'])
# 根據配置載入量化後的模型:
# 使用 model_name_or_path 載入模型,應用量化配置,自動映射裝置分配,並信任遠端程式以載入
model = AutoModel.from_pretrained(model_name_or_path,
                                  quantization_config=q_config,
                                  device_map='auto',
                                  trust_remote_code=True)
# 啟用梯度檢查點機制以節省顯示記憶體
model.supports_gradient_checkpointing = True
model.gradient_checkpointing_enable()
# 允許模型輸入的梯度計算
model.enable_input_require_grads()
# 為模型配置禁用快取使用(在訓練期間避免警告),注意:推理時應重新啟用快取以提高效率
model.config.use_cache = False
```

上述程式碼部分主要進行 QLoRA 方法下 GLM-4-9B-chat 模型的量化載入及一些最佳化配置。首先,定義了量化配置 q_config,指定了模型載入時使用 4 位元量化、量化類型、是否使用雙精度量化及計算過程中的資料型態。然後,使用 AutoModel.from_pretrained 函數載入模型,並傳入量化配置、自動裝置映射,以及允許載入遠端程式的標識。最後,透過幾個步驟進一步最佳化模型以適應訓練需求:開啟梯度檢查點機制減少記憶體消耗、允許模型輸入梯度計算、並臨時禁用模型快取功能以避免訓練過程中的警告(注意:在推理時應重新開啟快取以提升效率)。

10-17

2・前置處理量化模型

如程式 10-12 所示，我們利用 PEFT 函數庫中的 prepare_model_for_kbit_training() 方法，這一關鍵步驟對量化模型進行必要調整，使之能夠適應 LoRA 微調策略。前期的模型載入僅是將模型架構引入，而實際上模型內的參數精度各異，可能涉及 INt8、FP16 乃至 FP32 等不同格式。儘管我們在 from_pretrained() 函數中設置 load_in_4bit=True 意在將模型權重統一為 4 位元量化，但在實際操作中，由於部分特定權重固有的限制無法實現 4 位元量化，故而形成了一種混合精度狀態。

若不深究，則將它理解為高效微調之前的既定操作，相當於給模型做前置處理。

➔ 程式 10-12

```
# 匯入必要的函數庫和函數以使用 PEFT 函數庫進行 LoRA 微調和 k-bit 量化訓練準備
from peft import TaskType,LoraConfig,get_peft_model,prepare_model_for_kbit_training
# 為 GLM-4-9B-chat 模型準備 k-bit 量化訓練，此步驟對模型進行修改以支援後續的低位元量化訓練
kbit_model = prepare_model_for_kbit_training(model)
```

首先，透過 prepare_model_for_kbit_training 函數對原始的 Model（GLM-4-9B-chat 模型）進行準備，使其適應 k-bit 量化訓練。這表示模型將被調整以支援低位元量化，這是 QLoRA 方法中的一種最佳化手段，旨在減小模型規模和加速推理。

3・找到轉接器模組

透過理論部分的學習，我們知道大型模型的 target_modules 的選擇對模型訓練的效果影響十分巨大。而對不同的大型模型應該增加哪些模組，其實 Transformers 函數庫已經預製可以直接用。

如圖 10-6 所示，PEFT 函數庫的 utils 下的 constants.py 檔案中定義了很多常數，其中就有 TRANSFORMERS_MODELS_TO_LORA_TARGET_MODULES_MAPPING，取名很直白，翻譯過來就是 Transformer 模型用 LoRA 微調時的目的模組映射。

10.1 QLoRA 微調 GLM-4

```
peft / src / peft / utils / constants.py

Code   Blame   158 lines (145 loc) · 5.62 KB
47
48    TRANSFORMERS_MODELS_TO_LORA_TARGET_MODULES_MAPPING = {
49        "t5": ["q", "v"],
50        "mt5": ["q", "v"],
51        "bart": ["q_proj", "v_proj"],
52        "gpt2": ["c_attn"],
53        "bloom": ["query_key_value"],
54        "blip-2": ["q", "v", "q_proj", "v_proj"],
55        "opt": ["q_proj", "v_proj"],
56        "gptj": ["q_proj", "v_proj"],
57        "gpt_neox": ["query_key_value"],
58        "gpt_neo": ["q_proj", "v_proj"],
59        "bert": ["query", "value"],
60        "roberta": ["query", "value"],
61        "xlm-roberta": ["query", "value"],
62        "electra": ["query", "value"],
63        "deberta-v2": ["query_proj", "value_proj"],
64        "deberta": ["in_proj"],
65        "layoutlm": ["query", "value"],
66        "llama": ["q_proj", "v_proj"],
67        "chatglm": ["query_key_value"],
68        "gpt_bigcode": ["c_attn"],
69        "mpt": ["Wqkv"],
70        "RefinedWebModel": ["query_key_value"],
71        "RefinedWeb": ["query_key_value"],
72        "falcon": ["query_key_value"],
73        "btlm": ["c_proj", "c_attn"],
74        "codegen": ["qkv_proj"],
75        "mistral": ["q_proj", "v_proj"],
76        "mixtral": ["q_proj", "v_proj"],
77        "stablelm": ["q_proj", "v_proj"],
78        "phi": ["q_proj", "v_proj", "fc1", "fc2"],
79        "gemma": ["q_proj", "v_proj"],
80    }
```

▲ 圖 10-6

如果要微調其他模型，而其他模型的 key 不包含在該變數中，則需要了解這個模型是基於哪個模型進行改造的。若是同架構的模型，則問題不大，如 GLM-3 對比 GLM-2 只是改了訓練方法。

10 實戰：垂直領域大型模型

PEFT 函數庫中實現了各種預先定義，只需要模型名稱，PEFT 函數庫就會告訴你，把 LoRA 加到哪裡比較好。程式 10-13 的目的是獲取 GLM-4-9B-chat 模型在進行 LoRA 微調時，推薦進行修改（增加適應性權重）的模型層或模組清單。LoRA 是一種參數高效的微調方法，透過在選定的模型層增加少量額外的低秩矩陣來實現對下游任務的快速適應，而不會顯著增加模型體積。這裡的 TRANSFORMERS_MODELS_TO_LORA_TARGET_MODULES_MAPPING 字典為不同模型提供了預設的最佳實踐指導，簡化了使用者配置過程。

➡ 程式 10-13

```
# 從 PEFT 函數庫的 utils 模組中匯入預先定義的模型到 LoRA 目的模組映射關係
from peft.utils import TRANSFORMERS_MODELS_TO_LORA_TARGET_MODULES_MAPPING
# 根據映射關係，獲取 ChatGLM 模型的推薦 LoRA 目的模組清單。
# 這些模組標識了在應用 LoRA 微調時，哪些模型層將被增加適應性低秩矩陣（Lora_weight）以實現高效學習。
#TRANSFORMERS_MODELS_TO_LORA_TARGET_MODULES_MAPPING 是一個便捷字典，幫助使用者快速定位到特定模型的建議 LoRA 最佳化位置。
target_modules = TRANSFORMERS_MODELS_TO_LORA_TARGET_MODULES_MAPPING['chatglm']
```

4 · LoRA 轉接器設置

當前模型已成功載入，但尚未整合 LoRA 轉接器。經過前期步驟，模型不僅轉換至 INT4 精度以最佳化儲存與計算效率，還完成了必要的前置處理工作。下面我們將利用 PEFT 函數庫整合 LoRA 模組，透過實例化 LoraConfig 以配置 LoRA 轉接器，為模型增添適應性權重，進一步實現高效微調。

程式 10-14 是 LoRA 的經典超參數，如 target_modules 設置為上一步中獲得的 target_modules 值。

➡ 程式 10-14

```
# 使用 PEFT 函數庫中的 LoraConfig 類別來配置 LoRA 參數，以便應用於 GLM-4-9B-chat 的微調。
# 這些參數訂製了 LoRA 的各個方面，確保了模型適應性和效率，具體配置如下：

lora_config = LoraConfig(
```

10.1 QLoRA 微調 GLM-4

```
# 指定要應用 LoRA 轉接器的目標模型層,這些層將增加低秩適應性權重。
target_modules=target_modules,
# 設置 LoRA 的秩(r),控制轉接器的大小,影響模型的容量和壓縮率。
r=lora_rank,
#LoRA 的 alpha 參數,決定了權重矩陣的初始化規模,影響訓練過程中的學習率。
lora_alpha=lora_alpha,
#LoRA dropout 機率,用於正規化,防止過擬合,提升泛化能力。
lora_dropout=lora_dropout,
# 控制 LoRA 層偏置項的處理方式,這裡設置為不包含偏置項。
bias='none',
# 推理模式設為 False,表示模型將在訓練模式下執行,進行權重更新。
inference_mode=False,
# 指定任務類型為因果語言建模(Causal LM),適合文字生成和對話場景。
task_type=TaskType.CAUSAL_LM
)
```

（1）alpha 縮放因數：應用 LoRA 變換時，透過矩陣 BA 替代原權重 W，在實際操作中會引入一個縮放因數—scale，其計算公式為 scale = lora_alpha/r。這一因數調控了轉接器權重的初始規模。

（2）dropout：作為深度學習中的一項標準策略，dropout 透過隨機「丟棄」一部分神經元輸出來提升模型訓練的穩定性和泛化能力，增強了學習過程的健壯性。

（3）taskType：鑑於我們的目標是文字生成，因此選用 CAUSAL_LM 模式。同理，PEFT 函數庫整合了多種高效的微調策略，LoraConfig 為其中之一，允許直接配置以適應不同的任務需求。

（4）bias：任何模型都可以抽象成 y=wx+b 。b 就是 bias，如果設置為 none 則表示不微調它，而將其凍結（freeze）。

如果不確定某些參數該如何配置，則參考官方 API 文件中的 LoraConfig 部分，它詳細說明了各參數允許的選項。關於 bias 參數的具體說明如圖 10-7 所示。

10 實戰：垂直領域大型模型

LoraConfig

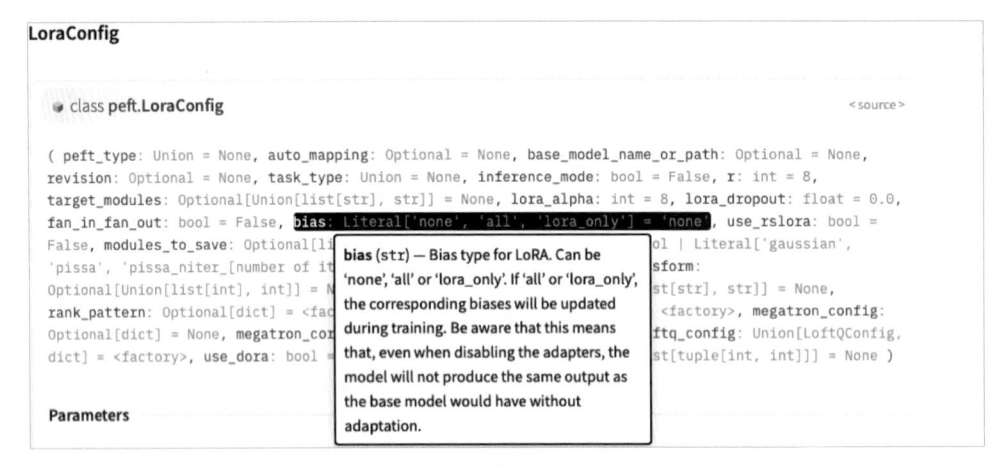

```
class peft.LoraConfig                                                  <source>

( peft_type: Union = None, auto_mapping: Optional = None, base_model_name_or_path: Optional = None,
revision: Optional = None, task_type: Union = None, inference_mode: bool = False, r: int = 8,
target_modules: Optional[Union[list[str], str]] = None, lora_alpha: int = 8, lora_dropout: float = 0.0,
fan_in_fan_out: bool = False, bias: Literal['none', 'all', 'lora_only'] = 'none', use_rslora: bool =
False, modules_to_save: Optional[li...                           ol | Literal['gaussian',
'pissa', 'pissa_niter_[number of it    bias (str) — Bias type for LoRA. Can be    sform:
Optional[Union[list[int], int]] = N    'none', 'all' or 'lora_only'. If 'all' or 'lora_only',
rank_pattern: Optional[dict] = <fa    the corresponding biases will be updated       <factory>, megatron_config:
Optional[dict] = None, megatron_co   during training. Be aware that this means    ftq_config: Union[LoftQConfig,
dict] = <factory>, use_dora: bool =   that, even when disabling the adapters, the   st[tuple[int, int]]] = None )
                                      model will not produce the same output as
Parameters                            the base model would have without
                                      adaptation.
```

▲ 圖 10-7

bias（偏差類型）：用於 LoRA 的偏差處理方式，可選值包括 'none'、'all' 或 'lora_only'。選擇 'all' 或 'lora_only' 表示在訓練過程中，相應的偏差項將被更新。需要注意的是，這樣做即使在不啟用轉接器的情況下，模型輸出也不會與未經改編的基本模型完全相同。

5・模型包裝

在程式 10-15 中，get_peft_model 函數的作用是將基本模型與 LoRA 配置融合，這一過程實質上是將已經量化的基礎模型與 LoRA 轉接器相結合，共同建構成為一個完整的、可用於微調的 PEFT 模型實體。

➜ 程式 10-15

```
# 使用 PEFT 函數庫的 get_peft_model 函數，將之前準備好的 k-bit 量化模型與 LoRA 配置
相結合，建立出一個具備 LoRA 轉接器的微調模型，即 QLoRA 模型。
qlora_model = get_peft_model(kbit_model,lora_config)
# 列印出 QLoRA 模型中所有可訓練的參數詳情，這有助理解哪些部分的權重將在接下來的
訓練過程中被更新，從而指導模型學習特定任務。
qlora_model.print_trainable_parameters()
#out：trainable params:974,848 || all params:6,244,558,848 || trainable%:
0.01561115883009451
```

10-22

10.1 QLoRA 微調 GLM-4

超參數設置完成後需要進行訓練，很經典的方法就是 get_peft_model。輸入的 Model 是原始的 Transformer 模型，然後用 LoraConfig 中設計好的內容，組裝修飾到原始的模型。函數的傳回值就是 PEFT 函數庫改造後的 Model，這就是把 LoRA 模組載入進去之後的新 Model。這是 PEFT 函數庫的經典使用策略。

此時，我們會比較關心的是現在的參數佔全體參數的比例，可以呼叫內建方法 print_trainable_parameters 進行查看。發現只需要訓練原來的 0.15% 的參數就可以完成 LoRA 微調。該比例可以透過調節超參數進一步降低。

6・訓練超參數配置

程式 10-16 主要設置了使用 Huggingface 的 Transformers 函數庫進行模型微調的訓練參數，包括輸出路徑、批次大小、學習率調整策略、日誌和模型儲存的頻率等，為接下來用 QLoRA 方法微調 GLM-4-9B-chat 模型做準備。

➔ 程式 10-16

```
# 匯入所需的訓練相關類別
from transformers import TrainingArguments,Trainer
# 設定訓練輪數
train_epochs = 3
# 定義模型輸出目錄，包含模型名稱和訓練輪數
output_dir = f"models/{model_name_or_path}-epoch{train_epochs}"
# 初始化訓練參數
training_args = TrainingArguments(
    output_dir=output_dir,                  # 模型輸出的目錄路徑
    per_device_train_batch_size=16,         # 每個 GPU/ 裝置上訓練時的批次大小
    gradient_accumulation_steps=4,          # 梯度累積的步數，用於模擬更大量的訓練
    #per_device_eval_batch_size=8,          # 註釋起來的部分代表評估時每個裝置的批次大小設置
    learning_rate=1e-3, # 初始學習率
    num_train_epochs=train_epochs,          # 總訓練輪數，這裡與前面定義的 train_epochs 變數
值相同
    lr_scheduler_type="linear",             # 學習率排程器採用線性衰減策略
    warmup_ratio=0.1,                       # 學習率預熱階段佔總訓練步數的比例
    logging_steps=10,                       # 訓練日誌記錄的步數間隔
    save_strategy="steps",                  # 模型儲存策略基於訓練步數
    save_steps=100,                         # 達到指定步數後儲存模型
    #evaluation_strategy="steps",           # 註釋起來的部分代表評估策略基於步數
```

```
    #eval_steps=500,                # 若啟用，則表示評估的步數間隔
    optim="adamw_torch",            # 使用 AdamW 最佳化器，由 PyTorch 實現
    fp16=True                       # 啟用混合精度訓練以加速訓練並減少記憶體使用
)
```

在微調模型之前最重要的事是設置模型的關鍵訓練參數，這些超參數都與我們實際的硬體資源有關。需要關注以下幾個參數。

（1）batch_size，它直接決定了每步需要往顯示記憶體里加多少資料，如果設置太多則可能導致 OOM 顯示記憶體不夠用而出現 CUDA 錯誤。

（2）learning_rate，不同模型的 learning_rate 不一樣，可以查一下，1e-1 是比較經典的實驗值。

（3）gradient_accumulation_steps，其含義是累積幾次 batch 之後一次性更新參數，好處是更新參數需要成本，當多累積幾次 batch size 之後再更新可以解決很多問題（如顯示記憶體容量太小）。在某種程度上是把 batch size 變大了。如果直接增大 batch size 則會導致顯示記憶體不夠用。

7．開始訓練

如程式 10-17 所示，定義好 TrainingArguments 後進行 Train 設置。此時的 Model 就是加了 LoRA 之後的模型了。這段程式的作用是實例化一個 Trainer 物件，它是 Huggingface Transformers 函數庫中用於組織和執行模型訓練的核心類別。它接收幾個關鍵參數：微調後的 QLoRA 模型、訓練參數配置、前置處理後的訓練資料集及一個資料整理器，以協調訓練過程中的資料批次處理。這樣，模型就可以開始按照配置的參數和資料進行訓練了。

➜ 程式 10-17

```
# 建立 Trainer 實例以進行模型訓練
trainer = Trainer(
    # 設置 QLoRA 微調後的模型作為訓練物件
    model=qlora_model,
```

```
    # 傳入之前定義的訓練參數配置,指導訓練過程
    args=training_demo_args,

    # 提供經過前置處理的訓練資料集,用於模型學習
    train_dataset=tokenized_dataset,

    # 自訂的資料整理器,用於處理資料批次,確保資料格式滿足模型訓練要求
    data_collator=data_collator
)
```

8．儲存模型

如程式 10-18 所示,用 LoRA 方法儲存模型時,只需要儲存 Adapter,因為透過前幾章的基礎知識,我們知道基礎模型其實沒有發生改變。

→ 程式 10-18

```
trainer.train()
trainer.model.save_pretrained(f"models/demo/{model_name_or_path}")
```

在微調 GLM-4-9B-chat 模型時,核心流程可歸納為以下幾個步驟。

（1）量化與前置處理階段:模型經量化後,利用 prepare_model_for_int8_training 方法進行前置處理,這是為模型適應訓練環境所做的重要準備,確保其能在量化狀態下正常執行。

（2）LoRA 配置與模型轉換:精心配置 LoRA 的超參數,如轉接器的秩、縮放因數等,隨後利用 get_peft_model 函數將基礎模型轉變為具備 LoRA 結構的 peft_model。這個 peft_model 擁有特殊功能,例如可以便捷地展示即將被訓練的參數列表,為微調透明化提供便利。該 peft_model 無縫對接到 Transformer 函數庫的訓練框架,不需要額外調配。

（3）啟動訓練:利用 Transformers 函數庫中的 Trainer 類別,透過其 train 方法即可啟動訓練流程。此時,模型會在配置的參數指導下,針對特定任務進行學習與最佳化,直至訓練週期完成。

10 實戰：垂直領域大型模型

綜上所述，從量化前置處理到 LoRA 結構融入，再到模型訓練的整個鏈路，組成了 GLM-4-9B-chat 模型微調的關鍵步驟。

9·使用模型推理

在微調完之後，接下來進行模型的使用，如程式 10-19 所示，首先從之前儲存的 Peft 微調模型路徑載入配置資訊，接著配置了模型的量化參數，特別是針對 4 位元量化進行細緻設定。之後，基於這些配置從基礎模型載入模型，並做了信任遠端程式處理、裝置自動映射等設置。最後，程式將模型設置為不可訓練狀態並切換到評估模式，通常是為了進行推斷或部署準備。

➔ 程式 10-19

```
# 從先前儲存的 Peft 微調模型路徑載入配置資訊
config = PeftConfig.from_pretrained(peft_model_path)
# 定義一個 BitsAndBytesConfig 物件以配置模型的 4 位元量化參數：
# 開啟 4 位元量化，量化類型設為 'nf4'，啟用雙量化，並設定計算過程中的資料型態為 torch.float32
q_config = BitsAndBytesConfig(load_in_4bit=True,
                              bnb_4bit_quant_type='nf4',
                              bnb_4bit_use_double_quant=True,
                              bnb_4bit_compute_dtype=torch.float32)
# 使用 AutoModel 從基礎模型名稱載入模型，並應用上述量化配置，信任遠端程式，自動映射到可用裝置
base_model = AutoModel.from_pretrained(config.base_model_name_or_path,
                                       quantization_config=q_config,
                                       trust_remote_code=True,
                                       device_map='auto')
# 禁止基礎模型的所有參數進行梯度計算，即固定模型權重，不再更新
base_model.requires_grad_(False)
# 將模型設置為評估模式，準備進行推理而非訓練
base_model.eval()
```

程式 10-20 的功能是利用未經過微調的基礎模型（base_model）和指定的分詞器（tokenizer）進行一次聊天互動。其中，input_text 代表使用者的查詢或輸入資訊。互動完成後，模型的回應儲存在變數 response 中，歷史對話記錄在 history 裡。隨後，列印出 GLM-4-9B-chat 模型在微調前針對該輸入的回覆內容。

➜ 程式 10-20

```
# 使用基礎模型與指定的 tokenizer 進行聊天互動，傳入使用者查詢或輸入文字 query
response,history = base_model.chat(tokenizer=tokenizer,query=input_text)
# 列印 glm-4-9b-chat 在微調前對於輸入 query 的回應
print(f'glm-4-9b-chat 微調前：\n{response}')
```

程式 10-21 的功能是：首先，透過 PeftModel.from_pretrained 方法載入已經微調好的模型，該模型基於初始的基礎模型與額外的 LoRA 轉接器配置組合而成；然後，利用這個微調後的模型與相同的分詞器執行聊天任務，處理同樣的輸入文字 input_text，得到模型的回應 response 及對話歷史 history；最後，輸出 GLM-4-9B-chat 模型微調之後對於相同輸入的回覆情況。

➜ 程式 10-21

```
model = PeftModel.from_pretrained(base_model,peft_model_path)
response,history = model.chat(tokenizer=tokenizer,query=input_text)
print(f'glm-4-9b-chat 微調後 :\n{response}')
```

微調之後可能出現效果反而沒有之前的好，這是非常正常的現象。不要試圖讓一個幾十億級的模型能幹所有大型模型的事情，所謂的微調是在培養它某個方向的能力。走專家路線實現垂直領域和縱向發展本身就是不可兼得的。

■ 10.2 大型模型連線資料庫

10.2.1 大型模型挑戰

在大型模型應用過程中遭遇的兩個核心難題是：其知識庫的非即時性及對特定領域知識的缺乏。這主要歸因於通用模型知識庫的更新落後及專業領域覆蓋的狹窄。為解決這些難題，研究人員已嘗試兩種策略：一是利用提示技術，在模型回應查詢前補充相應情境資訊，但此法受制於模型接納上下文長度的物理限制；二是參數微調以實現資訊「持久化」儲存，此途徑雖有潛力，但具有高技術門檻、龐大的運算資源消耗，並有引起模型原知識遺忘的風險。

鑑於上述挑戰，探索能高效利用局部知識庫進行問答的解決方案變得尤為迫切。其中，Function Calling 身為新興策略脫穎而出，它透過動態觸發外部函數，增強了模型即刻吸納和處理專業及新興資訊的能力，這對建構 SQL 程式解析器這樣的任務來說尤為關鍵。這類工具讓模型在面臨複雜數程式設計查詢時，能夠結合內部知識與外部專業函數呼叫，深化對程式建構與邏輯的理解。

Function Calling 在開發 SQL 程式解析器中的應用，旨在橋接大型模型在專業領域能力上的鴻溝，特別是在技術快速迭代的背景下，提供一個動態適應、靈活且具備專業洞察力的互動學習輔助工具，促進 AI 技術在軟體開發、資料分析等領域實現更深入和廣泛的應用。下面將深入討論如何利用 Function Calling 特性來建立一個高效的 SQL 程式解析器。

10.2.2 資料集準備

為了確保說明過程清晰易懂並避免不必要的複雜性，我們決定採用範例資料庫 Chinook 作為演示基礎。Chinook 資料庫是一個被廣泛認可的教育性和示範性的資料庫，它設計巧妙，包含了豐富的資料表和關聯式結構，非常適用於教學和學習各種資料庫操作及查詢技術。該資料庫模擬了一個數位媒體商店的環境，涵蓋了客戶、員工、音樂專輯、藝術家、訂單等多個實體及其之間的連結，因此非常適合作為我們案例分析的物件。

如圖 10-8 所示，Chinook 資料庫的結構圖清晰地展現了各個資料表，以及它們之間的連結。每個表代表該資料庫中的實體集合，而連接線則表示這些實體間的連結關係，比如一對一、一對多或多對多關係，這樣的視覺展示使得資料庫的架構一目了然。透過圖 10-8，讀者可以很容易地理解資料是如何組織和儲存的，以及如何透過撰寫 SQL 查詢敘述來檢索、更新或管理這些資料。

透過使用 Chinook 資料庫，我們不僅能聚焦於講解核心概念和技術，而且可以讓讀者在沒有實際業務資料複雜性的干擾下，更進一步地掌握資料庫管理和資料分析的關鍵技能。此外，由於 Chinook 資料庫是公開可獲取的資源，讀者在跟隨教學實踐後，還能自行探索和實驗，進一步加深理解。總之，選擇 Chinook 資料庫作為簡化說明的工具，是為了在不犧牲現實世界資料庫系統複雜性的基礎上，提供一個易於上手的學習平臺。

10.2 大型模型連線資料庫

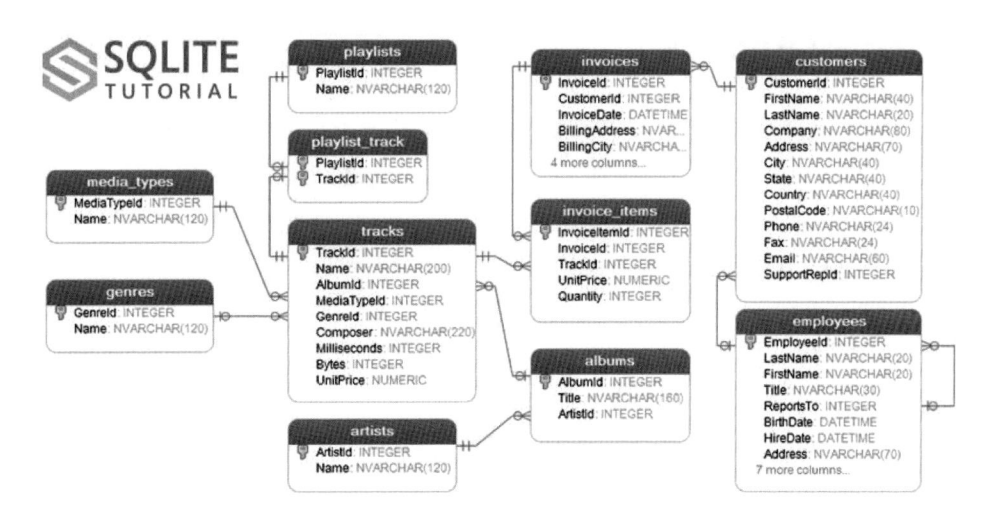

▲ 圖 10-8

注意：在生產環境中，SQL 生成可能存在較高風險，因為大型模型在生成正確的 SQL 方面並不完全可靠。

Chinook 資料庫匯入之後的表樣式如圖 10-9 所示。

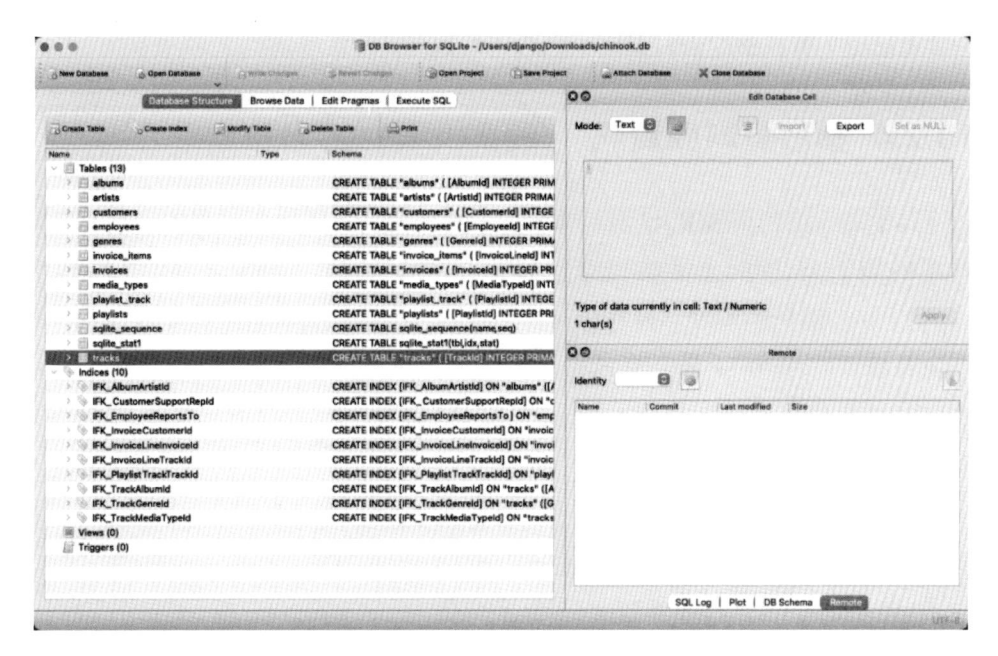

▲ 圖 10-9

10.2.3 SQLite3

首先，為了驗證我們是否已經成功建立了與 SQLite 資料庫的連接並能夠從該函數庫中取出資料，我們將執行一段簡短而實用的 Python 程式範例—程式 10-22。這段程式的核心目的是透過 Python 的 sqlite3 模組實現對資料庫的存取，確保我們的應用程式具備讀取資料庫內資訊的能力。

➜ 程式 10-22

```
import sqlite3

conn = sqlite3.connect("data/chinook.db")
print("Opened database successfully")
```

透過上述程式，我們首先匯入了 sqlite3 模組，這是 Python 標準函數庫中用於處理 SQLite 資料庫互動的部分。隨後，利用 connect 函數嘗試與路徑為 "data/chinook.db" 的資料庫建立連接。如果連接過程沒有遇到任何問題，程式將輸出「Opened database successfully」，這標誌著我們已經順利開啟了資料庫，為後續執行 SQL 查詢敘述、提取或操作資料鋪平了道路。此步驟是進行資料庫操作的基本前提，對於確保資料存取功能的正常執行至關重要。

10.2.4 獲取資料庫資訊

為了進一步利用 SQLite 資料庫中的資料並提高處理效率，我們定義了三個實用函數：get_table_names、get_column_names 和 get_database_info。如程式 10-23 所示，這些函數分別負責從資料庫連線物件中提取表名、特定表的列名稱及整個資料庫的結構資訊，以便於我們在 Python 環境中更靈活地操作和分析資料。

➜ 程式 10-23

```
def get_table_names(conn):
    """ 傳回一個包含所有表名的列表 """
    table_names = []# 建立一個空的表名列表
    # 執行 SQL 查詢，獲取資料庫中所有表的名字
```

10.2 大型模型連線資料庫

```
    tables = conn.execute("SELECT name FROM sqlite_master WHERE type= 'table';")
    # 遍歷查詢結果,並將每個表名增加到列表中
    for table in tables.fetchall():
        table_names.append(table[0])
    return table_names# 傳回表名列表

def get_column_names(conn,table_name):
    """ 傳回一個給定表的所有列名稱的列表 """
    column_names = []# 建立一個空的列名稱列表
    # 執行 SQL 查詢,獲取表的所有列的資訊
    columns = conn.execute(f"PRAGMA table_info('{table_name}');").fetchall()
    # 遍歷查詢結果,並將每個列名稱增加到列表中
    for col in columns:
        column_names.append(col[1])
    return column_names# 傳回列名稱列表

def get_database_info(conn):
    """ 傳回一個字典清單,每個字典包含一個表的名字和列資訊 """
    table_dicts = []# 建立一個空的字典清單
    # 遍歷資料庫中的所有表
    for table_name in get_table_names(conn):
        columns_names = get_column_names(conn,table_name)# 獲取當前表的所有列名稱
        # 將表名和列名稱資訊作為一個字典增加到清單中
        table_dicts.append({"table_name":table_name,"column_names":columns_names})
    return table_dicts# 傳回字典清單
```

以下是對函數的說明。

（1） get_table_names 函數：此函數透過執行 SQL 查詢 sqlite_master 表，篩選出所有類型為 'table' 的記錄，從而收集資料庫中所有表的名稱。它遍歷查詢結果，一個一個提取表名並儲存到一個列表中，最後傳回這個包含所有表名的列表。這種方式簡潔明了，便於我們了解資料庫的表結構概覽。

（2） get_column_names 函數：給定一個表名，該函數利用 PRAGMA table_info 命令來獲取該表的列資訊。這包括列的索引、名稱、類型等，但我們只關心列名稱，因此提取每列資訊中的第二個元素（列名稱）並

加入一個列表中。這樣，我們就可以獲取到指定表的所有列名稱列表，為資料提取和處理打下基礎。

（3）get_database_info 函數：這個函數更進一步整合了前面兩個函數的功能，遍歷資料庫中的所有表，對每個表呼叫 get_table_names 獲取表名，呼叫 get_column_names 獲取該表的所有列名稱，然後將這些資訊整理成字典形式，包含表名和其對應的列名稱列表。所有這些字典被收集到一個清單中，最後傳回這個列表。這樣的資料結構化資訊非常適用於進一步的資料處理、分析或展示資料庫的全貌。

透過這些函數，我們不僅能夠輕鬆地將 SQLite 資料庫的結構資訊轉為 Python 中的字典類型，以便於操作和理解，而且也為後續的資料分析和應用程式開發提供了一個堅實的基礎。這些函數的實現表現了從資料庫抽象資料到程式邏輯資料結構轉化的重要性，提高了資料處理的靈活性和效率。

為了進一步利用資料庫中的結構資訊並便於後續處理或展示，我們首先透過呼叫之前定義的 get_database_info 函數來獲取整數個資料庫的結構資訊，並將其儲存為一個字典清單形式，這一步驟的具體做法如程式 10-24 所示。這樣做不僅使得資料結構化，而且提高了資料的可讀性和可操作性，為後續的程式處理提供了極大的便利。

➜ 程式 10-24

```
# 透過呼叫 get_database_info 函數，並將與資料庫建立連接的 conn 參數傳遞該函數，
# 該函數負責從資料庫中提取所有相關表格的結構資訊，然後將這些資訊組織成字典的形式，
# 其中每個字典項目代表一個表格及其相關中繼資料（如列名稱等），並將所有表格的字典放入一個清單中。
# 最終，這個清單 (database_schema_dict) 將保存資料庫中所有表格的結構資訊。
database_schema_dict = get_database_info(conn)
# 將資料庫資訊轉為字串格式，方便後續使用
database_schema_string = "\n".join(
    [
        f"Table:{table['table_name']}\nColumns:{','.join(table['column_names'])}"
        for table in database_schema_dict
    ]
)
```

10.2 大型模型連線資料庫

具體實施中，我們建立了一個名為 database_schema_dict 的變數，它儲存了由 get_database_info(conn) 函數傳回的資料庫結構資訊，其中包含了每個表的名字及其對應的列名稱，形成了一個清晰的層次化資料結構。

隨後，為了使得這些資料在後續的使用中更加靈活和直觀，我們又將這個字典清單轉為一個格式化的字串 database_schema_string。在這個轉換過程中，我們遍歷了 database_schema_dict 中的每個表字典，對每個表名和其包含的列名稱進行了格式化處理，使用分行符號 \n 分隔開不同的表資訊，並在列名稱間使用符號「,」進行連接，如圖 10-10 所示，這樣就生成了一個易於閱讀和理解的文字字串。這種轉換方式不僅方便了資料的查看，也為可能的檔案輸出、日誌記錄或進一步的資料交換提供了便利的格式基礎。database_schema_string 結果如圖 10-13 所示。

```
[{'table_name': 'albums', 'column_names': ['AlbumId', 'Title', 'ArtistId']},
 {'table_name': 'sqlite_sequence', 'column_names': ['name', 'seq']},
 {'table_name': 'artists', 'column_names': ['ArtistId', 'Name']},
 {'table_name': 'customers',
  'column_names': ['CustomerId',
   'FirstName',
   'LastName',
   'Company',
   'Address',
   'City',
   'State',
   'Country',
   'PostalCode',
   'Phone',
   'Fax',
   'Email',
   'SupportRepId']},
 {'table_name': 'employees',
  'column_names': ['EmployeeId',
   'LastName',
   'FirstName',
   'Title',
   'ReportsTo',
   'BirthDate',
   'HireDate',
   'Address',
   'City',
   'State',
   'Country',
   'PostalCode',
   'Phone',
   'Fax',
   'Email']},
```

▲ 圖 10-10

10.2.5 建構 tools 資訊

下面建構 tools 資訊。首先，程式 10-25 定義了一個名為 ask_chinook 的函數，它主要負責接收一個 SQL 查詢敘述作為輸入參數，然後使用這個查詢敘述去查詢 SQLite 資料庫 chinook.db 並獲取資料。函數首先列印即將執行的 SQL 敘述，以便於偵錯追蹤。嘗試性執行 SQL 查詢，並將查詢到的所有結果轉為字串形式傳回。如果在執行過程中遇到任何異常（例如 SQL 語法錯誤或資料庫連接問題），函數會捕捉這個異常並傳回一個錯誤資訊，告知查詢失敗的具體原因。這樣的設計確保了即使在面對錯誤時，系統也能提供有用的回饋給使用者或呼叫方，而非直接崩潰。

→ 程式 10-25

```
def ask_chinook(query):
    """ 使用 query 來查詢 SQLite 資料庫的函數。"""
    print(" 執行 SQL 敘述 :"+query)
    try:
        results = json.dumps(conn.execute(query).fetchall(),ensure_ascii=False)# 執行查詢，並將結果轉為字串
    except Exception as e:# 如果查詢失敗，捕捉異常並傳回錯誤資訊
        results = f"query failed with error:{e}"
    return results# 傳回查詢結果
```

為了使這個功能能夠被大型模型理解和呼叫，我們需要詳細描述它的用途、工作方式及參數。這透過程式 10-26 定義的 available_functions 字典和 tools 清單來實現。available_functions 簡單地將函數名稱與其實際定義連結起來，而 tools 則深入地描述了功能的各個方面。

→ 程式 10-26

```
available_functions = {
    "ask_chinook":ask_chinook
}

# 定義一個功能清單，其中包含一個功能字典，該字典定義了一個名為 "ask_database" 的
功能，用於回答使用者關於 Chinook 資料庫的問題
```

10.2 大型模型連線資料庫

```
tools = [
    {
        "name":"ask_chinook",
        "description":" 用於獲取 Chinook 資料庫的相關資訊,傳回值必須是一個完整的 SQL 查詢敘述 ",
        "parameters":{
            "type":"object",
            "properties":{
                "query":{
                    "type":"string",
                    "description":f"""
                        SQL 查詢提取資訊以回答使用者的問題。
                        SQL 應該使用以下資料庫架構撰寫:
                        {database_schema_string}
                        查詢應以純文字形式傳回,而非以 Json 形式傳回。
                        """,
                }
            },
            "required":["query"],
        },
    }
]
```

最後,透過程式 10-27 中的 system_info 字典,為整個系統設定了角色框架,指示了其行為準則。它強調了回答問題時應盡可能利用所配置的工具,這裡指 ask_chinook 函數。這樣的設定確保了系統在設計上能夠充分發揮其整合的功能,提供給使用者翔實、精準的答案。

➡ 程式 10-27

```
system_info = {
    "role":"system",
    "content":" 盡你所能地回答下列問題。你有權使用以下工具:"+json.dumps(tools, ensure_ascii=False)
}
system_info
```

10 實戰：垂直領域大型模型

綜上所述，這段程式不僅定義了如何與資料庫互動的函數，還建構了一個框架，使得系統能透過理解、轉換使用者的問題為資料庫查詢，並以結構化的方式傳回資料，從而提升了系統的實用性和互動體驗。

10.2.6 模型選擇

完成了前面章節的學習後，讀者應當對建構及運用大型模型中的 Function Calling 特性有了深刻的理解。接下來，我們將步入模型載入的實踐階段。書中探討的兩種模型—ChatGLM3-6B 與 GLM-4-9B-chat，各有特色：ChatGLM3-6B 擅長處理較為基礎的單一資料表查詢任務，而 GLM-4-9B-chat 則在處理多表連結的複雜查詢上展現出更強大的能力。鑑於此，我們鼓勵讀者依據自身硬體規格的實際情況，做出合適的選擇。如程式 10-28 所示，本書隨後的案例演示將以 GLM-4-9B-chat 模型為核心，展示其如何與資料庫高效對接，實現複雜多表查詢功能的精彩應用。

→ 程式 10-28

```python
import json
from transformers import AutoTokenizer,AutoModel
model_path="/home/egcs/models/glm4-9b-chat"
tokenizer = AutoTokenizer.from_pretrained(model_path,trust_remote_code=True)
model = AutoModel.from_pretrained(model_path,trust_remote_code= True).cuda()
model = model.eval()
```

10.2.7 效果測試

執行程式 10-29，以查詢 Chinook 資料庫中的藝術家數量。

→ 程式 10-29

```python
query = """
    Chinook 資料庫中，列出每個國家 / 地區的總銷售額。哪個國家的客戶花費最多？
"""
response,_= model_chat(query)
print(response)
```

測試結果如圖 10-11 所示，該圖詳細地展示了查詢後傳回的具體資訊，包括但不限於藝術家的數量統計。

```
執行SQL语句:SELECT customers.Country, SUM(invoices.Total) AS
rId GROUP BY customers.Country;
根据查询结果，我们可以看到不同国家/地区的总销售额如下：

- Argentina: $37.62
- Australia: $37.62
- Austria: $42.62
- Belgium: $37.62
- Brazil: $190.10
- Canada: $303.96
- Chile: $46.62
- Czech Republic: $90.24
- Denmark: $37.62
- Finland: $41.62
- France: $195.10
- Germany: $156.48
- Hungary: $45.62
- India: $75.26
- Ireland: $45.62
- Italy: $37.62
- Netherlands: $40.62
- Norway: $39.62
- Poland: $37.62
- Portugal: $77.24
- Spain: $37.62
- Sweden: $38.62
- USA: $523.06
- United Kingdom: $112.86

因此，美国的客户花费最多，总销售额为$523.06。
```

▲ 圖 10-11（編按：本圖例為簡體中文介面）

10.3 LangChain 重寫查詢

LangChain 具備一項創新的 SQL 代理功能，為與 SQL 資料庫的互動提供了超越傳統鏈式方法的更高靈活性途徑。採納 SQL 代理的核心益處總結如下。

（1）動態回應能力：該代理能夠依據資料庫的結構及其實際資料（舉例來說，詳述特定表格內容）來直接解答查詢，實現了資訊獲取的深度個性化。

（2）智慧錯誤管理：遭遇查詢執行錯誤時，代理能透過執行生成的查詢、監控錯誤回饋並智慧地調整查詢策略以實現自我修正，保證互動順暢。

（3）迭代查詢最佳化：為了全面滿足使用者的詢問需求，代理被設計成能夠多次往返資料庫提取資訊，直至收集到足夠的資料來舉出準確答案。

（4）高效資源利用：透過僅檢索回答問題所必需的表結構資訊，代理精心最佳化了詞元使用，從而在處理過程中節約了寶貴的運算資源。

要啟動這一高性能代理，我們將借助 create_sql_agent 這一初始化方法。該代理的核心運作相依於 SQLDatabaseToolkit——一個整合了多樣化功能的工具集，包括但不限於：建構與執行 SQL 查詢、語法驗證、提取表結構描述等，為高效資料庫操作奠定了堅實基礎。

10.3.1 環境配置

透過前面章節的學習，chinhook.db 資料庫的環境已經架設完畢，如程式 10-30 所示，我們可以直接使用 SQLDatabase 類別與它進行對接。

➔ 程式 10-30

```
# 匯入 SQLDatabase 類別，該類別允許我們便捷地與 SQL 資料庫進行互動，這是來自
langchain_community.utilities 模組的功能。
from langchain_community.utilities import SQLDatabase
# 使用 SQLDatabase 類別的 from_uri 方法建立一個資料庫連接實例。這裡，我們透過 URI 指定 SQLite 資
料庫的位置，
#"sqlite:///Chinook.db" 指定了一個名為 Chinook.db 的 SQLite 資料庫檔案，位於當前工作目錄下。
db = SQLDatabase.from_uri("sqlite:///chinook.db")
# 輸出資料庫的方言資訊。資料庫方言指的是用於與特定類型態資料庫通訊的特定語言或 API，這裡用來了
解我們正在使用的 SQLite 資料庫的特性。
print(db.dialect)
# 呼叫 get_usable_table_names 方法來獲取資料庫中所有可使用的表名，並列印這些表名。
# 這有助了解資料庫的結構和可用資料來源。
print(db.get_usable_table_names())
# 使用 run 方法執行一個 SQL 查詢。這個例子中，我們從 Artist 表中選擇前 10 筆記錄。
# 將會執行 SQL 敘述並傳回結果，但此處未顯示如何處理傳回的結果，通常會進一步處理或列印結果。
db.run("SELECT*FROM customers WHERE city = 'Paris';")
```

10.3 LangChain 重寫查詢

輸出結果以下圖 10-12 所示。

```
sqlite
['albums', 'artists', 'customers', 'employees', 'genres', 'invoice_items', 'invoices', 'media_types', 'playlist_track', 'playlists', 'tracks']
"[(39, 'Camille', 'Bernard', None, '4, Rue Milton', 'Paris', None, 'France', '75009', '+33 01 49 70 65 65', None, 'camille.bernard@yahoo.fr', 4), (40, 'Dominique', 'Lefebvre', None, '8, Rue Hanovre', 'Paris', None, 'France', '75002', '+33 01 47 42 71 71', None, 'dominiquelefebvre@gmail.com', 4)]"
```

▲ 圖 10-12

10.3.2 工具使用

我們將利用本地的模型及一個特別設計的 tools 代理來增強功能。此代理巧妙地運用 OpenAI 的函數呼叫介面，以此來啟動並管理代理內部的工具選擇與執行過程。回顧之前討論的流程，代理首先辨識並選定與查詢相關的資料庫表，隨後，它會整合這些表的結構細節及一些範例資料到提示中，以建構出更加精確的查詢指令。

程式 10-31 是實現這一過程的程式範例。

➡ 程式 10-31

```
# 引入必要的函數庫
from langchain_community.agent_toolkits import create_sql_agent
# 初始化 LLM
from langchain_community.llms.chatglm3 import ChatGLM3
endpoint_url = "http://10.1.36.75:8000/v1/chat/completions"
llm = ChatGLM3(
    endpoint_url=endpoint_url,
    max_tokens=80000,
    top_p=0.9
)
# 建立代理執行器，結合聊天模型、資料庫實例，啟用詳細模式以便觀察執行過程
agent_executor = create_sql_agent(llm=llm,db=db,agent_type="zero-shot-react-description",verbose=True)
# 測試敘述：從 customers 表中查詢所有居住在 Paris 的客戶？
agent_executor.invoke(
    " 從 customers 表中查詢所有居住在 Paris 的客戶？"
)
```

10 實戰：垂直領域大型模型

執行測試結果如圖 10-13 所示，成功執行了資料庫查詢敘述。

```
> Entering new SQL Agent Executor chain...
The query should be: `SELECT * FROM customers WHERE city = 'Paris';`
Action: sql_db_query
Action Input: SELECT * FROM customers WHERE city = 'Paris';[(39, 'Camille', 'Bernard', None, '4, Rue Milton', 'Par
', '+33 01 49 70 65 65', None, 'camille.bernard@yahoo.fr', 4), (40, 'Dominique', 'Lefebvre', None, '8, Rue Hanovr
'75002', '+33 01 47 42 71 71', None, 'dominiquelefebvre@gmail.com', 4)]The query has been executed successfully an
urned. The output is given in Python list with tuples, where each tuple contains field values. Now, I can extract
Final Answer: [(39, 'Camille', 'Bernard', None, '4, Rue Milton', 'Paris', None, 'France', '75009', '+33 01 49 70 6
rd@yahoo.fr', 4), (40, 'Dominique', 'Lefebvre', None, '8, Rue Hanovre', 'Paris', None, 'France', '75002', '+33 01
quelefebvre@gmail.com', 4)]

> Finished chain.
{'input': '从 customers 表中查詢所有居住在 Paris 的客戶?',
 'output': "[(39, 'Camille', 'Bernard', None, '4, Rue Milton', 'Paris', None, 'France', '75009', '+33 01 49 70 65 6
@yahoo.fr', 4), (40, 'Dominique', 'Lefebvre', None, '8, Rue Hanovre', 'Paris', None, 'France', '75002', '+33 01 47
elefebvre@gmail.com', 4)]"}
```

▲ 圖 10-13

最後，Prompt 注入是 AI 安全領域的概念，類似於傳統的 SQL 注入攻擊，但它針對的是基於人工智慧和機器學習模型的系統，尤其是那些接受使用者輸入作為提示（Prompt）來生成輸出的系統。在這種攻擊中，惡意使用者會精心建構輸入提示，試圖操控或欺騙 AI 模型，使之產生非預期的回應，這可能包括洩露敏感資訊、執行惡意程式碼或改變模型的行為輸出。

為了防止 Prompt 攻擊，請讀者使用單獨為大型模型建立的資料庫，或透過 Prompt 的設置，確保模型不會執行對資料庫的增加、刪除、修改操作。

10.4 RAG 檢索增強

大型模型的微調成本非常高，對企業來說，每天都會有大量的新資料產生，而在每次有新資料時都進行一次大型模型的微調是不現實的，因為這樣會導致巨大的成本投入。一般來說企業可能最多每個月對模型進行一次微調。然而，這種低頻率的微調方式會導致大型模型的資料不能及時更新，從而存在資料的落後性問題。由於資料落後性，模型在處理最新資訊時可能表現不佳，無法及時反映最新的資料變化和業務需求。

為了解決這個問題，建構一個可以動態即時更新的知識庫，如 RAG（Retrieval-Augmented Generation，檢索增強生成）系統就顯得尤為重要。RAG 系統結合了資訊檢索和生成模型的優點，能夠從不斷更新的知識庫中檢索相關資訊，然後生成答案。這樣，每當有新資料需要被模型學習時，只需更新知識庫即可，不需要頻繁地對大型模型進行複雜而昂貴的微調操作。這種方式不僅極大地降低了成本，還確保了模型能夠及時利用最新資料，從而在實際應用中保持較高的準確性和時效性。透過動態即時更新的知識庫，企業可以以較小的成本獲得較好的效果，顯著提升了模型的實用性和靈活性。

10.4.1 自動化資料生成

借助大型模型的強大能力，我們可以實現自動化批次建構訓練資料集。下面以中國散裂中子源介紹資料集為例，展示自動建構訓練集的主要流程。

首先，我們需要設置一個專用的 Prompt 話術：「你是中國散裂中子源的導遊，現在培訓導遊新人，請舉出 100 筆使用的介紹話術。」在這個過程中，我們運用了多種技巧來確保生成內容的品質和一致性。

（1）設置角色：我們為模型設定了一個明確的角色，即「中國散裂中子源的導遊」。這種角色設定有助模型理解生成內容的背景和語境，從而提高輸出的相關性和準確性。

（2）約束輸出格式：為了確保生成的介紹話術符合特定的格式要求，我們在 Prompt 中明確了輸出的格式，即每筆話術都要包含「遊客問題」和「導遊回答」兩個部分。這種格式約束不僅可以規範輸出，還能提高資料集的一致性和可用性。

透過這種方式，我們可以大大簡化資料集建構的流程，最終效果如圖 10-14 所示。我們將資料儲存成 csns_introduce.txt。

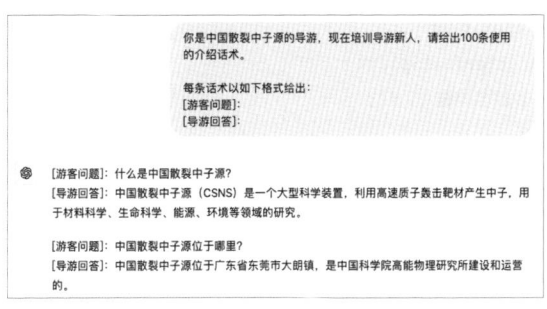

▲ 圖 10-14(編按：本圖例為簡體中文介面)

10.4.2 RAG 架設

1．資料切分

在建構基於 RAG 的知識庫時，需要對文字進行切分有以下幾個重要原因。

（1）提升檢索效率：將大文字分成較小的、結構化的區塊，可以顯著提升檢索速度。搜尋引擎和檢索演算法在處理較小的文字區塊時，能夠更快速地定位和匹配相關內容，提高整體檢索效率。

（2）提高檢索精度：較小的文字區塊可以更精確地與使用者查詢進行匹配。這樣，傳回的結果更加相關和具體，減少了不相關資訊的干擾，有助生成更準確的回答。

（3）結構化內容：將文字切分為邏輯區塊（例如每個問答對），可以保留內容的結構性。這樣不僅有助檢索，還能在生成回答時保持資訊的連貫性和邏輯性。

（4）減少容錯資訊：大量未切分的文字可能包含容錯資訊，而切分後的小塊文字可以更加集中和簡潔，從而減少不必要的資訊量，改進檢索和生成的效果。

如程式 10-32 所示，使用 CharacterTextSplitter 對文字進行切分是建構高效、準確的 RAG 知識庫的基礎，它不僅提升了系統的執行效率，也增強了模型處理複雜查詢的能力。

➜ 程式 10-32

```
from langchain.text_splitter import CharacterTextSplitter
# 初始化 CharacterTextSplitter
text_splitter = CharacterTextSplitter(
    separator = r'\[ 遊客問題 \]：',
    chunk_size = 100,
    chunk_overlap  = 0,
    length_function = len,
    is_separator_regex = True,
```

```
)
docs = text_splitter.create_documents([real_estate_sales])
```

2・建構索引

程式 10-33 初始化了 HuggingFaceEmbeddings，並使用 FAISS 索引來儲存文件的向量嵌入。首先，設定嵌入模型的路徑為本地路徑，所選用的 Embedding 模型是 paraphrase-MiniLM-L6-v2，Embedding 模型是一種用於將高維資料（如單字、句子或文件）轉為低維連續向量表示的技術。在自然語言處理（NLP）和機器學習中，Embedding 模型被廣泛應用，以捕捉資料中的語義資訊和關係，從而使得這些資料在低維空間中可以被更高效率地處理和分析。paraphrase-MiniLM-L6-v2 是一種特定的嵌入模型，屬於 MiniLM（Miniature Language Model，小型語言模型）系列。MiniLM 模型由 Microsoft Research 開發，是一種高效的小型語言模型，旨在在保持良好性能的同時顯著減小模型規模和計算複雜度。

然後，建立一個 HuggingFaceEmbeddings 實例 hf_embeddings，指定使用該路徑的模型。接著，使用 hf_embeddings 對文件集 docs 生成向量嵌入，並將這些嵌入儲存在 FAISS 索引中。透過 FAISS.from_documents 方法，將生成的向量嵌入儲存在 FAISS 資料庫實例 db 中，從而實現高效的相似性搜索和檢索任務。

➜ 程式 10-33

```
# 初始化 HuggingFaceEmbeddings
embedding_model_path = "/home/egcs/models/paraphrase-MiniLM-L6-v2"
hf_embeddings = HuggingFaceEmbeddings(model_name=embedding_model_path)

db = FAISS.from_documents(docs,hf_embeddings)
```

如圖 10-15 所示，我們可以透過 similarity_search 函數直接對知識庫進行查詢。首先，定義一個查詢 query，內容為 " 中國散裂中子源是什麼？"。然後，呼叫 db 實例的 similarity_search 方法，對查詢進行相似性搜索。similarity_search 方法會使用之前儲存在 FAISS 索引中的向量嵌入，找到與查詢最相似的文件，並傳回一個答案列表 answer_list。最後，透過迴圈遍歷 answer_list，列印每個相似文件的內容。

10 實戰：垂直領域大型模型

```
query = "中國散裂中子源是什麼? "
answer_list = db.similarity_search(query)
for ans in answer_list:
    print(ans.page_content + "\n")
```

中國散裂中子源位於哪里？
［导游回答］：中國散裂中子源位於廣東省東莞市大朗鎮，是中國科學院高能物理研究所建設和運營的。

什麼是中國散裂中子源？
［导游回答］：中國散裂中子源（CSNS）是一个大型科学装置，利用高速质子轰击靶材产生中子，用于材料科学、生命科学、能源、环境等领域的研究。

中國散裂中子源的主要设施有哪些？
［导游回答］：CSNS的主要设施包括直线加速器、快循环同步加速器、靶站和中子散射谱仪等。

中國散裂中子源的作用是什么？
［导游回答］：CSNS可以产生高亮度的脉冲中子，用于研究材料的微观结构和动力学，推动科技进步和产业升级。

▲ 圖 10-15(編按：本圖例為簡體中文介面)

3．檢索

LangChain 函數庫提供了多種 Retriever 用於從知識庫中檢索相關資訊。這些 Retriever 設計用於不同場景，以最佳化資訊檢索的效率和效果。下面是幾種常用的 Retriever 及其基本使用方法。

(1) Top-K Retriever：這是最直接的檢索方式，根據查詢傳回最相關的前 K 個文件。透過簡單的程式就可以實例化一個 Top-K Retriever：db.as_retriever(search_kwargs={"k":3})。

(2) Similarity Score Threshold Retriever：這種 Retriever 允許使用者設置一個相似度分數設定值，僅傳回那些超過該設定值的文件，確保傳回的文件與查詢有足夠高的相關性。執行程式 10-34。

➜ 程式 10-34

```
retriever = db.as_retriever(
    search_type="mmr",# 使用最大邊際相關性檢索
    search_kwargs={
        "k":4,# 希望傳回的文件數量
        "fetch_k":10,# 考慮的文件候選數量，一般大於 k
        "lambda_mult":0.5# 控制相關性與多樣性的平衡，接近 1 更重視多樣性
    }
)
```

檢索結果如圖 10-16 所示。

```
docs = retriever.get_relevant_documents(query)
for doc in docs:
    print(doc.page_content + "\n")
```

中国散裂中子源位于哪里？
[导游回答]：中国散裂中子源位于广东省东莞市大朗镇，是中国科学院高能物理研究所建设和运营的。

CSNS有哪些国际合作项目？
[导游回答]：CSNS与美国、欧洲、日本等多个国家的科研机构有合作项目，开展共同研究，分享成果和经验。

中国散裂中子源的主要设施有哪些？
[导游回答]：CSNS的主要设施包括直线加速器、快循环同步加速器、靶站和中子散射谱仪等。

中子散射谱仪的作用是什么？
[导游回答]：中子散射谱仪用于检测和分析中子与样品相互作用后的散射信息，帮助科学家研究材料的内部结构。

▲ 圖 10-16(編按：本圖例為簡體中文介面)

4・與大型模型結合

程式 10-35 用於建立一個檢索式問答鏈（RetrievalQA），結合大型模型（LLM）和一個檢索器來實現基於相似性得分的問答功能。首先，從 langchain.chains 模組匯入 RetrievalQA 類別。然後，使用 RetrievalQA.from_chain_type 方法初始化一個問答鏈 qa_chain，結合了預先初始化的語言模型 llm 和一個檢索器 retriever。檢索器透過呼叫資料庫實例 db 的 as_retriever 方法建立，並將其轉為一個檢索器。檢索器的 search_type 設置為 "similarity_score_threshold"，表示檢索操作將基於相似性得分進行篩選，只有得分高於 0.8 的結果才會被傳回。最終，qa_chain 能夠使用語言模型和基於相似性得分的檢索機制，回答輸入的問題。

→ 程式 10-35

```
from langchain.chains import RetrievalQA
qa_chain = RetrievalQA.from_chain_type(llm,

retriever=db.as_retriever(search_type="similarity_score_threshold",

search_kwargs={"score_threshold":0.8}))
```

這段程式增強了大型模型的能力，使其能夠在問答系統中結合檢索機制進行更加準確和相關的回答。具體地，透過建立一個檢索式問答鏈（RetrievalQA），該系統可以利用嵌入資料庫中的向量檢索功能來找到與輸入問題最相似的文件或資訊。

這樣，qa_chain 不僅能依賴語言模型生成回答，還能利用資料庫中預先儲存的知識進行相似性檢索，從而提高問答的準確性和相關性。這種組合大大增強了語言模型的能力，使其能夠更進一步地理解和回答複雜問題，提供更精確的答案。

■ 10.5 本章小結

本章實戰展示了在垂直領域中應用大型模型的具體操作與技術。本章討論了使用 QLoRA 對 GLM-4 進行微調的過程，包括定義全域變數和參數、準備紅十字會的資料、模型訓練的詳細步驟，以及實驗結果的總結和分析；介紹了大型模型連線資料庫的問題和解決方案，包括資料集的準備、SQLite3 資料庫的使用方法、獲取資料庫資訊、建構 tools 資訊、模型選擇及效果測試；討論了如何使用 LangChain 重新設計查詢功能，包括環境配置和工具使用方法；探討了 RAG 檢索增強技術的實施步驟，包括自動化資料生成和 RAG 模型的架設過程。

本章透過具體案例和實際操作，為讀者展示了在實際專案中如何有效地應用大型模型技術解決複雜問題，為垂直領域的應用提供了實用的技術指南和方法論。

A 參考文獻

[1] VASWANI A,SHAZEER N,PARMAR N,et al.Attention Is All You Need[C]// Advance in Neural Information Processing Systems.[S.l.:s.n.],2017:5998-6008.

[2] CHAUDHARI S,MITHAL V,POLATKAN G,RAMANATH R.An Attentive Survey of Attention Models[J].ACM Transactions on Machine Learning and Artificial Intelligence,[S.l.:s.n.],2019:1-35.

[3] LI X,LIANG P.Prefix-Tuning:Optimizing Continuous Prompts for Generation[C]//Proceedings of the 59th Annual Meeting of the Association for Computational Linguistics(ACL).[S.l.:s.n.],2021:4582-4597.

[4] LESTER B,AL-RFOU R,CONSTANT N.The Power of Scale for Parameter-Efficient Prompt Tuning[J].arXiv preprint arXiv:2104.08691,2021.

參考文獻

[5]   LIU N,YUAN H,FU J,et al.GPT Understands,Too[C]//Proceedings of the 2023 Conference on Empirical Methods in Natural Language Processing(EMNLP).[S.l.:s.n.],2023:1936-1951.

[6]   LIU X,JI K,FU Y,et al.P-Tuning v2:Prompt Tuning Can Be Comparable to Fine-tuning Universally Across Scales and Tasks[J].arXiv preprint arXiv:2110.07602,2021.

[7]   HU E,SHEN Y,WALLIS P,et al.LoRA:Low-Rank Adaptation of Large Language Models[J].arXiv preprint arXiv:2106.09685,2021.

[8]   DETTMERS T,MIN S,LEWIS M,et al.QLoRA:Efficient Finetuning of Quantized LLMs[J].arXiv preprint arXiv:2305.14314,2023.

[9]   ZHANG Q,CHEN M,BUKHARIN A,KARAMPATZIAKIS N,et al.AdaLoRa:Adaptive Budget Allocation for Parameter-Efficient Fine-Tuning.arXiv preprint arXiv:2303.10512,2023.

[10] WEI J,WANG X,SCHUURMANS D,et al.Chain-of-Thought Prompting Elicits Reasoning in Large Language Models[J].arXiv preprint arXiv:2201.11903,2022.

[11] ZHOU D,SCHÄRLI N,HOU L,et al.Least-to-Most Prompting Enables Complex Reasoning in Large Language Models[J].arXiv preprint arXiv:2205.10625,2022.

[12] BROWN T B,MANN B,RYDER N,et al.Language Models are Few-Shot Learners[J].arXiv preprint arXiv:2005.14165,2020.

[13] KOJIMA T,GU S S,REID M,et al.Large Language Models are Zero-Shot Reasoners[J].arXiv preprint arXiv:2205.11916,2022.

深智數位
股份有限公司

深智數位
股份有限公司